交通资源节约和环境保护新技术

Jiaotong Ziyuan Jieyue he Huanjing Baohu Xinjishu

研讨会论文集

Yantaohui Lunwenji

交通部西部交通建设科技项目管理中心

人民交通出版社

2007 · 重庆

内 容 提 要

本论文集为交通资源节约和环境保护新技术研讨会的会议论文集。本书汇集了高等级公路沥青及水泥混凝土路面再生技术、废旧橡胶粉筑路技术、聚合物改性水泥混凝土技术、机制砂混凝土技术等方面的研究成果，对推动交通事业向“资源节约型、环境友好型”发展具有重要意义。

本书可供广大交通行业的技术人员、管理者以及大专院校师生学习与参考。

图书在版编目（CIP）数据

交通资源节约和环境保护新技术研讨会论文集/交通部西部交通建设科技项目管理中心 .—北京：人民交通出版社，2007.5

ISBN 978-7-114-06511-8

Ⅰ.交… Ⅱ.交… Ⅲ.①交通运输-资源保护-新技术应用-文集②交通运输-环境保护-新技术应用-文集
Ⅳ.X73-39

中国版本图书馆 CIP 数据核字（2007）第 054210 号

书　　名：交通资源节约和环境保护新技术研讨会论文集
著 作 者：交通部西部交通建设科技项目管理中心
责任编辑：郑蕉林
出版发行：人民交通出版社
地　　址：（100011）北京市朝阳区安定门外外馆斜街 3 号
网　　址：http：//www.ccpress.com.cn
销售电话：（010）85285838，85285995
总 经 销：北京中交盛世书刊有限公司
印　　刷：北京交通印务实业公司
开　　本：787×1092 1/16
印　　张：19.75
字　　数：479 千
版　　次：2007 年 5 月　第 1 版
印　　次：2007 年 5 月　第 1 次印刷
书　　号：ISBN 978-7-114-06511-8
定　　价：50.00 元

序

交通部党组在“建设创新型交通行业”工作会议上明确提出，在新的历史发展阶段，交通必须走“资源节约型、环境友好型”的发展道路，这是贯彻落实科学发展观，实现交通与社会、交通与自然和谐发展的重大战略举措，是交通行业做好“三个服务”，加快交通从传统产业向现代服务业转型，推进交通事业又好又快发展的必然要求。

公路水路交通作为资源密集型行业，对土地、岸线、能源、建材等资源依赖性较强。交通行业如何节约和集约利用资源、降低能源消耗、减少环境污染，是我们必须充分认识和长期面对的问题。这就要求我们必须进一步拓宽思路，勇于创新，开拓进取，特别是对交通科技工作者提出更高的要求。科学技术是第一生产力，科学技术的每一次重大突破，都带来了发展理念、发展模式、发展手段的重大变革。走资源节约型、环境友好型的交通发展之路，必须在科技创新上下功夫，使发展方式从传统的要素驱动型向科技创新型转变。广大交通科技工作者肩负着历史的责任和时代的使命。

这次召开的“交通资源节约和环境保护新技术研讨会”正是反映了通过科技创新，在节约和集约利用资源、保护生态环境、探索交通循环经济研究方面取得的多项技术突破。我们收集了有关高等级公路沥青、水泥混凝土路面再生技术、废旧橡胶粉筑路技术、聚合物改性水泥混凝土技术、机制砂混凝土技术等方面的研究成果，汇编成论文集，供广大交通行业的技术人员和管理者学习与借鉴，为走资源节约型、环境友好型交通发展之路，为交通事业又好又快的发展做出更大的贡献。

交通部科技教育司司长：孙国庆

2007.4.25

目录

道路篇

桥 梁 篇

隧 道 篇

道 路 篇

聚合物骨架空隙混凝土路面的服务功能与资源节约

易志坚[1] 黄 锋[1] 李祖伟[2] 张太雄[3] 钟 宁[2] 杨庆国[1] 等

(1.重庆交通大学 重庆 400074;2.重庆高速公路发展有限公司 重庆 400074;
3.重庆交通委员会 重庆 400074)

摘 要:聚合物骨架空隙混凝土路面不仅具有优良的力学性能,同时具有透水、降噪、彩色等服务功能。本文介绍了聚合物骨架空隙混凝土新型路面透水、降噪的原理与特点,介绍了新型路面的彩色、环保等服务功能,论述了新型路面的资源节约。

关键词:聚合物 混凝土 路面 服务功能 透水 降噪 彩色路面 资源节约

0 引言

现代高速公路、城市道路的建设,不仅追求优良的力学性能,而且追求更高的使用功能。在保证路面优良力学性能的同时,路面连通空隙率大、平整度好,具有透水(排水)、降噪等环保功能的路面,是近年来国内外高级路面发展的一个方向。尽管目前透水路面已在发达国家得到初步应用,但由于现行透水路面是以改性沥青为胶结料,改性沥青胶结料在力学性能和稳定性能方面的不足,使得实现透水、降噪路面的投入成本高、技术难度大,限制了这一高级路面的推广应用。

聚合物骨架空隙混凝土路面采用聚合物改性柔性水泥为结合料,能够配制出强度高(是同等情况下60℃的沥青混合料的马歇尔稳定度的5～15倍以上)、变形好、连通空隙率大(12%～22%)的骨架空隙混凝土,综合了水泥基材料和沥青基材料共同的优点。新型路面在保证优良的力学性能的同时,能实现透水、降噪、彩色标识等生态、环保、景观功能,为现代高速公路的建设走上资源节约、环境友好型的可持续发展之路,提供一种新的思路和选择。

1 聚合物骨架空隙混凝土路面的服务功能

1.1 聚合物骨架空隙混凝土路面的透水功能

普通水泥混凝土和密实的沥青混凝土路面的自然降水通过路面横纵坡排出,所以雨天的路表常被一层水膜所覆盖。当车辆在水膜覆盖的路面上高速行驶时,轮胎与路面之间的水不断地被高速运转的轮胎所挤压,因此会产生动水压力和水雾。当动水压力达到一定程度时能使轮胎上浮,车辆容易发生漂移现象,给雨天车辆行驶带来不利的安全因素。因此,把密实的路面结构改用骨架空隙路面结构,雨水就可以通过空隙下渗,不能形成动水压力,从而消除了上述不利因素的影响。

基金项目:交通部西部交通建设科技项目(编号 200331881429)。

关于空隙率与透水性的关系，一般认为[1]，8%的空隙率是路面透水性急剧增长的拐点，当空隙率小于8%时，透水系数很小，路面几乎不透水；当空隙率大于8%时，透水系数急剧增长，路面的透水性也随之迅速增大。

聚合物骨架空隙混凝土路面内部具有连通的空隙结构，连通空隙率达12%～22%，透水系数达0.3～0.8cm/s，铺筑5cm的骨架空隙混凝土路面结构存在大量的有效连通空隙。雨天的时候，在铺筑的试验路段观测发现雨水能够从连通下渗、排出，基本不造成路面积水，消除雨天车辆漂移现象。同时，由于雨天路面不积水，消除了前面车辆行驶产生的水雾，减少了潮湿状态下车辆前灯的眩光，提高了车辆雨天行驶的安全性。

1.2　聚合物骨架空隙混凝土路面的降噪功能

行车噪声主要是由轮胎与密实路面间空气的抽空与压缩产生的。聚合物骨架空隙混凝土路面铺装具有特别的骨架空隙结构，空隙间彼此连通，且通过表面与外界相通。当汽车在骨架空隙结构的路面高速行驶时，轮胎与路面间被压缩的气体从连通空隙排走，不能形成局部高气压，消除了行车噪声的产生机理，因而大大减少了噪声的来源。同时，聚合物骨架空隙混凝土路面施工采用摊铺机摊铺整平、自振实一次成型，平整度极好，加之路面本身具有较强的柔性，行车舒适，大大减少由于路面不平整而引起车辆颠簸和轮胎振动而产生的噪声。再次，聚合物骨架空隙混凝土路面对声波的传播亦有吸收作用，当声波传播到路表面上时，一部分在路表面上反射，一部分通过空隙进入到材料内部。在声波传播过程中，声波引起空隙的空气运动，并与空隙内壁发生摩擦，由于空气运动的黏滞阻力和热传导效应，声能就转变为热能而消耗掉。

国内外研究表明[2]，当骨架空隙混凝土的连通空隙率在15%～25%之间时，对频率在250～1 000Hz的中频声（交通噪声的主要频率范围）具有最大的吸声系数，噪声降低效果最明显。

重庆市内环高速公路改造中，吉庆隧道、小泉隧道路段采用了聚合物骨架空隙混凝土路面。从隧道改造前后的现场噪声测量中，同一测量点噪声峰值降低了6～10dB。从驾乘人员对噪声影响的感受来看，改造前汽车隧道内行驶时，驾乘人员受到噪声的干扰严重，只有紧闭车窗才稍有改善；改造后汽车隧道内行驶时噪声明显减少，即使开窗听到的声音也较小。聚合物骨架空隙混凝土路面的修建完成，从隧道口周边的居民反映来看，他们受噪声的干扰也明显减少。

1.3　聚合物骨架空隙混凝土路面的彩色景观、安全标识功能

彩色路面的研究已有时日，其功能在于改善路面的环境景观与安全标识。社会和公众对彩色路面有着潜在的巨大需求，但现行彩色路面造价一般要比普通沥青路面高一倍，国内外一般只能做试验段或示范段。而聚合物改性水泥混凝土路面在实现透水降噪的同时，路面本身的表面处理工序，可以在几乎不增加造价的情况下根据车道标识等要求实现路面的彩色功能，其特殊的表面材料特性和立体的彩色表观效果，在很大程度上能美化环境、引导车流，不仅给驾乘人员带来美的享受，而且构筑起和谐的道路与环境景观。

彩色路面在重庆市内环高速公路改造工程中试验路段的成功应用，立即引起了社会广泛关注和人们的广泛好评，这说明传统的黑白两色路面已经不能满足人们对路面更高的审美层次需求。

1.4　聚合物骨架空隙混凝土路面的环保功能

现代城市的地表多被钢筋混凝土的房屋建筑和不透水的路面所覆盖，普通的混凝土路面

缺乏透气、透水和调节热量的能力，随之引发一定的环境问题。聚合物骨架空隙混凝土路面具有良好的透水性及保湿性，雨天能够通过自身空隙结构储存多余水分，雨过天晴后，空隙结构中丰富的毛细水通过自然蒸发和太阳辐射作用下的蒸腾作用使路面表的温度降低。骨架空隙混凝土路面的多孔结构还可以缓解晴天太阳光的漫反射，空隙中的空气可以吸收部分热量，从而调节路面的环境湿度和温度，改善城市热循环，缓解热岛效应。

2 聚合物骨架空隙混凝土路面的薄层铺装与资源节约

一方面，我国水泥资源丰富，但普通水泥混凝土路面厚度大，使用寿命低，客观上造成对环境的破坏大，对资源的消耗多。另一方面，高等级公路的路面铺装对沥青依赖大，在国际石油价格连续持高、我国战略储备能力有限的情况下，沥青路面成本高、资源有限的问题越来越突出。

聚合物骨架空隙混凝土是应用聚合物改性水泥胶结料和特定的骨料混合胶结而成，它能综合水泥混凝土强度高和沥青混凝土柔性好的优点，是一种新型的路面材料。聚合物骨架空隙混凝土路面的规模性推广应用可以减少交通建设对沥青材料的过度依赖，为交通建设的可持续发展提供新的资源和材料来源。新型路面的推广应用，还可以带动新型道路聚合物胶结材料的生产，形成新的经济增长点，促进国民经济的发展。

聚合物骨架空隙混凝土具有的优良力学性能，可以使路面实现薄层铺装，减少了对砂石料的耗费。同时，聚合物骨架空隙混凝土采用冷拌和，节省了热拌和所必需的资源消耗；施工采用摊铺机摊铺整平、自振实一次成型，省去碾压工艺，节省施工费用。

聚合物骨架空隙混凝土新型路面的经济效益、社会效益与环境效益显著，但作为一种新型路面，仍然存在一个不断完善的发展过程。

3 结论

聚合物骨架空隙混凝土路面具有优良的力学性能，具有透水、降噪等环保型服务功能，路面本身的表层处理可以做成彩色路面，投资成本不高，是一种环境友好、资源节约的新型路面。

（唐羽、赵朝华、崔海琴也参与了本文的撰写工作。）

参 考 文 献

[1] 孙立军，等. 沥青路面结构行为理论. 上海：同济大学出版社，2003.
[2] 伍石生. 低噪声沥青路面设计与施工养护. 北京：人民交通出版社，2005.

公路建设中的自然资源保护与利用技术

张兰军　蒋红梅

（重庆交通科研设计院　重庆　400067）

摘　要：当前，公路建设的飞速发展给我国自然资源带来强烈冲击，加强自然资源保护和利用技术研究是我国公路建设中面临的一项重要而紧迫的任务。本文对现有公路建设中有关土地资源、水资源和动植物资源的保护和利用技术进行了综述，希望对该领域开展更深入、广泛的研究与实践有所启发和借鉴。

关键词：公路　土地　水　动植物　资源

当今世界正处在"资源、环境、人口与发展"问题的困扰之中，处理好资源环境与发展之间的关系，已成为21世纪面临的重大问题。公路交通的发展，在促进社会经济的发展的同时，也占用大量土地，对沿线水、动植物等自然资源造成干扰、破坏。在公路建设中，如何做到既可与自然环境相协调、保护自然资源，又可发展社会经济，走可持续发展之路，是一项十分紧迫的课题。本文拟对现有公路建设中有关土地资源、水资源和动植物资源的保护和综合利用技术进行阐述，希望为最大限度地减轻公路建设对生态环境的负面影响，为公路建设环保措施的选取提供借鉴和启发。

1　土地资源保护与节约技术

随着社会经济的高速发展，公路交通在巨大的需求压力下不断扩张，而这种扩张又进一步加剧了对土地资源的占用。截止2004年，我国公路建设用地已达511.36万hm^2，分别占国土总面积和当年耕地面积的0.53%和4.14%[1]。由于土地资源是不可再生资源，是国民经济和社会发展的重要基础，因此深入探讨公路规划、勘察、设计和建设等各相关过程中节省用地的问题，大力推进节约用地具有重要意义。

公路占地分为永久占地和临时占地。永久占地一旦占用后即变成建设用地，只能采取补偿或从设计角度进行优化，从源头上控制和节约土地；临时占地占用后则可通过恢复和补偿措施得以补偿土地资源。在高速公路建设过程中贯彻节约用地的方针，通常可从以下几个方面考虑。

(1)合理选择线形走廊方案

在深入调查、论证的基础上确定合理的路线走廊带和主要控制点，应详细调查当地土地情况，收集土地资料，进行分类研究，将土地占用情况作为路线走廊方案选择的重要指标。对工程进行多方案论证、比选，在工程量增加不大的情况下，优先选择能够最大限度节约土地、保护耕地的方案，充分利用荒山、荒坡地、废弃地、劣质地。要尽量减少占用耕地，避让基本农田和经济作物区。

(2)充分利用旧路资源

现有公路升级改扩建已经成为当前乃至今后相当长时期内公路建设的重点。充分利用旧路资源是改扩建工程的首要原则。要避免出现采用新建公路的设计手法进行设计的现象,不要强求旧路某个平面设计指标、某段路基宽度满足标准规定值,避免大段落废弃旧路,导致占用大量的土地资源。

(3)收缩路基边坡

对于高填深挖路段,应在技术经济比较的基础上,尽量考虑设置挡墙、护坡、护脚等防护设施,缩短边坡长度,最大限度地节约土地。挡土墙内移是一种比较新颖的收缩边坡方式。如云南楚大高速公路结合祥云坝区段的地形、地质情况,在维持原传统路基标准横断面中的挡土墙、水沟、边坡比不变的情况下,将挡土墙内移,并在路肩位置加设钢筋混凝土 L 墙代替路缘石、拦水带,32km 路段共节约耕地19.2hm^2。此外,有条件时可通过收缩边坡比率来实现压缩用地。一般情况下,路基正常填方路段边坡稳定坡率为 1∶1.5,而这坡率对较低的路基是可以压缩的,只是一般设计人员从技术、经济角度认为意义不大,且不断变化坡率将带来比较复杂的设计、施工问题,才不愿改变;但从节省土地角度考虑,这种斤斤计较的设计是非常值得提倡的。

(4)低路堤和浅路堑方案

采用高路堤和深路堑形式势必增加路基占地的宽度和取土挖废土地。欧、美等许多国家高速公路的路基,都是因地制宜、顺势而为,许多高速公路的路面与地面是等高的,这样不仅可以节省土地,节省建设费用,而且大大提高交通安全系数。资料显示,我国双向四车道平原高速公路一般路基平均填土高度在 3.5～4m 之间,平均土方量为 10 万～12 万 m^3/km 。这不仅对沿线的地貌造成了极大的损害,而且增加了工程占地数量。若公路路基高度降低 50cm ,则每公里可以节约用土 1.8m^3;每降低 1m,则每公里永久性占地就节约近 5 亩。因此,在环境与技术条件可能的情况下,应优先采取低路堤和浅路堑方案。

(5)桥隧代路

西欧等发达国家的高速公路设计非常注意保持自然景观,对于高填深挖的设计方法十分慎重,认为是对环境的破坏。我国近年来也注意到了高填深挖对环境破坏的问题,开始注重减少大填大挖,并尽量以桥隧代替大的高填深挖路段。如渝合高速公路在修建过程中,为保障当地村民的利益,少占耕地,修建旱桥 37 座和短隧道 4 座,节约占用土地 24.8hm^2。

(6)分离式路基

对于山区高等级公路而言,地形条件多为高山、低山、丘陵及台地等。为减少路基占地,在公路经过部分农业用地集中的路段或地形变化较大的路段,可以采取分离式路基形式。上下行双幅道路,随地形时分时合,时高时低,不破坏起伏的自然地貌。无论是对水土保持、景观的和谐,还是减少山区耕地的占用量都是有利的。

(7)设计避险车道,减少公路占地

山区的地形、地质、水文等自然条件复杂,通常存在着曲线半径较小、坡度大、坡道长和视距不良等不利于交通安全行车安全的情况。过去往往采用提高公路等级,增加路基宽度和提高道路技术指标解决运输安全隐患,但这样势必会增加公路占地。目前,在我国广西水任至南宁公路建设过程中已成功运用了避险车道路的设计方案,既减少了公路占地,又减少了大型车占道的影响及交通事故隐患。

(8)路下通道替代过路天桥

据测算，一般一座天桥需占地30亩，同时引道土方取土场一般需100亩，与路下通道相比大大增加了土地占用面积，造成了不必要的土地资源浪费。例如商(丘)周(口)、商(丘)亳(阜)、商(丘)菏(泽)3条高速公路将原设计的27座天桥改为路下通道后，共节约土地400多亩，节约建设资金1 200万元，效果显著。

(9)利用工业废渣及项目弃渣，减少取弃土场占地

公路工程利用工业废渣、废弃土，以及项目弃渣的综合利用可以减少取弃土场占用土地的数量，从而减少项目占地。因此，应认真勘察、仔细计算，合理调配土石方，在经济运距内充分利用移挖作填，严格控制土石方工程量。有条件的地方，要尽量采用符合技术标准的工业废料(粉煤灰、磷矿渣等)、建筑废渣，以及其他项目的土石弃渣填筑路基。如沪宁高速公路全线利用粉煤灰4.0×10^{9}kg，减少了$2.46\times10^{6}m^{2}$的公路用地。思小高速公路用开挖野象谷隧道时留下的12万m^{3}弃渣，将隧道旁的弃土场填成了港湾式停靠站，节省了建设停靠站用地。

(10)做好取弃土设计

合理选择取弃土场，尽量利用荒丘、坡地和荒滩地等非耕地取土，选择凹地、沟道、缓坡等弃土。加强土石方调配，在技术经济可行的条件下，加大土石方调配运距，尽量移挖作填，减少工程用地。加强表土收集和严格土地复耕制度。在高地上取土后，应尽可能形成新的耕地，达到取土而不占地的最高境界；平地取土时，应先将表层熟土剥离，取土后，随即推平底土，再将原剥离的熟土覆盖在面上，以恢复耕种。表土堆积时应注意时间不宜太长，以免种子活力受损，如能直接搬运铺设则是最好的状态，否则应有专门地点堆置，并需避免过度堆放或发酵情形发生[2]。

2 水资源保护与利用技术

水资源是最宝贵的自然资源之一。当前，水质性缺水已成为中国许多地区，特别是人口集中的城镇地区水资源匮乏的主要表现形式。公路建设施工期及营运期产生的生产废水、生活污水和路面径流等对河流湖泊水质的污染，可使地表水体因水质变化而影响水体的使用功能，进一步加剧我国的水质性缺水问题。因此，公路建设对水质的影响以及污水处理与回用工作也是公路建设与水资源保护工作中必须重视的问题。

(1)附属设施生活污水处理技术

公路沿线的附属设施，如服务区、收费站、养护管理站等排放的废水一般都属于生活污水范畴，通常采用生活污水处理方法进行处理。目前，我国高速路服务区污水处理系统普遍采用活性污泥法、生物接触氧化法等工艺。但据交通部对55条高速公路生活污水处理装置的调查，391套处理装置使用率仅为50.8%[3]，并且处于运行状态下的污水处理装置也因管理不善或其他原因，只有少数处理后能够达标排放，多数地区污水超标排放[4]。从国外高速公路服务区污水处理与回用工艺的发展过程来看，其基本沿用了分散式生活污水处理技术，并随着水处理技术的发展而不断革新。国外早期的分散式污水处理方法主要采用以活性污泥法为主导的好氧工艺，如延时曝气法、SBR法、氧化沟等。但由于活性污泥法能耗较大，运转费用通常较高，使得大多数采用此工艺的服务区难以承受，再加上活性污泥法对操作管理人员的专业素

质要求较高，通常难以保证高速公路服务区污水处理设施的正常运行。同时，从对资源高占用和能源消耗角度，以耗能的方式取得污泥的稳定工艺也是不符合可持续发展的基本原则。因此，人们逐渐对简单的污水处理与回用系统产生了兴趣，目的在于寻找低成本而且安全稳定的处理方法。如美国路易斯安那州交通发展委员会相继开展了将人工湿地碎石植物床、潜流人工湿地（图1）和土壤法处理（图2）应用于高速公路服务区污水处理的研究。整体而言，目前国外高速公路服务区污水处理技术的发展趋势为“三低一少”（投资低、运行费低、管理要求低、废泥量少），这使得自然污水处理系统得到了长足的发展。尤其是 Living Machines 公司于 2001 年开发的“Living Machines”生态型污水处理设施，不但出水效果好（一般出水 BOD，SS≤10mg/L，NH_3—N≤1mg/L）、景观效果好，而且使传统的自然污水处理系统的水力负荷得到了显著提高，极大地弥补了传统自然污水处理占地面积较大的不足，在高速公路服务区污水处理中得到了青睐（图3）。

图1 某高速公路服务区人工湿地污水处理系统

图2 土壤处理系统在某服务区污水处理中的应用

图3 Living Machine 在美国佛蒙特州某高速公路服务区污水处理中的应用

（2）路（桥）面径流收集与处理技术

路（桥）面径流由于机动车辆的磨损而含有大量的金属、橡胶和燃油等污染物质，必须要处理达标后方可排放或回用。国外对公路地表径流处理方法研究和实践较多，开发了许多适用于公路面源污染防治的技术及方法。在美国、加拿大和澳大利亚等国许多公路的局部路段都建有路面径流收集和沉淀池；德国沿机动车道则均设有径流收集系统，城区所收集径流直接送至污水处理厂处理，高速公路地表径流则进入沿路修建的处理系统处理后排放。概括起来公路地表径流的收集与处理方法主要有以下四种：植被控制（Vegetation control）、滞留池（Detention basins）、渗滤系统（Infiltration basins）及湿地（Wetlands）。在实际应用中，可将上述几种方法组合使用。植被控制可用在径流流动的各个环节，可作为径流的收集和输送系统，也可单独使用或与其他系统结合使用。湿地只可以与植被控制或滞留系统相结合，不可与渗滤系统结合，因为累积在湿地中的沉积物和植物的腐败产物在春天时常会随水冲出，会堵塞渗滤系统。如果湿地有出水口，采用植被控制（或滞留池）-湿地-植被控制的组合方式较为理想。我国在公路地表径流的收集与处理方面也进行了尝试，如陕西关中地区的高速公路沿线都设置有渗坑，其主要作用是控制路面暴雨径流，同时又可控制径流污染。在地下水位高、土壤透水性差的地区，则可建立人工湿地来控制径流污染。

(3)隧道施工废水收集与处理技术

隧道施工过程中的废水来源主要有以下几种：隧道穿越不良地质单元产生的涌水；施工设备清洗废水；隧道爆破后的降尘水；喷射水泥砂浆的渗透水以及基岩裂隙水。隧道施工废水的主要污染物为悬浮物、化学需氧量、碱度等，浓度则随不同施工阶段而发生变动。若这些废水不加处理任意排放，必将对地表水造成污染，引发水质安全问题。隧道工程废水的处理方法主要采用化学混凝及沉淀等方法。通常，在进口处设置沉砂除油，去除机械清洗、渗漏所造成的油脂以及易沉降的悬浮固体，减轻后续处理的负担，再采用混凝沉淀程序清除悬浮固体以达标排放。由于施工废水主要任务是去除悬浮固体，故可在初沉池增设浊度计，以利于后续加药操作。除此之外，由于此类废水通常具有较高的 pH 值，可在排放前增设 pH 中和槽，并设置 pH 自动控制器，确保达标排放。

据悉，Waste & Environmental Technologies 公司对传统施工污水处理系统进行了改进，研发了 WetSep 污水处理系统[5]。该系统集滤油脂、去除悬浮固体和减少 BOD 和 COD 于一体。WetSep 污水处理系统以化学强化处理的方法，并加上漩涡式的设计，结合撞击流动力，能简易地把污水内的污染物聚合，分离出干净水。在世界上第三长的台湾坪林隧道，在地底下 250m，四套 WetSep 置于隧道里，处理 350m^3/h 的施工废水。此外，台湾蔡逸文还研究了膜渗透技术用于处理隧道工程废水[6]。总体而言，隧道污水处理工作研究相对较少，亟待加强。

3 动植物资源保护技术

无论在城市或农村，公路建设与发展都是造成动植物资源及其栖息地破坏的主要因素之一。一般来说，公路对生物的直接影响包括植被破坏、动物伤亡；其间接影响包含栖息地损失（Habitat Loss）、栖息地降级（Habitat Degradation）与栖息地孤立（Habitat Isolation），其结果将造成生态上的孤岛效应，影响到物种的交流而导致基因弱化，甚至造成物种灭绝。

3.1 植物的保护措施

在道路规划阶段，对植物的保护应尽量遵从以下几个原则。

回避：涉及雨林、季雨林、红树林等重要植被类型，影响较重的应考虑尽可能避让。

最小限度化：将道路对植被及其生态系统的影响降至最小程度。

异地补偿：对于因道路建设不得不破坏的植被，重新就近设置一相同条件的生态系统，以补偿原有的生态功能。这也是最不得已采取的手段。

在设计阶段，对植物的保护主要有以下方式。

(1)隧道取代开挖

采用隧道取代大规模路幅开挖，避免路线周围植被及其生态环境严重破坏(图 4)。

(2)高架桥取代高填土

高架桥取代高填土，保留桥下植被，减少填土对植物资源的伤害及借土对环境的破坏(图 5)。

图 4　奥地利南高速公路 A2 以隧道取代开挖

图 5　思小高速公路高架桥取代高填土

(3)单柱单断面设计

采用单柱单断面设计，减少基础开挖对山坡的影响，亦即对周围环境造成最小干扰(图 6)。

(4)悬臂式道路面板(Cantilever deck)

Luzern 市是瑞士著名的观光胜地，区内有 Vierwald 等四座高山湖，群山环抱，有森林王国之湖的美称。为开发旅游资源，瑞士公路局在此修建环湖公路。为了降低对当地自然景观的破坏，同时减少边坡防护及整治的成本，以悬臂方式支撑的道路处处可见(图 7)。借助预力岩锚、岩钉的支撑，将路面拖架于峭壁上。此种设计可完全避免传统山区公路的挖填，大幅度减少公路施工成本。

图 6　台湾 3 石碇单柱单断面高架桥

图 7　瑞士公路悬臂式道路面板

(5)隧道前置式洞口工法

前置式洞口工法主要体现了洞口“早进晚出”的理念和仰坡“零开挖”思想，避免了隧道洞口高大边仰坡开挖。该法在江苏南京—淮安高速公路老山公路隧道 1 号洞进口和 2 号洞出口中得以应用(图 8)。前置式洞口工法的应用共减少仰坡开挖面积 2 362m²,减少洞口土石方工程数量 6 480m³,有效的少砍伐老山树木 1 575 棵,原生灌木 7 086 株。

(6)大跨异型棚洞

在路线走廊困难地段、沿河岸沟谷地、路线傍山布置地段，构造物应顺应地形，提倡设置棚洞、半隧道，达到保护边坡和自然环境的目的。半拱-斜柱为特点的大跨异型棚洞，保护了自然植被，减少了对原位地质体的扰动。该法在江苏南京—淮安高速公路老山隧道 2 号洞出口前方得以应用(图 9)。大跨异型棚洞的应用减少洞口土石方 47 000m³，减少洞口开挖范围 8 572.8m³,避免了自然植被的破坏,保护了原生树木 5 714 棵、原生草与灌木 25 716 株,同时还节省工程投资 357.46 万元。

图 8 江淮公路老山隧道前置式洞口

图 9 江淮公路老山隧道大跨异型棚洞

3.2 动物的保护措施

动物的保护措施主要包括避让、施工活动控制和动物通道。

避让:如涉及动物的重要栖息地(繁殖地、越冬地、集中觅食地、集中夜栖地、重要迁徙通道),影响较重的应考虑尽可能避让。

施工活动的控制:主要是施工季节、施工人员行为、施工噪声、灯光等的控制。

动物通道:动物通道的保护应根据不同类型动物的生物生态学特性进行考虑。一般而言，野生动物的栖息，大都需要多孔质环境，例如树枝、枯木堆、乱石堆、洞穴等，孔穴越多,野生动物的活动范围越广，相对的存活几率也越高。目前,国内外常见的动物通道设计主要有以下几种。

(1)大型动物的箱型地下道

箱型地下道原是作为道路的水路、小道相交处的通道设施，无意中常被狐狸、野兔等野生哺乳动物利用作为移动路径,因此在生态道路设计中,常在适当之处广设箱型地下道作为野生动物移动路径。有时在既有箱型地下道上的沟渠上加盖,并加种诱导植物,以利于通道接近动物的移动环境，并减少其被分断的障碍。图 10、图 11 分别为奥地利大型动物箱型地下道和思小高速公路野象通道。

图 10 奥地利某动物穿越地下通道

(2)中型动物的涵管式通道

涵管式通道原是作为排水的通道，在提供动物移动的生态设计上是一大重点。涵管式通道通常设置于小溪流上。排水兼用的涵管式通道，应于管底一侧设计浮出的棚道，可以让动物不必涉水而过(图 12)。作为中型动物移动路径的涵管式通道管径通常应在 1m 以上。

图 11 思小高速公路野象通道

(3)两栖类、爬虫类动物的涵管式通道

两栖类、爬虫类动物通常寻找在有水池的地方产卵，而其日常生活则在陆上林地生活。当产卵地与林地被道路隔开时，这些动物天性必然强行穿越道路，而常常死于车轮下。其补偿措施是在产卵地和生活林地间的道路下，设置涵管式通道是动物在觅食繁殖时有移动的通道(图 13)。对于不喜欢水的动物，可在管底铺上泥土及落叶，引诱动物行走。此外，为了动物们的出入安全，通常于开口前设置防护网以免它们爬入车道上。这类涵管式通道的长度与最小口径的关系在设计中有待认真研究与考量。

图 12 中型动物的涵管式通道

图 13 德国两栖爬行类动物的涵管式通道

(4)动物跨越路桥

路桥式与箱型地下道动物穿越路径的功能是类似的，只不过箱型地下通道适于谷地和地洼地，而跨越路桥则适用于山岭地。跨越路桥的尺度依动物大小而有所增减，路桥两侧护栏应以封闭的壁面结构，并以植被覆盖为佳，让动物看不到车辆来往，以防止动物移动的不安。路桥面覆以自然泥土，两侧尽量扩大，并配置引导植物，以诱导动物顺利通行。图 14 是一种自然的动物跨越路桥形式，它是在奥地利山区观光道路上以自然覆土所形成的动物穿越路径。

(5)桥梁下的生态路径

无论是箱型、涵管或是路桥方式，都是较为勉强的动物穿越路径。最自然的动物移动方式为透过道路桥梁下的绿地生态路径。这种通常是在道路跨越河流或其他道路之处，在桥下多留出自然绿地，作为动物移动通道。并在车道两侧多设置绿地让动物通行无阻。图 15 为在欧洲的桥梁下的生态路径。

图 14 奥地利山区隧道上动物穿越路径

图 15 荷兰联络公路桥梁下动物穿越路径

(6)诱导鸟类飞越公路的植物设计

关于动物穿越道路不只是针对爬行动物而设计，鸟类飞越道路也应有安全的防护设计(图16)。例如，台湾阳明山公园就经常有鸟类被车辆追撞，造成死亡。此时，就应设计鸟类穿越路径，以利于鸟类穿越。鸟类横越道路时，通常有其固定的飞行高度，像麻雀、乌鸦等飞行高度约为2m，为防止鸟类穿越时落入车阵内，可在危险路段两旁种植比车辆高的诱导飞行植物，在路肩两旁密植高乔木，而植物当然以原生树种为佳。有时更应在道路两旁设防鸟网栅，使防范效果更佳。

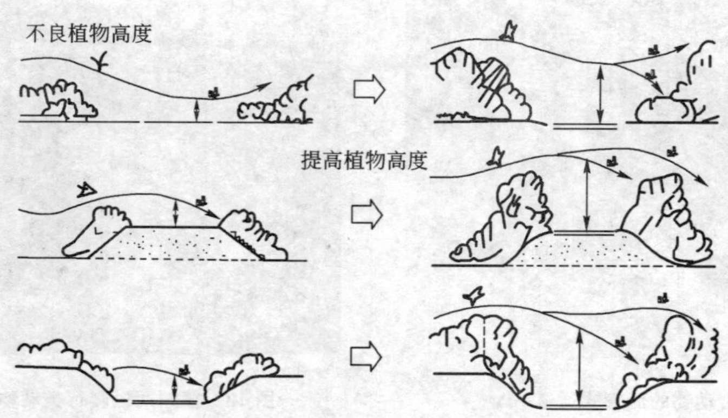

图 16 利用植物引诱鸟类或昆虫飞越道路的高度

4 结论与展望

随着公路建设从高速跃进期过渡到平稳发展阶段，从粗放高消耗型建设模式转变为资源节约型发展道路，资源节约与利用技术必将有广阔的应用前景。在不断总结经验、努力将现有技术实践推向深入的同时，展望未来，我们还可以在以下几个方面开展工作：

(1)积极开展3S技术在公路选线中的实践应用，促进公路建设与资源环境共同和谐发展；

(2)坚持理念创新，不断加强公路建设规划、设计阶段的生态工程理念的应用；

(3)进一步加强公路水资源处理与回用技术研究和动植物保护技术研究。

目前，我国公路建设正处于历史上最重要的发展机遇期，不断实践资源节约理念，坚持科学的可持续发展观，走资源节约型发展道路是时代对我们的要求，也是历史必然的选择。

参考文献

[1] 交通部综合规划司.公路和港口码头建设与土地占用量之间的关系分析.2004 .

[2] Holmes PM. Shrub land Restoration Following Woody Alien Invasion and Mining: Effects of Topsoil Depth, Seed Source, and Fertilizer Addition. Rest Ecol,2001(9): 71-84.

[3] 陈静,杜辉,孙强,王钦涛. 高速公路附属区生活污水处理设施的管理. 交通环保, 2004, 25(6): 46-47.

[4] 交通部公路科学研究所,交通部科学研究院,重庆交通科研设计院,中国肉类食品综合研究中心,中国地质大学.西部交通建设环境工程系列标准研究报告.2004.

[5] Waste & Environmental Technologies Ltd. Construction Innovation Forum. 7001 Haggerty Road, Cantion,2005.

[6] 蔡逸文. 以薄膜技术处理隧道工程废水. 台湾科技大学硕士学位论文,2006.

多功能聚合物骨架空隙混凝土路面

易志坚[1]　杨庆国[1]　赵朝华[1]　马银华[1]　李祖伟[2]　张太雄[3]　等

(1.重庆交通大学　重庆　400074;2.重庆高速公路发展有限公司　重庆　400042;
3.重庆市交通委员会　重庆　401147)

摘　要:多功能聚合物骨架空隙混凝土(MPLC)路面综合了水泥混凝土路面和沥青混凝土路面两者优良的力学性能,且具有透水、降噪、彩色景观、彩色标识等功能,路面施工快捷、行车舒适度较高。本文介绍了这种路面的原理、特点和实现方法。

0　引言

水泥混凝土路面和沥青混凝土路面为目前两种主要的公路路面类型,两种路面表现出不同的破坏形式[1~6]。水泥混凝土路面采用的水泥基结合料强度高但断裂韧性差[7~9];沥青混凝土路面采用沥青基结合料变形性能好但强度低、塑性大、稳定性差[7,8,10]。由于两种结合料的化学、物理性质根本不同,使得两者的优点难以同时兼得,缺点难以同时克服,致使两种路面各自的典型破坏问题至今未能很好解决[4,5]。

本文介绍了一种前期研究的新的、综合水泥基胶凝料高强度和沥青基结合料良好变形性能的聚合物水泥结合料,并以此来固结混凝土内部骨料—节点—孔隙空间网架结构,形成的一种新的路面类型:多功能聚合物骨架空隙混凝土(Multi-function Polymer Lattice Concrete)路面(简称 MPLC 路面)。这种新型路面兼具水泥混凝土路面的高强度、高稳定性和沥青混凝土路面的高变形性能,可望有效避免这两种路面各自典型破坏形式的发生,并实现透水、降噪及彩色景观和标识功能。聚合物骨架空隙混凝土的应用,还可减少路面层厚,并赋予路面良好的可施工性能,可节约资源和成本,为走资源节约型、环境友好型的交通建设可持续发展之路提供了一种新的方法和思路。

1　路用聚合物水泥结合料的原理与性能

让水泥基材料改变脆性、具备足够的柔性,以此作为路面结合料,并形成新的路面材料和结构,是本文第一作者在分析了传统水泥混凝土路面和沥青混凝土路面各自的优、缺点后于6年前提出的设想,目前已具有了自主知识产权。

一直以来,水泥混凝土路面和沥青混凝土路面是城市道路和高等级公路的两种主导路面类型[1~3]。水泥混凝土路面面层刚度大,强度高,路面具有“刚性”[1~3];沥青路面面层的弹性模量较小,适应基层和土基的变形的能力强,路面具有“柔性”[1~3]。水泥混凝土路面和沥青混

基金项目:交通部西部交通建设科技项目(编号 200331881429)。

凝土路面均有各自的优点,但是两种路面的缺点也非常突出:水泥混凝土路面的变形能力差、容易脆断[1~5];沥青路面材料的强度低且稳定性差,路面容易产生车辙、推拥、松散剥落、反射裂缝等破坏[1~4]。由于水泥和沥青的特性完全不同,使得两种路面的性能差别很大,两者的优点难以同时兼得,缺点难以同时克服。因此,两种路面的破坏问题至今未从根本上得以很好解决[4,5]。

新型聚合物水泥结合料具有水泥基材料的高强度和沥青材料的变形性能,极端情况可弯折[图 1a)]。聚合物水泥结合料固结骨料节点,形成骨料-结点-孔隙的空间超静定结构[图 1b)],除提供优良的力学性能外,还具透水降噪功能[图 1c)]。经功能性表面处理后,路面标识功能增强,具有立体彩色景观效果[图 1a)、1b)]。

图 1 聚合物水泥结合料和混凝土内部拓扑(lattice)结构

路面能否兼具水泥混凝土路面和沥青混凝土路面共同的优点而又同时克服两者的缺点呢?经过 6 年的探索,一种兼具水泥基材料高强度和沥青类材料高变形性能的新型路面材料——聚合物水泥结合料(图 1)已成功研制。

这种材料的设计原理是通过将有机材料和无机材料的结合,添加有机柔性聚合物对水泥进行改性而得。这种结合料具有十分优良的路用力学性能:一是强度高,3d 的弯拉强度可达到 6MPa,28d 的弯拉强度能达到 10MPa,不仅高于沥青的强度,而且高于同强度等级的水泥;二是变形性能好,极限变形通常大于 600$\mu\varepsilon$,极端情况可超过 3 000$\mu\varepsilon$,相应的薄条试样能够任意弯折;三是黏结能力强,它与水泥混凝土界面的黏结强度是普通水泥黏结强度的 2 倍以上;四是温度稳定性、水稳定性和环境稳定性好。显然,这种结合料综合了现行水泥材料和沥青材料一些共同的优点,是一种全新的路面新材料。

2 聚合物混凝土空间网架结构与透水降噪等生态环保功能

利用聚合物水泥结合料优越的力学性能,采用骨架空隙混凝土,可使面层混凝土内部空间网架结构上实现突破。

骨架空隙混凝土的构成是骨料+结点+孔隙的空间网架。其实现原理是:单一级配或间断级配的碎石骨料经堆聚、压密，通过表面点接触自然形成空间骨架空隙形式的内部网架结构；再采用结合料对碎石之间的表面接触点进行固化加强，形成骨料—结点—孔隙的内部空间网架结构[图 1b)]。具体实现方法是将聚合物水泥结合料与单一级配的碎石混合搅拌，使结合料在骨料表面均匀分布，待混合料经压实、整平后形成。与由连续结合料和内嵌离散分布碎石形成的传统水泥混凝土和沥青混凝土内部密实结构相比，骨架空隙混凝土内部骨料之间保留一定体积率的开放孔隙，骨架与节点的作用在于形成空间超静定结构，提供稳定的承载力学性能。而孔隙的功能意义在于，一是大幅度降低传统路面材料内部骨料间密实连续结合料由于温度变形和收缩变形[11,12]产生的高次应力，避免次应力引起的开裂、断板等破坏形式；二是通过表面开放、内部连通的孔隙，实现透、排水功能[图 1c)]，并吸收轮胎与道路表面因高速滚动接触产生的局部高气压，大幅降低行车噪声[13,14]。

采用传统的水泥或沥青类结合料与碎石结合，也能形成骨架空隙结构混凝土，比如Porous asphalt路面就是一种由改性沥青结合料与骨料黏结形成的骨架空隙混凝土路面[13,14]。然而，采用普通水泥类材料或沥青材料作为节点固结料有其固有的缺陷，若其内部骨料间“节点”由普通水泥固结，则普通水泥结合料自身固有的“脆性”使得表层骨料间“节点”在路面车辆压、剪复合作用下易于脆断而造成骨料脱落；若内部骨料间“节点”由沥青类材料固结，则沥青结合料自身固有的低强度和黏塑性性质，使得实现透水路面的技术难度大，成本高。

聚合物骨架空隙结构具有优良的路用力学性能，其 7d 弯拉强度能达到 3.5MPa 以上，不低于同等情况下的普通密实级配的水泥混凝土；其极限弯拉应变可达 500$\mu\varepsilon$ 以上，是普通密实级配水泥混凝土的 3 倍以上；与普通密实级配的沥青混凝土相比，其 60℃水浴的马歇尔强度提高 5～15 倍且流值不低于 20；循环加载表明，聚合物骨架空隙混凝土在峰值应力的 70%以内主要呈弹性性质，而沥青混凝土在峰值应力的 30%以上便呈现明显的黏弹塑性性质，不可恢复的塑性变形随使用逐渐积累。

此外，聚合物骨架空隙混凝土的孔隙率为 10%～20%以上，水可渗入孔隙再经基层表面流出路面，保证雨天的行车安全，降低行车噪声(3～10dB)，同时，可利用自身的水分含蓄能力调节大气温度和湿度。

聚合物骨架空隙混凝土路面能与基层结合为复合式路面板，其优良的变形性能，保证了面层与基层整体受力与变形的协调。为了防止聚合物骨架空隙混凝土路面中的水流经基层表面后浸入基层，路面基层表面设有聚合物防水层，能有效预防路面水损坏的发生。

3 路面的彩色功能性表面层

彩色功能性表面处理为聚合物骨架空隙混凝土路面的一大技术特色。其目的一是为了防止路面表面骨料的脱落，二是为了阻止阳光中的紫外线进入面层结合料，三是为了提高路面的景观效果，增强路面的安全标识功能[图 1d)]。功能性表面层采用一种聚合物水泥材料，其耐磨性能优，路面扬尘少，抗滑性能好；表面层材料可按照不同使用要求任意选配颜色，其耐候性好、色泽持久，表面耐污染，能够充分表现路面骨架空隙结构的立体表观效果。

彩色路面的研究已有时日，其目的一般仅限于改善路面观感和标识性[15,16]。但是，以往彩色路面存在两个主要问题：一是成本高，造价一般要在沥青路面基础上增加一倍；二是着色效果不好，骨料表层的颜色很容易被磨掉。因此，其应用推广不仅受高昂成本的制约，而且存在技术上的障碍。

4 路面的施工与经济性

聚合物骨架空隙混凝土路面的突出优点还体现为其施工方法先进和节省造价。路面可采用冷拌摊铺、自振实工艺一次成型，可利用现行水泥混凝土搅拌机冷拌，可利用现行沥青摊铺机摊铺整平，无须压路机碾压，既省去了水泥混凝土路面振捣、抹平工艺，也省去了沥青路面的热拌、碾压工艺，使得路面的平整度、行车舒适度得到了极大提高。同时，由于路面强度高、变形好，且采用骨架空隙结构，路面可在保证良好的力学性能、使用性能的同时，结合料用量较小，能实现薄层铺装，一次性综合造价低于沥青混凝土路面。

由于新材料和新技术的应用，聚合物骨架空隙混凝土路面平整、舒适，具有透水降噪等生态环保和彩色景观和标识功能。图 2a)为重庆内环高速公路吉庆隧道出口段，图 2b)为重庆南岸辅仁路(正在做透水演示试验)。

a)

b)

图 2 试验路段路面实景

聚合物骨架空隙混凝土路面已应用于实际，2004 年 9 月修建了第一个试验观察路段，目前已修筑了多个科研试验路，共计约 7km，折合面积 7 万余平方米。除最早的一个试验路段修筑在重庆交通大学校园而外，其余试验路均修筑在高速公路、市政道路或重载专用道上。其中，2006 年 4 月至今在江津观音岩长江大桥施工便道上进行了聚合物骨架空隙混凝土路面与普通水泥混凝土路面的重载对比观察试验，聚合物骨架空隙混凝土路面厚度仅为 6cm，而普通水泥混凝土路面厚度超过 20cm。使用 3 个月后，普通水泥混凝土路面开始断板，8 个月后严重破坏，而聚合物骨架空隙混凝土路面至今保持完好(除基层严重沉陷并断裂处有裂缝外)。2006 年 11 月完成的重庆内环高速公路吉庆隧道及洞口试验段[图 2a)]、重庆南岸辅仁路试验段[图 2b)]，其单位面积造价较同路段上的沥青混凝土路减少，并集美丽的色彩、和谐的景观以及透水降噪、行车舒适等功能为一体。

6 结语

聚合物骨架空隙混凝土路面作为一种新型路面，其研究才刚刚起步，还存在着一些技术和应用问题需要解决，路面的设计理论和施工方法还有待完善。

(钟宁、阳光、佘键、霍晓春、何兵、崔海琴、彭凯、周超、何小兵、韩西、巫祖烈、李建伟、黄锋、谷建义、高春君、唐羽、董明思、常国强等同志也参与了本文的撰写工作。)

参考文献

[1] Huang, Y. H. Pavement Analysis and Design. Prentice-Hall, Englewood Cliffs, 1993.

[2] Wright, P. H. Highway Engineering. 7th ed, John Wiley, Hoboken NJ, 2004.

[3] Rogers, M. R. Highway Engineering. Blackwell Publishing, 2003.

[4] Miller, J. S., Bellinger, W. Y.. Distress Identification Manual for the Long-Term Pavement Performance Project. FHWA, Washington DC, 2003.

[5] Ioannides, A. M. Concrete Pavement Analysis: The First Eighty Years. International Journal of Pavement Engineering 7,2006.

[6] Hunter, R. N. Asphalts in Road Construction,Thomas Telford, London, 2000.

[7] Domone, P. L. J., & Illston, J. M. Construction Materials:Their Nature and Behaviour ,3nd ed, Spon Press, London and New York, 2001.

[8] Alexander, M. G., & M. Sidney. Aggregates In Concrete, Spon Press,UK, 2005.

[9] Hobbs, D. M. Concrete Deterioration: Cause, Diagnosis and Minimizing Rist. International Material Review 46, 2001.

[10] Hardin, J. C. Physical Properties of Asphalt Cement Binders, ASTM STP 1241, American Society for Testing and Materials, Philadelphia, 1995.

[11] Aitcin, P. C., Neville, A. M., Acker, P. Integrated View of Shrinkage Deformation. Concrete International 19, 1997.

[12] Bentz, D. P., Geiker, M. R., Hansen, K. K.. Shrinkage-reducing Admixtures and Early-age Desiccation in Cement Pastes and Mortars. Cement and Concrete Research 31, 2001.

[13] Nicholls, J. C. Review of UK Porous Asphalt Trials. UK:Transport Laboratory, Thomas Telford, 1997.

[14] Ferguson, B. K. Porous Pavements, Boca Raton, CRC Press, 2005.

[15] Lee, K. W. Development of color pavement in Korea. Journal of Transportation Engineering 111,1985.

[16] Lin, D. F., Luo, H. L. Fading and Color Changes in Colored asphalt Quantified by the Image Analysis Method. Construction and Building Material 18, 2004.

聚合物骨架空隙混凝土的常规力学性能

易志坚[1] 唐 羽[1] 李祖伟[2] 张太雄[3] 钟 宁[2] 杨庆国[1] 等

(1.重庆交通大学 重庆 400074;
2.重庆高速公路发展有限公司 重庆 400042;
3.重庆交通委员会 重庆 401147)

摘 要:聚合物骨架空隙混凝土兼具水泥混凝土和沥青混凝土一些共同的优点,本文介绍了聚合物骨架空隙混凝土的一些常规力学性能,并与水泥混凝土和沥青混凝土进行了对比。

关键词:聚合物路面 混凝土 强度 变形 马歇尔试验

0 引言

高等级公路的路面结构类型主要有两种,即水泥混凝土路面和沥青混凝土路面。水泥混凝土路面面层刚度大,强度高,路面具有"刚性",通常称为刚性路面;沥青路面面层的弹性模量较小,适应基层和土基的变形的能力强,路面具有"柔性",通常称为柔性路面。

水泥混凝土路面和沥青混凝土路面有各自的优点:水泥混凝土路面取材方便,施工简单、路面强度高、稳定性好、耐久性好;沥青路面表面平整、无接缝、行车舒适、耐磨、噪声低、养护维修简便等。

但是,水泥混凝土路面与沥青路面也有各自的缺点:水泥混凝土路面脆性大,容易脆断、难于修复、接缝多、行车舒适性较差、面层与基层变形协调能力差;沥青路面的施工要求高,路面水稳定性、温度稳定性、耐化学老化性较差,路面强度不高,容易产生车辙、松散剥落、反射裂缝等破坏。

聚合物骨架空隙混凝土由聚合物水泥结合料与骨料结合而形成,由其修筑的路面兼具水泥路面和沥青路面一些共同的优点。本文主要介绍聚合物水泥结合料和聚合物骨架空隙混凝土的一些常规力学性能。

1 聚合物水泥结合料的力学性能

聚合物水泥结合料是将聚合物乳液加入水泥搅拌制成。该聚合物乳液可以提高净浆对水、二氧化碳和油类物质的抗渗能力,增强对一些化学物质侵蚀的抵抗能力,还可增加净浆的抗弯拉强度。

试验表明,若采用强度等级为42.5的普通硅酸盐水泥,聚合物水泥结合料长期抗压强度范围一般在20～40MPa,抗折强度范围一般在7～15MPa。而同等情况下的普通水泥净浆长期

基金项目:交通部西部交通建设科技项目(编号200331881429)。

抗压强度范围一般在40～60MPa，抗折强度一般在5～10MPa。聚合物水泥结合料的抗压强度低于水泥净浆的抗压强度，但抗折强度提高幅度十分明显。

聚合物水泥结合料的抗压和抗折强度增长比普通水泥净浆快。聚合物水泥结合料的变形性能好，具有良好的变形协调能力，极限应变一般是普通水泥净浆的3倍以上，弹性模量降低30%以上。

2 聚合物骨架空隙混凝土的力学性能

骨架空隙混凝土的构成是骨料＋结点＋孔隙的空间网架，其实现原理是：单一级配或间断级配的碎石骨料经堆聚、压密，通过表面点接触自然形成空间骨架空隙形式的内部超静定结构，再采用结合料对碎石之间的表面接触点进行固化加强。具体实现方法是将聚合物水泥结合料与单一级配的碎石混合搅拌，使结合料在骨料表面均匀分布，待混合料经压实、整平后形成。

2.1 抗压强度

试验表明，聚合物骨架空隙混凝土的长期抗压强度(120d龄期)范围一般为15～25MPa。

聚合物骨架空隙混凝土的抗压强度早期增长迅速，7d强度就达到28d强度的80%左右。聚合物骨架空隙混凝土能实现快速施工与早期开放交通。其抗压强度较水泥混凝土强度略偏低，因为聚合物水泥结合料是一种弹性材料，它构成的聚合物骨架空隙混凝土的最大优点体现在抗弯拉强度，而抗压强度则表现得不太显著。

2.2 抗折强度

聚合物骨架空隙混凝土的长期弯拉强度(120d龄期)一般为4.5～8 MPa。

强度增长规律方面，弯拉强度与抗压强度一样，早期强度增长迅速，后期强度增长较慢。28d的抗折强度与C40普通水泥混凝土抗折强度相当，大于普通水泥路面通常采用的C30混凝土抗折强度。这表明聚合物骨架空隙混凝土就抗折强度来讲，比普通水泥混凝土更具优势。

2.3 变形性能

聚合物骨架空隙混凝土线弹性阶段最大应变均大于200$\mu\varepsilon$，大部分试件断裂时极限应变超过600$\mu\varepsilon$；其弹性模量比普通水泥混凝土降低了30%以上。

聚合物骨架空隙混凝土在破坏时不同于普通水泥混凝土的脆性破坏，具有一定的延性。破坏时，应力能维持若干秒的时间不变，而应变迅速增加，直到荷载逐渐降低，试件仍未完全断裂。值得一提的是，试验中我们还对部分破坏试件进行了二次加载，有的试件二次承受加载时抗折应力甚至超过1MPa，这种在高应力水平下裂纹稳定、缓慢扩展的能力是普通水泥混凝土无论如何也不可能达到的。

2.4 马歇尔试验

马歇尔稳定度是评价沥青混凝土高温稳定性的重要指标，而流值是评价沥青混凝土塑性变形能力的重要指标。

由于聚合物骨架空隙混凝土具有一定的延性和变形能力，故与沥青混凝土有可比性，采用马歇尔试验分别测试两者的稳定度与流值。加载方式除标准试验规定外，还多加了一种加载方式——循环加载。根据试验温度条件的不同分为室温(15℃)加载与恒温水槽为60℃的水浴加载。采用AC-10沥青混凝土与聚合物骨架空隙混凝土作对比。

(1)AC-10 沥青混凝土的马歇尔试验

AC-10 沥青混凝土的流值一般是 20～45(0.1mm)，当试件温度从 15℃上升到 60℃时，稳定度从大于 40kN 下降至 10kN 左右(图 1)。另外，从循环加载可以明显看出，其塑性变形特征十分明显。这表明沥青混凝土路面在夏季使用时容易出现车辙、拥包、松散剥落等病害。

(2)聚合物骨架空隙混凝土的马歇尔试验

大量试验表明(图 2 只是其中几组数据)，聚合物骨架空隙混凝土的流值一般在 15(0.1mm)以上，即使在 60℃水浴条件下，稳定度通常亦大于 50kN，与 15℃的流值、稳定度相差不大。从循环加载可看出，其塑性变形小，不易产生车辙破坏。另外，3d 龄期的聚合物骨架空隙混凝土的稳定度与流值与 28d 的相差不大，这也为聚合物骨架空隙混凝土早期开放交通提供了一定的依据。并且，其具有良好的高温稳定性，无论是室温加载还是 60℃水浴加载，流值与稳定度均相差不大。

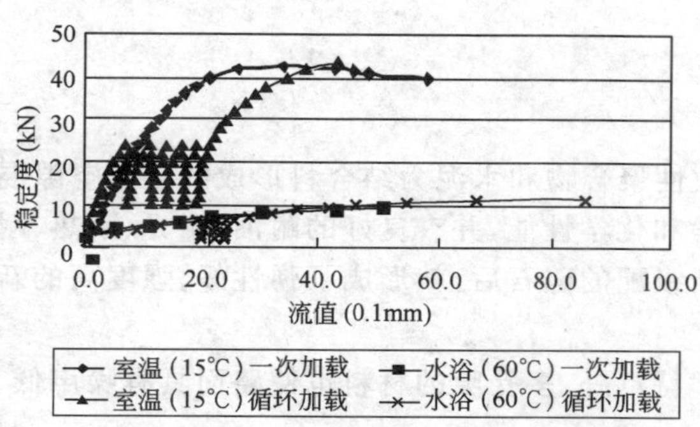

图 1　几种情况下沥青混凝土的马歇尔试验

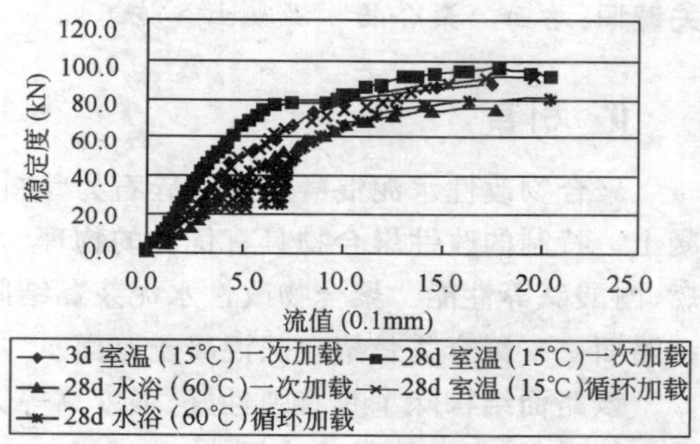

图 2　几种情况下聚合物骨架空隙混凝土的马歇尔试验

3　结论

聚合物骨架空隙混凝土具有良好的抗弯拉能力、变形协调能力和高温稳定性，其综合了水泥混凝土和沥青混凝土的一些共同优点，具有良好的路用力学性能。

(黄锋、赵朝华、崔海琴等同志也参与了本文的撰写工作。)

参 考 文 献

[1]　中华人民共和国行业标准. JTJ 053—83　公路工程水泥及水泥混凝土试验规程[S]. 北京：人民交通出版社，1984.

[2]　中华人民共和国行业标准. JTJ 052—2000　公路工程沥青及沥青混合料试验规程[S]. 北京：人民交通出版社，2000.

[3]　买淑芳. 混凝土聚合物复合材料及其应用[M]. 北京：科学技术文献出版社，1996.

聚合物骨架空隙混凝土路面的施工工艺

易志坚[1]　高春君[1]　张太雄[2]　钟　宁[3]　佘　健[3]　杨庆国[1]　等

(1.重庆交通大学　重庆　400074;2.重庆交通委员会　重庆　401147;
3.重庆高速公路发展有限公司　重庆　400042)

摘　要:本文根据聚合物骨架空隙混凝土路面材料本身的性质和试验路施工情况,介绍、总结了聚合物骨架空隙混凝土路面的施工工艺。

关键词:路面　聚合物　混凝土　施工

0　引言

聚合物改性水泥混凝土是以碎石为骨料、改性聚合物和水泥为结合料形成的骨架空隙混凝土。特制的改性聚合物具有优良的物理、力学和化学性能,并有良好的耐油、耐光、耐热、耐燃、耐酸碱等性能。聚合物改性水泥浆黏结间断级配的碎石后,就形成了弹性好、强度高的新型路面——聚合物骨架空隙混凝土路面。

该路面结构除了具有弹性好、强度高等力学特点外,多孔隙的材料也使路面具有噪声低、透水性强、扬尘少等服务功能。

聚合物骨架空隙混凝土路面可采用冷拌碾压工艺一次成型,只需摊铺整平,无需压路机碾压,既省去了水泥混凝土路面振捣、抹平工艺,也省去了沥青路面的热拌、碾压工艺,路面的平整度、行车舒适度都得到了提高。

1　聚合物骨架空隙混凝土路面的施工流程

聚合物骨架空隙混凝土路面施工工艺流程,如图1所示。

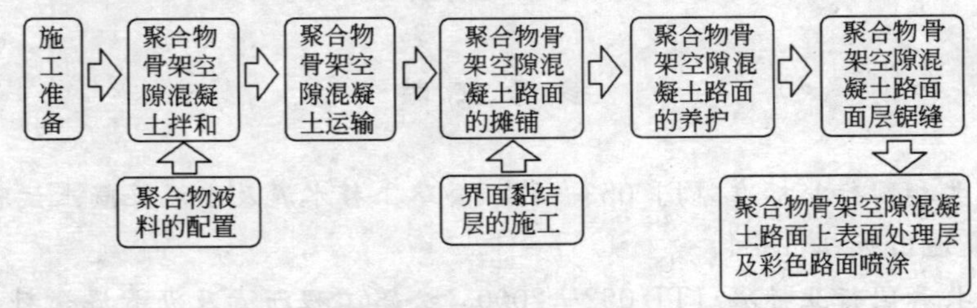

图1　聚合物骨架空隙混凝土路面施工工艺流程示意图

2　施工准备

(1)备料

选购经试验合格的水泥、间断级配的石子和聚合物原材料;对各种原材料进行复合性检验,

基金项目:交通部西部交通建设科技项目(编号200331881429)。

使其符合有关技术要求。

(2)做好配合比设计

保证聚合物骨架空隙混凝土的强度、稳定性及面层的孔隙率等。

(3)施工前基层处理

碾压混凝土基层:先进行锯缝,横缝间距 15m 左右,缝深 10cm,再凿毛、冲洗等。

旧混凝土路面或旧沥青路面:应先对旧路面进行病害处治,再凿毛处理,冲洗干净,并记下横缝和纵缝的确切位置,以便面层锯缝与其完全对齐。

(4)在满足要求的基层上确定平面和高程控制线

(5)拌和、摊铺设备准备、试验仪器和人员配备

主要施工机具:1 条混凝土生产线,复配聚合物乳液配料池(可现场并排砌筑,配制能力应满足混凝土拌和需要),摊铺机(自振良好),自卸汽车,锯缝机,洒水车,制浆机,喷浆机等。

3 聚合物骨架空隙混凝土路面的施工工艺

3.1 聚合物骨架空隙混凝土的拌和

3.1.1 聚合物液料的配置

聚合物液料由多种聚合物原材料配置而成,其中几种主要原材料(用量较大)可放在拌和站附近的贮备场地,其他若干种辅助剂用量小,可在混凝土拌和前一天运至搅拌站保存。

运输车将几种主要材料运至搅拌站,倒入配料池内兑拌,同时加入其他助剂和水,注意各种助剂的先后顺序,一次配料 6~10t,其中水的用量应根据石子的干湿程度予以适当增减。

将配料池中兑好的液料搅拌均匀之后,开动搅拌机的同时,用水泵通过搅拌机加水的通道将配料池中的液料抽至搅拌机内开始聚合物骨架空隙混凝土的生产,液料计量准确度由搅拌机上电脑计量装置控制。

3.1.2 聚合物骨架空隙混凝土的搅拌

根据设计配比,结合现场情况(温度、运距、集料的含水量等)进行试拌,确定最终配比,拌和出来的混合料应满足摊铺所要求的施工性。

采用强制式水泥混凝土搅拌机,冷拌均匀,搅拌时间控制在 20~40s 左右。不同搅拌机机械功率不同,其控制时间需根据现场拌料情况进行调节。

拌和时应严格控制混凝土的配比准确,防止拌出的聚合物骨架空隙混凝土质量出现波动。出厂的混合料必须均匀一致,无花白料,无离析和结块现象,不符合要求时应及时废弃。

搅拌过程中专人负责观察混合料状况(主要是干湿状况和施工性),及时与前场施工人员沟通。

3.2 聚合物骨架空隙混凝土的运输

聚合物骨架空隙混凝土采用自卸汽车运输。

根据拌和站的产量、运距,合理安排运输车辆的单车运量和车辆数量。

当运距超过 2km 时,用彩条布或帆布等遮盖聚合物骨架空隙混凝土,避免聚合物骨架空隙混凝土中的水分挥发,影响材料性能和施工质量。

自卸汽车在每次装料前,应将车内废弃物冲洗干净(含未卸净的聚合物骨架空隙混凝土),

并保持车厢内湿润且无积水。

自卸汽车在搅拌站自装料起到前场摊铺前,所用总时间原则上不超过60min,如遇搅拌站故障或其他原因,需较长时间停止拌和时,应立即将拌好的料运至前场。

聚合物骨架空隙混凝土运送至前场,遇前场机械故障时,应及时通知拌和站暂停或减缓聚合物骨架空隙混凝土的生产,并对前场不能立即施工的聚合物骨架空隙混凝土进行覆盖,防止水分散失。若恢复施工时,车厢内未倒出或已倒出而未经摊铺成型的聚合物骨架空隙混凝土已出现初凝,应立即倒掉或清除,以免凝固后对机械设备造成损坏。

3.3 界面黏结层施工

界面黏结层位于上基层和聚合物骨架空隙混凝土面层之间,其作用是增强界面的黏结,以保证面层与基层共同受力和变形协调,同时也起到防水的作用。

界面黏结层由特制的聚合物乳液、水泥和水兑拌成聚合物水泥浆均匀涂刷后形成。

聚合物水泥浆用制浆机兑拌均匀后,在摊铺机前适当距离内,用喷浆机将聚合物水泥浆均匀涂刷在基层上,涂刷不均匀位置由人工协助摊匀。

摊铺机就位前,将摊铺机履带位置先涂刷,其他位置在聚合物骨架空隙混凝土运至前场后、摊铺之前进行涂刷,确保摊铺时黏结层材料仍处于潮湿状态,并保证不影响面层摊铺的进度。

3.4 聚合物骨架空隙混凝土面层的摊铺

摊铺采用自振实功能良好且非自由伸缩式的沥青摊铺机进行摊铺。

摊铺前,应检查摊铺机的振动功能,确保其处于正常状态;检查熨平板,保证其干净平整,若发现粘有杂物,应及时清除;检查摊铺机的高程(厚度)调整功能,确保按照设计高程和厚度摊铺面层等。

聚合物骨架空隙混凝土面层摊铺过程中,利用摊铺机自身的振动功能对面层进行压实,无须碾压。

摊铺方法和沥青混凝土的摊铺类似,一次成型,摊铺过程中要保证平整度,高程误差不超过沥青路面规定要求。摊铺机要匀速行驶,行走速度和搅拌站产量相匹配,一般2m/min为宜,尽量避免中途停顿,以确保所摊铺路面均匀不间断。要随时检查摊铺质量,出现离析、边脚缺料等现象人工及时补撒料、换补料,同时也要检查高程及摊铺厚度,并通知操作手。

摊铺过程中的施工缝处理方法:首先用3m直尺检查端部平整度,如不符合要求时,直尺要垂直于路中线切齐清除,清理干净后在端部涂刷聚合物水泥浆接着摊铺。施工缝在摊铺层施工结束后再用3m直尺检查平整度,如不符合要求,立即用人工处理。

根据试验及施工经验,为保证路面最佳性能,达到最佳的施工质量,从聚合物骨架空隙混凝土搅拌完毕至摊铺完毕未出现初凝现象,最好控制在1.5h以内。

摊铺后10h内,人及车辆不能进入路面。

3.5 聚合物骨架空隙混凝土路面的养护

路面摊铺成型后,立即用薄膜覆盖养生1～3d。覆盖养生时,薄膜的边缘固定,保证封闭严实,避免局部水分丧失引发质量问题。薄膜的搭接要有一定的长度,约50cm左右,避免早期雨水不从接缝流入路面。

3.6 聚合物骨架空隙混凝土路面的面层锯缝

当聚合物骨架空隙混凝土罩面层摊铺结束3～5d后，养护期内，应对面层锯缝处理：面层锯缝位置与其下的混凝土路面的锯缝对齐，平面误差不超过2cm。锯缝应将面层锯透，使面层在锯缝处彻底断开。冲洗掉锯缝产生的粉尘。

3.7 聚合物骨架空隙混凝土路面的上表面处理层及彩色路面喷涂

表面处理采用专门的设备喷涂特制的聚合物改性水泥浆，厚度为1mm左右，防止路面的表面松散、与底层黏结失效等病害。如需把路面处置成彩色，只需把特制的聚合物改性水泥浆中加入彩色颜料即可。

表面处理或彩色路面施工完成后，封闭交通，直到面层和表面处理层的力学指标满足设计要求后，即可开放交通。如果工期紧张，可在开放交通后分车道进行表面处理或彩色路面施工。

4 聚合物骨架空隙混凝土路面的前景展望

聚合物骨架空隙混凝土路面结构设计的优化与路面材料本身特点，使得路面结构具有弹性好、强度高、透水性强、噪声低、扬尘少、行车舒适、服务寿命长以及维修简单、快捷等优点，兼具了OGFC透水降噪路面、彩色沥青路面等诸多路面的服务功能于一身，铺装厚度也大幅减少，一般为4～6cm厚，大大降低了材料和施工成本。

由此可见，薄层铺装路面能节约大量的资源，路面在保证高的力学性能、使用性能的同时，一次性综合造价较沥青混凝土路面降低。

彩色铺装时，既能保证路面的质量，又不增加成本投入，具有经济效益和社会效益。

随着聚合物骨架空隙混凝土路面结构体系的合理优化、材料性质的深层次的研究和施工工艺的日益成熟，该路面结构可望在桥面、隧道、广场铺装等工程中推广应用。

（谷建义、马银华、何小兵、李建伟、董明思、常国强也参与了本文的撰写工作。）

参 考 文 献

[1] 王明怀. 高等级公路施工技术与管理[M]. 北京：人民交通出版社，2000.

[2] 李辉，蒋宁生. 工程施工组织设计编制与管理[M]. 北京：人民交通出版社，2003.

[3] 余叔藩. SMA路面设计与施工[M]. 北京：人民交通出版社，2002.

[4] 中华人民共和国行业标准. JTG F40—2004 公路沥青路面施工技术规范[S]. 北京：人民交通出版社，1994.

[5] 中华人民共和国行业标准. JTG F30—2003 公路水泥混凝土路面施工技术规范[S]. 北京：人民交通出版社，2003.

[6] 般岳川. 公路沥青路面施工[M]. 北京：人民交通出版社，2000.

聚合物骨架空隙混凝土路面依托工程应用情况

易志坚[1]　谷建义[1]　张太雄[2]　李祖伟[3]　钟　宁[3]　阳　光[3]　等

(1.重庆交通大学　重庆　400074;2.重庆交通委员会　重庆　401147;
3.重庆市高速公路发展有限公司　重庆　400042)

摘　要:文章针对聚合物骨架空隙混凝土路面的结构和施工特点,总结了依托工程的实施情况以及存在的问题。

关键词:聚合物　骨架空隙　混凝土　路面　透水　降噪

0　引言

保证路面优良的力学性能、耐久性的同时,路面连通空隙率大、平整度好、具有透水(排水)、降噪等环保功能的路面是近年来国内高级路面一直希望实现的功能。本文介绍的新型聚合物骨架空隙混凝土路面,从强度和变形两方面出发,综合考虑,提出了新的路面设计思路,顺应了高等级路面的需求。

新型聚合物骨架空隙混凝土路面已经修建了6段试验路,该新型路面施工方便、造价低,显示了透水、降噪等优良的使用性能。

本文将聚合物骨架空隙混凝土路面的结构以及依托工程的实施情况、遇到的问题、解决的办法作介绍。

1　聚合物骨架空隙混凝土路面的结构形式

新型聚合物骨架空隙混凝土路面结构,既可以用于新建工程,也可以用于改建的旧混凝土或者沥青路面。路面一般采用图1所示的结构形式:基层(混凝土路面或沥青路面或碾压混凝土基层),下黏层,面层,功能性表面处理层。

聚合物骨架空隙混凝土面层厚度在4～6cm之间,集料采用断级配的砾石或者花岗岩、玄武岩;聚合物面层和基层(或旧路面)之间采用特制的聚合物水泥浆黏结(防水)形成下黏层,以保证面层和基层能够完好的形成整体,在正常的使用期限内不会出现脱空、水侵害下层结构等病害;功能性表面处理层是为了防止车辆长期作用下出现石子脱落等现象,用聚合物水泥浆以喷涂的方式施工形成的补

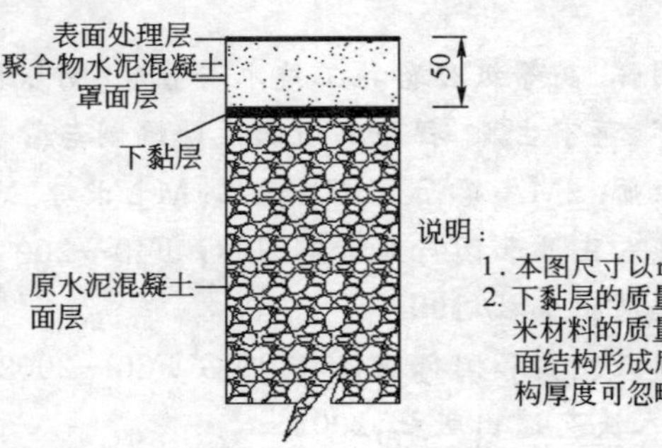

图1　聚合物骨架空隙混凝土路面的结构设计

基金项目:交通部西部交通建设科技项目(编号200331881429)。

强处理层。这种聚合物骨架空隙混凝土路面具有结构简单、施工方便等特点。

2 依托工程介绍

课题组从 2004 年至今共修筑了 6 条聚合物骨架空隙混凝土路面试验路,总里程数达到 4.2km,总面积超过 70 000m^2,具体情况如下。

2.1 渝武路云门连接线中的聚合物骨架空隙混凝土试验路

2005 年 12 月通车的渝武路云门连接线上的试验段总长 100m,宽 11m,为新建路面。聚合物骨架空隙混凝土面层设计厚度 6cm;下层结构采用 20cm C30 普通混凝土,按照普通水泥混凝土路面的常规工艺施工;下层普通水泥混凝土的纵横缝粘贴玻纤布处理。

由于施工条件限制,面层的聚合物混凝土混合料的拌制采用普通强制式搅拌机,集料为单一级配的 5～10mm 石灰岩。聚合物骨架空隙混凝土的混合料采用具有自振实功能、非自由伸缩式的沥青摊铺机分两幅摊铺成型,摊铺速度 1.5m/min,人工覆盖薄膜养护,未进行碾压,路面的平整度好。路肩采用排水路肩,便于路面雨水能够及时地排出。

在此段路的修筑过程中,对面层和基层之间的黏结层重视不够,面层局部出现了脱空。尽管如此,路面仍然经受住了 2006 年夏天重庆地区百年一遇的持续高温的考验。至今,连接线中的聚合物骨架空隙混凝土路面试验段路用性能良好,表面无松散,无裂缝,无扬尘,噪声小,平整度好,车辆以高速(120km/h)通过时,无颠簸,舒适性好。

2.2 江津观音岩长江大桥施工便道的聚合物骨架空隙混凝土试验路

江津观音岩长江大桥施工便道上的聚合物骨架空隙混凝土路面试验段于 2006 年 4 月 14 日修筑完毕,属于新建项目,全长 900m、宽 4m,既有较大的转弯,也有较大的纵坡,高填方路段多。

考虑到重交通路面,聚合物骨架空隙混凝土路面厚度设计为 6cm 和 8cm 两种,但由于施工原因,部分地方实际摊铺厚度仅为 3～4cm。底基层采用普通水泥混凝土稳定碎石基层,上基层采用 25cm 碾压混凝土。聚合物骨架空隙混凝土面层的粗集料采用 5～10mm 的单粒径的破碎砾石。聚合物骨架空隙混凝土路面的混合料拌和采用商品混凝土拌和站成套设备,液料人工配制后用水泵以时间控制的方式送到搅拌机里。由于为施工便道,因此未做路肩,路面的雨水直接排到路面两侧的边沟。

由于拌和站和施工现场有 50min 的车程以及人工配制液料泵送质量精度控制的问题,出现了一些摊铺后的聚合物骨架空隙混凝土结合较松散的情况,采用了以小型机械喷涂,人工辅助兑料的方式对路面进行了处理,有效地解决了这一问题。

需要特别说明的是,便道的使用条件极度恶劣,在摊铺后不到 24h 已通行小型车辆,施工重车(商品混凝土罐车)通行时也不到 30h,而且施工车辆高峰期日均超过 500 辆次。尽管如此,路面至今性能良好,表面无松散等破坏。虽然路面纵坡较大,但路面的抗滑性能使重车在雨天的行驶安全性得到了充分保证。

在后期的使用跟踪观测中发现,从路面开放交通后短短 4 个月的时间,由于地基的不均匀沉降,薄弱路基段沉降已达 3cm 以上,而试验路面在施工车辆为主的重交通情况下,5 个月之后尚仅在基层沉降断裂部位发现两条明显裂缝。

值得一提的是，为了验证脱空对路面使用性能的影响，该路面未对面层与基层的黏结作特殊处理，尽管路面出现大量脱空现象，但在重载车辆的反复作用下，脱空路面仍无任何破坏。

2.3 南岸辅仁路E线

2006年8月修筑的南岸辅仁路E线，施工条件极其不利，纵坡7.8%，变宽幅度大，喇叭口的路面宽度由16m增加到45m。

聚合物骨架空隙混凝土路面下基层采用水泥混凝土稳定碎石基层，上基层采用25cm的碾压混凝土基层。由于施工条件以及施工队伍能力的限制，下部碾压混凝土基层整体施工质量没有达到相应规范要求，压实度不够，平整度极差，强度低。

南岸辅仁路E线摊铺面积约7 000m^2，一次摊铺宽度8m，速度2m/min，方向是自坡下而上。聚合物骨架空隙面层施工期间正好遭遇重庆百年不遇的特大干旱，白天气温达到42℃，对施工产生了严重的影响。为了避免高温下混合料性能受到影响，混合料在商品混凝土拌和站拌和时用冰渣取代了部分水以降低混合料的温度，并将面层施工时间调整到夜间进行，以期将温度的影响降到最低水平。

由于基层的平整度极差，导致面层厚度与设计厚度(5cm)的差异比较大，最厚的地方达到15cm，最薄的不到2cm，整体平整性难以得到保证。另一方面由于路段横向宽度变化比较大，摊铺机无法作业的边缘地带，采用人工摊铺、找平的方式进行处理，未采取任何机械振动压实措施。在如此不利施工条件下，完成了聚合物骨架空隙结构混凝土面层的摊铺施工。

南岸辅仁路作为一条城市道路，为了增强现在及将来与周边环境和谐性，在做表面处理层的时候，采用红绿搭配结合的色彩设计为城市景观增添了一道亮丽的风景。

由于碾压混凝土基层的质量未达到要求，面层与集成的界面黏结是否会发生失效还有待实践检验。

2.4 内环高速——上桥至界石段的聚合物骨架空隙混凝土试验路

2006年10月至11月铺设的内环高速上桥至界石段的聚合物骨架空隙混凝土试验路路段，包括小泉隧道和吉庆隧道及其上桥一侧出口200m的双向部分，属于在原有混凝土路面上直接进行加铺施工，厚度为5cm。

聚合物混合料中的液料在人工配制的基础上采用拌和站的计量设备进行自动称量，从而保证了混合料的质量。混合料的运输采用普通自卸平板车运输。混合料的摊铺仍采用具有自振实功能的沥青摊铺机，以2m/min的摊铺速度一次摊铺到位，摊铺宽度达11.75m。人工进行黏结层、修边和薄膜覆盖养护等工作。

小泉隧道和吉庆隧道内的渗水问题都比较严重，有多处明水水流，路面板中也有渗水流出，同时在隧道边墙以及拱腹、拱顶伸缩缝有水渗出；隧道内水泥混凝土板破损较少，局部接缝处有填缝料缺失现象；在路面板中发现了不同程度的纵向裂缝，最长的长度达到70m。如此严重的渗水无法达到沥青面层摊铺要求，难以保证施工质量。

针对渗水严重问题，在摊铺聚合物面层之前，对排水设施进行了疏浚，解决了大部分的明水，对断板进行了及时的更换，裂缝则用玻纤布加固，以抵抗反射裂纹的出现。由于对原有混凝土路面的纵缝和横缝没有进行任何处理，为了防止下层裂纹的反射，对纵缝和横缝预先进行了标识，保证了面层锯缝的时候上下缝的对正。

路段完工后的使用状况良好，隧道内的积水问题也得到解决，洞内噪声比以前旧混凝土路面大幅度降低。个别路段由于摊铺的时候仍有明水，导致了面层和下层旧混凝土路面的黏结出现问题，课题组及时进行了处理。隧道内路面的表面处理在增加少量成本的基础上，设计成为淡绿色，提高了路面的表观效果。

2.5 渝黔高速界石立交试验路

渝黔高速界石立交段于 2007 年 1 月完工，亦为旧混凝土路面改建工程。

主线整体路况相对较差，3～5mm 的错台较普遍，断板、板块破碎、接缝碎裂、填缝料缺失等破坏形式较为普遍，四座桥梁桥面板也出现了不同程度的破坏。限于工期要求，部分断板在面层施工时尚未进行修补，可能会对以后聚合物骨架空隙混凝土面层的破坏埋下隐患。

由于摊铺面层时运料车辆不足，且超大鹅卵石混入混合料中多次导致摊铺机熨平板卡塞，使下黏层施工与面层摊铺不协调，导致下黏层性能下降，平整度也受到一定影响。长期的车辆作用致使旧混凝土路面在车道上出现光滑、低洼现象，导致面层的摊铺厚度不均匀，数段厚度不足 2cm。在其中一座桥梁的伸缩缝内侧出现了面层与基层脱离而鼓胀的现象，是前面试验路段内未曾出现的，原因是未对桥梁伸缩缝位置的面层割缝，由桥面与路面的变形不协调引起。根据实际情况，及时地对鼓胀地段进行了修补，并对其他几处桥梁伸缩缝处的面层进行了割缝处理，避免了类似破坏的发生。

2.6 重庆交通大学试验路

2004 年在重庆交通大学主教学大楼后面铺筑了第一段聚合物骨架空隙混凝土试验路段，是对聚合物这种新的路面结构的第一次检验。此段试验路铺筑旧混凝土路面上，长 80m，宽 5m。由于对面层和基层之间未作任何处理，新修的路面在完工不久就出现了脱空现象。针对此种情况，课题组进行了深入的研究，发现黏结不好将导致脱空、鼓胀等病害的发生，必须引起高度重视。

2007 年 1 月在重庆交通大学旧图书馆下面修筑了一条新的试验路，长度 120m，宽度 4.5m。该段路下层为沥青路面，已经出现了裂缝和脱空现象。混合料在商品混凝土搅拌站拌和，采用摊铺机摊铺。不过在摊铺中途，下起了中雨，摊铺作业有部分在雨中进行，后期的跟踪观测中发现，路面的整体状况良好，色彩饱满，立体感强。

3 施工总结

从依托工程应用可以看出，聚合物改性透水降噪路面施工的施工简单易行，对施工设备的要求比普通混凝土和沥青混合料的都要低，大部分地区具备此种施工条件。

聚合物混合料采用普通商品混凝土搅拌站设备自动进料、出料，不需要加热处理，人工对聚合物乳液初步拌和后利用商品混凝土自身计量仪器自动称量准确可靠；混合料用自卸平板车运输到施工现场后，只需摊铺机摊铺整平，摊铺宽度大，速度快；既没有水泥混凝土路面振捣、抹平，拉缝工艺，也没有沥青路面的热拌、碾压工艺，使得路面的平整度、行车舒适度得到了极大提高，能耗大幅度的降低；功能性表面处理层的速度基本和摊铺速度持平，效率高；通行时间早，只需要薄膜覆盖养生 1～2d，就可以通行小型车辆；混合料对温度的适应能力强，在高温和低温下均进行了试验路的铺筑，效果良好；对气候的要求也比较低，只要在进行下黏层的施工中基层不存在过湿过干，摊铺后及时地进行薄膜养生，就可以保证面层的摊铺质量。在保证下黏层质量、混合料质量、摊铺质量以及功能性表面处理层质量、养护质量的前提下，能够避免试验路段中出现的破坏形式的发生，极大地改善了路面的性能，降低了路面破坏的概率。

4 依托工程的进一步思考

新型路面的依托工程的施工目前仍沿用沥青混凝土、水泥混凝土路面的施工机械，尽管基本能满足一定的施工技术要求，但作为一种全新的路面结构，其施工有其自身的要求和一定的特殊工序，因此，需要对其配套的施工机械进行改进和研制，同时需要结合路面材料和结构特性，通过试验和试验路施工，总结完善形成一套简单、快捷、实用的施工方法，以期形成相应的施工技术指南或规范，指导路面的推广应用。

新型路面虽然铺筑了数段依托工程，但是问题依然存在。面层基层之间黏结问题是一直关注的，如何保证在长期的使用中，保证面层和基层之间的正常黏结，以及出现黏结失效时怎么弥补；彩色路面在增加微小成本的前提下，已经成为现实，但是如何使路面的色彩与周围的环境协调，如何让彩色在道路交通中的标识功能凸显，赋予彩色以更深的内涵，还需要进行深入的研究。

（杨庆国、高春君、马银华、何小兵也参与了本文的撰写工作。）

国外橡胶沥青标准对比分析

白永兵[1]　路凯冀[2]　王旭东[2]

(1. 河北承唐高速公路管理处　河北　067000；

2. 交通部公路科学研究院　北京　100088)

摘　要：国外在胶粉改性沥青技术应用方面，也走过许多弯路，也有不成功经验。然而在他们的不懈努力下，终于使这项技术走向成熟，并形成了各地的技术标准及企业标准。本文收集美国的 Arizona、California、Texas、Florida、ASTM、澳大利亚、南非的相关技术标准，从路用胶粉指标、橡胶沥青指标、胶粉改性沥青混合料技术要求到路面结构等几方面进行对比分析，找出异同点，为我国的相关技术标准的制定奠定了基础。

关键词：胶粉改性沥青　橡胶沥青　标准

1　有关术语说明

胶粉在沥青混凝土中的使用，分干拌法(Dry process)和湿拌法(Wet process)两大工艺。Asphalt Rubber(AR)是采用湿拌法生产的胶粉改性沥青的一种，也有称 Bitumen Rubber，按《英汉道路工程词汇》(第四版)，直译为沥青橡胶。美国 ASTM(97)中定义橡胶沥青为：由沥青、回收轮胎橡胶及一定的添加剂组成的混合料，其中胶粉的含量不少于总重的15%，且要求橡胶颗粒在热沥青中充分反应并膨胀。由此看出，橡胶沥青的胶粉掺量要达到一定的量，且要有一定的反应时间，并达到相应的技术标准，它属于胶粉改性沥青的一种。应该说胶粉改性沥青属于橡胶类改性沥青，但其在加工工艺及改性机理上又有别于其他橡胶类改性沥青。

橡胶沥青起源于20世纪60年代的美国，工程师 Charles McDonald 最先使用这种工艺。目前，橡胶沥青被广泛应用于沥青洒布、混合料工程及裂缝填缝料。在美国，California 与 Arizona 两州目前是橡胶沥青的两个最大使用者，除此 Texas、Florida 也有广泛应用。

除橡胶沥青外，Terminal blend 也是目前美国使用较多一种胶粉改性沥青。它是由低剂量、细胶粉及添加剂，采用湿拌过程生产的胶粉改性沥青，该种胶粉改性沥青采用集中的搅拌站加工，然后运输到现场使用，因此，它不需要后续的持续搅拌过程，来保证胶粉均匀分散于沥青中。该技术在 Texas、Florida 两州得到广泛使用。

另外，Crumb rubber modifier(CRM)是指橡胶粉改性剂，Rubberized asphalt 指胶粉剂量低于15%的胶粉改性沥青。Rubber-modified asphalt concrete (RUMAC)指采用干拌法生产的橡胶粉改性沥青混凝土。

2　路用胶粉标准对比

橡胶粉作为橡胶沥青的改性剂，其加工工艺、物理性质及化学成分影响着橡胶沥青的性质。

2.1　胶粉的生产工艺

胶粉的生产工艺通常有:低温法、常温研磨及化学试剂法三种。生产工艺不同,影响胶粉的形状与表面状态,这主要是加工时作用于胶粉的力不同而造成的。常温法主要是剪切力,生产的胶粉颗粒形状不规则,表面凹凸,呈毛刺状;而低温法主要是冲击力作用,生产的胶粉颗粒形状规则,表面平滑,呈锐角状态;化学试剂法生产的胶粉表面积比前两者的大。一般认为表面毛刺多成羽状的胶粉用于生产橡胶沥青会有更好的性能。因此,生产工艺的要求是为了控制胶粉颗粒的表面状态。各国技术标准对生产胶粉所用工艺有明确要求,南非、美国 Florida、Texas 要求在胶粉生产的各个环节不容许采用低温方法。Caltrans 规定胶粉可以采用低温初加工,但最终还要经过常温研磨。在澳大利亚,胶粉要求在常温下加工,同时破碎之前对橡胶进行拉伸,其目的是使胶粉表面多孔,增加表面积,与低温加工相比,前者体密度低,反应更容易。多孔的表面还可以提高橡胶沥青弹性恢复,虽无法证明弹性恢复与路用性能有直接联系,但一般认为弹性恢复对橡胶沥青极为重要。

2.2　胶粉的物理性质

汽车轮胎是由纤维、钢丝及橡胶组成,其中的橡胶占轮胎重的 50%～60%。因此,胶粉的生产需要分离纤维与钢丝。对于橡胶沥青有影响的物理性质包括:胶粉的目数与级配、密度、纤维、金属等物质含量。

各国对胶粉的级配都作出要求(表 1 和表 2),从胶粉级配,也可看出国外使用胶粉的粗细,从 16～100 目,并要求胶粉的最大颗粒不得大于 2.36mm。有的地区还根据需要胶粉的粗细进一步分级,如 Arizona 与 Florida。澳大利亚则是根据橡胶沥青用途,将胶粉分为洒布用橡胶沥青胶粉与混合料用橡胶沥青两种,与后者相比前者要粗。相对而言,Florida 州使用较细的胶粉,这与其采用 Terminal blend 技术及低胶粉掺量、低反应时间有关。胶粉越细弹性恢复越好。

胶粉的密度与胶粉成分及目数有关,规定胶粉密度,对胶粉中成分有一定控制作用,同时控制一定密度可以减少在橡胶沥青加工中的胶粉的上浮与下沉,保证了橡胶沥青均匀性。各指南规定的胶粉密度在 1.1～1.2 kg/m 之间,澳大利亚要求胶粉的体密度不大于 350kg/m^3。

另外,对于胶粉还要求分离金属、纤维等杂质。为了使胶粉不结团,要求其保持干燥,为保证胶粉有一定流动性,各标准规定可以在胶粉中掺加一定碳酸钙或滑石粉,一般剂量在 2%～4%。

路用橡胶粉规格　　表 1

目数		8	10	16	20	30	40	50	70	90	100	200
粒径(mm)		2.36	2	1.18		0.6		0.3			0.15	0.075
California	CRM	100	98～100	45～75		2～20		0～6			0～2	0
	HNCRM		100	95～100		35～85		10～30			0～4	0～1
Arizona	A	100	95～100	0～10								
	B		100	65～100		20～100		0～45				0～5
Florida	A						100		90～100	70～90		35～60
	B				100		85～100		10～50	5～30		
	C		100		85～100		20～60		5～20			

续上表

目数			8	10	16	20	30	40	50	70	90	100	200
Texas						100		90～100	45～100				
澳大利亚	新南威尔士州	混合料				100		>60				<20	
		洒布		100		>80		<10					
	维多利亚州	混合料				100		70～100				<5	
		洒布		100		95～100						<10	<2
	西澳州	混合料				100		80～100				0～20	
南非						100		50～70					0～5

路用橡胶粉规格 表 2

项目	相对密度	水分	金属含量	纤维含量
单位		%	%	%
Florida	1.10±0.06	<0.75	<0.01	要求
Arizona	1.15±0.05	—	—	A:0.1 B:0.5
California	1.10～1.20	—	0.01	0.05
Texas	—	<0.75	—	0.1
南非	1.10～1.25	—	—	—

2.3 胶粉的化学成分

橡胶粉的化学成分包括:合成橡胶、天然橡胶、可塑剂、碳黑及灰分等物质的含量,其中,天然胶含量的不同,严重影响橡胶沥青的性质。以前认为,轿车轮胎含 20%天然胶、26%的合成胶;而货车轮胎含 33%的天然胶、21%的合成胶。最新数据表明,轿车轮胎的天然胶与合成胶含量分别是 16%、31%;货车轮胎分别是:31%、16%。增加天然胶含量,可以加快橡胶沥青反应速度,增加橡胶沥青黏附性。对于天然胶含量,南非要求较高,大于 30%。California 要求胶粉的 25%采用高天然胶含量的胶粉,因此,其天然胶含量在 26%以上。而 Florida 要求相对较低。高天然胶含量 CRM,可以提高沥青与碎石的黏结,对于 chipseal 显得更为重要。路用橡胶粉化为成分要求见表 3。

路用橡胶粉化学成分要求 表 3

项目		丙酮提取物	灰分	碳黑含量	橡胶烃含量	天然橡胶含量	增塑剂含量	拉伸强度	弹性恢复	弹性损失
单位		%	%	%	%	%	%	MPa	%	%
California	CRM	6～16	≤8	28～38	42～65	22～39	—	—	—	—
	HNC	4～16	—	—	≥50	40～48	—	—	—	—
Arizona		—	≤8	28～38	42～65	22～39	6～16	—	—	—
Florida		—	≤8	20～40	40～55	16～45	≤25	—	—	—
南非		—	—	—	—	>30	—	—	>40	>60

3 橡胶沥青标准对比

3.1 基质沥青的选择

与其他改性沥青相同，基质沥青对橡胶沥青的品质有重要影响。基质沥青的选择在一定程度上受当地的气候条件影响，一般来说，各国采用是道路常用的普通沥青或软一等级的普通沥青。在南非，对于混合料用橡胶沥青，其基质沥青为B12、B8(针入度分别为60/70、80/100)两种，用于洒布时，采用的基质沥青为80/100，150/200两种针入度级沥青。而澳大利亚，对于洒布采用C170，用于热拌混合料采用C170、C230。这两个国家的共同点是：用于洒布时的基质沥青相对于混合料偏软。California优选采用AR4000，也采用AR2000，在寒冷地区采用AR1000。Arizona州对于基质沥青采用PG分级，主要有PG 64—16、PG 58—22、PG 52—28三种，分别适用于热区、温区及寒区。在Florida，低掺量(5%、12%)时采用AC30、高掺量(20%)时采用AC20，前者硬于后者。与我国标准对比，相当于我国的90号或70号沥青，也采用50号。

3.2 橡胶沥青配方

橡胶沥青由基质沥青、胶粉及添加剂组成。各部分比例不同，严重影响着橡胶沥青的品质。添加剂一般是指延展油，其作用是作为兼容剂提供小分子，提高沥青与胶粉的相互作用，帮助胶粉的膨胀与扩散，它在橡胶沥青中不是必须选项。

美国ASTM规定胶粉掺量至少为15%，美国各州的要求在17%～20%之间，其中California要求使用延展油，占沥青重的2.5%～6%，同时胶粉中的25%为高天然胶含量胶粉。Florida在采用较低剂量胶粉时，结合使用了Terminal blend技术。在南非，橡胶粉剂量在18%～24%，同时添加2%～4%的延展油。而澳大利亚，对于洒布用橡胶沥青，胶粉剂量根据使用环境不同，从5%到25%；对于混合料用橡胶沥青，胶粉剂量在25%左右。

3.3 橡胶沥青的生产工艺

橡胶沥青的生产一般采用专用设备，属于连续生产型，该设备通常由搅拌罐与反应罐组成，在搅拌罐中，胶粉、沥青及外掺剂按比例混合，经高速搅拌后输送到反应罐，再经反应罐的45～60min发育得到最终产品。在澳大利亚，小的工程也容许使用小型、非连续型简单搅拌设备。在橡胶沥青的生产工艺中，搅拌速度、反应时间及温度等因素影响橡胶沥青品质，其中，反应温度极其重要。

在南非，橡胶沥青的混合及反应温度为180～210℃，反应时间1～4h。澳大利亚规定反应温度不低于180℃，反应时间最低1h，剪切或搅拌保证胶粉处于悬浮状态。California规定，基质沥青加热温度204～226℃，反应温度190～218℃，反应甚少45min。Texas要求基质沥青加热到175～215℃，反应温度不低于163℃，反应至少30min。Arizona基质沥青加热到177～204℃，反应温度163～191℃，反应时间1h。在Florida，根据胶粉添加剂量不同，添加剂量越小越采用细胶粉，其反应温度、反应时间也相应减少。

各地区对胶粉改性沥青技术标准见表4～表9。

3.4 橡胶沥青指标

橡胶沥青技术标准是整个技术指南的核心。在各指南中，虽规定有所差异，但其核心指标是：针入度(锥入度)、软化点、弹性恢复及黏度。

ASTM、FHWA 及 Arizona 州技术标准是根据不同气候区，将橡胶沥青分为三类，分别适用于热区、温区及寒区。其中，1992 年 FHWA、1997 年 ASTM 标准是以针入度标准进行分级见表 4 和表 5；而 Arizona 州根据基质沥青进行分级，其指标只有一个黏度，见表 6；Florida 是按胶粉掺量进行分类，对应于 5%、12%、20%的掺量分别是：ARB5、ARB12、ARB20，见表 7。California、Texas、南非标准没有分级，见表 8 和表 9。FHWA 技术要求为 1992 年版，其指标是在普通沥青指标基础上提出的。因此，关于软化点、弹性恢复指标规定较低，给出延度指标，但没有黏度指标。Arizona 与 ASTM 标准较为接近，ASTM 标准是在 Arizona 标准基础上提出的。有关老化后指标，仅 FHWA 与 ASTM 提出，因此，橡胶沥青在老化方面是不存在问题。

美国 FHWA 胶粉改性沥青技术标准(SA—002—1992)　　表 4

项目		热区(ARB-1)	温区(ARB-2)	寒区(ARB-3)
针入度 25℃		25～75	50～100	75～150
软化点		>54	>49	>43
延度 4℃(1cm/min)		>5	>10	>20
弹性恢复		>20	>10	>0
TFOT	针入度比(%)	>75	>75	>75
	延度比(%)	>50	>50	>50

ASTM 橡胶沥青技术标准(D 6114—97)　　表 5

项目		1 型	2 型	3 型
粘度 175℃(Pa·s) D2196 方法 A	Min	1.5	1.5	1.5
	Max	5.0	5.0	5.0
25℃针入度 100g,5s		25～75	25～75	50～100
4℃针入度 200g,60s	Min	10	15	25
软化点(℃)	Min	57.2	54.4	51.7
弹性恢复 25℃(%)	Min	25	20	10
闪点(℃)	Min	232.2	232.2	232.2
TFOT 后针入度比 4℃	Min	75	75	75

美国 Arizona 州橡胶沥青技术标准　　表 6

项目	A 型	B 型	C 型
基质沥青等级	PG64-16	PG58-22	PG52-28
旋转粘度 177℃ (Pa·s)	1.5～4.0	1.5～4.0	1.5～4.0
针入度 4℃200g,60s(ASTM D5)	10	15	25
软化点(ASTM D36)	57	54	52
弹性恢复 25℃(ASTM D5329)	30	25	15

Florida 橡胶沥青技术标准 表 7

橡胶沥青类型	ARB5	ARB12	ARB20
胶粉类型	TYPE A 或 B	TYPE B 或 A	TYPE C 或 B 或 A
胶粉最小用量(占沥青重)	5%	12%	20%
基质沥青	AC30	AC30	AC20
最小温度(℃)	150	150	170
最大温度(℃)	170	175	190
最小反应时间(min)	10	15	30
密度 15℃	8.6 1.03 kg/L	8.7 1.04 kg/L	8.8 1.05kg/L
黏度(旋转),不小于	0.4Pa・s(150℃)	1.0Pa・s(150℃)	1.5Pa・s(175℃)

南非胶粉改性沥青标准 表 8

项　　目	技 术 要 求	试 验 方 法
压缩恢复 5min 1h 4d	80～100 70～95 25～55	Sabita BR3T
软化点(℃)	55～62	ASTM D36
弹性恢复(%)	15～35	Sabita BR2T
流值	15～55	Sabita BR4T
黏度 Haake 190℃	2.0～5.0 Pa・s	Sabita BR5T

Texas、California 橡胶沥青技术标准 表 9

项　　目	Texas		California	
	技术要求	试验方法	技术要求	试验方法
黏度,Haake(Pa・s)	1.5～4.5 177℃	—	1.5～4.0 191℃,现场	—
锥入度 25℃,150g,5s	>20	ASTM D 1191	25～70	ASTM D 217
软化点(℃)	>57	Tex-505-C	52～74	ASTM D 36
弹性恢复 25℃(%)	>15	ASTM D 3407	18	ASTM D 3407

由于胶粉颗粒的存在,尤其是采用相对粗颗粒胶粉时,橡胶沥青针入度受胶粉颗粒影响存在很大离散性,且不敏感于胶粉掺量的变化。因此,California、Texas 用 25℃的锥入度代替针入度。同针入度试验相比,锥入度试验能够明显区分不同胶粉掺量的胶粉改性沥青胶浆的剪切性能。FHWA、ASTM、Arizona 采用针入度,其中 Arizona 采用 4℃度针入度,其质量与时间有所变动,而 ASTM 则两者均有,看来标准的 25℃针入度已不适于橡胶沥青。

橡胶沥青各指标中的关键指标是黏度,黏度采用的是旋转黏度。各标准中,黏度范围在 1.5～5.0Pa・s之间。一般的黏度测量温度范围在 175～180℃之间,而 California、南非给出的是现场采用 Haake 黏度计测量的黏度标准，其测量温度在 190℃。另外，California、南非对于黏度的要求相对高些，这与 California 使用高天然胶含量胶粉及两者均使用较高胶粉剂量有关。同时，当橡胶沥青的黏度不能满足要求时应采取：增加胶粉掺量、降低反应温度、增加反应时间等措施。

由于胶粉颗粒存在，橡胶沥青延度的测量受到影响，拉断的断口宽而齐，除早期 FHWA 有低温延度指标外，其他标准均没有。另外，南非没有给出针入度指标，但提出压缩恢复及流值两个新指标。

掺量低时，主要采用细胶粉，反应温度相对较低，反应时间短，黏度要求也低。使用橡胶粉导致减少反应时间，对于 ARB5 采用 B 类胶粉需要提高反应温度。用于应力吸收层时，仅使用 ARB20。

3.5 橡胶沥青的储存问题

橡胶沥青的生产一般采用现场加工方法，当由于客观因素（如下雨，拌和机故障），不能及时使用时，就涉及橡胶沥青的储存问题。美国各州对储存温度及时间、容许再加热次数、再加热的措施等规定较为详细。

California 规定在加工完成后 4h 内使用，当温度低于 190℃时，需要再次升温，容许两次加热循环。要求再次升温后的橡胶沥青满足所有指标，如不满足，需要加入少量胶粉（10%），再次反应 45min。

Arizona 要求在混合料生产过程中，橡胶沥青的温度应始终保持在 163～191℃。不容许在这一温度下保持 10h，如超过 10h 应冷却到 163℃以下，使用前，再升温，并只容许一次循环。不容许在 121℃以上保持 4d。

Texas 要求橡胶沥青在 177℃以上储存不应超过 8h。如超过 8h，在使用前应检测粘度是否满足要求。

Florida 不容许在 175℃以上保存 6h。

南非规定，橡胶沥青在加工完成后，使用前要储存 4h，对于添加延展油的储存温度在 160℃以上，不添加延展油的储存温度在 190℃以上。

由此看出，橡胶沥青目前还不可能像 SBS 改性沥青一样采用成品改性。另外，保存时需要不断搅拌。

4 胶粉改性沥青混合料标准

4.1 采用的混合料级配

橡胶粉改性沥青混合料主要应用于表面层，对于干拌法普遍采用断级配，主要是考虑胶粉替代一部分矿料，断级配可以提高空间容纳胶粉，减少碾压弹性。对于湿拌法，所用级配与各国普通混合料采用级配有关。在美国，20 世纪 70 年代主要用于开级配，20 世纪 70 年代末期开始用于连续级配，到了 20 世纪 90 年代逐渐采用断级配。Florida 使用连续级配与开级配，开级配为 FC-5，公称粒径为 12.5mm，胶粉用量为 12%，而 FC-6 连续级配，为有公称最大粒径 9.5mm 与 12.5mm 两种级配，胶粉剂量为 5%，较细的胶粉。California、Arizona、Texas 使用断级配与开级配。目前，美国采用比较多的一种级配是：只有粗集料、没有细集料及矿粉的开级配混凝土。南非采用的级配较为广泛，有连续级配、半开级配、开级配及断级配。澳大利亚使用断级配。各国使用的级配见表 10。

Texas 在 1992 年以前，没有胶粉改性沥青混凝土的标准，通常使用传统的 D 型、C 型级配，使用效果并不理想,1992 年 Texas 提出胶粉改性沥青技术标准,并采用断级配,1994 年又开始使用开级配,得到了较好的效果。

Arizona、Florida 采用水泥或消石灰代替矿粉,改善水稳定性。南非使用根据级配不同也使用水泥、消石灰等改善黏附性。

各标准级配一览表(%) 表 10

筛孔(mm)		25	19	13.2	12.5	9.5	6.7	4.75	2.36	1.18	0.6	0.3	0.15	0.075
			3/4		1/2	3/8		4	8	16	30	50	100	200
澳大利亚	14		100	90~100		65~75	40~50	30~40	15~25	10~19	7~15	5~10	4~8	3~5
	10		—	100		90~100	64~74	36~46	20~30	12~22	8~17	6~11	4~8	3~5
南非	连续		100	84~96		70~84	—	45~63	29~47	19~33	13~25	10~18	6~13	4~10
				100		80~100	—	50~70	32~50		13~25	8~18	—	4~8
	半开		100	70~100		50~82	—	16~38	8~22	4~15	3~10	3~8	2~6	1~4
	开级配		100	90~100		30~50	—	10~20	8~14	—	—	—	—	2~6
			100	70~100		50~80		15~30	10~22		6~13			3~6
				100		50~70		20~30	5~15		3~8			2~5
California			100		90~100	78~92		28~42	15~25		10~20			2~7
Arizona			100		80~100	65~80		28~42	14~22					0~2.5
Greenbook		100	90~100		—	60~75		28~42	15~25		5~15			0~5
		—	100		90~100	78~92		28~42	15~25		5~15			2~7
		—	—		100	78~92		28~42	15~25		5~15			2~7

4.2 设计方法与指标

橡胶沥青混合料区别于普通沥青混合料及其他改性沥青混合料的关键在于:橡胶沥青混合料可以采用较大的油石比,由此其在耐久性、抗裂性方面也优于其他混合料。橡胶沥青混合料普遍采用马歇尔法进行设计,California 采用维姆法,有关各标准中密级配混合料技术标准见表。由表 11 可知,美国给出沥青用量范围明显高于南非。

橡胶沥青混合料技术标准 表 11

标准	Arizona	California	Florida	澳大利亚	南非	
					连续	半开
空隙率(%)	4.5~6.5	3.0~4.0	4.0~6.0	5.0~6.5	2.0~6.0	3.0~7.0
沥青用量(%)	5.5~9.5	7.0~8.0	5.0~6.0	10.0~12.0	6.5~8.0	6.5~8.0
VMA(%)	>19.0	—	>15.5	>27.0	>17.0	—
稳定度(kN)	—	—	6.67 (1500lb)	>2.5	8.0~15.0	6.5~12.5
流值(mm)	—	—	3.1~5.5 [(8~14)×10^{-2}in]	3.0~5.5	2.0~5.0	2.0~5.0
沥青吸入量(%)	0~1.0	—	—	—	—	—
TSR(%)	—	>80	—	—	—	—
劈裂强度(MPa)	—	—	—	—	>0.55	>0.60

4.3 施工工艺方面

由于橡胶沥青的高黏度,其混合料的生产、摊铺、碾压的温度相应较高,同时在碾压时,不容许采用胶轮压路机。其他方面则与普通沥青混凝土差别不大。

5 路面结构问题

California 与南非研究还表明,橡胶粉沥青混凝土在用于老路改建工程时,对减少路面的反射裂缝,提高路面的整体承载能力都十分有利。在相同的使用效果前提下,适当使用废旧橡胶粉可减薄沥青混凝土面层的厚度。表 12、表 13 为美国加利福尼亚州橡胶粉沥青混凝土技术指南中分别从承载能力和减少反射裂缝角度,提出的橡胶粉沥青混凝土与一般沥青混凝土厚度的对比表。

按结构整体强度标准减薄面层厚度(mm) 表 12

DGAC	ARHM-GG	ARHM-GG+SAMI	DGAC	ARHM-GG	ARHM-GG+SAMI
37	30	—	105	60	45
60	30	—	120	65	45
75	45	30	135	45AR+45AC	60
90	45	30	150	45AR+60AC	60

从表 12、表 13 中数据可以看出,无论是承载能力标准还是减少反射裂缝标准,沥青混凝土中掺加橡胶粉后,沥青面层的厚度可减薄 30%~70%,当沥青结构层中使用橡胶粉改性沥青的应力吸收中间层,厚度还可以进一步减薄。

按减少反射裂缝标准减薄面层厚度(mm) 表 13

DGAC	ARHM-GG	ARHM-GG+SAMI	DGAC	ARHM-GG	ARHM-GG+SAMI
45	30	—	90	45	—
60	30	—	105	45~60	30
75	45	—			

注:DGAC 为连续级配密实型沥青混凝土;
ARHM-GG 为断级配橡胶粉沥青混合料;
SAMI 为应力中间吸收层。

6 结束语

受 20 世纪 80 年代胶粉改性沥青技术应用不成功的影响,我国对于这一技术的应用一直存有争议。而在 2004 年,笔者对美国 Arizona、Texas 两个州考查中,发现在这两个州在重交通道路上,橡胶沥青成为唯一的选择。这一方面,反映出橡胶沥青对于重载交通公路路面的优越性,也反映出这项技术在美国的成熟化程度。因此,面对环保、重载交通问题,我国应积极引进并发展这项技术。

美国与我国气候条件、交通水平、原材料等方面有较大差异,照搬自然不妥。因此,一方面需要引进国外先进技术,并将其消化;另一方面要结合我国具体情况及实践经验,提出适于我国的橡胶沥青技术指南是十分必要的。

2004年,交通公路科学研究所完成西部交通建设科技项目《废旧橡胶粉用于筑路的技术研究》,在大量室内试验基础上,在河北、广东、四川、贵州、山东五省修筑试验路与实体工程。目前,在一些省份也相继准备开展这一方面的研究。认真总结我国经验,从而制定相关指南的基本条件已经具备。

参考文献

[1] 交通部公路科学研究所.废旧橡胶粉用于筑路的技术研究,2004.

[2] C J Potgieter & J S Coetsee. Bitumen Rubber Asphalt: Year 2003 Design and Construction Procedures in South Africa, Asphalt-Rubber 2003 Conference. SABITA south Africa bitumen and tar association.

[3] American Society of Testing and Materials. D 6114- 97 Standard Specification for Asphalt-Rubber Binder. Annual Book of ASTM Standards 1997.

[4] State of California Department of Transportation, Asphalt Rubber Usage Guide 2003.

[5] Vicroads、RTA、MAIN ROADS Western Australia, Scrap Rubber Bitumen Guide 1995.

[6] Arizona Department of Transportation. Contracts and Standards. Stored Specifications. 2000 (English) Stored Specifications. Section 414-Asphaltic Concrete Friction Course (Asphalt-Rubber).

[7] Florida Department of Transportation. Standard Specifications for Road and Bridge Construction 2000. Florida Department of Transportation, State Specifications Office, 2000. (See 336, Asphalt Rubber Binder; 337, Asphalt Concrete Friction Courses; 341, Asphalt Rubber Membrane Interlayer).

[8] Rubber Pavements Association. Crumb Rubber Modifier in Asphalt Pavement. Appendix D. Typical Specifications. Florida Department of Transportation. I. Asphalt Rubber Binder. (FA9-12-94) (RE V8-35-94).

废旧橡胶粉在沥青混合料中应用的技术研究

吴灿明[1] 王旭东[2]

(1.中山市公路局 中山 528403;2.交通部公路科学研究院 北京 100018)

摘 要:本文结合交通部2001年度西部科技项目——废旧橡胶粉用于筑路的技术研究,比较全面地介绍了橡胶粉在沥青混合料中的作用机理及对混合料路用性能的影响,最后简单介绍了橡胶粉沥青及混合料几个主要的应用领域。

关键词:橡胶粉 橡胶沥青 橡胶粉沥青混合料

0 引言

随着我国汽车工业的发展,人民生活水平的提高,汽车保有量逐年迅速增加。这样我国将面临目前国外发达国家早已遇到的大量废旧轮胎的处理问题。据统计,我国2002年的废旧轮胎达到8 000万条,并将以每年12%的速度增加,到2005年将达到1.2亿条,到2010年将达到2亿条。这样大规模的废旧轮胎将会带来巨大的社会环保问题。将废旧轮胎加工成橡胶粉是国际上通用的废旧轮胎再生处理方式,其中废旧胶粉在公路行业中的使用是废旧轮胎处理的主要途径之一。

另一方面,随着我国公路建设的迅速发展,到2006年底,我国建成的高速公路突破4.5万km。改善路面使用性能,延长路面使用寿命,节约建设投资,是我国公路行业所面临的紧迫问题。我国幅员广阔,气候和自然环境十分复杂,加之超载运输现象十分普遍,这样对公路路面,特别是沥青混凝土面层提出了较高的技术要求。将废旧轮胎橡胶粉用于公路建设是解决当前面临问题的有效途径之一。

1 橡胶粉在沥青混合料中的作用机理

橡胶粉来自汽车的废旧轮胎,而轮胎在加工过程中为了满足其使用性能的要求掺加了多种成分,如合成橡胶、天然橡胶、碳黑、硫、硫磺等。这些成分对于沥青来说每种都可以看成一种改性剂,因此,橡胶粉掺加到沥青中可以看成是一种复合改性作用。

由于当前使用的废旧轮胎胶粉大多是硫化胶粉,其与沥青的相互作用过程比较复杂,既不同于一般的SBS、PE等改性剂,溶于沥青,形成网状、链状结构,也不是简单的填充作用。

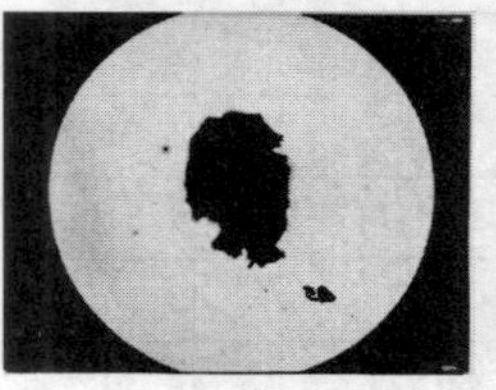
a)

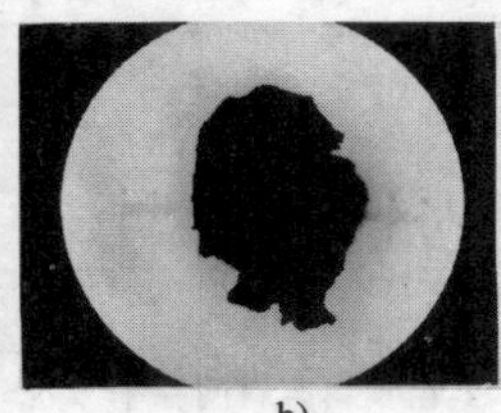
b)

图1 橡胶颗粒与沥青拌和前后颗粒形状变化
a)拌和前;b)拌和后

图1为橡胶粉颗粒与沥青结合前后的电子显微照片,可以发现橡胶颗粒在沥青中吸收其中的轻质油分,体积明显增加,产生融胀作用,

从而导致沥青中轻质油分的减少，黏度增加。这说明橡胶粉颗粒与沥青存在一定的化学作用。但另一方面橡胶颗粒仍然存在，其在混合料中橡胶粉颗粒的填充作用也必然存在。

表1为某基质沥青中掺加不同剂量橡胶粉后沥青性能的试验结果。从表中数据可以看出，由于橡胶粉的掺加，沥青品质有了不同程度的改善，主要表现在沥青的黏度明显增加以及沥青的抗老化性能的提高。当然，试验结果也发现，橡胶沥青用传统的针入度、软化点、延度三大指标评价并不理想，对于这个问题涉及到橡胶沥青的评价指标问题，有待于深入研究。

某种橡胶沥青试验结果 表1

项 目	单 位	AH-70	AH-70+5%80目	AH-70+10%80目	AH-70+15%80目
针入度(25℃)	℃	60.75	50.3	60.3	61.7
PI			−0.49	−1.07	−1.66
软化点	℃	49.3	49.6	48.8	50.0
延度(15℃)	cm	>100	18	25	28
弹性恢复(25℃)	%	17.0	30.3	42.5	36.0
黏度(135℃)	Pa·s	424	669	812	1 311
针入度比(25℃)	%	70.0	75.1	72.9	76.2
延度比(15℃)	%	31.6	81.8	62.8	70.8
弹性恢复比(25℃)	%		92.6	80.8	101.4
黏度比(135℃)	%	116.2	103.7	133.7	111.0

表2为橡胶沥青混合料马歇尔击实试验测定的混合料的体积参数。试验采用40目、80目、120目三种不同的橡胶粉，掺加量从0%到30%(沥青质量比)，主要评价的体积参数有孔隙率、矿料间隙率、饱和度、混合料粗集料的矿料间隙率。试验表明，沥青混合料中加入橡胶粉后，混合料的空隙率略微有所降低，矿料间隙率随着掺量的增加明显增加，饱和度基本保持不变，粗集料矿料间隙率有所增加，但增加幅度不如矿料间隙率。

橡胶粉混合料马歇尔试验体积指标计算结果 表2

指 标	橡胶粉掺量	0%	5%	10%	20%	30%
孔隙率	40目	4.22%	4.25%	3.68%	4.32%	
	80目	4.22%	4.38%	3.72%	4.18%	5.35%
	120目	4.22%	4.14%	3.82%	4.25%	
矿料间隙率	40目	14.95%	15.56%	15.65%	16.47%	
	80目	14.95%	15.76%	15.85%	16.73%	17.97%
	120目	14.95%	15.14%	15.11%	15.83%	
饱和度	40目	74.81%	74.51%	77.09%	73.94%	
	80目	74.81%	73.95%	76.99%	74.52%	75.01%
	120目	74.81%	75.15%	76.55%	74.48%	
粗集料矿料间隙率	40目	42.30%	42.71%	42.77%	43.33%	
	80目	42.30%	42.85%	42.91%	43.51%	44.19%
	120目	42.30%	42.42%	42.41%	42.89%	

以上试验结果说明,橡胶粉在沥青混合料中的填充作用是不可忽视的,一方面从孔隙率角度会使混合料更加密实,但另一方面会增加混合料的矿料间隙率。特别对于后者,由于橡胶粉颗粒本身具有良好的回弹性能,如果混合料中橡胶粉添加不当,会导致混合料碾压不实,严重的导致松散。为了避免这种现象的产生,橡胶粉颗粒的掺加需要进行选择,对于橡胶粉混合料的级配应选择断级配,而不宜选择连续级配,其间断程度与橡胶粉的目数和剂量有关。

总之,橡胶粉在沥青混合料中的作用是比较复杂的,概括起来分为物理作用和化学作用两方面,仅仅单纯关注其中某一方面都不利于橡胶粉的合理使用。也正因为如此,橡胶粉对沥青或混凝土技术性能的影响是多方面的。

2 橡胶粉对沥青混合料技术性能的影响

2.1 对高温性能的改善

表3为一组橡胶粉混合料车辙试验的结果。可以发现,随着橡胶粉掺量的增加混合料的高温抗车辙能力逐渐提高。另外,笔者结合实际工程在钢桥面沥青混凝土铺装设计中使用橡胶粉。在试验温度为70℃时,当仅使用SBS改性沥青,混合料的动稳定度为1 468次/mm;当掺加10%的80目橡胶粉后,混合料的动稳定度提高到2 795次/mm;当掺量为20%时,DS达到了3 407次/mm;当掺量为30%时,DS为3 870次/mm。

究其原因主要有两方面:橡胶粉与沥青作用,吸收轻质油分增加沥青结合料的黏度;更主要是橡胶粉在高温环境中产生膨胀,在荷载作用下,增加了混合料的内摩擦角,从而导致其高温性能的改善。这是橡胶粉混合料与一般SBS改性沥青混合料高温性能改善在原理上最主要的区别,后者主要是增加混合料的黏结力。

干拌法冷冻胶粉混合料车辙试验结果 表3

	掺加剂量(%)	动稳定度(次/mm)	相对变形(%)
不加	0	586	6.73
80目	10	2 085	3.28
	20	3 020	2.08
	30	3 564	2.07
120目	10	1 260	3.44
	20	3 111	1.97
	30	5 025	1.53

2.2 对低温性能的改善

表4为橡胶粉混合料低温弯曲的试验结果,表5为采用美国SHRP试验设备进行的混合料约束条件下混合料的低温试验结果。

从低温弯曲试验结果看出,随着橡胶粉掺量的增加,混合料的低温劲度模量逐渐减小,低温的极限弯拉应变逐渐增加。这些都表现出混合料中掺加橡胶粉后低温性能的明显改善。

从低温约束试验结果看出,混合料中掺加橡胶粉后,其低温的破断温度明显低于一般SBS改性沥青混合料,而破断应力又明显大于SBS混合料。

低温弯曲试验结果 表4

混合料类型		抗弯拉强度(MPa)	弯拉应变(10^{-3}mm)	弯拉劲度模量(MPa)
不加 0-2%		8.080	2.427	3 320
冷冻法	80-5%	6.997	2.529	2 916
	80-10%	10.194	3.958	2 597
	80-20%	11.301	7.655	1 519
	120-10%	7.084	2.757	2 761
	120-20%	7.087	3.435	2 127
	120-30%	9.415	4.657	2 031

橡胶粉沥青混合料低温约束试验结果(干拌) 表5

混合料类型	沥　青	平均破断温度(℃)	平均破断应力(MPa)
SAC-10+40 目	AH-70	−33.3	4.1
SAC-10+80 目	AH-70	−34.1	4.5
SAC-10+120 目	AH-70	−31.3	3.3
SAC-10	SBS 改性沥青	−30.0	3.5
SMA-10	SBS 改性沥青	−30.3	3.1
SUP-9.5	SBS 改性沥青	31.9	3.7

以上这些试验结果表明,橡胶粉对改善混合料的低温性能是有利的。这主要是由于橡胶粉中含有较高的合成橡胶和天然橡胶,这些对沥青混合料低温性能的改善是大家所公认的。

2.3 对疲劳性能的改善

图2为一组橡胶粉混合料小梁的疲劳试验结果曲线(三分点加载,试验频率10Hz)。从图中曲线看出,随着橡胶粉掺量的增加,混合料的疲劳寿命逐渐增加。这是由于混合料中掺加橡胶粉后,混合料的弹性明显增加,这样在动态荷载作用下,混合料的动态响应能力增加,因此导致动态的疲劳寿命增加。

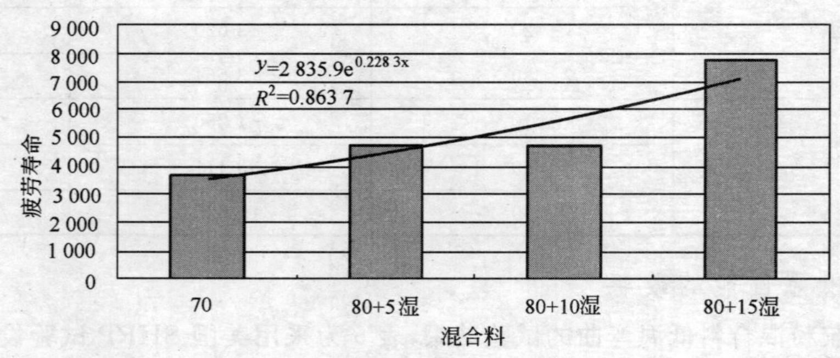

图2 湿拌法橡胶粉沥青混合料疲劳试验曲线

2.4 增加混合料的弹性——低噪声沥青混凝土

前面疲劳试验中已经分析了橡胶粉混合料的弹性大于一般沥青混合料(包括SBS混合料),这就导致了橡胶沥青混合料另一个与众不同的路用特性——降低路面的行车噪声。图3

为某试验路段在相同混合料级配、相同施工水平条件下，SBS 改性沥青混凝土和橡胶粉沥青混凝土行车噪声的检测结果。可以发现，在汽车行驶速度80～120km/h的条件下，橡胶粉沥青混凝土比 SBS 改性沥青混凝土平均降低 2～4dB，而且，速度越快，噪声降低越明显。

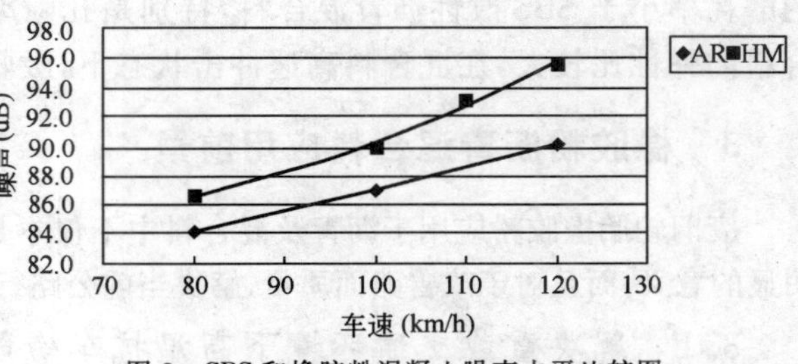

图 3　SBS 和橡胶粉混凝土噪声水平比较图

2.5　对混合料水稳定性能的影响

橡胶粉对混合料水稳定性的影响分为动态荷载和静态荷载两个方面。当采用静态荷载时常用的试验方法有残留稳定度和冻融劈裂试验，这些试验尽管加载速率采用快速加载，但试验荷载与汽车的动态荷载相比还是很慢的，因此归结为静态试验。表 6 为一组混合料冻融劈裂的试验结果。从数据看，随着橡胶粉掺加剂量的增加混合料的冻融劈裂强度比 TSR 逐渐降低，说明这种试验方法测定的混合料水稳定性出现衰减。其原因主要是由于混合料中存在橡胶粉后矿料表面的沥青膜逐渐减薄，导致石料间的黏结力降低，加之橡胶粉本身的温度膨胀、收缩比较大，这样在静态荷载作用下，混合料的 TSR 逐渐下降。为了解决这个问题，国内外常用的方法是在橡胶沥青混合料中采用水泥或消石灰代替矿粉。

干拌法冷冻胶粉混合料的冻融劈裂试验结果　　表 6

	冻融前(MPa)	冻融后(MPa)	TSR
不加	0.81	0.65	79.72%
80-10%	0.84	0.58	69.56%
80-20%	0.79	0.49	62.75%
80-30%	0.75	0.44	57.63%
120-10%	0.84	0.65	78.10%
120-20%	0.81	0.59	73.00%
120-30%	0.75	0.50	66.68%

所谓动态的试验方法，是采用高温饱水后进行肯塔堡飞散试验，测量混合料的磨耗率。图 4 为橡胶粉混合料和 SBS 混合料的试验结果。可以看出，在相同孔隙率条件下，橡胶粉混合料

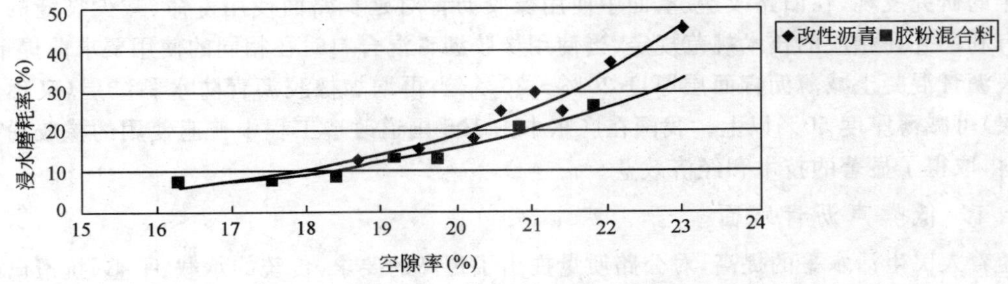

图 4　OGFC-10 混合料浸水条件下的飞散试验结果

的磨耗率小于 SBS 改性沥青混合料，特别是孔隙率越大，其差异越明显。这是由于橡胶粉混合料的弹性比较大，在混合料高速冲击状态下，吸收了一部分动能，减少了磨耗。

3 橡胶粉沥青混合料应用前景

废旧轮胎橡胶粉应用于沥青及混合料中不仅本身对于社会的环境保护、资源的再生利用具有明显的意义，而且对于改善路面质量、解决当前公路行业面临的一些紧迫问题有着重要的作用。

3.1 解决重载交通环境下高温抗车辙能力

超重轴载交通是当前我国公路运输中普遍存在的问题，如何改善沥青混合料的高温稳定性是公路建设者普遍关心的问题。其中，使用橡胶沥青混合料是一个经济有效的技术措施。

前面介绍了橡胶粉混合料具有优越的高温性能，笔者结合有关课题先后在广东中山 105 国道改造、广东肇庆马房大桥钢桥面铺装等重载交通工程上修建了试验路或实体工程，取得了明显的效果。特别值得指出的是，广东肇庆马房大桥钢桥面铺装，沥青混合料中掺加了 30% 的 80 目橡胶粉，在三年多、2 000 多万次的交通荷载作用下，铺装结构层没有产生明显的车辙，这是目前国内桥面铺装层使用中所少见的。

3.2 路面的防水与层间黏结

近些年通过对沥青路面早期损坏的调查发现，沥青路面的水损坏和沥青面层与半刚性基层(包括刚性基层)之间的层间黏结状态不理想，是其中两个主要的病因。在沥青路面中增设改性沥青防水黏结功能层是一个一举两得的技术措施。而橡胶沥青又是这种功能层优选的材料。

早在 1988 年河北京石高速公路正定试验路上铺设了一段采用澳大利亚橡胶沥青的应力吸收层(防水黏结层)试验路段，其上仅铺设了 5cm 的沥青混凝土。使用 8 年后与周边的 9～15cm沥青混凝土面层试验路段相比，不论从裂缝率还是修补率来看都明显减少。

再者，笔者在 2002 年广东中山 105 国道细滘、沙口两座水泥混凝土特大桥的桥面铺装中设置改性沥青防水黏结层，其上分别仅有 4cm 和 3cm 的沥青混凝土面层，在昼夜交通量 5～6 万辆的荷载作用下，至今使用良好，没有产生任何推移和坑槽。

由此看出，使用橡胶沥青防水黏结层对于改善路面层间黏结、减少水损坏十分有效。

3.3 旧路改造延长沥青路面使用寿命

旧路改造、扩建、大修工程是我国当前公路建设中经常面临的问题。美国加利福尼亚州通过多年的研究发现，在旧路改造、罩面中使用橡胶沥青对延长路面使用寿命、减少裂缝的产生十分有利。并在相应的技术规范规定，当使用橡胶沥青混合料时在相同的使用要求前提下，可比一般沥青混凝土减薄沥青面层厚度 20%～30%，当再增加橡胶沥青防水黏结层(又称应力吸收层)可减薄厚度 50%以上。我国在广东中山 105 国道改造工程中普遍使用的橡胶粉沥青混合料，取得了显著的技术和经济效益。

3.4 低噪声沥青路面

随着人民生活水平的提高，对公路质量提出了更高的要求，传统的承载、平整、抗滑已远远不够，又提出了减少行车噪声的环保要求。当前国外发达国家如美国、日本、法国、德国等都把降低行车噪声作为路面设计的重要因素进行考虑，纷纷铺设了低噪声沥青路面。

我国从 1999 年开始了这方面的研究，取得了与国外同步的研究成果。橡胶粉在沥青混合料中的使用，是目前国际上降低路面噪声的三大技术措施之一。其与另外一种小粒径沥青混合料的技术措施结合使用，是适合我国绝大部分地区低噪声路面的使用方案，适用于城市及周边的快速路、风景名胜的旅游公路。

橡胶粉在沥青和混合料中的使用还有许多方面，如路面的灌缝材料、修建低造价路面的橡胶沥青的碎石缝层等。总之，橡胶粉在我国公路行业中的应用是十分广泛的。

4 小结

本文介绍了橡胶粉在沥青及混合料的应用技术。这是一项既传统又新兴的实用技术，该技术的推广使用不仅具有良好的社会效益，而且对改善路面质量延长使用寿命十分有利。

同时也应看到，橡胶粉在沥青混合料中的使用是比较复杂的。多年来，我国的工程经验和教训已使人们认识到，任何一种材料都不可能解决路面的所有问题，不可能一劳永逸。正确认识橡胶粉沥青及混合料的技术特点、合理使用，是确保这项技术健康发展的必要条件。

橡胶粉改性沥青路面工程应用实例

盛赛华 王旭东

(交通部公路科学研究所 北京 100018)

摘 要:本文概述了河北和北京两个橡胶粉改性沥青路面实体工程实施过程,总结了橡胶粉改性沥青路面施工技术要点,对今后类似的沥青路面工程实施具有较大的借鉴作用。

关键词:橡胶粉改性沥青 路面工程 实施 实例

1 工程概述

2004年10月中上旬,在河北京秦高速公路K205处左幅和北京顺义区顺平辅线分别铺筑了橡胶粉改性沥青路面试验路。京秦高速公路试验路为旧沥青路面罩面改造工程,面积为1 050m×13m;北京顺义试验路为旧路扩建工程,面积为800m×18m。试验路采用了全新的设计方案和施工技术,橡胶粉改性沥青也在国内首次采用专用设备生产和洒布,两段试验路的成功铺筑,将使橡胶粉改性沥青路面在国内得到推广,具有十分重要的意义。

2 路面设计方案

2.1 河北京秦高速公路试验路方案

京秦高速公路试验路为旧沥青路面罩面改造工程,设计方案如下:

结构层从上到下依次为:3cm SAC-10 橡胶沥青混凝土+橡胶沥青防水黏结层+经处理的旧沥青路面。

(1)方案说明

①橡胶沥青混合料和黏结层采用的橡胶沥青品质相同,橡胶沥青采用80目废旧轮胎橡胶粉和90号重交基质沥青由专用设备生产,橡胶沥青防水黏结层要求采用专用机械设备施工,其中橡胶沥青的洒布量为2.0~2.4kg/m²,碎石撒布量为满铺面积的70%,规格为13.2~16mm单一粒径石灰岩碎石。

②施工前需根据原有路面破坏情况对旧路面进行处理。对于出现网裂的路段,对原有路面进行补强处理,若基层强度不足则补强基层;若下面层松散则重做下面层;对于车辙部位,则将原沥青面层铣刨,重做面层;对于原有路面出现横向裂缝和纵向裂缝之处,一律沿缝铺设玻璃纤维格栅。

(2)试验路目的

试验路主要针对河北京秦高速公路沿线夏季气温高,冬季气温较低,交通量大,超重车辆多,同时结合目前京秦高速公路主要的病害分析结果进行设计,为京秦高速公路旧路面的改造探寻最合适的方案。从技术上,主要达到以下目的:

①改善沥青路面水稳定性；

②改善路面高温稳定性；

③提高路面整体强度，延长使用寿命；

④提供良好的抗滑性能；

⑤降低行车噪声。

2.2 北京顺义顺平辅线试验路方案

顺平辅线试验路为旧路扩建工程，橡胶粉改性沥青路面设计方案如下。

结构层从下到上依次为：3cm SAC-10 橡胶沥青混凝土上面层（湿拌法）＋橡胶沥青防水黏结层＋5cm AC-20 橡胶沥青混凝土下面层（干拌法）＋橡胶沥青应力吸收层＋透层油＋二灰稳定基层，沥青面层总厚度 8cm。

(1)方案说明

①混合料中橡胶沥青湿拌法工艺是将橡胶粉与基质沥青先加工成橡胶沥青，尔后在沥青拌和楼与矿料拌和生产混合料；干拌法是将橡胶粉与矿料、基质沥青一起加入到沥青拌和楼拌和锅中进行拌和，直接生产混合料。湿拌法和干拌法均采用 40 目的废旧轮胎橡胶粉和 90 号基质沥青。

②上面层使用的橡胶沥青与橡胶沥青防水黏结层和橡胶沥青应力吸收层使用的橡胶沥青品质相同，均采用 40 目废旧轮胎橡胶粉和 90 号重交基质沥青由专用设备生产（即湿拌法生产）。

③橡胶沥青防水黏结层和应力吸收层均要求采用专用机械设备施工，其中防水黏结层橡胶沥青的洒布量为 2.0～2.4kg/m^2，碎石撒布量为满铺面积的 70%，规格为 13.2～16mm 的单一粒径碎石；应力吸收层橡胶沥青的洒布量为 2.4～2.7kg/m^2，碎石撒布量为满铺面积的 60%，规格为 16～19mm 的单一粒径碎石。

④在旧路面与新路面交界处的基层顶面铺设 1.5m 宽的玻璃纤维格栅。

(2)试验路目的

试验路主要针对北京地区夏季气温较高，冬季气温较低，交通量大，超重车辆多等进行设计，研究废旧轮胎橡胶粉用于沥青和沥青混凝土中在北京地区改善沥青路面的使用性能。从技术上，主要达到以下目的。

①采用碎石含量高、粒径小、密实型的橡胶粉改性沥青混凝土作为抗滑表层，降低路面行车噪声。利用废旧轮胎橡胶粉和降低行车噪声，铺设环保之路。

②改善路面的耐久性、高温稳定性、低温抗裂性、抗滑性及降低噪声等，并与北京地区常用的 SMA 路面从多方面路面性能指标进行比较。

③采用橡胶粉改性沥青作为防水、应力吸收、黏结功能层在路面中使用，以改善路面整体的黏结效果、防水效果，并延缓和减低半刚性路面反射裂缝的产生，延长沥青路面使用寿命。

④通过采用干拌法和湿拌法生产橡胶粉改性沥青混合料，研究两种不同沥青混合料施工在北京地区的应用效果和适用性。

3 工程施工

3.1 河北京秦高速公路橡胶粉改性沥青路面施工

河北京秦高速公路橡胶粉改性沥青路面施工时间为 2004 年 10 月上旬。各工序施工情况如下。

3.1.1 旧路面处理

根据对旧路面的调查，对旧路面出现的病害作如下处理。

①网裂：基本上是由于沥青面层强度不足，较严重之处挖除后重新铺筑面层，对于不太严重之处，则铺设玻璃纤维格栅。

②车辙：将面层铣刨，重做面层。

③横向裂缝：清缝后用热沥青灌缝，再沿缝铺设1.5m宽的玻璃纤维格栅。

④坑槽：挖除铺装重新铺筑面层。

3.1.2 橡胶粉改性沥青生产、运输和储存

橡胶粉改性沥青集中在北京采用专用设备生产。橡胶沥青加工的原料，橡胶粉采用80目斜交废旧轮胎粉，基质沥青采用重交90号沥青，橡胶粉的掺量为20%。加工时，将基质沥青升温至180℃，逐渐加入橡胶粉，橡胶粉搅拌反应的时间不少于45min，橡胶沥青的出料温度不低于180℃。橡胶沥青以黏度作为控制指标，其135℃旋转黏度应位于1.5～4.0Pa·s之间。

加工好的橡胶沥青由保温运输车运输至秦皇岛拌和站，运输时间约为5h，橡胶沥青在不能立即使用时，则储存在沥青拌和站的沥青储罐内，但储存时间一般不应超过24h，最长不得超过48h，以免产生离析而影响沥青质量。

试验路分两幅两次施工，橡胶沥青也分两批次生产，因此虽然运距较长，但橡胶沥青在拌和站的储存时间均没有超过48h，而且橡胶沥青在使用前还经拌和站带有搅拌装置的沥青罐搅拌后再使用，故橡胶沥青的质量得到了保证。

3.1.3 路面清扫

由于是高速公路且处于半开放交通状态，因此路面整体比较干净，但路缘带位置垃圾粉尘等比较多，试验路两端由于须接顺各铣刨了50m面层，铣刨后的路面粉尘较多，也须清理干净。为了确保路面在施工防水黏结层时处于干净干燥状态，对需清理的路面施工时采用了如下处理措施：先用带钢丝滚轮刷的路面清扫车将路面视不同程度清扫1～2遍，然后再用空压机全面吹扫一遍。经处理后的路面完全符合即干净又干燥的要求。

3.1.4 橡胶沥青防水黏结层施工

防水黏结层的碎石开工前作了专门准备，首先选用质量较好的石灰岩碎石，其次碎石专门进行了二次筛分，确保碎石绝大部分在13.2～16mm单一粒径范围内，另外，还采用清洗机专门对碎石进行清洗，确保碎石干净无尘。

防水黏结层先于混合料摊铺一天施工。

橡胶沥青采用由美国进口的带有搅拌和升温功能的洒布车洒布，这也是国内第一次采用橡胶沥青专用洒布设备进行橡胶沥青的洒布施工，国内现有设备无法满足施工技术要求。橡胶沥青的洒布温度为180～190℃左右，洒布量控制在2.0～2.4kg/m^{2}之间。

橡胶沥青洒布约50m左右，紧接着撒布碎石。碎石采用碎石撒布车撒布，撒布量为满铺面积的70%左右。碎石撒布完后，用轮胎压路机来回碾压2遍，以使碎石嵌入沥青中，形成较好的沥青混合料施工工作平台。防水黏结层施工完毕后，第二天开始摊铺沥青混合料。

3.1.5 橡胶沥青混合料的生产和运输

试验路施工前，先对橡胶沥青混合料进行三阶段配合比设计，主要包括原材料试验、矿料筛分，目标配合比设计和生产配合比设计，并对抽提仪、拌和楼油石比误差进行标定，确保实际

施工时混合料油石比准确并符合要求。沥青拌和楼事先也进行了标定。

值得一提的是，为了改善沥青路面的水稳定性和高温稳定性，混合料的矿粉全部由水泥代替。

橡胶沥青混合料生产前，将橡胶沥青提前升温至使用温度175～180℃左右，并泵入带搅拌装置的沥青罐内搅拌，然后再供拌和楼使用。

橡胶沥青混合料生产控制如下：橡胶沥青使用温度175～180℃；碎石加热温度190～200℃；混合料干拌15s，湿拌40s；橡胶沥青混合料出料温度175～185℃；考虑到马歇尔试验的击实功与现场碾压的压实功之间的差异，橡胶沥青实际生产时的油石比比马歇尔试验确定的油石比调低0.3%。

考虑到沥青混合料运距较长且当地气温不高，为避免橡胶沥青混合料温度下降过多，混合料运输时运输车全部用帆布遮盖严实，确保混合料到场摊铺温度不低于170℃。

3.1.6 橡胶沥青混合料的摊铺和碾压

橡胶沥青混合料摊铺施工均在白天进行，摊铺温度不低于170℃，采用1台ABG325摊铺机摊铺。

由于每次摊铺宽度为6.5m左右，混合料采用3台压路机进行碾压。初压采用1台25t轮胎压路机碾压，初压紧跟摊铺机进行，以保证高温碾压，共压4遍。复压分别采用10～12t的宝马和徐工双钢轮压路机各1台，碾压遍数为4～5遍。橡胶沥青混合料终压均在90℃以上温度完成。

3.2 北京顺义顺平辅线橡胶粉改性沥青路面施工

北京顺义顺平辅线橡胶粉改性沥青路面施工时间为2004年10月中旬。北京试验路和河北京秦高速公路试验路的施工大部分基本相同，特别是橡胶沥青防水黏结层和橡胶沥青应力吸收层、橡胶沥青表面层、路面清扫、橡胶沥青生产等工序，基本相同。各工序施工简述如下。

3.2.1 橡胶沥青生产、运输和储存

橡胶沥青集中在北京进行生产。橡胶沥青的生产工艺与河北试验路完全相同，但北京试验路采用的是40目废旧轮胎粉，基质沥青同样是90号重交沥青，胶粉掺量为19%。橡胶沥青的技术指标和温度要求也与河北试验路相同。

由于橡胶沥青加工场地离顺义沥青拌和站和施工现场只有40km距离，因此橡胶沥青基本是随配随用。进行橡胶沥青应力吸收层和防水黏结层施工时，由于橡胶沥青洒布车可载重15t，橡胶沥青直接由洒布车装运，运到现场后随即进行施工。对于上面层使用的橡胶沥青，则控制在混合料拌和前6h左右运至沥青拌和站的沥青储存中，短暂加热升温后即可使用，因此基本不需要储存较长时间，橡胶沥青的质量完全不会受到影响。

3.2.2 路面清扫及透层施工

在进行透层施工和防水黏结层施工前，必须分别对基层和沥青下面层进行清扫。

为保证透层乳化沥青的渗透效果及结构层之间层间黏结效果，基层不仅要清扫干净，还要求在基层干燥的情况下才能洒布透层沥青，因此基层的清扫工作安排在基层基本干燥后进行。

由于试验路段为旧路扩建工程，交通难以完全封闭，在行车作用下，基层表面松散颗粒和浮尘等较多，因此基层的清扫难度比沥青路面要大得多。清扫过程大致如下：先用清扫车清扫2～3遍，以清扫掉基层表面松散颗粒、大部分的浮尘等；再用空压机将基层表面吹扫一遍，将浮尘基本吹扫干净。事实证明，基层这种全新的清扫方法，取得了非常好的效果，基层表面的浮尘不仅基本清扫干净，附在基层表面的松散层或颗粒也能基本清除干净，这将大大利于基层与沥青面层的层间黏结，路面的整体性将更好。

透层沥青在基层清扫完毕且基层处于干燥状态下进行洒布，洒布量控制在0.6～0.8kg/m²。透层沥青施工前，在新旧路纵向交界处铺设一层1.5m宽的玻璃纤维格栅。

由于试验路各工序间基本紧跟进行，下面层施工完毕检测后第二天即施工防水黏结层，因此下面层相对较干净，清扫工作也比较简单，只需在路口有车通行的段落用空压机吹扫即可。

3.2.3　橡胶沥青应力吸收层施工和防水黏结层施工

两个结构层的施工与河北试验路橡胶沥青防水黏结层的施工工艺和技术要求基本相同，即橡胶沥青采用美国进口专用洒布车洒布，洒布温度不低于180℃。碎石采用碎石撒布车撒布，并用轮胎压路机来回碾压2遍。不同之处在于应力吸收层橡胶沥青的洒布量为2.4～2.7kg/m²，碎石采用16～19mm单一粒径碎石，撒布量为满铺面积的60％。

3.2.4　橡胶沥青混合料面层施工

北京试验路上面层SAC-10混合料施工工艺及技术要求与河北试验路表面层完全相同，包括混合料的生产、施工温度、摊铺碾压工艺等。

下面层采用干拌法施工橡胶沥青混合料，与湿拌法上面层橡胶沥青混合料的施工略有不同，主要在于混合料的生产工艺和施工温度方面：①橡胶粉由沥青拌和楼拌和釜的观察口直接掺入混合料中，同混合料一起搅拌；②石料的加热温度为200～210℃；③混合料干拌时间为20s，湿拌时间为40s。

上下面层均采用两台ABG423摊铺机联合摊铺，16t和20t轮胎压路机各1台进行初压，初压遍数为4遍，3台10～12t双钢轮压路机进行复压，复压不少于4遍。

4　工程主要特点和施工要点

4.1　工程主要特点

纵观工程的整个实施过程，不难看出河北和北京橡胶粉改性沥青路面两个实体工程的特点，主要如下：

(1)工程采用了目前国内关于橡胶粉改性沥青路面的最新研究成果，在国内首次利用废旧轮胎粉通过专用设备加工成橡胶改性沥青应用于工程实践中；

(2)在国内首次采用橡胶粉改性沥青应用于应力吸收层和防水黏结层中；

(3)在国内首次采用进口专用设备洒布橡胶沥青；

(4)工程施工专业化程度较高，施工设备较先进，施工工艺新颖，这能从橡胶沥青加工和洒布、路面清扫、碎石准备、混合料碾压等各方面充分体现出来；

(5)工程施工合理组织，精心施工，质量较好。

4.2　工程施工技术要点

橡胶粉改性沥青路面施工技术要求较高，只有精心组织、认真施工，才能保证施工质量，达到预期目的。橡胶粉改性沥青路面施工要点可概括如下。

(1)重视路面清扫工作、保持路面干净干燥以往很多沥青路面工程对基层或沥青面层的清扫工作都不够重视，一般采取水冲洗、人工用扫把清扫等方式，但实际效果并不理想，路表面的松散颗粒和尘土很难清理干净，这势必将影响沥青路面层间、结合，从而使路面容易产生推移、坑槽等病害。为此，为了保证路面的整体质量，首先从路面清扫做起，故而河北、北京两段橡胶粉改性沥青路面的施工采用了全新的路面清理方法：对于基层，采用清扫车清扫、空压机吹扫配合少量人工清扫的方法；对于沥青面层，视路面干净程度采用空压机吹扫配合少量人工清扫的方法，必要时采用清扫车先进行清扫。事实证明，这种全新的路面清理方法效果非常好，清理后的路面十分干净，对透层、应力吸收层、防水黏结层等的施工非常有利，路面的层间结合和整体性得到加强，路面整体质量得到提高。

在透层、橡胶沥青黏结层施工前，保持基层或沥青面层的干燥。干净干燥的基层对透层乳化沥青的渗透更为有利；洒水清洗后的沥青面层，即使表面已晾干或晒干，但短时间内沥青面层内部的水分一时难以挥发，施工橡胶沥青黏结层后，水分将被封闭在沥青层内，使沥青路面更易产生早期损害。因此，基层要待表面干燥后再施工透层，沥青面层则应避免采用水冲洗的方法进行清洗。

(2)采用专用设备加工橡胶粉改性沥青

橡胶粉改性沥青质量的好坏，将直接影响沥青路面的质量。因此，橡胶粉改性沥青必须采用专用加工设备生产，加工设备必须有升温装置、计量装置和搅拌装置，以保证橡胶粉改性沥青生产时的温度符合要求、基质沥青和胶粉的掺配准确、成品均质不成团。另外，对于不同品质和细度的胶粉、不同品质标号的基质沥青、不同的胶粉掺量，应分别确定相应合适的搅拌混融时间，保证成品橡胶沥青的均匀性和不成团结块。

(3)解决好橡胶粉改性沥青的使用问题

由于橡胶粉改性沥青加工时主要以物理反应为主，橡胶粉改性沥青实际上是胶粉颗粒混融于沥青中，因此橡胶粉改性沥青在储存过程中比 SBS 改性沥青等更容易出现离析现象，产品不宜长期储存。为避免橡胶粉改性沥青出现离析，最好的解决办法就是随配随用。当不能随配随用时，橡胶粉改性沥青的储存时间不宜超过 24h，最长不得超过 48h，条件具备时使用前最好让橡胶沥青通过带搅拌装置的沥青储罐进行搅拌，避免发生离析现象，保证橡胶沥青质量。

(4)采用专用设备洒布橡胶粉改性沥青

由于橡胶粉改性沥青独特的物理结构特性，使得普通的沥青洒布车根本无法均匀洒布，必须采用专用设备施工。专用设备必须具有升温装置、搅拌装置、流量计、沥青泵送装置、特殊喷嘴等，以保证橡胶粉改性沥青洒布均匀、计量准确。河北和北京试验路采用的是从美国进口的由电脑自动控制洒布量的橡胶沥青洒布车，当然，该种洒布车也可洒布 SBS 等其他改性沥青和普通沥青，可一车多用。

(5)认真做好橡胶粉改性沥青混合料配合比设计

无论是干拌法还是湿拌法橡胶粉改性沥青混合料，其级配、油石比等都与其他同类型的改性沥青或普通沥青混合料不同。因此，对于这种全新的技术方案，尤其应认真做好混合料的配合比设计。具体来说，以 AC-20 和 SAC-10 橡胶粉改性沥青混合料为例，混合料的主要技术指标如下。

①级配

混合料宜采用表 1 所列级配。

橡胶粉改性沥青混合料级配(%)　　表 1

级　配	31.5 (mm)	26.5 (mm)	19 (mm)	16 (mm)	13.2 (mm)	9.5 (mm)	4.75 (mm)	2.36 (mm)	1.18 (mm)	0.6 (mm)	0.3 (mm)	0.15 (mm)	0.075 (mm)
SAC-10					100	90	30	23	17	14	10	8	6
						100	40	31	25	20	16	13	10
AC-20		100	90	79	67	52	30	30	22	16	11	8	6
			100	89	79	63	40	40	30	23	18	14	10

②设计空隙率

对于超薄结构的新建或改建的沥青路面，下面层采用 AC-20 混合料时，设计孔隙率为 3%，表面层采用 SAC-10 混合料时的设计孔隙率为 4%～6%。混合料马歇尔击实试验均为两面各击实 75 次，击实温度湿拌法橡胶沥青混合料为 155～160℃，干拌法橡胶沥青混合料为 145～150℃。

③高温稳定性

混合料的高温稳定性指标采用动稳定度和相对变形的双重指标控制，如表 2 所示。

④水稳定性

混合料的水稳定性指标如表 3 所示。

橡胶粉改性沥青混合料高温稳定性指标　　表 2

结构层	动稳定度(次/mm)	相对变形
SAC-10 表面层	2 000	10%
AC-20 下面层	1 500	15%

橡胶粉改性沥青混合料水稳定性指标　　表 3

结构层	残留稳定度	冻融劈裂强度比
SAC-10 表面层	90%	85%
AC-20 下面层	85%	80%

⑤表面层抗滑性

表面层 SAC-10 混凝土，初期构造深度要求大于 0.8，抗滑耐久性指标要求大于 50%（混合料抗滑性能耐久性指标，指混合料成型后进行车辙试验，连续作用 10 000 次以后，测定轮迹带上的构造深度，该构造深度与车辙试验前的构造深度之比值即为抗滑耐久性指标）。

(6)控制好橡胶粉改性沥青混合料的施工温度

控制好混合料的施工温度对沥青路面质量具有非常重要的意义。橡胶粉改性沥青的几个主要施工温度如下：沥青混合料的出料温度 175～185℃，但不超过 190℃；摊铺温度不低于 170℃；终压温度不低于 90℃。

(7)控制好橡胶粉改性沥青混合料生产质量

保证混合料的生产质量，是沥青路面铺筑成功的前提。橡胶粉改性沥青混合料的质量控制点主要如下：根据混合料类型合理配置沥青拌和楼振动筛；适当增加混合料干拌和湿拌时间，确保混合料拌和均匀；严格控制好沥青加热温度、石料加热温度和混合料出料温度等。

(8)橡胶粉改性沥青混合料碾压工艺尤为重要

注重混合料的碾压工艺，是保证橡胶粉改性沥青路面质量的最关键因素之一。同所有其他改性沥青混合料一样，橡胶粉改性沥青混合料必须在高温状态下进行碾压，以保证混合料的压实度符合要求。初压宜采用20t以上的轮胎压路机进行碾压，初压必须紧跟摊铺机进行；复压应采用10～15t重型双钢轮压路机碾压；初压和复压遍数不宜少于4遍，终压温度应不低于90℃。

5 结语

采用全新设计方案和施工技术的橡胶粉改性沥青路面于2004年10月铺筑完毕，从实施过程和结果来看，两个实体工程是成功的。正如前面所说，这是国内首次铺筑真正意义上的橡胶粉改性沥青路面，而且工程采用了新方案、新技术、新工艺以及许多专用设备，这为橡胶粉改性沥青路面在国内得到推广迈出了重要的一步。废旧轮胎粉用于沥青路面具有十分重要的意义：首先，能变废为宝，使废旧轮胎再次得到应用，相应也解决了废旧轮胎处理带来的环保问题；其次，橡胶粉改性沥青能使路面在耐久性、高温稳定性、低温抗裂性等多方面得到改善和提高；第三，橡胶粉改性沥青路面还具有降低行车噪声的作用，比其他类型的路面更适宜应用于城市道路，修筑环保之路；第四，用橡胶粉改性沥青作应力吸收层和防水黏结层，能明显改善路面整体黏结效果、防水效果以及降低和延缓半刚性沥青路面反射裂缝的产生，从而延长路面使用寿命；第五，橡胶粉改性沥青路面即可用于道路改扩建工程，也可用于新建路面工程。

当然，橡胶粉改性沥青路面目前在国内仍处于起步阶段，在性能指标、技术方案、施工工艺等方面还有待继续研究、总结、提高和完善，并制定出相关标准。

重要的是，目前已有了一个良好的开端。

设置隔离层的水泥混凝土路面
——一种新型路面结构的原理及应用

易志坚 崔海琴 杨庆国 马银华
（重庆交通大学 重庆 400074）

摘 要：设置隔离层的水泥混凝土路面是在基层和面层之间设置薄层隔离层的一种路面新结构。该路面结构能消除层间"过渡层"和"3种基本破坏形式"发生，具有抗裂性能好、适应变形能力强、承载力高、实际使用寿命长等特点。本文介绍了这种水泥混凝土路面新结构的原理、力学性能以及应用情况。

关键字：水泥混凝土路面 破坏 过渡层 隔离层

0 引言

水泥混凝土路面是高等级公路最主要的结构形式之一，在我国的应用十分广泛。但是，水泥混凝土路面的早期破坏十分严重，设计年限为20～30年的道路，往往3～5年即严重破坏，难以满足基本的行车要求。水泥混凝土路面一次性投资巨大，维修养护困难，路面破坏不仅造成巨大损失，而且造成诸多社会问题和不良影响。

水泥混凝土路面的破坏，涉及的影响因素多，牵涉的科学问题复杂，但路面的破坏，归根结底应从破坏机理上找出原因，从设计理论上寻求解决。

文献[1]、[2]、[3]在传统水泥混凝土路面设计理论的基础上，引入断裂力学原理和方法，基于水泥混凝土路面"过渡层"的全新概念，深入分析水泥混凝土路面的层间破坏过程，提出了具有自主知识产权的设置隔离层的水泥混凝土路面新结构，初步形成这种新结构的设计理论和施工方法。

设置隔离层的水泥混凝土路面新结构能有效地防止混凝土路面的早期破坏及其引起的相关病害，提高混凝土路面的承载力，延长路面实际使用寿命。

1 设置隔离层的水泥混凝土路面结构的提出

1.1 "过渡层"的发现及其对路面破坏的影响

"过渡层"是指存在于面层与基层之间(图1)，因面层混凝土浇筑过程中水泥浆渗入基层后形成的具有一定深度，且力学性质介于面层与基层之间的一个中间层。水泥混凝土路面与基层分离后，过渡层或其一部分将附着在路面板的底面。相对于面层而言，附着于路面底面的过渡层具有明显的薄弱性质。但是，现行路面传统理论忽略了过渡层的影响。

基金项目：重庆市重大科技专项(7194)资助。

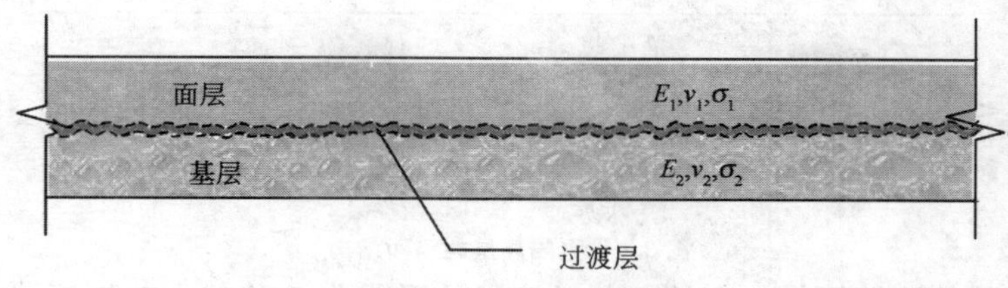

图1 过渡层的形成

过渡层的存在使得路面和基层之间并不是传统理论的光滑接触,过渡层的固有缺陷将导致面层和基层的破坏。疲劳实验表明,过渡层的存在将使水泥混凝土面层的疲劳寿命呈数量级降低[3]。

1.2 层间破坏形式的揭示及其对破坏的影响

文献[2]深入分析了水泥混凝土路面结构在荷载、环境因素作用、收缩及内部组构变化下的破坏过程,首次提出了水泥混凝土路面层间破坏的“3种基本破坏形式”(图2);论证了“3种基本破坏形式”发生的必然性;分析了3种基本破坏形式的发展与演变;揭示了水泥混凝土路面层间破坏的基本规律及其影响;并通过广泛的试验调查与大量的钻芯取样验证了3种基本破坏形式发生的必然性和真实性。

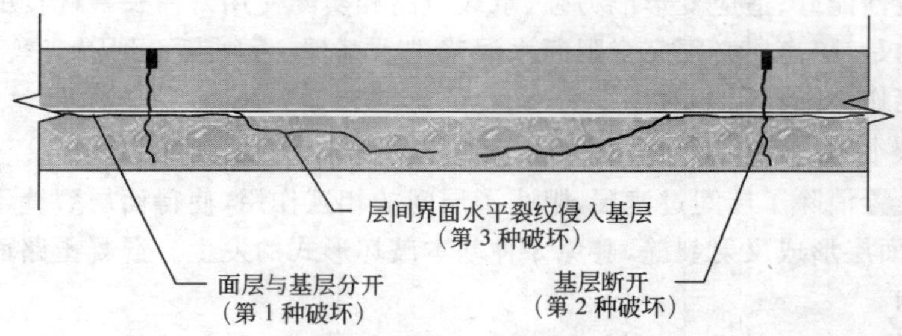

图2 由割缝引起的3种基本破坏形式

研究表明,过渡层的形成直接导致层间3种基本破坏形式的产生。3种基本破坏形式发生后,层间将出现非均匀脱空、层间松散层、层间弹性平台地基、层间连续性丧失等破坏,使得混凝土面板的承载力成倍降低。3种基本破坏形式引起的面层结构性能的降低已远远超过了过渡层对面层材料性能的影响,其发展演变直接导致路面各种破坏形式发生。

1.3 设置隔离层的水泥混凝土路面结构的提出

基于断裂力学原理的机理分析和过渡层、3种基本破坏形式对路面结构破坏的影响分析,笔者揭示了导致水泥混凝土路面早期破坏的关键问题所在——路面实际层间状况与路面设计的理论基础(现行的路面计算模型)显著不符。研究表明,过渡层和3种基本破坏形式的影响,导致现行路面的实际层间状况与路面计算模型之间发生了质的改变,现行路面的计算模型高估了路面板的实际承载力,难以避免实际路面在低应力水平下的破坏发生。

基于对路面破坏过程的分析,笔者提出了具有自主知识产权的设置隔离层的新型路面结构。

设置隔离层的水泥混凝土路面结构是在面层与基层之间设置一层足够薄、能够阻止水泥浆进入基层且不与基层黏结的薄膜层的路面结构形式,如图3所示。其施工方法是在找平的基层表面,人工或机械铺设薄膜状隔离层,然后再浇筑混凝土面层。

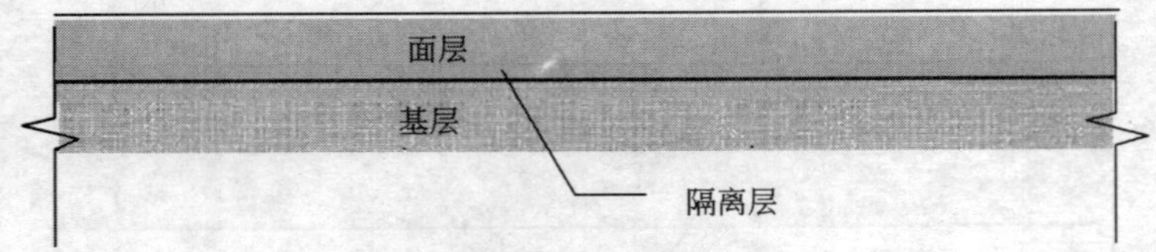

图3 设置隔离层的路面结构

设置隔离层的新型路面结构能够避免过渡层的形成与3种基本破坏形式的发生，消除路面实际层间结构与理想模型之间的差异，大幅度提高路面承载力和使用寿命。

2 设置隔离层的水泥混凝土路面结构的优良力学性能

隔离层的设置，阻止了过渡层的产生，进而避免了3种破坏形式的发生：由于隔离层阻止水泥浆进入基层，消除过渡层的出现；由于隔离层材料的分离性，使得面层与基层之间相互破坏不会发生；由于隔离层材料足够薄，对路面结构仅起分离界面作用，可以保持界面的光滑，使路面实际受力状况回归到传统路面计算假设模型，提高了现行路面设计计算的可靠度，改善层间支撑状况。

通过理论分析与路面板试验，并结合试验路应用情况，表明：设置隔离层的水泥混凝土路面结构具有抗裂性能好、适应变形能力强、承载力高和实际使用寿命长等优良的力学性能。

值得注意的是，隔离层必须完全阻断水泥浆进入基层，否则起不到隔离效果。因此，一般土工织物均不能作为隔离层。

2.1 抗裂性能好

隔离层的设置消除了层间过渡层、阻止了层间的相互作用，使得面层裂缝不能向基层继续扩展，更不会在面层形成反射裂缝，避免3种基本破坏形式的发生。混凝土路面的各种破坏得到了有效的控制。

2.2 承载力高

隔离层的设置，使得普通混凝土路面的面层与基层之间的实际状态与经典路面计算模型的理想光滑接触假设基本相同，使路面实际受力状况回归到现行路面计算假设模型，提高了现行路面设计计算的可靠度。由于面板的支撑状况得到了显著的改善，从而使得其面板承载力相对于现行非均匀支撑路面板大大提高。

笔者历时4年，对60多块设置隔离层的路面板进行了试验研究（在国内外文献报道中尚未见对单项研究进行如此数量与规模的试验研究），并与普通混凝土路面结构进行了对比。大量试验表明，在路基和基层满足设计要求的同等情况下，层间设置合理选型的隔离层的路面较层间分离的普通路面的承载力提高100%～400%。

2.3 实际使用寿命长

设置隔离层的路面结构能够避免水泥混凝土路面在低应力水平下产生静力破坏，能够提高路面材料的疲劳寿命，防止混凝土路面的静力破坏和早期疲劳破坏，延长了路面的实际使用寿命。

笔者进行了大量试验（上千个静力试验、上百个疲劳试验），表明过渡层的形成与路面结构破坏之间存在因果关系。3次对比疲劳试验表明，过渡层对混凝土疲劳寿命的影响虽然不及表面劣化对金属疲劳寿命的影响严重，但在同等应力水平下，过渡层的存在，混凝土的疲劳寿命仍呈数量级降低。

3 设置隔离层的新型水泥混凝土路面的应用情况

设置隔离层的水泥混凝土路面在重庆、广西等地推广应用长度总计 31.8km，面积约 58 万 m^2，并进行了跟踪观察，认为：设置隔离层的路面性能明显优于现行普通水泥混凝土路面，且能节约一次性投资，经济效益显著。

(1)设置隔离层的路面结构与普通混凝土路面相同面板厚度下，基本上没有出现破坏现象。

重庆刘伏路、广西南坛路和水南路中，22.8km 长(面积约 48.7 万 m^2)的试验路应用情况表明，在同等面板厚度下，以上各试验路中的普通路面结构对比路段，在短期内(1～2 年)即发生了较普遍的断板、唧泥和错台现象，且刘伏路和南坛路的部分路段破坏程度较严重；而设置隔离层的水泥混凝土路面结构(除广西水南路高填石路堤本身破坏引起的部分路面破坏外)至今没有断板破坏发生，使用性能优良。

对比结果表明，相同面板厚度下的设置隔离层的水泥混凝土路面结构与普通路面结构相比，具有十分优良的抗裂性能，使用寿命大幅提高。

(2)设置隔离层的路面结构在减薄面板厚度 12%～20%(相对于正常厚度的普通水泥混凝土路面结构)的情况下，其路用性能仍然很好。

重庆渝合路盐井收费站广场及连接线、重庆武合路云门收费站广场及连接线和重庆吴平路中，9km 长(面积约 9.3 万 m^2)的试验路应用情况表明，面板厚度减薄 12%～20%的设置隔离层的水泥混凝土路面结构与正常面板厚度的普通路面结构相比，具有十分优良的使用性能，在前 3 年无任何断板现象发生；而普通水泥混凝土路面(未减薄)在短期内(3 个月～1 年)即出现了严重的断板、唧泥现象(其中，武合路云门收费站广场及连接线由于属新建公路，由于通车时间较短尚未发现断板现象，但通过钻芯取样发现基层已发生 3 种基本破坏形式)。

对比结果表明，设置隔离层的水泥混凝土路面结构减薄厚度后，其路用性能仍显著优于正常面板厚度下的普通水泥混凝土路面结构。

4 结论

设置隔离层的水泥混凝土路面结构，在不增大施工难度的前提下，可以延长路面的使用寿命，大幅减少水泥混凝土路面的维修、重建，无疑将会减少能源消耗、减少社会劳动浪费、较少环境的破坏，从而产生良好的、显著的社会效益和环境效益。而在适当减薄厚度的情况下，与正常厚度的普通路面结构相比，路面破坏难以发生，具有明显的经济效益。

参考文献

[1] 易志坚，吴国雄，周志祥，等. 基于断裂力学原理的水泥混凝土路面破坏过程分析及路面设计新构想[J]. 重庆交通学院学报，2001，20(1)：1-5.

[2] 易志坚，唐伯明，李祖伟，等. 水泥混凝土路面面层与基层相互作用引起的基本破坏形式及重要影响[J]. 重庆交通学院学报，2001，(S)：34-38.

[3] Yi Zhijian，Yang Qingguo，et al. A fundamental understanding to the failure of cement concrete pavement based on the concept of fracture mechanics [J]. International Journal of Road Materials and Pavement Design，2002，3(3)：261-280.

一种新型的复合钢筋混凝土结构及其优良的阻裂增强性能

易志坚 李建伟 杨庆国 何小兵

(重庆交通大学 重庆 400074)

摘 要:基于钢筋混凝土结构抗裂性、耐久性和跨越能力差的特点,本文明确提出了钢筋混凝土结构的"阻"、"放"、"抗"3种裂纹控制思想。基于3种裂纹控制思想提出了相应的具有优良阻裂增强性能的系列复合钢筋混凝土新结构,为钢筋混凝土结构向大跨、轻型发展提供了新的思路和方法。

关键词:钢筋混凝土结构 裂纹控制 "阻" "放" "抗"

0 引言

对钢筋混凝土结构破坏过程的分析表明:裂纹在混凝土结构中不加限制的发展是导致钢筋混凝土结构使用性能下降和最终发生破坏的根本原因,为了提高钢筋混凝土结构的性能,必须首先控制钢筋混凝土结构中裂缝的发展与恶化[2,3]。预应力技术通过对钢筋混凝土结构施加预应力使结构在使用荷载下不开裂或推迟开裂,提高了结构的抗裂性和刚度,有效地利用了高强材料,减小结构自重,实现了结构的轻型化与大跨化。但传统预应力结构在拥有以上诸多优点的同时,也存在一些自身无法克服的、明显的缺点:施工机械和施工质量要求高以及材料的不节省,预应力的分配不尽合理,预应力损失大等[4,5]。

作者针对大跨钢筋混凝土梁在裂纹控制方面存在的问题,在传统预应力混凝土技术之外,提出了基于断裂力学原理的3种裂纹控制方法和相应的复合钢筋混凝土新结构——即采用"放"、"阻"、"抗"3种裂缝控制方法制作的含有阻裂增强层的新结构,该新结构能有效地提高钢筋混凝土结构的抗裂性能,同时又能充分发挥高强材料的优势,减轻自重、节省材料[1,2,3]。

作者的研究工作已经开展了6年,对100多片钢筋混凝土梁进行了试验研究,获得了包括国家自然科学基金在内的多个项目的资助,取得了可喜的成果。尤其值得一提的是,通过阻裂增强处理,采用"放""阻"2种裂纹控制手段相结合的方法,成功地制作了40m跨径、无预应力的T形混凝土简支梁,并对其进行了试验研究与验证,效果十分理想,这预示着项目的研究有望在大跨钢筋混凝土构件阻裂增强新技术、新结构、新工艺方面取得一些理论和技术上的突破。

经过历时6年多复合钢筋混凝土新结构的研究,笔者先后提出了基于"阻"的裂缝控制思想的复合钢筋混凝土新结构,"放"、"阻"结合的复合钢筋混凝新结构以及"放"、"阻"、"抗"相结合

基金项目:国家自然科学基金资助项目(编号50278102)。

的复合钢筋混凝土新结构。

1 基于"阻"的裂缝控制思想的复合钢筋混凝土新结构及其优良的力学性能

基于"阻"的裂缝控制思想的复合钢筋混凝土新结构是基于断裂力学的2条阻裂机理提出的[1,2]。其制作方法是:钢筋混凝土形成后,在混凝土受拉区外贴阻裂增强层,从而提高钢筋混凝土结构的抗裂性能、承载力和使用性能。基于"阻"的裂缝控制思想的复合钢筋混凝土新结构具有十分优良的力学性能,大量的试验表明:

(1)大幅度提高混凝土受弯构件的承载力。对比同等情况下含普通钢筋的受弯构件,其承载力通常提高50%以上,最大可提高150%。含阻裂增强层的复合钢筋混凝土结构还可以采用高强钢筋,其承载能力十分显著。

(2)改善结构刚度,提高结构使用性能。

(3)显著改善钢筋混凝土结构的抗裂性能,裂纹发展高度和宽度显著减小;同等裂纹宽度(或高度)的情况下,对应的荷载水平大幅度提高。

(4)显著提高抗剪能力,延性显著改善,还具有二次增强效应。

2 "放"、"阻"结合的复合钢筋混凝土结构——40m无预应力超大跨钢筋混凝土结构试验研究的突破

2.1 "放"、"阻"相结合的复合钢筋混凝土新结构的提出

"放"的裂纹控制思想的提出是基于试验中对循环加载条件下钢筋混凝土结构的刚度变化规律的重要发现,以及对开裂结构卸载后裂纹发展规律的客观认识。将"放"的裂纹控制思想与"阻"的裂纹控制思想结合,提出了"放"、"阻"结合的复合钢筋混凝土新结构,使其成为除采用传统预应力技术外,钢筋混凝土受弯构件向轻型和大跨发展的一种可行选择。

"放"、"阻"结合的新结构具有如下特点:

(1)"放"、"阻"结合的新结构的极限承载力进一步提高。由于阻裂结构层没有参与自重及二期恒载的受力,仅在活载阶段进行使用,因而粘贴界面受力得到了极大改善,从而保证了新结构的承载力较基于"阻"的裂缝控制思想的新结构承载力提高幅度更大。

(2)"放"、"阻"结合的新结构的整体刚度提高显著,使得同等挠度控制指标下的荷载等级和使用性能提高。

(3)"放"、"阻"结合的新结构的抗裂性能提高,裂纹发展缓慢,新裂纹难以出现。

(4)"放"、"阻"结合的新结构有明显的破坏前征兆,是典型的塑性破坏。

2.2 无预应力超大跨钢筋混凝土结构研究取得的突破性进展——40m跨径"放"、"阻"结合梁的试验成功

目前在我国桥梁建设中,20m跨径以上的钢筋混凝土简支梁一般均要施加预应力,30m以上超大跨、小截面的混凝土简支桥梁无一例外地必须通过预应力工艺实现。

采用"放"、"阻"结合的钢筋混凝土新结构,在与预应力混凝土结构材料相同、配筋率相同、截面尺寸相同的情况下,作者进行了不施加预应力的40m超大跨径简支梁的试验研究,并取得了成功。

试验梁为T形截面梁，标准跨径 $L=40.00\text{m}$，净跨径 $L_0=38.86\text{m}$，试验梁的配筋构造与一般预应力梁相同，但不设波纹管，在梁端将每束钢绞线散开，以加强钢绞线与混凝土的黏结作用，试验梁如图1所示。

图1 无预应力的"放"、"阻"结合T形简支梁

试验发现，"放"、"阻"结合的试验梁的刚度好，在最大设计荷载作用下，跨中竖向位移完全满足规范要求。

"放"、"阻"结合的试验梁虽有裂纹出现，但在设计荷载内，裂纹宽度均较小，最大裂纹宽度未超过0.1mm，满足规范对混凝土结构裂纹宽度的要求。

当荷载超过设计荷载42t，达到80t时，荷载－位移曲线仍基本呈线性关系，表明梁潜在极限承载力更高。

试验表明，40m"放"、"阻"结合的试验梁各方面的力学性能完全能够满足规范要求。

40m"放"、"阻"结合，等截面，无预应力试验梁的成功试验，在无预应力超大跨钢筋混凝土结构研究方面取得突破性进展，为新结构在实际工程中的应用奠定了坚实基础。

3 "放"、"阻"、"抗"相结合的复合钢筋混凝土结构——一种全新的钢筋混凝土结构设计思想

"抗"的裂纹控制思想由来已久，施加预应力使混凝土不产生裂纹就是一种"抗"的思想。项目在"放"的裂纹控制方法的基础上，通过特殊的加载方式使钢筋混凝土结构(受弯构件)产生预应力，实现了"放"与"抗"2种裂纹控制方法的结合，如果在"放""抗"2种裂纹控制方法之外再加上"阻"的裂纹控制方法，就得到"放"、"阻"、"抗"相结合的复合钢筋混凝土结构。

通过试验发现，"放"、"阻"、"抗"结合的新结构与传统预应力结构相比具有以下特点：

(1)"放"、"阻"、"抗"结合的新结构较传统预应力结构简化了施工工艺，省去了传统预应力结构所必需的留孔、穿索、张拉、锚固、灌浆、封锚等一系列复杂的工艺，且不用张拉器械，降低了施工的技术要求。

(2)"放"、"阻"、"抗"结合的新结构不需要锚具、锚下垫板和局部加强钢筋，可以节省材料，降低施工成本费用。

(3)"放"、"阻"、"抗"结合的新结构中受拉区混凝土所获得的预压应力与梁抵抗外载所需的预压应力的分布及大小相吻合，使其在使用阶段的受力更合理。

(4)"放"、"阻"、"抗"结合的新结构的预加载相当于对结构进行了一次质量检验。

(5)"放"、"阻"、"抗"结合的新结构的预应力损失较常规预应力结构大为减小,只有钢筋松弛和混凝土收缩、徐变引起的预应力损失,可以节省高强钢筋用量,同时使得结构的内力和应力分析更为简便。

40m 超大跨径简支梁的成功试验表明,仅仅采用"放"的方法而不施加预应力,已可使结构获得十分优良的力学性能,从逻辑上讲,采用先"放"后"抗"的工艺后(也可在此基础上再"阻"),预应力梁的各种力学性能必然得到进一步提高,对此,项目进行了大量前期试验,充分验证了"放""抗"结合梁十分优良的力学性能。需要特别说明的,"放"、"抗"结合的梁在预应力"吃尽"后,其抗裂性能仍十分优异,而普通预应力结构无法与之相比(对比试验表明)。

综上分析,不难看出,"放"、"阻"、"抗"结合的复合钢筋混凝土新结构具有传统预应力结构同样的使用性能,并且施工简便、成本更低、设计简单、内力分析方便,具有广阔的市场应用前景。同时,裂纹控制的"放"、"阻"、"抗"的思想是对裂纹的一种全新认识,为钢筋混凝土结构的设计提供了新的思路与方法。

4 结束语

作者完成了近百片钢筋混凝土梁的理论分析与试验研究,在钢筋混凝土新结构设计理论和方法研究方面取得了如下重要进展:

(1)首次提出了一种以"阻"为裂纹控制手段的结构设计新思想,得到了一种力学性能十分优异的复合钢筋混凝土新结构。

(2)首次提出了"放"、"阻"相结合的钢筋混凝土新结构,进行了无预应力的 40m 超大跨径钢筋混凝土简支梁的理论分析和破坏试验研究,在无预应力的超大跨钢筋混凝土结构的研究方面取得了新的突破。

(3)首次提出了"放"、"阻"、"抗"相结合的、力学性能十分优异的、可与传统预应力结构媲美的钢筋混凝土新结构,为钢筋混凝土结构向大跨、轻型发展提供了新的思路和方法。

项目的研究成果已准备在重庆市外环高速公路的桥梁中进行应用。

随着公路桥梁越来越向着大跨、轻型的方向发展,钢筋混凝土结构的研究需要从原理上、方法上不断取得新的突破。"放"、"阻"、"抗"3 种裂纹控制方法及其相应的结构形式研究,为钢筋混凝土结构向大跨、轻型发展提供了新的思路和多种可供选择的结构形式,为大跨桥梁钢筋混凝土受弯构件的研究提供新的思路和方法,具有重要的理论意义和广阔的工程应用前景。

参考文献

[1] Z. J. Yi etc. A new reinforced concrete (RC) composite structure based on principles of fracture mechanics. Damage and Fracture Mechanics 2002, Maui, Hawaii, Oct,2002: 455-461.

[2] 重庆交通大学."基于断裂力学原理的钢筋混凝土复合新结构设计理论研究"国家自然科学基金资助项目结题报告[R].

[3] 王铁梦.工程裂缝控制[M].北京:中国建筑工业出版社,1996.

[4] 叶见曙.结构设计原理[M].北京:人民交通出版社,2003.

[5] 李国平.预应力混凝土结构设计原理[M].北京:人民交通出版社,2000.

柔性纤维混凝土性能及设置隔离层的柔性纤维混凝土路面结构

李祖伟[1] 张太雄[2] 钟 宁[1] 阳 光[1] 余 健[1] 易志坚[3] 等

(1. 重庆高速公路发展有限公司 重庆 400074;
2. 重庆市交通委员会 重庆 400074;
3. 重庆交通大学 重庆 400074)

摘 要:本文介绍了柔性纤维混凝土的物理、力学性能,在此基础上讨论了采用柔性纤维混凝土材料修筑路面时的合理结构形式,提出了设置隔离层的柔性纤维混凝土路面新结构。本文对于防止水泥混凝土路面破坏、延长道路实际使用年限,对于减少公路维修、改造费用,保证公路建设可持续发展具有重要的理论和实用价值。

关键词:柔性纤维 柔性纤维混凝土 隔离层

0 引言

水泥混凝土路面是一种强度高、刚度大、扩散荷载能力强、稳定性好、耐久性好的路面结构,是我国高等级公路路面结构的主要类型。

尽管水泥混凝土路面具有许多优良特性,但是普通水泥混凝土本身是一种脆性很高的材料,其适应温度、荷载的变形性能很差。从已有的水泥混凝土路面的使用情况来看,其使用寿命几乎未能达到设计的使用年限,有些路面甚至在通车后短短的一、两年就出现断板现象。对于其原因国内外至今尚未形成一致的看法,也未找到根本的解决办法。

本文从材料方面入手,研究了柔性纤维混凝土材料的力学性能,在此基础上综合路面结构的已有研究成果[1,2],提出解决水泥混凝土路面破坏问题的方法——设置隔离层的柔性纤维混凝土路面新结构。本路面结构可减少水泥混凝土路面的破坏,延长道路实际使用年限,对于减少公路维修、改造费用,保证公路建设可持续发展具有重要的理论和实用价值。

1 纤维混凝土的应用情况

为了增加水泥混凝土的韧性、提高其抗裂性能,人们将纤维材料加入混凝土,形成了纤维混凝土。

纤维的种类众多,根据纤维的弹性模量,纤维分为刚性纤维(纤维的弹性模量约为混凝土弹性模量的 10 倍)和柔性纤维(纤维的弹性模量约为混凝土弹性模量的 1/10)两种[3~6]。

目前对于以钢纤维为代表的刚性纤维加入混凝土形成的钢纤维混凝土的研究工作进行得

基金项目:西部交通建设科技项目(编号 200331881429)。

较多，取得了许多研究成果。钢纤维混凝土和普通混凝土相比不仅具有较高的开裂荷载和极限承载力，还具有优良的抗收缩、抗开裂能力，已广泛运用于机场、路面、桥面铺装等结构物中。然而钢纤维混凝土中的钢纤维必须达到一定的体积掺量（体积率的1%，每立方米混凝土需要钢纤维约78kg），才能使钢纤维混凝土的性能发生明显的改变，因此钢纤维混凝土的造价相对较高；另一方面，钢纤维混凝土在施工中不易拌和、振捣困难，阻碍了钢纤维混凝土的进一步推广运用[3~6]。

与刚性纤维的运用相比，柔性纤维的运用相对较晚。将以聚丙烯纤维为代表的柔性纤维加入混凝土中后，只要很小的体积掺量（0.05%，每立方米混凝土需要柔性纤维约为0.455kg），柔性纤维混凝土就会产生明显的抗收缩和抗裂效果，柔性纤维混凝土在低掺量的情况下具有优良的性能。柔性纤维混凝土性能优良、造价较低、施工方便，是一种良好的建筑材料，尤适用于承受反复荷载的道路及铺面工程的修建[3~6]。

聚丙烯柔性纤维以美国的杜拉纤维（Dura Fiber）在工程中运用最早，杜拉纤维（Dura Fiber）的价格较高，每公斤在100元左右。实际工程中，柔性纤维的掺量为体积率的0.15%，约1.5kg，在混凝土性能改善的同时大大增加了工程成本，使柔性纤维的运用受到了极大的制约，仅在特殊的结构、小范围中运用[3~6]。

随着我国化工技术的进步，目前我国自产了许多类型的聚丙烯纤维，价格相对较低（每公斤30元左右），性能和美国杜拉纤维不相上下。

为了在道路建设中推进柔性纤维混凝土的运用，本文作者根据几种国产纤维配制的柔性纤维混凝土的路用性能的试验研究，介绍了柔性纤维混凝土的物理力学性能。

2 柔性纤维混凝土的物理、力学性能

2.1 抗收缩性能

当柔性纤维掺入量达到体积率的0.05%时，单丝柔性纤维砂浆仅出现很小的开裂；而柔性纤维网掺入量达到体积率的0.05%时，柔性纤维砂浆开裂现象明显，但是仍然显著优于普通水泥砂浆，裂纹宽度均在0.5mm以下。当柔性纤维掺入量达到体积率的0.10%时，单丝柔性纤维砂浆没有开裂现象出现；而柔性纤维网掺入量达到体积率的时，柔性纤维砂浆有微弱的开裂现象。

所以，单丝纤维的阻裂效果优于网状纤维，只要柔性单丝纤维在混凝土中的掺量大于0.1%，即可承受因混凝土收缩而产生的拉应变，延缓或阻止出现裂缝，这有利于减小素混凝土的内部缺陷，提高水泥混凝土的品质。

柔性纤维掺入水泥混凝土中，一方面大大改善混凝土表面普遍存在的细微龟裂，减小由收缩引起的巨大恢复力；更重要的是能够改善路面板的不均匀支撑状态，提高路面承载力。

2.2 抗压强度

关于纤维在混凝土中对抗压强度的贡献，根据目前的试验结果和已经收集到的资料，可以观察到完全相反的两种结论。一部分研究报告指出，一定掺量的杜拉纤维对混凝土结构体的抗压强度有增强效果；而另一部分报告所提供的测试结果表明，低掺率聚丙烯纤维加于砂浆或混凝土中对抗压强度没有显著影响。

而我们所做的大量试验表明，柔性纤维在纤维混凝土的抗压过程中发挥了一定的作用，较小幅度地增强了混凝土的抗压强度。

2.3 抗折强度

大量试验显示，0.1%体积掺量下的纤维混凝土较普通混凝土弯拉强度的提高在3%～7%之间；0.2%体积掺量下的纤维混凝土弯拉强度提高6%～15%。

这说明柔性纤维混凝土具有比普通混凝土更加优良的抗弯拉强度，更适宜于以抗弯拉强度为设计控制指标的混凝土路面铺筑。

2.4 疲劳特性

通过柔性纤维混凝土的疲劳实验，结合前期已进行的关于过渡层对路面疲劳寿命影响的试验研究，可以得到以下几点基本结论。

(1)柔性纤维混凝土的抗折疲劳性能明显优于普通水泥混凝土的抗折疲劳性能。

(2)即使在较高的绝对应力下，柔性纤维混凝土的抗折疲劳寿命仍然有大幅提高，说明柔性纤维混凝土的疲劳强度得到了明显提高。

(3)在路面面层与基层之间设置隔离层后，在相同应力水平情况下，柔性纤维混凝土路面的疲劳寿命还会在柔性纤维混凝土疲劳寿命提高的基础上进一步提高。

2.5 冲击性能

弯曲冲击的试验结果显示，柔性纤维水泥混凝土在经受反复冲击荷载的作用情况下，初裂及破坏的冲击次数和冲击能量明显增加。从平均破坏能量角度对比，0.15%的纤维混凝土较普通混凝土提高了53%。而0.2%的纤维混凝土则比普通混凝土提高了146%。

并且试验发现，普通混凝土在反复冲击荷载作用下一旦开裂，裂缝便贯穿整个截面、发生断裂，所以普通混凝土的初裂平均冲击次数与破坏平均冲击次数是相同的；而纤维混凝土的初始裂缝很微小，需仔细观察才能辨认，并且有一个裂纹扩展过程，再次受冲击荷载时，裂纹才逐渐发展，到达试件顶部。这说明加入柔性纤维提高了混凝土受冲击时吸收动能的能力，阻滞了混凝土中裂缝的扩散与发展。

其他试验表明，柔性纤维水泥混凝土具有优良的韧性及延性，且耐热性、抗收缩性及耐磨性能较好，是一种比普通混凝土性能更加优良的新型路面材料。

3 柔性纤维混凝土路面合理结构形式的确定

通过文献[1]、[2]可知，设置隔离层的路面结构具有优良的力学性能，是普通水泥混凝土路面的合理结构形式。

当柔性纤维混凝土直接浇筑在基层上，也就是如果柔性纤维混凝土路面结构形式仍然采用传统的混凝土路面结构的话，柔性纤维混凝土路面的面板底部同样会不可避免地产生过渡层。过渡层的破坏同样会导致路面三种基本形式发生，从而引发路面破坏。也就是说，采用了柔性纤维混凝土这种新材料后，路面结构形式不能搬用传统混凝土路面的结构形式，否则由于结构原因，柔性纤维混凝土优良的材料特性难以充分发挥。

根据前面的分析，可以认为对于柔性纤维混凝土路面而言，其合理的结构形式也应该设置隔离层。柔性纤维混凝土材料与设置隔离层的路面结构结合使用——设置隔离层的柔性纤维混凝土路面结构是柔性纤维混凝土路面的理想结构形式。

由于结构和材料两方面的改进和提高，设置隔离层的柔性纤维混凝土路面结构路用性能将比设置隔离层的普通混凝土路面结构更加优异。

综上所述，设置隔离层的柔性纤维混凝土路面结构，不仅能发挥隔离层路面结构的优势，而且还能充分发挥柔性纤维混凝土的优良力学性能，是柔性纤维混凝土路面的合理结构形式。

4 设置隔离层的柔性纤维混凝土路面结构的应用效果

为了充分了解设置隔离层的柔性纤维混凝土路面的性能，于2002年4～6月在渝合（重庆至合川）高速公路的盐井收费广场和收费站连接线上修筑了试验路，面积近4 000m^2。在继续研究和前期试验路基础上，于2005年9～12月，在重庆市武合路（武胜至合川）云门收费广场及连接线，采用设置隔离层的水泥混凝土路面结构的路段长度2.7km，面积约38 000m^2。

盐井收费广场上的试验路路面减薄了5cm；武合路上的设置隔离层的柔性纤维混凝土路面的厚度减薄了3cm。

现场观察发现，设置隔离层的柔性纤维混凝土路面经过长时间的重车作用，仍然没有出现任何破坏迹象。而对比的普通水泥混凝土路面虽然厚度较大，普遍厚3～5cm，但发生了较多的断板破坏。

通过现场观察，可以证明：相同情况下，柔性纤维隔离层路面、普通混凝土隔离层路面和传统的普通混凝土路面相比，具有更加优良的抗裂性能。

由于设置隔离层柔性纤维混凝土路面减薄了路面的厚度，路面综合造价明显低于传统的水泥混凝土路面。

5 结论

（1）将结构的改进“设置隔离层”和材料的改进“柔性纤维混凝土”结合起来，就可以形成新的路面结构：设置隔离层的柔性纤维混凝土路面结构。

（2）根据前面的分析、试验和应用情况，可以认为：由于结构和材料两方面的改进和提高，设置隔离层的柔性纤维混凝土路面结构路用性能比设置隔离层的普通混凝土路面结构更加优异。它不仅能发挥隔离层路面结构的优势，而且还能充分发挥柔性纤维混凝土的优良力学性能，是水泥混凝土混凝土路面的合理结构形式。

（杨庆国、霍晓春、何 兵、马银华等同志也参与了本文的撰写工作。）

参考文献

[1] Z. J. Yi, Q. G. Yang, K. Peng. Fracture analysis of cement concrete pavement and a new idea of pavement design, Damage & Fracture Mechanics VⅡ. Computer Aided Assessment & Control, 2004.

[2] 易志坚，等. 水泥混凝土路面面层与基层相互作用引起的基本破坏形式及重要影响[J]. 重庆交通学院学报，2001.

[3] 李学章. 抗裂防水新材料杜拉纤维混凝土[J]. 住宅科技，2001(12).

[4] 李士恩. 纤维混凝土在国际上的发展及其在中国工程上的应用[A]. 国际纤维混凝土学术议论文集. 广州：广东科技出版社，1997.

[5] 龚益. 杜拉纤维在土建工程中的应用[M]. 北京：机械工业出版社，2002.

[6] 徐至钧. 纤维混凝土技术及应用[M]. 北京：中国建筑工业出版社，2003.

柔性纤维半刚性基层及其在高等级公路中的应用研究

马银华　易志坚　杨庆国　何小兵

（重庆交通大学　重庆　400074）

摘　要：本文从阻裂增韧的角度，研究了加入低掺量柔性纤维的新型半刚性基层材料。试验研究及试验路应用情况表明，柔性纤维半刚性基层材料是一种具有优良抗收缩、抗裂、抗疲劳、抗冲刷、抗冲击性能且韧性好的半刚性基层材料。该新型基层材料的应用将显著减少现行路面半刚性基层的早期开裂问题，并大幅度延长路面结构的使用寿命，具有显著的经济价值和重要的社会意义。

关键词：路面　柔性纤维　半刚性基层　阻裂增韧　抗裂性能　应用研究

0　引言

半刚性基层材料以其高强度和良好的稳定性，在我国公路工程建设中得到广泛的应用，并发挥了积极的作用。但是，半刚性基层路面结构在我国公路工程中的应用实践也表明，路面往往会在投入使用之后的几年时间内就发生较大范围的开裂破坏现象，其实际使用寿命远低于路面的设计使用寿命。路面早期开裂的原因较多，调查分析表明，由于半刚性基层开裂引起的路面反射裂缝占有较大的比例[1,2]。

国内外许多学者对半刚性基层抗裂技术进行了大量的研究，取得了一些成果[2]。但这些研究往往是从优化半刚性基层材料的矿料级配和配合比等方面着手，未能明显改善和提高半刚性基层材料的抗裂性能，路面反射裂缝现象依然严重。

本文在对现行路面半刚性基层开裂原因分析的基础上，从阻裂增韧角度出发，提出了柔性纤维半刚性基层，在试验研究基础上对其物理力学性能进行了介绍，并结合试验路应用情况对其路用性能和经济社会效益进行了分析。

1　柔性纤维半刚性基层材料的提出

1.1　现行半刚性基层开裂原因分析

现行的路面半刚性基层材料一般是由无机结合料稳定集料所组成，当基层材料铺筑完成后，由于在其内部的水化反应以及含水量蒸发时引起的毛细管张力作用、吸附水和分子间力作用、层间水作用等共同影响下，导致基层材料整体宏观体积的收缩。基层收缩受到底基层的约束而必将产生一定的收缩拉应力，一旦该拉应力超过此时材料的抗拉强度，基层便出现开裂，具体表现为内部微观裂纹或表面可见裂纹。

半刚性基层材料硬化后的使用过程中，基层在行车荷载和环境温度变化的共同作用下，其内部将产生较大的拉应力，由于材料内部缺陷或微观裂纹的存在，裂纹尖端出现应力集中，降低了基层材料的静力强度及疲劳强度，裂纹加速扩展，最终导致基层开裂破坏。

另外，由于半刚性基层属脆性材料，其弯曲极限变形能力较弱，当各种因素作用下引起的弯曲变形超过其极限变形能力，也将导致基层出现开裂破坏。

综上所述，由于半刚性基层材料的早期收缩、硬化后内部微裂纹裂尖的应力集中以及基层材料的脆性性质等原因，易导致基层出现早期开裂破坏，从而进一步引发路面面层的反射裂缝现象，降低路面的实际使用寿命。

1.2 柔性纤维半刚性基层材料

基于上述分析可知，目前通常采用的从改善半刚性基层材料级配或配合比设计等角度出发提出的抗裂措施，难以有效解决半刚性基层的早期开裂问题。作者认为，半刚性基层材料的裂缝是难以避免的，有效的抗裂措施应从如何减少裂缝的产生并有效抑制其扩展、如何改善半刚性基层材料的脆性性质等角度着手。

鉴于路面半刚性基层材料与水泥混凝土在材料组成和力学性能上的相似性，同时受柔性纤维对水泥混凝土阻裂增韧研究所取得的成功经验的启发，课题组提出了低掺量柔性纤维半刚性基层材料的设想，即通过往现行普通半刚性基层材料中加入较低掺量的低弹模合成纤维(柔性纤维)，以增强基层材料的抗裂性能并改善其弯曲韧性，从而达到提高基层路用性能和耐久性的目的。

柔性纤维半刚性基层材料的提出，在纤维阻裂和抗疲劳机理方面得到了断裂力学原理的支持，理论分析表明[3]：柔性纤维的掺入，将大大降低半刚性基层材料裂纹尖端的应力强度因子和疲劳裂纹扩展速率；同时，由于柔性纤维具有较高的强度以及良好的变形能力，纤维的伸长变形必将吸收大量能量，因此，柔性纤维半刚性基层材料的优势还体现在基层具有良好的韧性。

2 柔性纤维半刚性基层材料的优良物理、力学性能

基于阻裂增韧机理提出的柔性纤维半刚性基层材料，其性能特点主要体现在柔性纤维半刚性基层材料具有优良的阻裂增韧及抗疲劳性能，同时其他方面性能得到一定程度的改善和提高。课题组针对柔性纤维水泥稳定碎石、柔性纤维水泥稳定砂砾两种半刚性基层材料进行了系统、全面的物理力学性能试验研究，得出以下主要结论。

(1)干缩、温缩性能好

合理纤维选型及纤维掺量下，柔性纤维半刚性基层材料的平均干缩系数及平均温缩系数较普通半刚性基层材料提高10%左右，在一定程度上减少了基层收缩裂缝的产生。

(2)常规力学性能适当改善

合理纤维选型及纤维掺量下，柔性纤维半刚性基层材料的无侧限抗压强度与普通半刚性基层材料基本相同，但其劈裂强度和抗折强度则提高10%左右，常规力学性能适当改善。

(3)抗冲刷性能强

合理纤维选型及纤维掺量下，柔性纤维半刚性基层材料的抗冲刷性能较普通半刚性基层材料提高30%～50%，抗冲刷能力显著增强，减少了因基层冲刷淘空引起的路面面层开裂破坏。

(4)抗冲击性能强、韧性好

合理纤维选型及纤维掺量下，柔性纤维半刚性基层材料的抗冲击性能较普通半刚性基层

材料提高至少20%以上(其中,摆锤冲击能量提高20%~30%,均匀弹性支撑落重弯折冲击能量提高75%~140%);柔性纤维半刚性基层材料的弯曲韧性较普通半刚性基层材料提高至少30%以上(其中,日本混凝土协会JCI韧性评价法提高幅度为67%~80%,美国材料协会标准ASTM C1080－97韧性评价法的三种韧性指数提高幅度为34%~80%)。

(5)抗冻性能好

合理纤维选型及纤维掺量下,柔性纤维半刚性基层材料的抗冻性能(冻融抗压强度和冻融劈裂强度)较普通半刚性基层材料提高10%以上,有利于在我国北方高寒地区的推广应用。

(6)抗疲劳性能优异

合理纤维选型及纤维掺量下,相同应力水平下柔性纤维半刚性基层材料的抗折疲劳寿命较普通半刚性基层材料提高2~4倍。可见,柔性纤维的掺入显著减少了因疲劳损伤引起的半刚性基层疲劳破坏,提高了半刚性基层的实际使用寿命。

综上所述,柔性纤维半刚性基层材料是一种具有优良抗收缩、抗裂、抗冻、抗冲刷、抗疲劳、抗冲击性能且韧性好的新型半刚性基层材料。

3 柔性纤维半刚性基层的应用情况及效益分析

3.1 柔性纤维半刚性基层的应用情况

目前,柔性纤维半刚性基层试验路已经在内蒙古自治区的那—苏省际大通道上得到了应用。那—苏省际大通道全长2 558km,全线采用半刚性基层沥青混凝土高级路面结构,为双向四车道一级公路,是自治区规划的“三横九纵十二出口”公路主骨架横贯内蒙古自治区东西的重要“一横”。

柔性纤维半刚性基层试验路段推广应用长度总计1 850m,面积约2.1万m^2,分别修筑了柔性纤维水泥稳定碎石和柔性纤维水泥稳定砂砾2种基层的试验路段,试验路与普通对比路段路面结构形式及厚度均相同,只是前者在基层中加入了一定体积掺量的柔性纤维。

试验路段于2005年7月建成通车,经过1年多的应用及跟踪观测,结果表明:由于柔性纤维半刚性基层具有优良的抗裂性能和路用性能,使得其基层裂缝数量相比普通基层明显减少,由此引起的路面反射裂缝数量大幅降低,路面平均裂缝间距显著增加(合理纤维掺量下,柔性纤维半刚性基层路面结构的平均裂缝间距比普通路段增大2倍以上)。因此,柔性纤维半刚性基层在公路路面结构中的应用,有效解决了现行普通半刚性基层沥青路面早期开裂严重的难题,提高了道路的使用性能,延长了道路的使用寿命。

3.2 经济、社会效益分析

柔性纤维半刚性基层试验路取得的显著抗裂效果及优良路用性能,意味着将节约大量的后期养护维修费用,推迟路面的大中修周期,同时还将提高路面的使用性能,延长路面的实际使用寿命。柔性纤维半刚性基层的直接建设成本较现行普通半刚性基层材料虽有少量增加(每1m^3基层混合料中掺入价值15~20元左右的柔性纤维),但完全可从半刚性基层材料的力学性能改善、路面后期养护维修费用的降低以及使用寿命大幅延长中得到补偿,因此,柔性纤维半刚性基层的应用将产生显著的间接经济效益。

现行普通半刚性基层沥青路面结构的早期破损是目前国内外尚未克服的技术难题,抗裂性能卓越的新型柔性纤维半刚性基层，无疑对解决这一难题提供了新的技术手段，为路面半刚性基层材料的发展提供了新的思路和方向。

4 结论

柔性纤维半刚性基层是一种具有优良抗裂性能、抗冲击性、抗冲刷、抗冻性、抗疲劳性能且韧性好的路面半刚性基层。在与普通半刚性基层相同厚度的情况下，能够大幅提高基层的抗裂性能，显著减少因基层开裂引起的沥青路面反射裂缝的产生，提高道路的路用性能，延长道路的实际使用寿命。在公路工程建设任务繁重且路面早期破坏问题严重的今天，大力推广和应用柔性纤维半刚性基层材料，将具有显著的经济价值和重要的社会意义。

参考文献

[1] 郑健龙，周志刚，等. 沥青路面抗裂设计理论与方法[M]. 北京：人民交通出版社，2003.

[2] 沈金安，李福普，陈景. 高速公路沥青路面早期损坏分析及防治对策[M]. 北京：人民交通出版社，2004.

[3] 易志坚，等. 柔性纤维半刚性基层的性能及其在内蒙古地区的应用研究[R]. 重庆交通大学，2006.

浅谈就地热再生技术与沥青路面养护

张义甫

（英达热再生有限公司）

关键词：*沥青路面　养护　就地热再生　应用*

0　概述

到2006年底，全国公路通车总里程达348万公里，高速公路达4.54万公里，目前高速公路总里程仅次于美国，位居世界第二位，其中沥青路面现已成为我国高等级公路的最主要路面形式。沥青路面在营运过程中由于环境、气候、交通荷载等诸多因素的影响，也不可避免地出现了各类病害，需要及时地进行养护维修。现在，我国在20世纪90年代陆续建成的高等级公路已进入大、中修期，近期建成的高等级公路也需要做好日常预防性的养护工作。

值得注意的是，近年来，由于高等级公路建设水平的快速提高，特别是针对沥青路面早期损坏问题，从设计、施工等环节采取了一系列比较有效的防治措施，不少省份近期建成的沥青路面早期损坏现象现在已基本消除，可以预见，在今后的高等级公路路面管理和养护中，将会逐渐将重点转向由于沥青路面表面功能下降而进行的养护维修工作。

1　传统养护方式的不足之处

在我国沥青路面传统养护维修过程中，普遍采用挖补和铣刨重铺的工艺，大量的旧沥青混合料被废弃，同时每年需要消耗数千万吨的石料和上百万吨的沥青。这一方面造成环境的污染；另一方面，由于需要使用大量的新石料，开采石矿会导致森林植被减少、水土流失等严重的生态环境破坏，同时对于我国这种优质沥青极为匮乏的国家来说，这种方式是一种资源的极大浪费。图1为由于过度开采而被毁坏的大山图片。

开采前

开采中

开采后

图1　由于过度开采被毁坏的大山

从施工质量来说，采用传统沥青路面养护维修方法进行施工时，热的沥青混合料摊铺在冷的下承层上，而且与周围接触界面都是冷的混合料，这样造成层间薄弱界面、缺陷和纵向冷接缝，施工时这些部位压实度较难满足要求。这样，一旦纵向接缝处治不当，雨水容易从冷接缝处下渗，滞留在路面结构的缺陷(孔穴)内，同时层间接触不良导致路面抗剪强度低，整体受力性能较差，缩短了道路的使用寿命。

在施工周期上，传统沥青路面养护维修方法由于工序较多，施工时间较长，影响道路的正常通行，由于养护施工造成的交通延误越来越受到社会的关注。过长的占道维修时间和高速公路日益增长的交通量需求已经产生了矛盾，有时候为了保证交通，就不允许长时间占道维修，而由于维修时间得不到保证，病害又来不及彻底处理，这样病害将会越来越多，形成恶性循环。

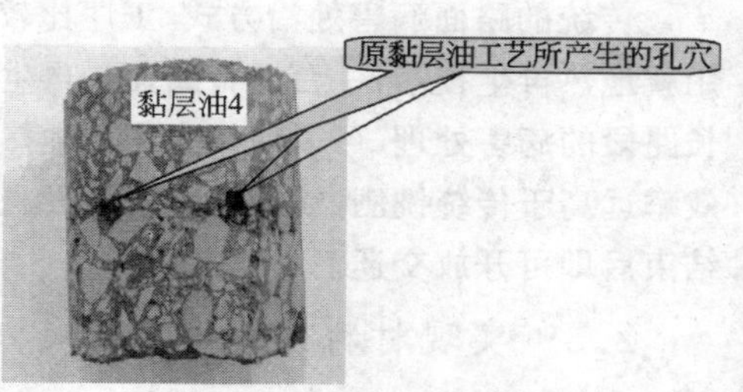

图 2 传统喷洒黏层油、加铺 4cm 的沥青混合料弱界面存在的缺陷

2 就地热再生技术的优势

就地热再生是通过现场加热、翻松、混拌、摊铺、碾压等工序，一次性实现旧沥青混凝土路面的100%就地再生，相对于传统的路面病害处治方式，就地热再生技术的优势主要体现在以下几个方面。

2.1 提高了路面修补质量

就地热再生技术进行病害处治时，由于对病害区域和周围区域都进行加热，实现了修补区域和四周侧面、底面的热黏结，消除了原先传统处治方法存在的弱接缝和弱界面，极大地提高了修补后新旧路面之间的结合力与抗剪强度，提高了路面修补质量，从而延长了公路的使用寿命。

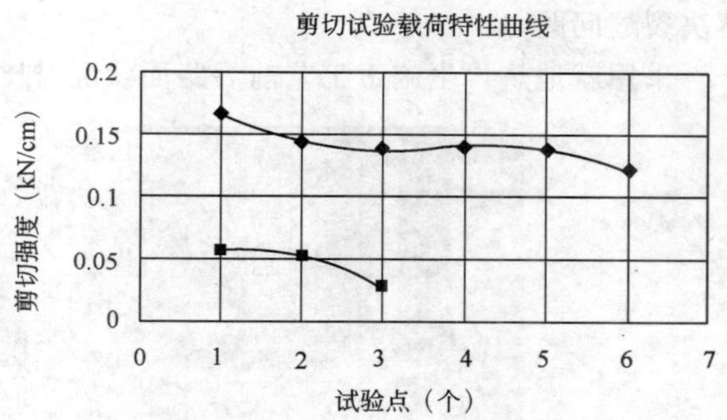

图 3 不同修补方法芯样剪切强度试验结果对比图

采用两种不同施工方法，钻取岩芯样的剪切强度试验结果对比见图 3、表 1 所示。可见采用热再生施工方法，其界面上的抗剪强度较传统施工方法高 2～3 倍。

两种不同修补方法芯样剪切强度试验结果 表 1

序号	加热、耙松、热表面摊铺 剪切强度(kN/cm)	原路面喷乳化沥青、摊铺 剪切强度(kN/cm)
1	0.166 3	0.057 47
2	0.144 1	0.051 83
3	0.137 6	0.027 37
4	0.140 5	
5	0.139 1	
6	0.120 9	
平均	0.141 4	0.051 3

2.2 提高了路面养护工作效率

传统的路面病害处治方式，工序比较复杂，有时候为了一个病害要调用多台大型设备，而采用就地热再生技术，一台沥青路面热再生修补车就可以进行所有施工工艺的全过程处理；对于较长路段的病害处理，可以使用大型就地热再生机组进行处理，其施工速度可达 3～10m/min，施工效率远高于传统铣刨、重铺的方法。而且，施工时占用的工作面小，不受大的交通流量限制，施工结束后即可开放交通。

2.3 实现材料的100%就地再生利用，节约环保

任何直接重铺或铣刨后再填补的工程都可以采用热再生的方法，就地热再生技术能够很好地保证骨料的尺寸大小不变，通过添加再生剂还可以恢复沥青性能，实现了旧路面混合料就地再生利用，也就不再需要运输废料及准备废弃物料堆放场地，节约了能源、材料和土地，保护了环境，符合国家建设节约型社会，实现循环经济建设的可持续发展战略。

2.4 可以缓解半刚性基层反射裂缝问题

半刚性基层反射裂缝是一个一直困扰我们的问题，采用就地热再生技术可以对裂缝进行比较好的处理，通过再生罩面，路面的裂缝宽度相比传统罩面施工大大减少，能有效的缓解或解决裂缝问题。

采用就地热再生施工工艺前后路面状况对比见图 4～图 6 所示。

图 4　就地热再生施工前后路况对比之一

图 5　就地热再生施工前后路况对比之二

图 6 就地热再生施工前后路况对比之三

3 就地热再生技术的应用

3.1 进行沥青路面日常病害修复

对于高速公路沥青路面而言，在日常营运过程中发生的主要病害主要有以下几类：(1)变形类，如车辙、局部沉陷、桥头跳车等；(2)裂缝类，如纵向裂缝、横向裂缝等；(3)松散类，如面层坑槽、松散、麻面等。针对这些病害采用就地热再生技术来进行修复是非常适合的工艺。

采用就地热再生技术进行路面病害修复时，关键是设备，正是由于设备的创新带来了技术的进步。现以我国《公路沥青混凝土路面养护技术规范》(JTJ 073.2—2001)中推荐的 PM 系列沥青路面热再生修补车以 PM400-48-TRK 型号为例作简单介绍，该型号设备配有热再生加热墙、加热、保温料仓、振动压路机、自动加热恒温乳化沥青喷洒系统、两组相互独立的液压疏松耙、废料仓、工具箱等。其热再生加热墙是以液化石油气为燃料，采用热辐射式加热方式，加热系统可以根据设定的加热温度区间智能化地实行间歇性的加热，在任何季节都可以确保在路面不烧焦的情况下，将沥青面层加热至工作温度，是真正意义上的热再生式修补。

对于沥青路面常见病害的处治工艺如下。

(1)对于沉陷和车辙病害，采用沥青路面热再生修补车对发生车辙或沉陷的路段进行加热，耙松，重新根据高程要求整平后碾压，即可修复病害。现场施工工艺简单，处理效果好。对于桥头跳车病害，传统处治方式也是铣刨重铺的方法，现在也可以采用就地热再生的方法进行处治，即对桥头一定范围的路面进行加热，耙松，根据高程要求增加一部分新的沥青混合料，整平后碾压，即可恢复桥头的平顺线形。

(2)对于裂缝类的病害，根据对裂缝的观测，高速公路通车 1～2 年后，半刚性基层的干缩裂缝的宽度已不再发展，半刚性基层的温缩裂缝的宽度也是随温度的变化在某一个范围内变化，对于这类已趋于稳定状态的裂缝，完全可以采用就地热再生的方法进行处治，其专门设备为 PM180 热修补车，该修补车配备有可展开式加热板，可以在一个车道宽度范围内对裂缝两侧一定宽度范围内的沥青面层进行加热，然后将上面层和中面层上部 1cm 范围内路面结构耙松，整平后碾压，经过这样的处理，对于裂缝的发展得到很大的缓解作用，今后很可能就不会再次反射到公路表面，可以达到彻底处理的目的。

(3)对于面层坑槽、松散、麻面等松散类病害，采用沥青路面热再生修补车对发生病害的区域和病害周围一定范围的路面进行加热、耙松、视需要再添加新的沥青混合料、整平、碾压即可完成修复工作，由于对病害周围区域也进行了加热，这样，极大减少修补区域周边的温度梯度，从而保证了修补区域和周围区域的热黏结，极大地提高了修补质量。

3.2 进行沥青路面大中修

沥青路面使用一定年限之后，需要进行大中修施工，以恢复道路的行车舒适性并延长道路的使用寿命，目前比较多的是采取铣刨重铺或直接加铺的工艺，但绝不是一种理想的施工工艺，综合从施工的质量、费用、速度和环保等多方面考虑，就地热再生技术具有明显的优势，而且可以根据病害的情况灵活地选择整形型、加铺型或者复拌型就地热再生工艺。

沥青路面就地热再生技术的难点为：如何将原路面需要再生的结构层均匀地加热至合适的施工温度。合适的温度是再生质量好坏的关键，如果温度过低，路面难以翻松，根本就无法进行再生；如果温度过高，路面将会由于过热而过度老化，温度太高会烧焦路面。再生加热温度问题困扰着诸多就地热再生设备制造厂商。进行就地热再生施工时，如果无法有效地将热能进行渗透，那么原路面就难以耙松，只能采用铣刨的工艺将原路面表层刨除，在铣刨的过程中势必会打碎一部分骨料，造成混合料级配的变异，而且骨料打碎后的新破碎面上是没有裹覆沥青的，这对于沥青路面的性能会带来不良影响。英达热再生有限公司通过众多科研技术人员多年的刻苦钻研，成功地开发出性能卓越的"热辐射式加热墙专利技术"解决了这个难题。目前，英达公司的大型就地热再生机组是世界上唯一不会打碎原路面骨料的再生设备。

下面以路面维修施工中常用的加铺型就地热再生工艺为例，图7热再生施工工艺流程图简单说明主要施工工艺步骤如下。

(1)准备工作

准备工作阶段需做好交通布控、路面深层病害的预先处理、原路面材料性能的检测与试验和机械设备的调试工作等。

(2)加热作业

准备工作一切就绪后，就地热再生机组开始施工，在加热过程中应严格控制加热工艺，各加热车辆统一按照设定的施工速度匀速行进，并尽可能缩短车辆之间的间距，为避免热量的过多散失，车辆底部和车辆之间空隙可加装保温板，通过以上措施保证加热的温度、深度符合施工控制要求。

(3)再生剂喷洒、原路面耙松和整形作业

再生剂的喷洒要求计量准确、喷洒均匀，耙松设备为液压疏松耙，操作人员需调整好疏松耙的气压，保证施工宽度和深度符合施工控制要求，耙松后的路面通过再生设备自带的熨平板进行初步整形，同时配合人工对接缝处的混合料进行修整，保证铺面效果。

(4)摊铺、碾压作业

加铺型就地热再生需要在再生层表面的热沥青混合料上加摊铺一层新的沥青混合料，其摊铺工艺和一般新建路面的上面层摊铺工艺基本相同，加铺层混合料摊铺后和下面的再生层两层结构共同碾压，碾压时按照试验确定的碾压工艺进行，并做好接缝处的碾压施工。

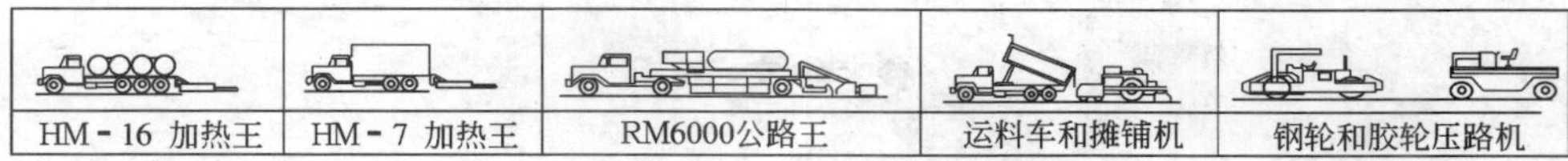

图 7 就地热再生施工工艺流程图

(5)施工结束

碾压工序结束后，待路表温度降至 50℃以下即可开放交通，根据以往施工工程经验，一般在施工后第二天开放交通比较适宜。在施工中要求施工单位做到“工完场清”，路面上不得遗留任何杂物与隐患。

就地热再生技术是非常适合我国沥青路面维修养护的技术手段，在公路养护工程中已得到的比较多的应用，英达就地热再生技术已在江苏省广靖锡澄高速(图 8)、河南省漯平高速(图 9)、浙江省杭金衢高速、福建省福泉高速、福银高速、福宁(图 10)高速等工程中得到应用，另外，在南京中山陵风景区的景区道路罩面工程(图 11)及南京市区道路中也成功地应用了英达热再生技术进行施工，经过现场及试验室内检测试验，施工效果是令人满意的。

图 8 广靖锡澄高速施工现场

图 9 漯平高速施工现场

图 10 福宁高速施工现场

图 11 中山陵市政道路施工现场

4 小结

就地热再生技术在国际上已是一项成熟的先进技术，随着我国经济的发展、交通运输负荷的增加、原材料资源的日益紧张、环保意识的增强及降低工程费用要求的提高，在我国采用就地热再生技术的意义重大，其研究推广与应用已迫在眉睫。在完成大规模交通基础设施建设之后，我国公路的旧路改造、维护保养的高峰即将到来，就地热再生技术也必将得到大规模的推广应用，这也是实现循环经济、走可持续发展之路的必然选择。

参考文献

[1] 中华人民共和国.JTG B01—2003 公路工程技术标准.北京:人民交通出版社,2003.

[2] 中华人民共和国.JTJ 073.2—2001 公路沥青混凝土路面养护技术规范.北京:人民交通出版社,2001.

[3] 邓学钧 路基路面工程.北京:人民交通出版社,2000.

[4] 黄晓明,吴少鹏,赵永利.沥青与沥青混合料.南京:东南大学出版社,2002.

[5] 徐时梁.沥青路面现场热再生技术在高速公路上的应用.中国市政工程,2004,第二期.

高硫高烧失量粉煤灰修筑二灰基层的试验研究

贺福洋　张东长　柴贺军

（重庆交通科研设计院　重庆　400067）

摘　要：本文研究了硫对高烧失量粉煤灰修筑二灰稳定碎石基层的影响，进行了压蒸膨胀率试验、最佳石灰、粉煤灰的比例试验、不同硫含量的强度对比试验以及高硫含量高烧失量粉煤灰的二灰碎石强度增长试验。研究表明，高烧失量粉煤灰的二灰碎石的强度很低，但试验中含硫量5.7%的此种粉煤灰的强度可以满足规范对路面基层的要求。所以一定硫含量的高烧失量粉煤灰是能够应用于路面基层的。

关键词：硫含量　高烧失量　粉煤灰　二灰稳定碎石基层　压蒸膨胀率　强度　增长

0　引言

我国粉煤灰产量丰富，石灰粉煤灰碎石基层已被广泛地应用于高速公路和一般公路的修筑中。这样，既节约了能源和资金，又改善了环境。然而，我国电厂排放的粉煤灰品质极不稳定，有80%以上的粉煤灰烧失量超过6%，有的达到20%以上，而国内相应的施工规范规定粉煤灰烧失量一般不应大于10%，使得许多烧失量较大的粉煤灰得不到利用，极大地限制了粉煤灰的应用范围和数量，导致我国粉煤灰利用率仅有40%～50%。近几年来，虽然国内对烧失量大的粉煤灰也作了一些研究，比如采取对粉煤灰进行脱碳处理，提高其密实性，降低空隙率等，但工艺较复杂费用较高，使得此种粉煤灰应用于路面基层难以实现。国内外对高烧失量粉煤灰在路面基层中的应用研究还很少，因此深入开展高烧失量粉煤灰修筑二灰基层的研究，提高我国粉煤灰的利用率，具有现实意义和经济价值。

1　原材料技术性质

1.1　粉煤灰

试验所采用的粉煤灰来源于重庆市南川爱溪发电厂生产的低质粉煤灰，其化学成分见表1。

南川爱溪发电厂粉煤灰的化学成分分析表　　表1

检测项目 / 编号	烧失量 (%)	SiO_2 (%)	Al_2O_3 (%)	Fe_2O_3 (%)	CaO (%)	MgO (%)	SO_3 (%)	细度
1	27.65	9.90	14.23	11.65	11.0	6.32	7.34	56.5
2	28.97	18.70	12.76	15.09	6.16	2.98	4.74	48.9
3	26.78	18.94	13.22	11.64	14.64	9.00	5.66	54.8
4	28.20	13.97	22.67	10.50	4.85	7.04	2.68	58.9

从表1可以看出，此电厂的粉煤灰烧失量较大，均大于20%，1、2、3号粉煤灰的SO_3的含量较大，4号粉煤灰的SO_3的含量较小，有效成分$SiO_2+Al_2O_3+Fe_2O_3$总含量（见表2）均小

于规范70%～80%的要求。通常认为少量的SO_3对二灰基层的早期强度及板体性能是有利的,但过高硫含量会对二灰基层的体积安定性造成不利影响。因此,对以上品种粉煤灰进行体积安定性试验:按石灰∶粉煤灰∶碎石为8∶12∶80的比例成型试件(试件的密实度为98%,直径ϕ5cm×5cm),将新成型试件立即进行120℃高温压蒸试验。试验结果(见表2)表明,1号粉煤灰的有效成分最低,含硫量最高,试件膨胀率最大,试件已经发生严重膨胀破坏;4号粉煤灰的有效成分最高,硫含量最低,相应试件膨胀率最小。由此可知,膨胀率与粉煤灰有效成分含量和硫含量的大小紧密相关。

二灰试件压蒸膨胀率试验结果 表2

试件组别		1	2	3	4
所用粉煤灰	编号	1	2	3	4
	有效成分含量(%)	35.78	46.55	43.80	47.14
	SO_3含量(%)	7.34	4.74	5.66	2.68
试件膨胀率(%)		20.89	9.27	9.72	1.50

1.2 石灰

试验研究所用石灰取至重庆市,为当地石灰,主要技术品质见表3。

石灰主要技术品质 表3

项目	活性氧化钙+氧化镁(%)	残渣含量(%)	石灰等级
消石灰	76.3	13.8	II

1.3 碎石

根据规范的要求,试验采用压碎值小于30%的级配碎石,由5种不同粒级碎石掺配成满足规范要求的连续级配。集料各粒径颗粒的组成见表4。

级配碎石各粒径颗粒的组成 表4

颗粒粒径(mm)	0～2.36	2.36～4.75	4.75～9.5	9.5～19	19～31.5
各粒径比例(%)	8	12	20	25	35

2 试件成型参数

2.1 最佳石灰、粉煤灰比例的确定

就石灰、粉煤灰和集料而言,在它们各自的性质及组成不变的情况下,其可变因素是石灰与粉煤灰的比例和二灰与集料的比例。因此,石灰、粉煤灰集料的混合料的组成可由选定二灰总剂量和选定石灰、粉煤灰的比例来确定。在此先确定石灰、粉煤灰的最佳比例。

已有的资料和研究成果表明,石灰、粉煤灰混合料的强度随其配合比的变化而变化,在某一配合比范围内强度最大;超出这一范围后,强度逐渐减小。由于1号粉煤灰中的有效成分比其他的低得多,失去了可比性,本试验采用2、3、4号品种粉煤灰进行试验。分别将各品种粉煤灰与石灰按20∶80、25∶75、30∶70、35∶65的比例配合制成ϕ5cm×5cm的试件,标养7d进行抗压强度试验,试验结果见表5、图1。

二灰的 7d 强度试验结果　表 5

石灰/粉煤灰	20∶80		25∶75		30∶70		35∶65	
压实度(%)	95	90	95	90	95	90	95	90
2 号灰抗压强度(MPa)	2.50	1.97	2.82	2.34	2.59	2.32	2.42	2.22
3 号灰抗压强度(MPa)	2.61	2.08	2.93	2.46	2.62	2.34	2.46	2.29
4 号灰抗压强度(MPa)	1.2	0.92	1.48	1.22	1.15	0.91	0.85	0.74

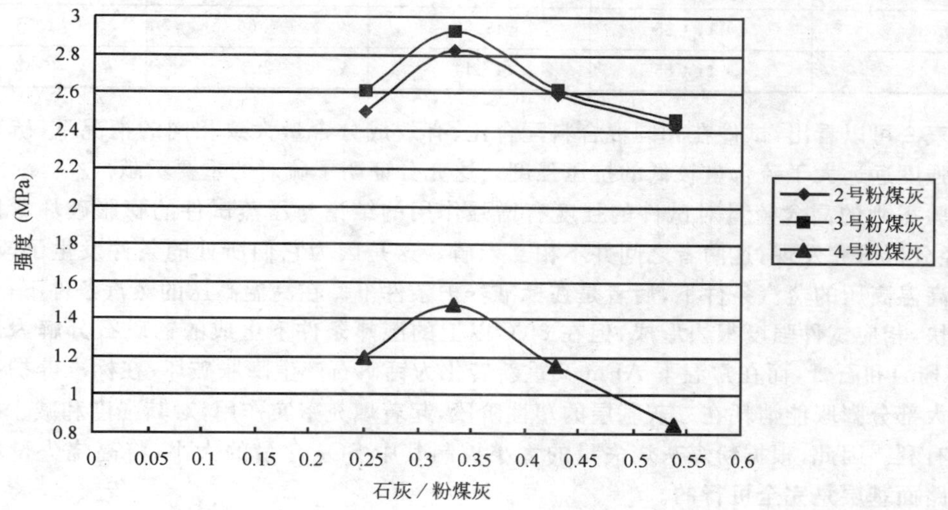

图 1　95%压实度二灰强度对比图

由表 5 和图 1 可以看出,试验所用 2、3、4 号粉煤灰与石灰的混合料的强度变化规律均与普通二灰混合料强度变化规律相似:随着压实度的增加而增长;随着石灰、粉煤灰比例的增加而增长,当石灰与粉煤灰的比例达到 25∶75 左右时,强度达到最大值,之后其强度逐渐降低。所以二灰稳定碎石基层混合料应控制石灰:粉煤灰在 1∶3 左右。由表 5 和图 1 还可知,在有效成分含量相当的情况下,含硫量最大的 3 号粉煤灰的强度最大,而含硫量最小的 4 号粉煤灰的强度却最小。由此可见硫对高烧失量粉煤灰的二灰强度的形成中起着不可忽视的作用。

2.2　强度形成机理分析

由于所试验铺筑二灰稳定碎石基层的粉煤灰中 SO_3 的含量偏高,混合料中 SO_3 大量存在,大量 SO_3 可使硬化后的混合料体积膨胀。体积膨胀作用机理为:粉煤灰中的 SO_3 是以二水石膏($CaSO_4 \cdot 2H_2O$)的形式存在的,其与混合料中的水化铝酸钙反应生成钙矾石。其化学反应式为:

$$CaSO_4 \cdot 2H_2O + 3CaO \cdot Al_2O_3 \cdot 6H_2O + H_2O \longrightarrow 3CaO \cdot Al_2O_3 \cdot 3CaSO_4 \cdot 32H_2O$$

其体积约为原来的水化铝酸钙体积的 2.5 倍,从而使硬化试件的固相体积增加很多,产生相当大的结晶内应力,当结晶内应力大于早期强度时试件发生开裂破坏。但为什么试验所成型的试件没有出现开裂破坏呢?究其原因我们发现粉煤灰的烧失量很大,试件中存在大量的未烧过的碳。亲水性强且疏松多孔的碳,在拌和过程中由于充分吸水而不易被压缩,均匀的存在于试件中，使得高烧失量粉煤灰的试件硬化后空隙率增加，受力有效面积相应减小，强度大大降低。然而，试验所采用的粉煤灰中还含有大量的硫，硫转化为钙矾石的过程中，充分吸水的碳为钙矾石的生成提供充足的水源，同时也为钙矾石固相体积的膨胀提供空间，从而减小或消除了体积膨胀产生的内应力，使试件更为密实，抗压强度更高。不同硫含量试件的抗压强度试验充分证明了这一结论，详见表6。

不同含硫量试件的7d抗压强度 表6

所用粉煤灰编号	配合比	有效成分含量(%)	硫含量(%)	抗压强度(MPa)
3	4∶11∶85	43.80	5.66	1.75
4	4∶11∶85	47.14	2.3	0.82

从表6可以看出，试件在相同混合料配合比、有效成分含量大致相同的情况下，硫含量高的抗压强度远远大于硫含量较低的抗压强度。这充分证明了硫对的重要贡献。

试验得到的高含硫量对试件的强度有增强作用的结论与压蒸试件的膨胀破坏看似矛盾的，但经分析研究发现，这两者之间并不相互矛盾。这是因为它们所处的条件发生了改变，前者是在高温高压的蒸汽条件下，后者是在标准养护条件下。在高温高压的蒸汽条件下，火山灰反应极快，相应试件强度很快形成，但在80℃以上的湿热条件下生成的钙矾石分解为低硫铝酸钙(AFm)和石膏，而在常温下AFm又重新转化为钙矾石产生膨胀破坏；在标准养护条件下钙矾石大部分膨胀能消耗在二灰基层的塑性阶段，起着填充密实作用，对其强度和减少收缩裂缝极为有利。因此，根据粉煤灰烧失量的大小控制其中SO_3含量的大小，将高烧失量粉煤灰应用于路面基层是完全可行的。

2.3 混合料配合比设计确定

根据以上试验成果和室内的混合料配合比试验以及不同配合比成型强度试验，采用2号和3号粉煤灰进行试验观测段铺筑，拟定混合料配合比见表7。

混合料配合比 表7

项目	配合比	压实度(%)	最佳含水量(%)	最大干密度(t/m^3)	7d强度(MPa)
石灰∶粉煤灰∶级配碎石	4∶11∶85	98	11.7	2.02	1.60

经过观测没有发现任何膨胀破坏的痕迹，钻心取样的强度满足规范对二灰基层的要求。试验结果表明此种二灰稳定碎石的强度与普通二灰稳定碎石一样，随着时间的增长而增长，后期还有较大的增长。3号粉煤灰二灰碎石的强度增长见图2。

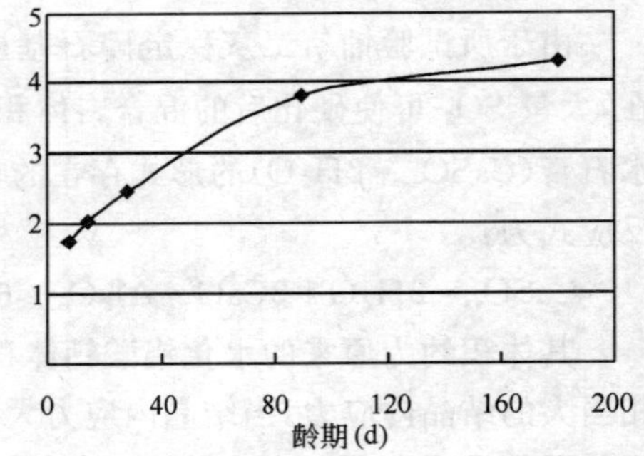

图2 不同龄期试件强度增长规律

3 结论

(1)适量的硫对高烧失量粉煤灰二灰稳定碎石的强度是有利的，但过高的含硫量会产生膨胀破坏。

(2)高烧失量粉煤灰中的最佳SO_3含量应视烧

失量大小而定，本试验中烧失量27%左右的粉煤灰应控制SO_3含量在5.5%左右。

(3)钙矾石在温度小于80℃时是稳定存在的，而路面基层的温度一般小于50℃～60℃，钙矾石稳定存在于二灰基层中，所以高硫高烧失量粉煤灰二灰基层的强度是稳定的。

(4)高烧失量粉煤灰由于强度很低，达不到路用性能够的要求，但含有一定量硫的高烧失量粉煤灰具有优质粉煤灰的路用性能，完全能够应用于二灰稳定碎石基层。

参考文献

[1] 游宝坤，席耀忠.钙矾石的物理化学性能与混凝土的耐久性.中国建材科技，2002(11).

[2] 中华人民共和国行业标准.JTG E42—2005 公路工程集料试验规程[S].北京：人民交通出版社，2005.

[3] 中华人民共和国行业标准.JTJ 034—2000 公路路面基层施工技术规范[S].北京：人民交通出版社，2000.

[4] 杨文言.不同养护条件下生成的钙矾石的显微形貌.电子显微学报，2000.

超薄沥青混凝土级配规律的研究

曾 蔚 李美江 王旭东

（交通部公路科学研究院 北京 100088）

摘 要：超薄沥青混凝土是一种细集料沥青混合料，作为抗滑表层使用。本文主要研究了最大公称粒径 10mm 的粗集料、密实型混合料的级配特点，提出在保证构造深度和较高碎石含量的前提下，改善混合料密实性的技术措施，其中在 4.75～9.5mm 之间增设控制筛孔（如 7.2mm）是十分重要的。

关键词：超薄沥青混凝土 级配 筛分

0 引言

由于摊铺厚度的限制，超薄沥青混凝土一般采用细粒式沥青混凝土，公称最大粒径一般不大于 13mm，国外一般采用 0/10 型或 0/6 型级配，由于我国没有公称最大粒径为 6mm 的混合料级配，因此主要以 0/10 型级配为主。

由于超薄沥青混凝土使用功能的要求，具有一定构造深度和良好的抗滑性能是超薄沥青混凝土级配选择的必要条件。因此传统的连续密实型级配由于抗滑性能不能满足要求，不适合于超薄沥青混凝土的使用。从国内外研究和使用经验来看，超薄沥青混凝土主要分为粗集料断级配密实型沥青混合料和开级配沥青混合料两种，前者由于具有耐久性好、强度高、适用范围广等特点，是国际上主要使用的级配类型，如 SMA、SUP、BBTM 以及我国的 SAC。而后者具有路面排水性能好，雨天行车安全性高，行车噪声低等特点，因此在国外发达国家也有比较广泛的应用，如 OGFC。

SAC-10 型超薄沥青混凝土从 1999 年首次在济青高速公路上修建试验路段以来，已先后在河北、广东、四川、贵州、北京等省市修建了十多条试验路段和实体工程。在实际使用过程中总体效果是良好的，但也发现一些问题，主要有：不同地区由于石料的变化，混合料的空隙率变化较大；目前级配混合料的构造深度还不尽如人意。为此，本文将对 SAC-10 型级配进行较全面的分析，以进一步改善其性能。

1 超薄沥青混凝土的级配

表 1 为 SAC-10 和其他几种细粒式沥青混凝土的级配范围，其中有新规范中提出的 AC-10L、AC-10G，美国 Superpave 的 SUP-9.5，以及 SMA-10 和 OGFC-10。这些级配混合料的粗集料含量各不相同，见表 2。混合料粗集料含量的高低与混合料最终的构造深度有直接关系，粗集料含量越多，构造深度越大，抗滑性能越好。

几种适用于超薄沥青混凝土的混合料级配范围(%)　表1

级配	13.2(mm)	9.5(mm)	4.7(mm)	2.36(mm)	1.18(mm)	0.6(mm)	0.3(mm)	0.15(mm)	0.075(mm)
SAC-10	100	90～100	30～40	23～32	17～25	13～20	10～16	8～13	6～10
AC-10L	100	95～100	95～100	45～70	35～50	18～38	12～28	8～20	6～12
AC-10G	100	90～100	52～90	40～68	30～50	18～35	14～25	8～18	4～9
SUP-10	100	90～100	54～69	32～47	18～32	11～23	8～16	6～13	4～7
SMA-10	100	90～100	22～36	18～28	14～26	12～22	10～18	9～16	8～12
OGFC-10	100	90～100	15～25	11～20	9～16	7～13	5～11	4～9	3～7

几种超薄沥青混凝土中碎石含量对比(级配中值)(%)　表2

级配	AC-10L	AC-10G	SUP-10	SMA-10	SAC-10	OGFC-10
>4.75(mm)	2.5	29	38.5	71	65	80
>2.36(mm)	42.5	46	60.5	77	72.5	84.5

OGFC-10级配中4.75mm以上的粗集料含量高达80%～90%,是一种典型的开级配混合料。其新建路面的构造深度很大,可以达到1.8以上,但由于使用期间的环境污染,沙尘极易填堵这种混合料表面的空隙,因此构造深度一般在使用初期衰减很快。根据河北京沪试验路3年的使用情况看,1年后构造深度下降到1.0～1.2左右,而随后几年构造深度变化趋于平稳。

SMA-10级配中的4.75mm以上的碎石含量标准一般在70%～80%,比OGFC少10%左右,与OGFC另一不同在于矿粉含量较高,达到10%～14%,这样在4.75～0.075mm之间的各种砂含量仅占15%左右。按照混合料的粗集料矿料间隙率不大于粗集料本身的矿料间隙率的标准,SMA-10和OGFC-10均是骨架嵌挤结构。应该指出,对于这种级配,如果不掺加纤维很难达到密实型混合料空隙率的要求,属于一种半开级配。但如果依靠掺加纤维,增加沥青用量,降低空隙率,将会由于沥青的大量增加,混合料的高温性能将会明显降低(当采用普通重交沥青)。因此这些年来,一些研究、设计单位为解决这个问题,适当向下调整了混合料的粗集料的含量,使得该含量接近SAC-10,有的甚至小于SAC-10。

对于SUP-9.5及其他几种混合料,由于混合料的粗集料含量明显降低,混合料的密实性较好,但构造深度偏小,作为表面层使用其抗滑性能不足,如SUP-9.5的构造深度一般在0.5～0.6左右,AC-10L的构造深度不足0.3。

SAC-10是介于以上两类混合料之间的级配,其4.75mm以上的碎石含量一般控制在60%～70%,0.075mm以下的矿粉含量也略低于SMA-10。根据大量实验表明SAC-10混合料的粗集料矿料间隙率一般略大于粗集料本身的矿料间隙率,(一般不超过1%～2%)。

通过对山东、河北、广东、四川、北京等省市修建的SAC-10试验路段的检测结果表明,这种表面层混合料的构造深度一般为0.6～1.0。

另外,试验表明这种混合料级配的密实性与粗集料的规格有较大关系。按照表1中SAC-10的级配范围中值分别采用北京玄武岩、河北玄武岩、四川轧制河卵石和广东花岗岩分别进行马歇尔击实试验(试验用油石比4.8%),见表3。发现相同级配和相同油石比的情况下,混合料的空隙率相差很大,一般在4%～7%之间。也就是说,当使用有些粗集料时,混合料为密级配,有些则为半开级配。这也说明了石料的复杂性,和混合料级配的复杂性。下面将针对在保证SAC-10混合料级配中碎石含量不变的前提下,探讨提高其密实性的措施。

不同粗集料情况下,SAC-10马歇尔试验结果　　表3

石料来源	密度(g/cm^3)	孔隙率(%)	VMA(%)	VFA(%)	VCA(%)
北京	2.5261	3.84	13.57	71.73	44.09
广东	2.3167	6.80	15.71	56.72	44.53
四川	2.4005	5.08	14.54	65.07	44.09
河北	2.4433	6.65	17.07	61.07	46.53

2　采用完全断级配

沥青混凝土的级配规律是指粗集料、细集料和矿粉之间相互配合的最佳比例关系。现在常用的级配理论是最大密度曲线和粒子干涉理论。在此基础上产生的矿料级配分为连续级配和断级配两种。连续级配组成的级配曲线平顺圆滑,具有连续不间断的性质,可用一条指数曲线拟合。而断级配,顾名思义,其级配曲线是间断的,是由两条或两条以上的曲线拟和。连续级配和断级配与混合料的密级配和开级配并没有直接关系。连续级配可能是密级配,也可能是开级配,如规范中的I型和II型。而断级配并不一定是开级配,相反大多常用的断级配都是密实型级配,如SMA、SAC等。

借鉴国外超薄沥青混凝土级配的使用经验,在保证粗集料含量不变的前提下,完全间断SAC-10某个区域的细集料,形成完全断级配,以改善混合料的密实性,见表4。这里强调完全断级配只是突出级配中某个区间内的矿料含量很少,甚至没有。

SAC-10断与完断级配范围(%)　　表4

级配	13.2(mm)	9.5(mm)	4.75(mm)	2.36(mm)	1.18(mm)	0.6(mm)	0.3(mm)	0.15(mm)	0.075(mm)
SAC-10	100	90	30	23	17	13	10	8	6
		100	40	32	25	20	16	13	10
SAC-10(完断)	100	90	30	30	22	16	11	8	6
		100	40	40	30	23	17	13	10

根据我国目前表面层沥青混合料所用石料的生产规格情况,我们将完全断级配的间断区间放在4.75～2.36mm之间。从表4中看出,两种级配的4.75mm以上的粗集料含量保持不变,0.075mm以下的矿粉含量也不变,区别在于,完断级配4.75～2.36mm的机制砂采用2.36mm以下的中、细砂代替。在实际工程中,通过调整0.3～0.5cm的机制砂含量以达到完全断级配的目的。

表5为一组SAC-10断与完全断级配混合料马歇尔击实试验的结果,试验采用完全相同的石料、矿粉和沥青,击实温度、击实次数也相同。从试验结果看,在相同油石比情况下,完全断级配混合料的实测密度及饱和度明显提高,空隙率显著降低,大约1%左右(绝对值)。由于完全断级配的细料更容易填充粗集料构成的空隙,使试件更加密实,所以要达到相同的空隙

率，完全断级配的用油量会减少。总之，完全断级配比一般断级配有更好的密实性。

SAC-10 断与完全断级配马歇尔击实试验结果　表 5

级配	油石比(%)	理论密度(g/cm^3)	实测密度(g/cm^3)	空隙率(%)	饱和度(%)
SAC-10(断)	4.7	2.517 4	2.334 6	7.26	57.39
	5.0	2.507 1	2.349 6	6.28	62.51
	5.3	2.496 9	2.353 4	5.75	65.88
	5.6	2.486 8	2.346 3	5.65	67.42
SAC-10(完全断)	4.7	2.517 4	2.361 9	6.18	61.44
	5.0	2.506 1	2.375 7	5.20	67.01
	5.3	2.496 9	2.385 4	4.43	71.73

3　9.5～4.75mm 间增设控制筛孔

对于 10 型级配而言，为了保证具有良好的构造深度，其 4.75mm 以上的碎石含量比较高，以 SAC-10 为例达到 60%～70%以上，按照我国目前矿料筛分的筛网控制来说，4.75～9.5mm之间再没有控制筛网，这样实际工程中容易导致了大量的粗集料级配失控现象。

针对上文表 3 的试验结果进行了进一步的试验，测量了这四种石料 4.75～9.5mm 的粗集料的当量半径，结果见表 6。可以看到这四种石料，尽管规格一样，但石料的粒径还是存在较大的差别。北京的石料偏细，河北的石料偏粗，后者比前者粒径半径大 1/3。这可能是造成混合料密实性差异的原因。导致这种现象的主要原因就是对占混合料绝大多数的粗集料(4.75～9.5mm)没有一个有效的控制措施。

四省粗集料的当量半径　表 6

石料来源	北京	广东	四川	河北
粗集料当量半径(cm)	0.38	0.41	0.41	0.46

为此，本研究接受沙庆林院士的建议，在 4.75～9.5mm 之间增加了一个 7.2mm 的筛孔。以北京玄武岩为例，在保证 4.75mm 以上粗集料含量不变和 4.75mm 以下细集料的含量、级配不变的条件下，分别按 4.75～7.2mm 和 7.2～9.5mm 不同的比例分别进行马歇尔击实试验。试验结果见表 7，试验采用 4.9%的油石比。从试验结果看，尽管粗集料总量不变，由于其中的粗细矿料比例不同，SAC-10 混合料的密实程度有明显的变化。当 4.75～9.5mm 碎石都为 4.75～7.2mm 时，混合料的空隙率最大，当 4.75～7.2mm 碎石含量逐渐减小时，混合料的空隙率和矿料间隙率逐渐减小，空隙率由原来的 6.98%降为 4.55%，大约降低 2.5%的空隙率，矿料间隙率大约降低 2.1%，粗集料矿料间隙率大约下降 1.5%。当 4.75～7.2mm 的含量为零时，混合料的空隙率和矿料间隙率略微有些增加，但增加幅度很小，仍保持很好的密实性。因此对于这种规格石料来说，4.75～7.2mm 与 7.2～9.5mm 的最佳比例为 20：80。

这种变化趋势类似于混合料粗集料由连续向断级配再向完全断级配的过渡，近乎完全断级配混合料的空隙率最小。

不同 7.2～9.5mm 碎石含量的 SAC-10 混合料的体积参数 表 7

(4.75～7.2)：(7.2～9.5)	蜡封密度 (g/cm³)	理论密度 (g/cm³)	空隙率 (%)	矿料间隙率 (%)	饱和度 (%)	骨料间隙率 (%)
100：0	2.459 1	2.643 5	6.98	16.30	57.20	45.89
80：20	2.483 8	2.643 8	6.09	15.48	60.67	45.37
60：40	2.505 7	2.644 0	5.23	14.76	64.56	44.91
40：60	2.518 5	2.644 3	4.76	14.35	66.86	44.66
20：80	2.524 4	2.644 6	4.55	14.18	67.94	44.56
0：100	2.518 7	2.644 9	4.77	14.40	66.87	44.71

同样对 OGFC-10 也进行类似的试验，试验结果见表 8，也存在相同的现象：当 4.75～7.2mm与 7.2～9.5mm 的比例不同时，混合料的密实程度不一样。

不同 7.2～9.5mm 碎石含量的 OGFC-10 混合料的体积参数 表 8

(4.75～7.2)：(7.2～9.5)	体密度(g/cm³)	理论密度(g/cm³)	空隙率(%)	矿料间隙率(%)	骨料间隙率(%)
100：0	2.120 1	2.691 3	21.23	27.19	41.91
80：20	2.133 3	2.691 7	20.74	26.76	41.58
60：40	2.141 9	2.692 0	20.43	26.50	41.37
40：60	2.160 1	2.692 4	19.77	25.90	40.90
20：80	2.165 8	2.692 7	19.57	25.73	40.77
0：100	2.152 8	2.693 1	20.06	26.21	41.16

10 型级配粗集料中增加 7.2mm 的控制筛孔不仅对混合料的空隙率有影响，而且对粗集料矿料间隙率也产生一定影响。表 9 为 7.2～9.5mm 碎石占 4.75～9.5mm 碎石不同比例条件下，粗集料矿料间隙率和混合料骨料矿料间隙率(4.9%油石比)的试验数据汇总，图 1 为相应的变化曲线。试验采用两种不同的捣实方法，试验表现出近似的变化规律——粗集料矿料间隙率呈抛物线形式。对于试验所采用的北京玄武岩，当 7.2～9.5mm 占 60%左右，混合料的 VCA 达到最小值。同时，7.2～9.5mm 占 80%左右时，混合料骨料矿料间隙率达到最小值。

不同 7.2～9.5mm 碎石含量的 SAC-10 混合料的矿料间隙率 表 9

7.2～9.5mm 所占比例	改锥捣实(%) ①	改锥+橡皮锤捣实(%) ②	VCA_{MIX}(%) ③	比值(%) ①/③
0%	40.97	40.55	45.89	89.3
20%	40.73	40.36	45.37	89.8
40%	40.65	40.01	44.91	90.5
60%	40.60	39.81	44.66	90.9
80%	40.84	40.10	44.56	91.7
100%	41.02	40.45	44.71	91.7

由此说明，对于以 SAC-10 为代表的粗集料、细粒式、断级配混合料，在 4.75～9.5mm 之间增加控制筛孔对于保证级配和混合料性能的稳定是十分必要的。本研究建议增加 7.2mm 筛孔。这与国外细粒式混合料的级配体系基本对应。

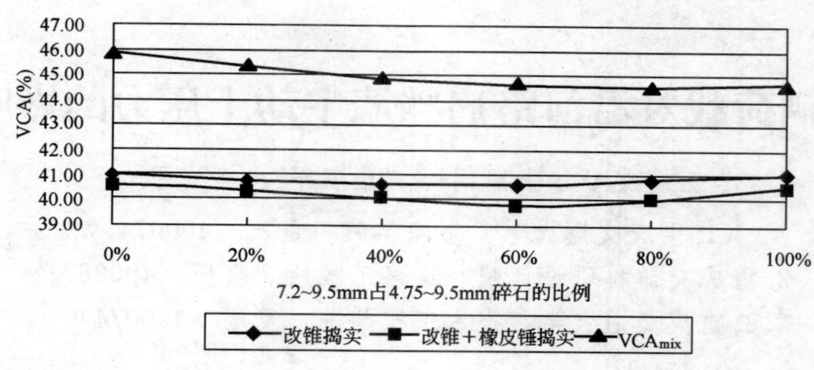

图 1 不同 7.2～9.5mm 碎石含量的 VCA 曲线

4 结语

本文着重探讨了 10 型超薄沥青混凝土的级配问题，该级配作为路面抗滑表层使用，要求具有良好的构造深度，因此混合料中应含有较高的碎石。但是由于各地石料品种复杂，为了提高其密实性有必要对其的级配进行规范。采用完全断级配和增设 7.2mm 控制筛孔是两个有效的措施。

相比之下，采用完全断级配在施工过程中有一定难度，混合料初期的构造深度不理想，而增设 7.2mm 的控制筛孔则对控制混合料中 4.75～9.5mm 间粗集料含量，提高构造深度十分有利，是一个值得推广的经验。

车辆荷载对沿河路肩挡墙主动土压力的影响

王俊杰[1,2] 张丽娟[3,2] 柴贺军[2] 李海平[2]

(1.重庆交通大学 河海学院 重庆 400074;

2.重庆交通科研设计院 道路工程所 重庆 400067;

3.重庆交通大学 土木工程学院 重庆 400074)

摘 要:沿河公路路基地下水和河水间通常存在着水力联系,路基地下水的渗流状态和车辆荷载等对作用于路肩挡墙的主动土压力和水压力的大小均有影响。在对沿河路基及路肩挡墙结构进行简化的基础上,依路基地下水的渗流状态把沿河路基分为四种类型,即无地下水路基、饱和无渗流路基、排水系统位于墙-土界面的稳定渗流路基和排水系统位于填土底面的稳定渗流路基。结合我国现行相关规范,利用饱和土有效应力原理和 Rankine 主动土压力理论,研究了车辆荷载作用下,作用于这四种沿河路基路肩挡墙上的主动土压力和水压力的合力的计算问题,并通过算例讨论分析了车辆荷载对土、水压力合力的影响,指出沿河路基排水系统的合理布置对确保路肩挡墙的稳定性具有重要意义。

关键词:Rankine 理论 主动土压力 水压力 车辆荷载 渗流条件

0 引言

土压力大小和分布的计算是土力学基本且重要的问题之一,在土木工程的实践中,经典的 Rankine 理论[1]和 Coulomb 理论[2]得到了广泛应用。但是,由于土压力的大小和分布受许多因素影响而显得非常复杂,可以说土压力问题还不能认为已经解决,有许多方面至今尚未完全弄清,进一步研究是有必要的。

沿河公路是我国山区公路的主要类型之一,路基地下水和河(库)水间通常存在水力联系,作用在路基挡墙上的土压力的大小和分布除与路基填土的物理力学性质有关外,尚与地下水的渗流状态、车辆荷载等许多因素有关。对于挡墙后的填土中存在地下水渗流时的土压力的计算问题,不少学者通过模型试验[3]、实测资料分析[4]、土压力的产生机理和计算方法研究[5]、理论分析[6,7]、数值模拟[8]等多种方法从不同角度进行了不少有益的研究。但对于车辆荷载和地下水渗流共同作用条件下的土压力计算问题,尚未见到专门的研究报道。

从理论上分析,在外荷载作用下,路基内部必然产生附加应力,因而将增大作用于路基挡墙上的主动土压力。但由于地下水的作用,使得作用于墙背的附加应力比较复杂,主动土压力的计算也随之复杂化。本文基于 Rankine 土压力理论,假定挡墙为墙背竖直且光滑的刚性

基金项目:交通部交通应用基础研究项目(编号 2005319740090)。

体，墙后填土为具有水平表面的半无限均质体，从理论上研究车辆荷载和地下水渗流共同作用下的沿河路肩挡墙所受土压力的计算问题。

沿河路基的地下水文条件受河流水文条件的影响而具有动态变化的特点，因而，从地下水渗流的角度分析，沿河路基可能不直接遭受地下水作用，也可能直接遭受地下水作用，就有地下水作用的情况而言，地下水可能处于静止状态，也可能处于渗流状态。为便于研究，本文依据路基地下水的渗流状态，把沿河路基简化为四种类型，即无地下水路基、饱和无渗流路基、排水系统位于墙-土界面的稳定渗流路基和排水系统位于填土底面的稳定渗流路基。车辆荷载条件下，作用于这四种沿河路基路肩挡墙的主动土压力和水压力的合力的计算问题，是本文研究的核心内容。

1 车辆荷载及其附加应力计算

1.1 车辆荷载计算

根据《公路桥涵设计通用规范》(JTG D60—2004)对车辆荷载引起的土压力计算方法的规定，把车辆荷载用一个均布荷载(或换算成等代均布土层)来代替，如图1所示。

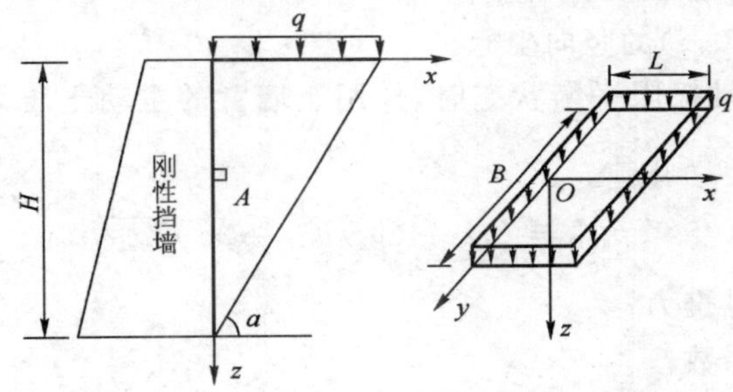

图1 车辆荷载的简化计算

等代均布荷载的计算式为：

$$q=\frac{\sum G}{BL} \tag{1}$$

式中：q——为车辆荷载换算成的均布荷载；

$\sum G$——布置在计算面积内的车辆轮重的总和；

B——挡土墙的计算长度(一般取挡土墙的分段长度，常取10～15m)；

L——挡土墙后填土的破坏长度，即车辆荷载布置的路基有效宽度，按下式计算：

$$L = H\cot\alpha \tag{2}$$

H——挡墙高度；

α——计算的滑动面倾角，依理论公式得到，即

$$\cot\alpha = \sqrt{1+\tan^2\varphi'}-\tan\varphi' \tag{3}$$

φ'——墙后填土的有效内摩擦角。

1.2 车辆荷载引起的附加应力计算

车辆荷载的等代均布荷载 q 将在填土中任意点(x,y,z)处引起附加应力，其中竖向附加应力的大小可依据土力学教科书中有关矩形面积均布荷载作用时的计算方法得到。对于图1

中 xoz 平面内墙背上任意点 $A(0,0,z)$，等代均布荷载 q 引起的竖向附加应力为

$$\Delta\sigma_z = \frac{q}{\pi}\left[\frac{mn}{\sqrt{1+m^2+n^2}}\left(\frac{1}{m^2+n^2}+\frac{1}{1+n^2}\right)+\arctan\left(\frac{m}{n\sqrt{1+m^2+n^2}}\right)\right] \tag{4}$$

其中，当 $L \geqslant B/2$ 时，$m=2L/B$，$n=2z/B$；

当 $L<B/2$ 时，$m=B/(2L)$，$n=z/L$。

2 车辆荷载下的主动土压力计算

2.1 路基无地下水时的主动土压力

当路基中或挡墙深度范围内无地下水作用时，车辆荷载作用下的路肩挡墙主动土压力的计算简图如图 2 所示。

车辆荷载作用下，墙背任意点 $A(0,0,z)$ 处的竖向应力为

$$\sigma_z = \gamma z + \Delta\sigma_z \tag{5}$$

式中：γ——路基填土的天然密度；

z——任意点 $A(0,0,z)$ 的竖向坐标。

当单元体 A 处于主动极限平衡状态时，作用于墙背的主动土压力可由摩尔-库仑强度理论得到，即

$$p_{aw1} = (\gamma z + \Delta\sigma_z)K_{a1} - 2c\sqrt{K_{a1}} \tag{6}$$

式中：c——路基填土的黏聚力；

K_{a1}——主动土压力系数；

$$K_{a1} = \tan^2\left(\frac{\pi}{4}-\frac{\varphi}{2}\right) \tag{7}$$

φ——填土的内摩擦角。

2.2 饱和无渗流路基的主动土压力

当路基填土处于饱和状态，且无地下水渗流时，车辆荷载作用下的路肩挡墙主动土压力的计算简图如图 3 所示，为便于分析，图中假定地下水位与路面平齐。

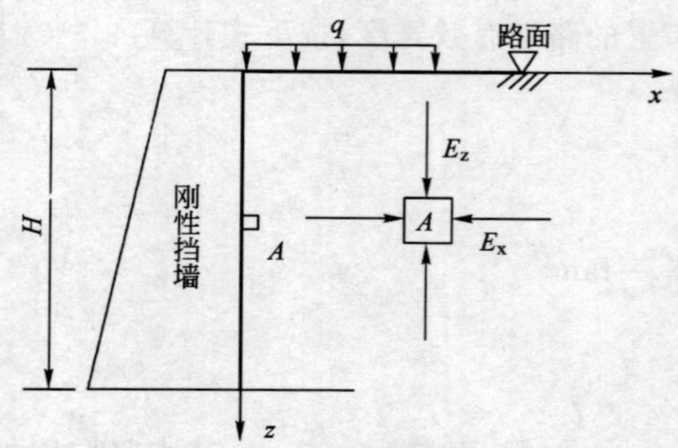

图 2 车辆荷载下主动土压力计算图 I

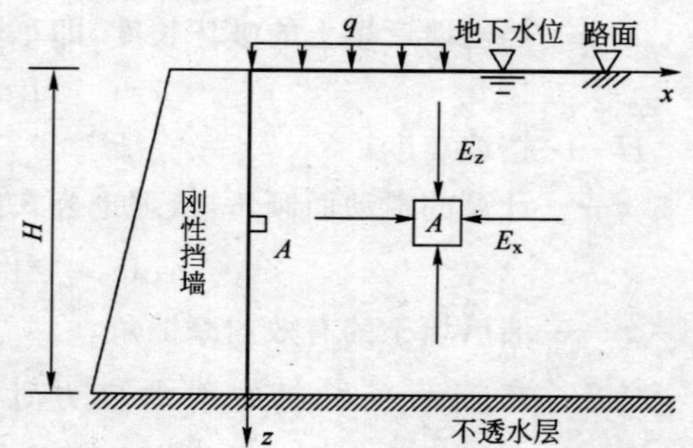

图 3 车辆荷载下主动土压力计算图 II

对路基挡墙而言，车辆荷载属于瞬间作用荷载，路基土体在车辆荷载作用下的固结过程可忽略不计。由于路基土体处于饱和状态，车辆荷载必然在路基中引起超静孔隙水应力。超静孔隙水应力的计算通常比较复杂，为简化起见，这里假定超静孔隙水应力在数值上等于计算点的竖向附加应力。依此，墙背任意点 $A(0,0,z)$ 处的竖向总应力、孔隙水应力和有效应力可分别表示为

$$\left.\begin{aligned}\sigma_z &= \gamma_{sat} z + \Delta\sigma_z \\ u &= \gamma_w z + \Delta\sigma_z \\ \sigma_z' &= \sigma_z - u = \gamma' z\end{aligned}\right\} \tag{8}$$

当单元体 A 处于主动极限平衡状态时，作用于墙背的主动土压力可由摩尔—库仑强度理论得到，水压力的大小等于孔隙水应力，则主动土压力和水压力的合力可表示为

$$p_{aw2} = \gamma' z K_{a2} - 2c' \sqrt{K_{a2}} + \gamma_w z + \Delta\sigma_z \tag{9}$$

式中：γ' 和 γ_w——分别为路基填土的浮重度和水的重度；

c'——路基填土的有效黏聚力；

K_{a2}——主动土压力系数，其表达式为

$$K_{a2} = \tan^2\left(\frac{\pi}{4} - \frac{\varphi'}{2}\right) \tag{10}$$

φ'——填土的有效内摩擦角。

2.3 墙背为排水边界的主动土压力

当路基填土处于饱和状态，且排水系统沿墙-土界面竖直布置时，路基地下水处于渗流状态。为简化起见，假定路基地下水位与路面平齐，且保持不变，填土底部为不透水边界。此时，路基地下水的渗流为二维稳定渗流，渗流场形态及主动土压力的计算简图如图 4 所示。

由于墙背为排水边界，车辆荷载在墙背各点引起的超静孔隙水应力可忽略不计。依此，墙背任意点 $A(0,0,z)$ 处的竖向总应力、孔隙水应力和有效应力可分别表示为

$$\left.\begin{aligned}\sigma_z &= \gamma_{sat} z + \Delta\sigma_z \\ u &= \gamma_w z \\ \sigma_z' &= \gamma' z + \Delta\sigma_z\end{aligned}\right\} \tag{11}$$

当单元体 A 处于主动极限平衡状态时，作用于墙背的主动土压力和水压力的合力可表示为

$$p_{aw3} = (\gamma' z + \Delta\sigma_z) K_{a2} - 2c' \sqrt{K_{a2}} + \gamma_w z \tag{12}$$

2.4 路基底部为排水边界的主动土压力

当路基填土处于饱和状态，且排水系统位于填土底部，墙背为不透水边界时，路基地下水也处于渗流状态。为简化起见，假定路基地下水位与路面平齐，且保持不变。此时，路基地下水的渗流为一维稳定渗流，渗流场形态及主动土压力的计算简图见图 5。

在图 5 所示的稳定渗流条件下，填土中任意点的孔隙水应力为零。在车辆荷载作用下，填

土中必然产生超静孔隙水应力，由于简化后的车辆荷载为作用于有限面积的均布荷载，且填土底面为排水边界，超静孔隙水应力的计算将比较复杂。为简化起见，这里仍假定车辆荷载引起的超静孔隙水应力在数值上等于计算点的竖向附加应力。依此，墙背任意点 $A(0,0,z)$ 处的竖向总应力、孔隙水应力和有效应力可分别表示为

$$\left.\begin{aligned}\sigma_z &= \gamma_{sat} z + \Delta\sigma_z \\ u &= \Delta\sigma_z \\ \sigma'_z &= \gamma_{sat} z\end{aligned}\right\} \tag{13}$$

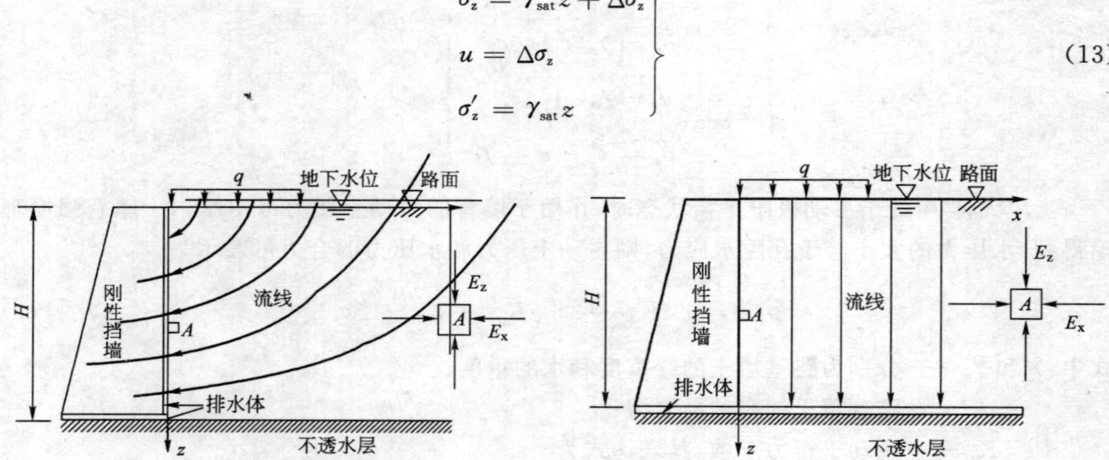

图 4　车辆荷载下主动土压力计算图 III　　　图 5　车辆荷载下主动土压力计算图 IV

当单元体 A 处于主动极限平衡状态时，作用于墙背的主动土压力和水压力的合力可表示为

$$p_{aw4} = \gamma_{sat} z K_{a2} - 2c'\sqrt{K_{a2}} + \Delta\sigma_z \tag{14}$$

3　算例及讨论

已知：某沿河二级公路路肩挡土墙墙高 5.0m，墙背直立且光滑，路基填土内摩擦角 $\varphi=\varphi'=30°$，凝聚力 $c=c'=0\text{kPa}$，天然密度 $\gamma=20\text{kN/m}^3$，饱和密度 $\gamma_{sat}=21\text{kN/m}^3$，浮密度 $\gamma'=11\text{kN/m}^3$。

3.1　无车辆荷载时的主动土压力计算

若不考虑车辆荷载，即车辆荷载在墙背引起的附加应力为零，作用于路肩挡墙上的主动土压力和水压力的合力仅与地下水的渗流条件有关，则可先令 $\Delta\sigma_z=0$，再分别由式(6)、(9)、(12)和(14)计算得到。图 6 给出了计算结果。

由图 6 可知，当路基无地下水时，作用于路肩挡墙的土、水压力的合力(图中 p_{aw1})为最小；当路基为饱和无渗流(图中 p_{aw2})或墙背为排水边界的稳定渗流(图中 p_{aw3})时，土、水压力的合力相等且为最大，其较 p_{aw1} 约大 41.6%；当路基底部为排水边界的稳定渗流时，土、水压力的合力(图中 p_{aw4})较路基无地下水时的土、水压力的合力(图中 p_{aw1})仅大 5.0%。由此可见，若不考虑车辆荷载对土、水压力的贡献，沿河路基的排水系统布置在路基填土底部时比布置在墙-土界面更有利于路肩挡墙的稳定。

3.2　车辆荷载下的主动土压力计算

依据《公路桥梁设计通用规范》(JTG D60—2004)，二级公路的汽车荷载等级为公路-

II 级，采用的车辆荷载标准值为：车辆重力 550kN（其中前轴重力 30kN，中轴重力 2×120kN，后轴重力 2×140kN）；轴距（3+1.4+7+1.4）m；轮距 1.8m；车辆外形尺寸（长×宽）为 15m×2.5m。

利用图 1 所示的方法，把车辆荷载用均布荷载等量代替。由式（2）、式（3）可得，$L=2.9$m；考虑到车辆外形尺寸，取挡墙计算长度 $B=15.0$m。即车辆荷载 550kN 可用作用于面积 2.9m×15.0m 上的均布荷载 $q=12.6$kPa 等量代替。等代均布荷载 q 在墙背各点引起的竖向附加应力可由式（4）计算得到，作用于不同类型沿河路基路肩挡墙的主动土压力和水压力的合力分别由式（6）、式（9）、式（12）和式（14）计算得到。图 7 给出了计算结果。

由图 7 可知，车辆荷载作用下，当路基无地下水时，作用于路肩挡墙的土、水压力的合力（图中 p_{aw1}）仍为最小；当路基为饱和且无地下水渗流时，土、水压力的合力（图中 p_{aw2}）为最大，在距离墙顶 0.1m、2.5m 和 5.0m 处，p_{aw2} 较 p_{aw1} 分别大 65.6%、44.7%和 42.7%；当路基为墙-土界面排水的稳定渗流时，土、水压力的合力（图中 p_{aw3}）略小于 p_{aw2}，在距离墙顶 0.1m、2.5m 和 5.0m 处，p_{aw3} 较 p_{aw1} 分别大 10.0%、37.5%和 40.1%；当路基为填土底部排水的稳定渗流时，土、水压力的合力（图中 p_{aw4}）略大于 p_{aw1}，在距离墙顶 0.1m、2.5m 和 5.0m 处，p_{aw4} 较 p_{aw1} 分别大 56.9%、11.7%和 7.4%。由此可见，若考虑车辆荷载的作用，沿河路基排水系统也应布置在路基填土底部。

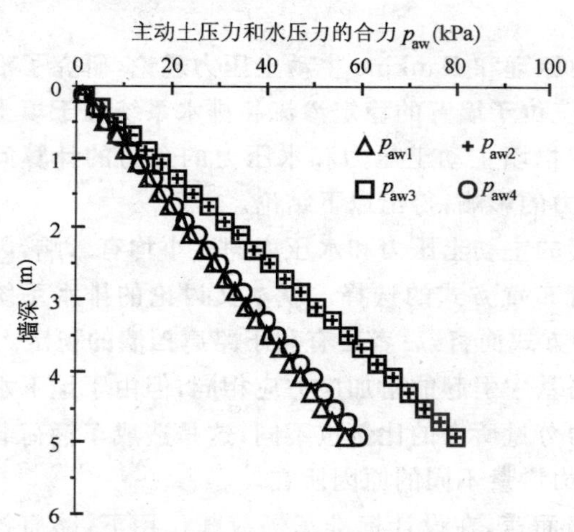

图 6 无车辆荷载时主动土压力和水压力的合力

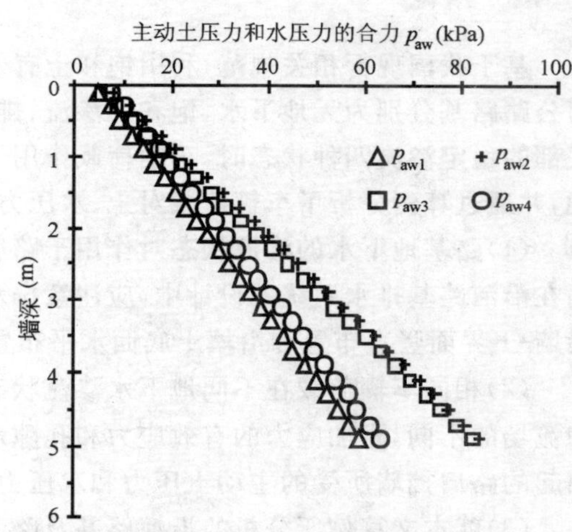

图 7 车辆荷载下主动土压力和水压力的合力

3.3 车辆荷载对总土、水压力的影响

图 8 给出的是车辆荷载对作用于沿河路肩挡墙的总主动土压力和水压力的合力的影响分析图。图中工况 1、2、3 和 4 分别对应无地下水路基、饱和无渗流路基、排水系统位于墙背的稳定渗流路基和排水系统位于填土底部的稳定渗流路基四种情况。

如图 8a）所示的车辆荷载作用前、后的总主动土压力和水压力的合力的大小关系表明，车辆荷载作用前，工况 1 的总土、水压力最小，工况 2、3 的总土、水压力相等且为最大，工况 4 的总土、水压力略大于工况 1；车辆荷载作用时，各工况的总土、水压力均增大，其中工况 1 的总土、水压力最小，工况 2 的总土、水压力为最大，工况 3、4 的总土、水压力居中，且工况 4 小于工况 3。

如图 8b)所示，由于车辆荷载的作用，使得不同工况的总土、水压力均有所增大，其中工况 3 的增幅最小，为 7.5%；工况 4 的增幅最大，为 17.5%；工况 1、2 的增幅均大于 10.0%。

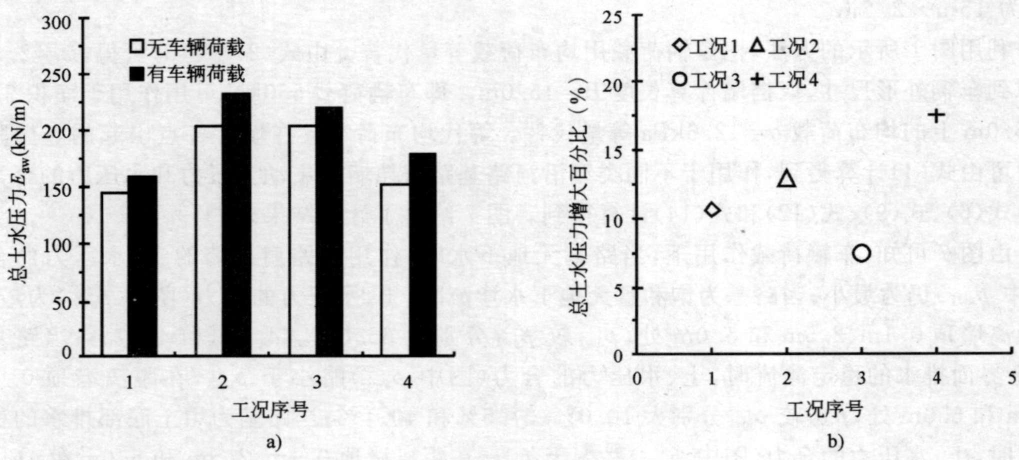

图 8 车辆荷载对总土水压力的影响

4 结论

基于我国现行相关规范，利用饱和土有效应力原理和 Rankine 主动土压力理论，研究了沿河公路路基分别为无地下水、饱和无渗流、排水系统位于墙背的稳定渗流和排水系统位于填土底部的稳定渗流四种状态时，车辆荷载作用下路肩挡墙主动土压力和水压力的合力的计算问题，并通过算例分析了车辆荷载对土、水压力的合力的影响，得出以下结论。

(1)路基地下水的渗流状态对作用于路肩挡墙的主动土压力和水压力的大小均有影响，因而在沿河路基排水系统的设计中，应注意排水系统布置方式的选择。就本文讨论的排水系统沿墙-土界面竖直布置和沿填土底面水平布置两种方式而言，后者更有利于路肩挡墙的稳定。

(2)相同车辆荷载在不同地下水渗流状态的路基中引起的附加应力应相同，但由于地下水渗流场的不同，附加应力的有效应力和孔隙水应力分量所占的比例也不同，这是造成车辆荷载引起的路肩挡墙所受的主动土压力和水压力的合力增量不同的原因所在。

(3)就本文算例所分析的沿河路基及路肩挡墙而言，在设计标准车辆荷载作用下，路肩挡墙所受的总主动土压力和水压力的合力比车辆荷载作用前增大 7.5%～17.5%。

参 考 文 献

[1] Rankine W J M. On the stability of loose earth [J]. Trans. Royal Soc., 1857, 147: 9-27.

[2] Terzaghi K. Theoretical Soil Mechanics [M]. New York: Wiley, 1943.

[3] 宋磊，温庆博. 基坑支护结构上的水土压力试验及计算[J]. 清华大学学报(自然科学版)，2003，43(11)：1572-1575.

[4] 刘国彬，黄院雄，侯学渊. 水及土压力的实测研究[J]. 岩石力学与工程学报，2000，19(2)：205-210.

[5] 汤连生,黄国怡,杜赢中,等.考虑地下水渗流的基坑水土压力计算新图式[J].岩土力学,2004,25(4):565-569.

[6] 沈珠江.基于有效固结应力理论的黏土土压力公式[J].岩土工程学报,2000,22(3),353-356.

[7] Barros P L A. A Coulomb-type Solution for Active Earth Thrust With Seepage [J]. Geotechnique,2006,56(3):159-164.

[8] Benmebarek N,Benmebarek S,Kastner R,Soubra A-H. Passive and Active Earth Pressure in the Presence of Groundwater Flow [J]. Geotechnique,2006,56(3):149-158.

[9] 中华人民共和国行业标准.JTG D60—2004 公路桥涵设计通用规范[S].北京:人民交通出版社,2004.

沥青混合料单轴静载蠕变试验研究

魏建明 王书延 刘红琼

(重庆交通大学土木建筑学院 重庆 400074)

摘 要:沥青混合料高温稳定性不足是沥青路面产生车辙病害的主要原因,提高混合料高温稳定性是增强沥青路面抗车辙性能的有效技术措施。通过采用SGC旋转压实试验设计沥青混合料配合比,在此基础上进行高温蠕变试验。试验分析表明,蠕变劲度可较为客观地评价沥青混合料高温稳定性,沥青混合料高温稳定性与混合料类型和沥青用量关系密切。研究成果为设计抗车辙沥青混合料提供有价值的参考。

关键词:沥青路面 高温稳定性 蠕变试验 蠕变劲度 混合料类型 沥青用量

0 引言

高温稳定性是沥青混合料的重要性能之一,高温稳定性不足将导致车辙的产生。笔者采用高温蠕变试验对沥青混合料的高温稳定性进行研究,通过分析以了解各种因素对沥青混合料高温性能的影响,为完善沥青混合料设计方法、解决目前沥青路面早期出现的车辙问题提供有价值的参考。

目前,我国规范规定采用车辙试验获得的动稳定度来评价沥青混合料的高温稳定性。但是,车辙试验方法也存在一定的局限和欠妥之处。如采用轮碾法成型车辙试件,无法准确地控制车辙试件的厚度和孔隙率,导致车辙试件与路面工程实体存在着一定的差异,使得车辙试验不能客观地反映沥青路面的高温稳定性。同时,车辙试验获得的动稳定度是一个经验性指标,不能用于评价沥青路面实际抗车辙性能和车辙深度预估。国际上许多研究人员认为蠕变试验比车辙试验更能真实的模拟实际路面结构的受力过程,蠕变试验结果较为客观地评价混合料的高温稳定性,可作为指导混合料组成设计的依据。

1 混合料组成设计

试验所用三种混合料的矿料级配采用规范规定级配范围中值。最佳油石比先采用马歇尔试验初步确定,然后采用SGC试验进一步验证。SGC旋转压实试验是美国公路战略研究计划(SHRP)中沥青混合料设计的重要成果之一,该方法将压实条件和交通量条件紧密结合考虑,以体积参数(包括空隙率、矿料间隙率、沥青饱和度等)作为混合料设计的控制指标。是目前公认的设计抗车辙沥青混合料的理想试验方法之一。

依托项目:河北省交通厅科技项目——重载交通高速公路柔性基层沥青路面抗车辙性能研究(编号 Y50120)。

1.1 AC-13C 混合料最佳油石比确定

由表1和图1关系曲线确定沥青混合料油石比范围为3.41%～4.27%，最佳油石比确定为3.84%。

AC-13C(shell-70 号改性沥青)**旋转压实**(SGC)**试验数据表** 表1

油石比 P_b(%)	空隙率 V_a(%)	矿料间隙率 VMA(%)	沥青饱和度 VFA(%)	粉胶比 P_D
3.3	5.29	12.73	68.57	2.42
3.6	4.20	13.58	70.54	2.22
3.9	3.51	13.56	70.50	2.05
4.1	3.12	13.16	69.61	1.95

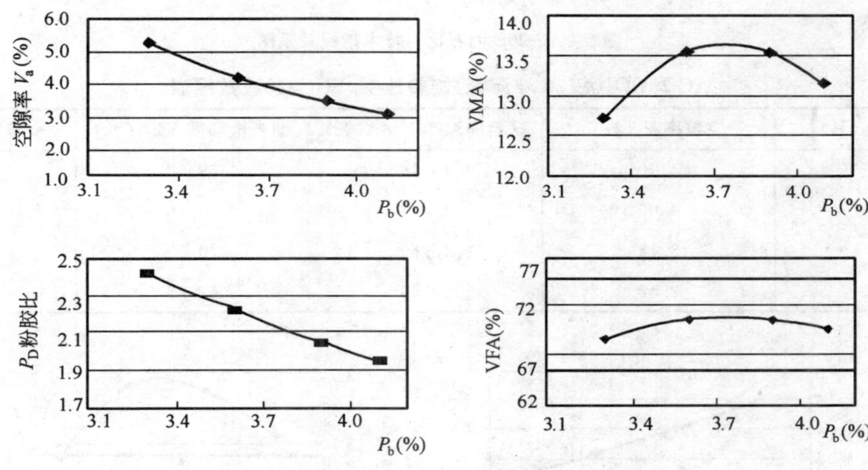

图1 AC-13C 油石比与控制指标关系图

1.2 AC-20C 混合料最佳油石比确定

根据表2和图2确定沥青混合料油石比范围为3.52%～4.27%，最佳油石比确定为3.73%。

AC-20C(中海 70 号沥青)**旋转压实**(SGC)**试验数据表** 表2

油石比 P_b(%)	空隙率 V_a(%)	矿料间隙率 VMA(%)	沥青饱和度 VFA(%)	粉胶比 P_D
3.4	4.47	13.74	70.89	1.76
3.6	3.95	14.08	71.59	1.67
3.9	3.20	14.27	71.97	1.54
4.1	2.62	14.19	71.81	1.46

1.3 AC-25C 混合料最佳油石比确定

由表3和图3确定的沥青混合料最佳油石比范围为3.09%～4.06%，最佳油石比取为3.41%。

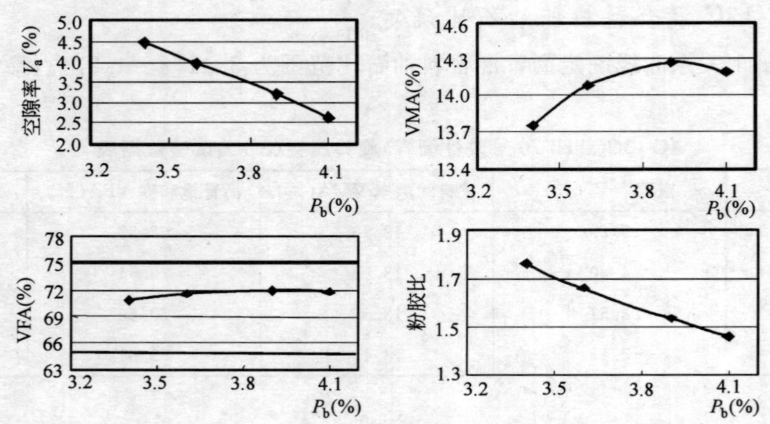

图 2　AC-20C 油石比与技术指标关系图

AC-25C(中海 70 号沥青)**旋转压实**(SGC)**试验数据表**　　表 3

油石比 P_b(%)	空隙率 V_a(%)	矿料间隙率 VMA(%)	沥青饱和度 VFA(%)	粉胶比 P_D
3.0	4.90	13.16	69.60	1.67
3.3	4.00	13.54	70.46	1.52
3.6	3.18	13.60	70.59	1.39
3.9	2.42	12.99	69.22	1.28

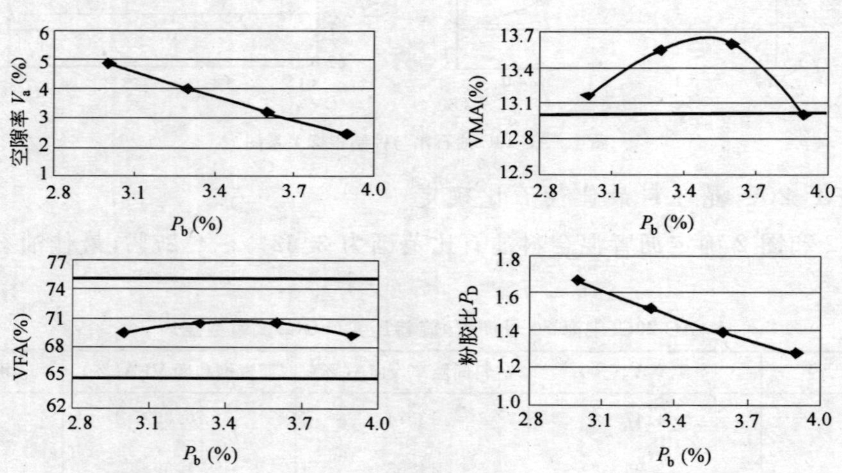

图 3　AC-25C 油石比与技术指标关系图

2　沥青混合料蠕变试验

2.1　蠕变试验

蠕变试验可以模拟沥青混合料发生蠕变破坏的全过程。本研究采用单轴静载蠕变试验来研究混合料的高温稳定性。蠕变试验是通过蠕变劲度 S_{mix} 来表征沥青混合料的高温稳定性。蠕变劲度 S_{mix} 计算公式为：

$$S_{mix}(t,T)=\sigma_0/\varepsilon(t,T) \tag{1}$$

式中：$\varepsilon(t,T)$——温度 T 下随时间增长的轴向应变，$\varepsilon(t,T)=\Delta h/h$；

σ_0——施加的应力，静载时为恒定值，动载时随时间而变化。

上式中实际上已包括了弹性、黏性和黏弹性三部分的综合影响。

2.2 高温蠕变试验结果分析

2.2.1 沥青混合料类型与高温稳定性的关系

集料粒径对沥青混合料的高温稳定性有较大的影响，在最佳沥青用量时，不同粒径的混合料有着不同的高温稳定性。本研究选用 AC-13C、AC-20C、AC-25C 在最佳油石比下进行高温蠕变试验，试验结果详见表 4 和图 4。

最佳油石比下的不同混合料类型蠕变试验数据表 表 4

加载时间(s)	AC-13C		AC-20C		AC-25C	
	3.84%-1	3.84%-2	3.73%-1	3.73%-2	3.41%-1	3.41%-2
2	0.000	0.000	0.000	0.000	0.000	0.000
60	0.089	0.048	0.127	0.041	0.066	0.114
150	2.132	1.923	2.195	1.847	1.813	2.012
420	2.325	2.133	2.353	1.971	2.020	2.274
690	2.404	2.226	2.405	2.023	2.102	2.381
960	2.453	2.284	2.453	2.047	2.171	2.440
1 230	2.480	2.326	2.474	2.067	2.226	2.502
1 500	2.501	2.357	2.495	2.067	2.257	2.546
1 770	2.522	2.384	2.515	2.092	2.299	2.595
2 040	2.532	2.405	2.532	2.095	2.323	2.608
2 310	2.546	2.446	2.546	2.116	2.343	2.643
2 580	2.566	2.450	2.557	2.126	2.374	2.677
2 850	2.584	2.474	2.570	2.126	2.405	2.688
3 120	2.597	2.484	2.588	2.140	2.430	2.705
3 390	2.594	2.505	2.591	2.150	2.443	2.726
3 660	2.594	2.519	2.601	2.136	2.454	2.753
3 930	2.187	2.091	2.157	1.737	2.006	2.267
4 200	2.177	2.084	2.140	1.730	1.992	2.247
4 470	2.174	2.084	2.126	1.723	1.971	2.233
4 740	2.184	2.078	2.136	1.723	1.971	2.226
4 884	2.170	2.078	2.129	1.730	1.964	2.229

从表 4 和图 4 中可看出，不同混合料类型在最佳油石比下的变形深度区别不是很明显，试件变形量处于 2.0～2.5mm 之间。AC-13C、AC-20C、AC-25C 相应蠕变劲度分别为 44.26MPa、37.11MPa、37.18MPa。蠕变劲度值越大，表征相应的沥青混合料高温性能就越好。按照蠕变劲度值大小排序 AC-25C＞AC-20C。说明矿料粒径较大的混合料具有较好的高温稳定性 。AC-13C 蠕变劲度值较大主要是由于该型混合料采用了高温性能相对较好的壳牌 70 号改性沥青，说明采用高温性能较好的沥青结合料可有效提高混合料高温稳定性。

2.2.2 不同油石比对高温稳定性的影响

对 AC-13C 型沥青混合料在不同油石比下进行单轴静载蠕变试验，试验结果如表 5，为了便于比较，将各型混合料在不同沥青用量下的蠕变劲度汇总表 6。

AC-13C 不同沥青用量下的蠕变试验数据表 表 5

加载时间	3.0%-1	3.0%-2	3.6%-1	3.6%-2	3.9%-1	4.1%-1	4.1%-2
2	0.000	0.000	0.000	0.000	0.000	0.000	0.000
60	0.000	0.031	0.045	0.127	0.041	0.166	0.052
150	1.009	1.178	1.822	2.195	1.847	2.343	2.464
420	1.099	1.271	1.971	2.353	1.971	2.533	2.667
690	1.130	1.306	2.022	2.405	2.023	2.595	2.736
960	1.154	1.313	2.050	2.453	2.047	2.646	2.788
1 230	1.182	1.330	2.077	2.474	2.067	2.677	2.826
1 500	1.189	1.351	2.095	2.495	2.067	2.719	2.860
1 770	1.209	1.361	2.112	2.519	2.102	2.743	2.881
2 040	1.216	1.361	2.119	2.536	2.105	2.770	2.901
2 310	1.227	1.378	2.132	2.546	2.116	2.784	2.929
2 580	1.240	1.378	2.143	2.557	2.126	2.805	2.939
2 850	1.244	1.378	2.146	2.570	2.126	2.822	2.953
3 120	1.254	1.395	2.160	2.588	2.140	2.836	2.981
3 390	1.258	1.395	2.157	2.591	2.150	2.846	2.991
3 660	1.268	1.402	2.167	2.601	2.136	2.850	3.018
3 930	0.885	1.027	1.726	2.157	1.737	2.381	2.509
4 200	0.879	1.023	1.716	2.140	1.730	2.381	2.509
4 470	0.885	1.003	1.716	2.126	1.723	2.360	2.502

AC-13C 在不同沥青用量下的蠕变劲度值 表 6

油石比 / 级配类型	3.0%	3.3%	3.4%	3.6%	3.9%	4.1%
AC-13C	—	82.74	—	44.72	35.80	31.83

由表 5、图 5 和表 6 可看出，沥青混合料的变形由瞬时弹性变形、延迟弹性变形和黏性流动变形三部分组成。随着沥青用量的增加，蠕变劲度逐渐减小，沥青用量小的混合料变形量小于沥青用量大的混合料。证明沥青用量越大，混合料高温稳定性将降低，通过适当减少沥青用量可达到提高混合料高温稳定性。

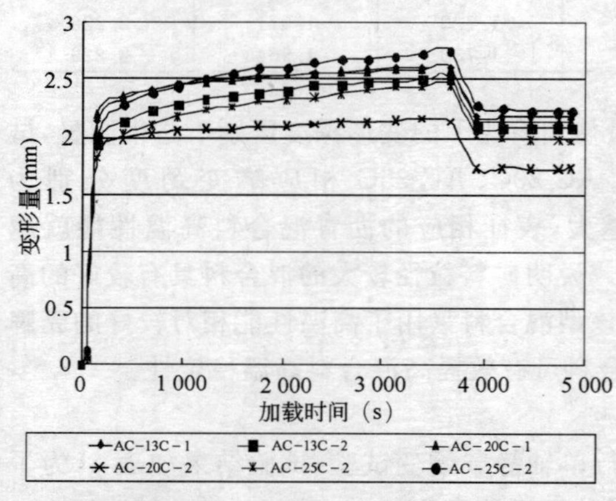

图 4 最佳油石比下不同混合料类型的蠕变曲线图

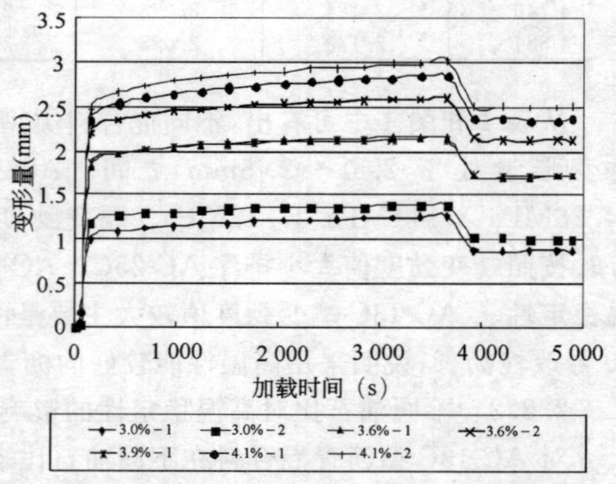

图 5 AC-13C 在不同沥青用量下的蠕变曲线

3 结语

(1)蠕变试验是一种研究沥青混合料高温变形特性的有效手段。通过试验获得的蠕变曲线不但可以直观地表现出沥青混合料的蠕变发展过程,而且由蠕变试验测定的应力、应变值可作为计算车辙预估模型参数的试验数据。

(2)蠕变试验采用蠕变劲度来评价沥青混合料的高温稳定性。通过试验测定的蠕变劲度,可以表征沥青混合料的高温稳定性。

参考文献

[1] 沈金安,李福普.高速公路沥青路面早期损坏分析与防治对策[M].北京:人民交通出版社,2004.

[2] 卢铁瑞.道路沥青混合料高温性能评价指标的研究[J].公路交通科技学报,1998(1).

[3] 陈佩茹,李立寒. 沥青高温性能指标评价[J].石油沥青学报,2002.

[4] PIARC Technical Committee on Flexible Roads. Bituminous Materials with a High Resistance to Flow Rutting[M]. 1995,18-20.

[5] 袁迎捷.基于 Superpave 的沥青胶浆流变特性与级配优化研究 [博士学位论文] [D]. 长安大学,2004.6,34-36.

[6] 沈金安.沥青及沥青混合料路用性能[M].北京:人民交通出版社,2001.

沥青混合料实际密度测量方法的研究

路凯冀　王旭东
（交通部公路科学研究院　北京　100088）

摘　要：沥青混合料配合比设计过程中，马歇尔试件实际密度的测定是一个关键技术参数。本文通过理论分析探讨了多种密度试验方法的技术合理性，指出蜡封法相对于表干法、水中重法、体积法及薄膜法更加合理。同时，提出了构造深度法及钻芯蜡封法两种新型的密度试验方法。其中钻芯蜡封法从理论上讲是目前最完善、可靠的密度试验方法。该方法还解决了开级配沥青混合料和密级配混合料的密度测量统一问题，是一种值得研究、推广的试验方法。

关键词：沥青混合料　实际密度　蜡封法　构造深度法　钻芯蜡封法

0　引言

我国测定沥青混合料毛体积密度的试验方法主要有以下几种方法：水中称重法、蜡封法、表干法、体积法。其中，水中称重和表干法受混合料的吸水率的影响，有一定的适用条件。对于同一个级配混合料，由于油石比的变化，试件的吸水率变化范围也是较大的，在试验过程中，即使密实型混合料，在有的油石比下采用表干法测量的密度也不准确。对于体积法，由于将试件表面的构造深度当作开口空隙，计算的试件密度往往偏小。而蜡封法理论上是完善的，但对试验操作和步骤要求较严，要防止蜡进入试件的开口空隙，然而如何区分试件表面的开口空隙和构造深度，目前还难以找到一种客观的评价标准。试验过程中人为因素较大，这也导致对该方法试验结果的准确性和可靠性产生疑问。

总之，在实际密度测量过程中存在两个主要问题：(1)试件吸水率水平；(2)构造深度与试件开口空隙的区分。这两个问题是影响沥青混合料实测密度准确性的两个主要问题。前者在试验过程中存在滞后性，也就是在测量混合料密度前无法判定混合料的吸水率，从而无法判定采用表干法是否合适。而后者，对于以SMA、SAC为代表的粗集料密实型混合料密度确定尤为突出，这两种混合料都具有良好的构造深度水平，因此难以准确区分试件哪些是构造深度，哪些是开口空隙。对于诸如PAC、OGFC这些大空隙开级配的混合料更是如此。尽管当前国内外对这类混合料大多采用体积测量法、薄膜法，但这两种方法的缺陷不言而喻，体积测量的结果往往大于实测体积。

以上分析说明，沥青混合料密度的测定，看似简单，操作却十分困难，特别是目前还没有一个公认、可靠、简便准确的测量方法。

美国学者L. K. Crouch博士等人，在2002年TRB上发表了“确定热拌沥青混合料空隙率”的论文(Determining Air Void Content of Compacted HMA Mixtures)。该文章中介绍了

美国最常用的7种不同测量混合料密度的方法，从试验易于操作和试验结果相对稳定性角度进行了全面评价，最终认为表干法试验最理想，目前美国97%的州优选这种方法，而同时采用蜡封法的仅占1/3。

本研究则从试验结果的准确性角度对混合料密度测量进行了深入探讨。

1 混合料空隙率原理分析

图1为一个混合料表面“空隙”的示意图。其包含两个部分：一是混合料本身具有的表面特性——构造深度（图中I区），二是混合料的开口空隙（图中II+III区）。测量混合料密度的关键在于准确区分这两个部分。体积法和薄膜法实际上是全部或部分将混合料表面的构造深度当作混合料的开口空隙（即I+II+III区），因此计算的体积大于实际混合料的体积，由此计算的密度小于混合料的真实密度。

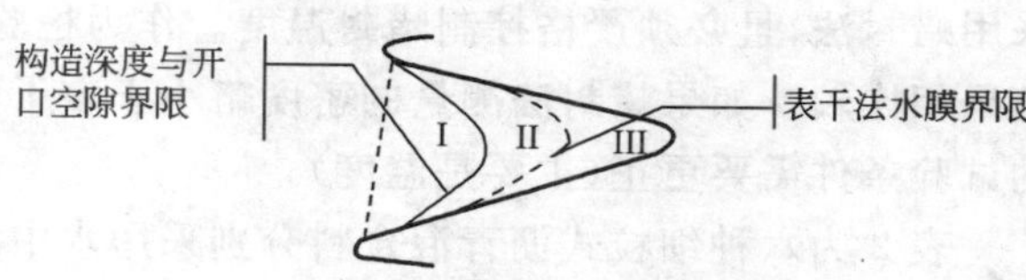

图1 不同孔隙分界示意图

表干法试验的介质是水，当混合料从水中拿出、擦干过程中，由于水表面张力的作用，在混合料的空隙内形成水膜，并将水膜内的空隙当作混合料的开口空隙（即III区）。这是表干法测量混合料体积的实质。现在问题是：这个水膜内的体积是否为是混合料真正的开口空隙。显然两者并不相等，由图可见两者相差一个II区。水膜内体积与混合料表面空隙的形状有关，水分子的体积远远小于进行构造深度检测时砂的体积，渗透性很强，因此水膜内一般小于混合料真实的开口空隙。

同样，蜡封法也是在混合料表面形成蜡膜，将蜡膜内的空隙当作混合料的开口空隙。蜡膜内的空隙大小与蜡封时的温度高低十分密切，蜡的温度越高，蜡膜内的空隙越小，反之，空隙越大。表1为两种温度条件下，采用蜡封法确定的混合料实际密度测量结果，从表中数据看出，由于蜡的温度升高，测量的混合料密度有明显增加。因此，准确掌握蜡的温度是蜡封法测量密度准确与否的关键。

不同温度下的蜡封密度 表1

油石比	融蜡温度(℃)	空中重(g)	蜡封重(g)	蜡封密度(g/cm³)	蜡封空隙率(%)
4.50%	60	1 194.4	1 213.4	2.397 7	5.31
	80	1 194.1	1 209.5	2.413 8	4.67
4.80%	60	1 198.1	1 218.6	2.403 4	4.69
	80	1 198.2	1 211.6	2.428 7	3.68

水中称重法测量混合料体积，实际上将混合料表面的空隙全部当作混合料的构造深度，混合料的开口空隙很小甚至没有，这样导致混合料测量的体积减小，密度增大。

通过以上分析，可以看出：水中重法、体积法、薄膜法从概念上存在明显缺陷，在实际使用中应尽量避免。表干法由于试验的介质单一，对试验温度敏感性小，试验结果比较稳定，而蜡封法介质比较复杂，对温度的敏感性较大，因此从试验稳定性角度看不如表干法。

从密度测量的数值结果看，体积法、薄膜法测量的混合料体积最大，密度最小；水中重法测量的体积最小，密度最大；表干法测量的体积居中，密度居中。蜡封法结果与温度有关，当温度较高时，体积介于表干法和水中重法之间，密度也介于其间。当温度较低时，体积略大于表干法，密度略小于表干法。

由于表干法测量的体积小于混合料真实体积，特别当混合料本身空隙较大时。当混合料空隙逐渐减小，表干法测量的体积逐渐接近混合料的真实体积。因此表干法测量混合料的体积比较稳定，但未必准确，总的趋势是比真实体积小。为了得到比较准确的混合料体积，仍是采用蜡封法，且必须严格控制蜡封温度。作为检验蜡封法测量结果的正确性，可与表干法测量结果相比较。如果蜡封法测量的密度略小于表干法，说明测量结果比较准确，否则，说明蜡封的试验条件需要更正（主要是温度）。

表2为六种细粒式沥青混合料分别采用水中称重法、表干法、蜡封法测定相同混合料毛体积密度的试验结果，每种混合料分别采用三个油石比，每个油石比有4个样本，表中数据为4个样本的平均值。

不同测定方法的密度汇总

表2

混合料	油石比（%）	水中称重密度（g/cm³）	表干密度（g/cm³）	蜡封密度（g/cm³）	水中称重与表干法相对误差（%）
AC-13L	4.7	2.535 9	2.527 0	2.518 1	0.353 7
	5	2.552 3	2.546 2	2.546 0	0.241 7
	5.3	2.557 0	2.552 2	2.552 7	0.188 2
AC-13G	4.7	2.554 1	2.546 0	2.545 8	0.318 6
	5	2.568 5	2.561 6	2.561 2	0.270 9
	5.3	2.571 4	2.566 2	2.566 6	0.204 0
SMA-13	4.7	2.486 2	2.454 3	2.450 1	1.300 0
	5	2.481 1	2.469 9	2.469 4	0.456 5
	5.3	2.489 4	2.481 6	2.481 4	0.312 3
SUP-12.5	4.7	2.573 2	2.561 6	2.559 8	0.451 1
	5	2.566 5	2.557 5	2.558 7	0.351 4
	5.3	2.576 7	2.568 5	2.569 6	0.318 8
SAC-10	4.7	2.492 8	2.482 8	2.481 5	0.404 1
	5	2.493 4	2.486 9	2.486 5	0.260 3
	5.3	2.505 0	2.500 0	2.499 5	0.200 0
SAC-10（完断）	4.7	2.564 5	2.559 8	2.560 2	0.181 4
	5	2.569 7	2.566 3	2.565 8	0.129 4
	5.3	2.569 3	2.566 0	2.566 0	0.127 2

试验的程序如下：首先测量各个试件的空气中干重，再分别放在水中测量水中重，然后测量试件的表干重，最后用吸水性较强的干布包裹试件，在1个大气压的条件下连续抽真空30min，将试件内部水分抽出、晾干后、称重、蜡封、测量每个试件的蜡封密度。蜡封温度70℃。

从密度试验结果看，这6种级配共同特点是蜡封法测量的密度与表干法比较接近，都明显小于水中重法。在总共18组密度试验中，蜡封法密度小于表干法的有11组，占61%，蜡封法与表干法相等的有1组，蜡封法大于表干法的有6组。由此可以认为，本试验测定的混合料蜡封密度比较准确，接近真实密度。

从以上试验发现，六种混合料随着油石比的增加，表干密度与水中称重法得到的密度相差逐渐减小，这一方面是由于油石比的增加，混合料的密实程度逐渐增加，水中称重法得到的密度逐渐准确、趋向真实值。另一方面油石比增加，混合料表面的构造深度减小，也减小了水中称重法的试验误差。但是无论怎样，由于构造深度的存在，水中称重法得到的结果均比表干法的密度大。

对于同为13型的AC-13L、AC-13G、SUP-12.5、SMA-13，随着混合料表面构造深度的增加，水中称重法的密度与表干密度相差越来越大。另外，构造深度对密度的影响与混合料公称最大粒径存在一定关系。10系列与13系列混合料，在相同构造深度水平下，13系列水中称重法密度与表干法密度的差值大于10系列的。这是因为尽管总体构造深度相同，但由于粒径大小不一样，单个空隙的形状、大小也不一样，导致误差程度的不同。

上面谈到，由于试件表面存在一定的构造深度，对混合料的密度测量影响较大，如何解决构造深度对混合料密度的影响？一种方法是首先测出试件表面的构造深度水平，然后在密度计算中刨去它的影响；另一种方法是通过钻芯、切割，取消试件表面的构造深度，直接测量试件的体积。以下分别对这两种方法进行分析。

2 构造深度法

该方法是首先采用路面构造深度的测量方法——砂铺法，测量试件上下两个顶面的构造深度的体积。具体来说，首先测量试件的空中重(m_1)，然后在试件的一个顶面用砂铺法铺上标准砂，称得质量(m_2)，再将表面的砂清扫干净，称得质量(m_3)，再在试件另一个顶面铺砂、称重，得到质量(m_4)。根据这四个质量，按照$V_1=(m_2-m_1+m_4-m_3)/\rho$计算上下两个顶面构造深度的体积。$\rho$为标准砂的密度。

然后根据试件的几何参数，将试件上下顶面的构造深度体积折算成整个试件的构造深度体积。公式为：$V_2=V_1\times(S_1+S_2)/S_1$。$S_1$为试件上下两个顶面的面积，$S_2$为试件侧面的面积。

最后，用试件的质量(m)除以用卡尺直接测量得到的试件体积(V_0)减去构造深度体积(V_2)，得到混合料的密度ρ_0。$\rho_0=m/(V_0-V_2)$。

表3为一组采用构造深度法测量的SAC-10混合料的密度，与表干密度相比，构造深度法测量的密度，均小于表干密度，且随着油石比增加，构造深度减小，两者的误差越来越小。应该认为，这种方法是可靠的。

表干法与构造深度法的密度差异汇总 表3

油石比(%)	表干密度(g/cm³)	构造深度法密度	误差	油石比(%)	表干密度(g/cm³)	构造深度法密度(g/cm³)	误差
4.5—1	2.446 4	2.423 6		5.1—1	2.431 6	2.414 7	
4.5—2	2.4562	2.4315		5.1—2	2.454 6	2.433 4	
4.5—3	2.449 7	2.412 6		5.1—3	2.457 9	2.454 7	
4.5—4	2.458 8	2.443 6		5.1—4	2.439 0	2.433 3	

续上表

油石比(%)	表干密度(g/cm³)	构造深度法密度	误差	油石比(%)	表干密度(g/cm³)	构造深度法密度(g/cm³)	误差
平均值	2.452 8	2.427 8	1.02%	平均值	2.445 8	2.434 0	0.48%
4.8—1	2.452 8	2.442 0		5.4—1	2.463 0	2.472 3	
4.8—2	2.435 4	2.400 1		5.4—2	2.446 0	2.430 3	
4.8—3	2.448 5	2.447 1		5.4—3	2.479 4	2.482 5	
4.8—4	2.432 7	2.413 5	0.68%	5.4—4	2.460 9	2.453 5	0.11%
平均值	2.442 3	2.425 7		平均值	2.462 3	2.459 6	

该方法关键在于将上下顶面的构造深度通过面积的关系折算成整个试件的构造深度。对于粒径较小、比较均匀的混合料，这种折算是可以的，对于粒径较大的混合料，由于上下顶面的构造深度与试件侧面的情况相差较大，这种折算误差较大。因此这种方法尽管比较简便，但也有一定的局限性，仅适用于细粒式、密实型的沥青混凝土。

3 钻芯法测密度

钻芯法类似于路上取芯，从马歇尔试件中间钻取大约直径 6cm 的芯样(图 2)，并将上下两个顶面切除，这样得到的混合料试件就不存在构造深度的问题，试件表面存在的所有空隙，均为试件的开口空隙或内部空隙。这时只要测量出芯样的体积就可以计算出试件的密度。

图 2 钻芯样

由于芯样不是规则的几何体，难以通过直接量测的方法得到芯样的体积。可靠的方法仍是采用蜡封法。

芯样蜡封前，先用蜡将试件表面的所有空隙补平，并将多余的蜡刮干净(图 3)，称取质量。然后再进行蜡封，通过网篮法得到芯样的体积。

该试验方法有两个关键问题，一是芯样的干重如何确定，二是补孔需要彻底、干净。

在钻芯过程中随钻头高速旋转，有不少水压入到试件内部，因此芯样处于饱水状态。得到准确的芯样干重是十分必要的。为此需要几天的时间。首先用电风扇将芯样吹干，然后用吸水性较强的干布包裹，放到真空皿中经过 30min，1 个大气压的抽真空，将试件内部的水抽干，最后再放到电风扇下吹干，在整个过程中应随时称取试件质量，看其变化情况，直到质量稳定为止。

表 4 为一组试件在钻芯前后采用表干法和蜡封法分别测量的试件毛体积密度。表中 A、B、C、D、E、F 分别为六种不同级配类型的 SAC-10 混合料，混合料油石比统一为 4.9%，每种混合料 3 个样本。表中还列出了钻芯前(标准马歇尔试件)和钻芯后混合料的吸水率。从试验结

果看，钻芯后，试件表面的石料没有沥青包裹，吸水率大大降低，由此说明混合料吸水率大小主要来自试件表面。

a)

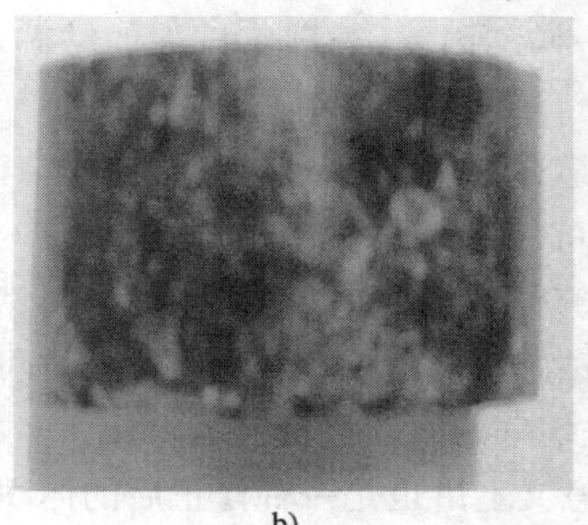
b)

图　3
a)补蜡样；b)补蜡样

不同级配钻芯前后的密度和系数率　表 4

级配	吸水率(%)		表干密度(g/cm³)			蜡封密度(g/cm³)		
	钻芯后	钻芯前	钻芯后	钻芯前	变化率(%)	钻芯后	钻芯前	变化率(%)
A	0.04	0.14	2.486 8	2.462 0	1.01	2.481 6	2.459 1	0.92
B	0.05	0.15	2.514 6	2.486 8	1.12	2.510 7	2.483 8	1.08
C	0.04	0.13	2.536 9	2.507 2	1.18	2.535 3	2.505 7	1.18
D	0.03	0.12	2.552 0	2.519 2	1.30	2.550 3	2.518 5	1.26
E	0.04	0.11	2.554 7	2.525 8	1.14	2.544 4	2.524 4	0.80
F	0.05	0.19	2.552 4	2.519 9	1.29	2.550 6	2.518 7	1.27

不论是钻芯前还是钻芯后，蜡封法得到的密度均小于表干法密度，说明蜡封法测量的结果比较可靠。

本试验还得到的现象是：不论是表干法还是蜡封法，钻芯后的密度均大于钻芯前的密度，增长率从 0.8%到 1.30%。对于这种现象采用各种级配，进行了大量的重复性试验，均表现出相同的规律。美国研究人员采用钻芯法测量混合料密度也发现了类似现象，他们认为这是由于混合料在成型过程中马歇尔试件受力不均匀造成的——中间收到的击实功略大于边缘部位。国内有关研究人员通过电镜扫描也发现马歇尔试件内部的致密程度大于边缘。本研究通过对马歇尔试件纵向和横向的剖面照片对比，也能看出混合料内部比边缘略微致密。由此可以认为，马歇尔试件钻芯后测量的密度比钻芯前密度增加是一种客观现象。

上面的试验，采用蜡封法测量的结果，钻芯前后对混合料空隙率的影响达到 1%左右。那么，到底是钻芯前的密度能反映混合料的实际密度情况，还是钻芯后的呢？本研究认为，钻芯后的密度比较能够真实反映混合料的实际密度。

理由一：对于细粒式沥青混合料，公称最大粒径与马歇尔试件高度的比一般至少为 1∶5，当使用 10 型级配时达到 1∶6，远远超过实际使用过程中 1∶2～1∶3 的上限。因此在马歇尔击实过程中边缘效应在所难免，这里所谓的边缘效应是指试件周边的密度小于试件内部的密度。这点通过对试件的 CT 扫描已经证实。

理由二:实际生产质量控制过程中,钻芯取样的试件周边也是被切割平整的,这与马歇尔试件钻芯原理一样。因此,马歇尔试件的钻芯取样的密度与实际路面上钻芯取样的密度在方法上更接近。

理由三:马歇尔试件钻芯、切割后,完全清除了试件构造深度对试件密度的影响,使测量的密度更加准确、可靠。

因此,本研究认为,钻芯方法测量混合料密度是目前理论上最完善、测量最准确的方法。

另外,采用钻芯法测量混合料的实际密度可以有效解决密实型混合料与开级配、多空隙混合料密度测量方法统一的问题。目前国内外大多数测量开级配多空隙混合料密度的方法是体积法(薄膜法从某种意义上讲也是一种修正后的体积法),与密实型混合料采用的表干法、蜡封法等存在本质区别,因此两者的试验结果难以直接对比。为此采用钻芯法,对密实型混合料和开级配混合料都摒弃表面构造深度的影响,并采用蜡封法测量的体积,这样两种混合料的体积指标就可以统一。表 5 为 6 种不同级配 OGFC-10 混合料采用体积法和钻芯蜡封法分别测量密度的试验结果,图 4 为两者的关系曲线。从试验结果看,体积法测量的密度与钻芯蜡封法测量的密度有良好的线性关系,前者平均比后者大 3.5%左右。说明用体积法测量混合料密度的误差比较大。

对多空隙混合料当钻芯、切割取样时,由于石料间的黏结不好,可能会产生掉粒的现象,从而影响钻芯式样体积的测量准确性。因此,一方面对于这种类型混合料的钻芯、切割应十分小心、细致,尽量避免这种现象,实践证明这是完全可以避免的。另一方面发现有些试件剥落现象比较严重,说明混合料本身的黏结性能不好,经过飞散磨耗试验,磨耗率较大,难以满足设计要求,因此这时测量混合料密度已没有意义,应重新调整混合料设计。

OGFC-10 两种方法测量密度的结果 表 5

编号	理论密度 (g/cm³)	蜡封密度 (g/cm³)	体密度 (g/cm³)	体空隙率 (%)	蜡空隙率 (%)	空隙率差 (%)
A	2.691 3	2.199 4	2.120 1	21.23	18.28	2.95
B	2.691 7	2.215 6	2.133 3	20.74	17.69	3.06
C	2.692 0	2.224 2	2.141 9	20.43	17.38	3.06
D	2.692 4	2.256 4	2.160 1	19.77	16.19	3.58
E	2.692 7	2.262 0	2.165 8	19.57	16.00	3.57
F	2.693 1	2.271 9	2.152 8	20.06	15.64	4.42
平均						3.44

4 小结

本文通过室内试验探讨了沥青混合料试件的实际密度的测量方法,认为影响混合料密度测量准确性的主要因素是:如何区分混合料表面构造深度和表面开口空隙的界限。得出以下主要结论。

(1)采用表干法测量的混合料密度,试验的稳定性比较好,但是由于水表面张力的作用,其测量结果一般大于混合料的真实密度。

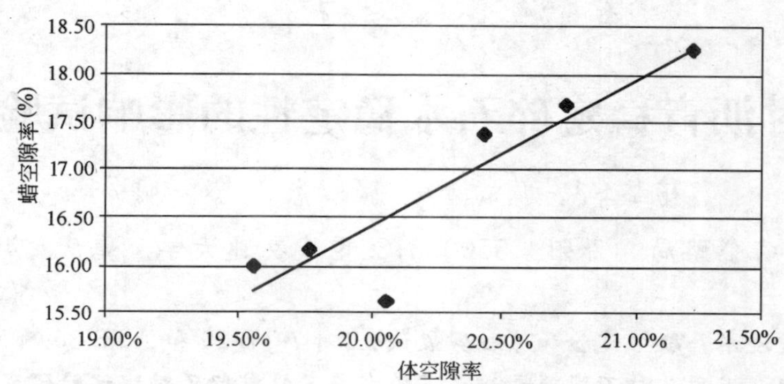

图 4　OGFC10 体积法和钻芯蜡封法测量混合料空隙率的关系曲线

(2)当采用蜡封法时,应严格控制蜡封时融蜡的温度,其测量结果比表干法更接近于混合料的真实密度。

(3)构造深度法和钻芯蜡封法是解决当前密度测量问题的两个途径。对于细粒式混合料可以采用表面构造深度的试验方法反算混合料的密度。

(4)钻芯蜡封法,尽管试验操作比较繁琐,但其是目前混合料密度测量最准确的方法。同时,该方法将该级配混合料的密度测量和密级配混合料密度的测量有效地统一在一起,具有明显的实际意义。

沥青对沥青稳定碎石水稳定性的影响试验研究

杨赞华[1] 周 源[2] 张 杰[1] 秦 明[1]

(1.贵州省公路局 贵阳 550003;2.重庆交通大学 重庆 400074)

摘 要:本文通过浸水马歇尔试验和冻融劈裂试验,对ATB-25和ATB-30两种沥青稳定碎石基层级配在采用3种不同沥青条件下的水稳定性进行了对比试验研究,分析了沥青对沥青稳定基层混合料水稳定性的影响。

关键词:沥青稳定基层 水稳定性 残留稳定度 冻融劈裂强度比

沥青混合料的水稳定性是指沥青与矿料形成黏附层后水对沥青的置换作用引起沥青剥落的程度,剥落的程度越大,水稳定性越差[1]。沥青混合料的抗水损害能力是决定沥青路面的水稳定性的根本性因素。沥青混合料的水损坏与两种过程有关:水浸入沥青中使沥青与矿料的黏附性减小,从而导致混合料的强度和劲度减小;水进入沥青薄膜和集料间,阻断沥青与集料的相互黏结,由于集料表面对水比对沥青有较强的吸附力,从而使沥青与集料表面接触角减小,结果沥青从集料表面剥落[2,3]。目前,我国正在开展应用前景非常好的沥青稳定碎石基层的研究。对于沥青稳定碎石基层而言,进入其中的水同样会使沥青的黏附性和沥青稳定碎石基层混合料的强度和劲度减小,从而导致沥青稳定碎石基层及面层在车辆荷载作用下产生过早破坏[4]。因此,对沥青稳定碎石基层混合料的水稳定性进行研究是十分必要的。本文通过浸水马歇尔试验和冻融劈裂试验,对ATB-25和ATB-30两种沥青稳定碎石基层级配在采用3种不同沥青条件下的水稳定性进行了对比试验研究,分析了沥青对沥青稳定基层混合料水稳定性的影响。

1 材料性质

1.1 沥青

采用韩国SK AH-70沥青、中海AH-70沥青及大港AH-50沥青三种重交石油沥青,其主要技术性能指标见表1。

1.2 集料

集料采用石灰岩,粗集料和细集料的各项技术指标见表2,其性能均符合要求。填充料为石灰石矿粉,密度2.715g/cm^3,亲水系数0.85。

沥青技术性质 表1

试验项目 \ 沥青品种	韩国SK AH-70	中海AH-70	大港AH-50
25℃针入度(0.1mm)	72	68	56
15℃延度(cm)	>100	>100	>80
软化点(℃)	52.2	50.0	59.3

续上表

试验项目 \ 沥青品种	韩国 SK AH-70	中海 AH-70	大港 AH-50
针入度指数 PI	−0.82	−0.9	0.81
含蜡量(%)	2.2	2.3	2.7
密度(g/cm³)	1.025	1.014	1.004

集料技术性质 表2

技术指标	粗集料	细集料	指标要求
视密度(g/cm³)	2.724	2.718	≥2.50
坚固性(%)	4.3	6.3	≤12
含泥量(%)	0.6	0.7	≤3
吸水率(%)	0.32	0.58	≤2
针片状颗粒含量(%)	9.4		≤15
洛杉矶磨耗损失(%)	21.5		≤28
沥青的黏附性(级)	5		≥4
压碎值(%)	16.4		≤26

1.3 集料级配

沥青稳定碎石集料级配见表3。

沥青稳定碎石集料级配 表3

级配类型	通过筛孔(方孔筛,mm)的质量百分率(%)													
	0.075	0.15	0.3	0.6	1.18	2.36	4.75	9.5	13.2	16	19	26.5	31.5	37.5
ATB-25	4.5	6	8.5	13	17	23.5	30	41	51	57.5	66	95	100	100
ATB-30	4	6.5	9.5	13	17.5	23.5	30	41	49.5	55	62.5	80	95	100

2 最佳油石比的确定

马歇尔方法是目前应用最为广泛的沥青混合料设计方法。由马歇尔试验确定的沥青混合料最佳油石比及其体积参数见表4。

沥青稳定碎石马歇尔试验结果 表4

沥青	韩国 SK AH-70		中海 AH-70		大港 AH-50	
级配	ATB-25	ATB-30	ATB-25	ATB-30	ATB-25	ATB-30
最佳油石比(%)	3.0	2.9	2.9	2.8	3.0	2.9
密度(g/cm³)	2.492	2.493	2.482	2.490	2.478	2.486
矿料间隙率(%)	10.72	10.52	10.99	10.55	11.21	10.77
空隙率(%)	3.49	3.52	4.02	3.79	4.02	3.79
沥青饱和度(%)	67.4	66.5	63.4	64.1	64.1	64.8
沥青体积率(%)	7.23	7.00	6.97	6.76	7.19	6.98
稳定度(kN)	28.36	29.32	29.59	31.35	33.74	34.41
流值(0.1mm)	53.0	53.1	47.8	53.4	57.4	56.1

3 浸水马歇尔试验

浸水马歇尔试验按《公路工程沥青及沥青混合料试验规程》(JTJ 052—2000)中 T 0709 的规定进行。为全面研究沥青对沥青稳定碎石基层水稳定性的影响,对 ATB25 和 ATB30 两种级配,分别采用韩国 SK AH-70 沥青、中海 AH-70 沥青及大港 AH-50 沥青三种沥青,在其最佳油石比条件下进行浸水马歇尔试验。采用不同沥青的沥青稳定碎石基层混合料的残留稳定度对比见图 1。

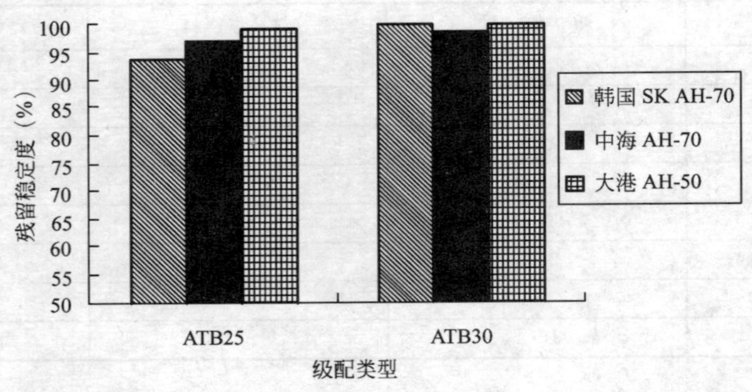

图 1 不同沥青的残留稳定度对比

从图 1 可以看出,不同沥青、不同级配的浸水马歇尔的残留稳定度相差不多,其浸水马歇尔的残留稳定度都在 80%以上,大于规范规定 75%的要求。如果采用满足沥青与矿料黏附性要求的石料,相同矿料的混合料的残留稳定度比较接近,浸水马歇尔试验对沥青混合料水稳定性的区别能力不强。残留稳定度不能充分地反映出沥青稳定碎石基层混合料水稳定性的真实情况。推断其原因如下。

(1)由于大型马歇尔试件比标准马歇尔试件更加密实,孔隙率较小,在该试验条件下,浸水 48h 后,水分不能充分进入到试件的孔隙中,也无法对沥青膜产生侵蚀作用。特别是闭合孔隙中所封闭的大量气体,进一步阻碍了水分的浸入。

(2)在浸水马歇尔条件下,混合料内部的水是处于静止状态的,不能模拟出在车轮挤压下,水分对沥青产生机械冲刷及反复吸压作用。而水压的作用是沥青混合料出现水损害的一个重要原因。

(3)在马歇尔稳定度的测试中,试件呈环向挤压状态。此种状态下,试件的承载能力对矿料的咬合情况敏感,而对沥青膜的粘附情况不敏感,沥青稳定碎石混合料的大马歇尔试件是因出现大变形而产生破坏的。因此,浸水马歇尔试验结果不是评价沥青碎石稳定基层混合料水稳定性最有效指标。

4 冻融劈裂试验

按《公路工程沥青及沥青混合料试验规程》(JTJ 052—2000)中 T 0729 进行冻融劈裂试验。由于该方法明确规定要求集料公称最大粒径不大于 26.5mm,本文试验级配集料公称最大粒径分别为 37.5mm 和 31.5mm,加上沥青稳定碎石基层混合料配合比设计时大马歇尔试验击实次数为 112 次,所以本文对冻融劈裂试验进行了适当改进,采用大马歇尔击实法成型的圆柱体试件,击实次数为双面各 75 次。试件尺寸应符合直径 152.4mm±0.2mm,高 95.3mm ±2.5mm 的要求。试验数据见表 5。

沥青稳定基层混合料冻融劈裂试验结果　表 5

沥　青	级　配	油石比(%)	TSR(%)
韩国 SK AH-70	ATB-25	3.0	87.2
	ATB-30	2.9	84.3
中海 AH-70	ATB-25	2.9	84.2
	ATB-30	2.8	83.7
大港 AH-50	ATB-25	3.0	88.1
	ATB-30	2.9	87.5

对表 5 中试验数据分析可知，采用大港 AH-50 沥青的冻融劈裂强度较采用中海 AH-70 沥青和韩国 SK AH-70 沥青的混合料的冻融劈裂强度大，表明黏性大、稠度高的沥青能提高沥青稳定碎石基层混合料的水稳定性。

与浸水马歇尔试验相比，冻融劈裂试验的残留强度比更小，表明冻融劈裂试验更能反映抗水侵蚀的稳定性。因为冻融劈裂试验经过真空饱水后，可以有效地提高水分在空隙中的填充程度，经过冻融，能模拟野外冻融条件，使集料表面的沥青膜在反复温度胀缩的作用下逐渐乳化，有利于反映水分对沥青膜的侵害的最不利情况，能较好地模拟野外现场温度变化对沥青混合料强度的影响。

5　结语

本文通过浸水马歇尔试验和冻融劈裂试验，评价沥青稳定基层混合料的水稳定性，分析了沥青对沥青稳定基层混合料水稳定性的影响。研究表明以下几点。

(1)不同沥青混合料的残留稳定度非常接近，且远大于规范要求，不能充分地反映出沥青稳定碎石基层混合料水稳定性的真实情况，也难以区分水稳定性的优劣，因而浸水马歇尔试验不是评价沥青碎石稳定基层混合料水稳定性的有效方法。与浸水马歇尔试验相比，冻融劈裂试验的残留强度比更小，表明冻融劈裂试验更能反映抗水侵蚀的稳定性，建议采用冻融劈裂试验评价沥青稳定碎石基层的水稳定性。

(2)采用大港 AH-50 沥青的冻融劈裂强度较采用中海 AH-70 沥青和韩国 SK AH-70 沥青的混合料的冻融劈裂强度大，表明采用黏性大、稠度高的沥青能提高沥青稳定碎石基层混合料的水稳定性。

(3)沥青稳定碎石基层混合料的冻融劈裂强度都接近或大于 80%，表明沥青稳定碎石基层混合料具有良好的抗水害能力。

参 考 文 献

[1] 中华人民共和国行业标准. JTG F40—2004　公路沥青路面施工技术规范. 北京：人民交通出版社，2004.

[2] 沈金安. 解决高速公路沥青路面水损害早期损坏的技术途径. 公路，2000(5).

[3] 章志明，杨树萍. 沥青混合料水稳定性试验研究. 合肥工业大学学报，2003，26(4).

[4] 赵永利，吴震，黄晓明. 沥青混合料水稳定性的试验研究. 东南大学学报，2001，31(5).

[5] 中华人民共和国行业标准. JTJ 052—2000　公路工程沥青及沥青混合料试验规范. 北京：人民交通出版社，2000.

水麻高速公路岩堆路基沉降和处治方法的离心模型试验研究

杨锡武　赵明阶　王昌贤　刘明华　范玮佳

（重庆交通大学　重庆　400074）

摘　要：以云南水（富）至麻（柳湾）高速公路岩堆路基工程为原型，通过离心模型试验研究了不同土石组成、不同密度、不同岩堆路基高度的沉降变化规律和影响因素，提出了用片石换填、加筋土换填、稳定土换填减小岩堆路基沉降的措施，并验证了三种换填处治措施的效果，得出了稳定土换填和片石换填对减小岩堆沉降效果较好的结论。其成果对岩堆路基沉降稳定性分析和采取合理处治措施有重要参考价值。

关键词：岩堆　路基　沉降　处治　离心模型

0　引言

岩堆(cliff debris)是指陡峻斜坡岩体受水、气温等风化条件的作用，在重力作用下脱离母岩崩塌、碎落后堆积在山坡脚而形成的崩塌碎落岩石堆积物。在高山地区，岩堆常沿山坡或谷坡呈条带状分布，连续长度可达数公里至数十公里。岩堆地质结构比较松散，空隙度大，只有经过长期风化剥蚀和地面水的渗入才带入一部分细颗粒填充在空隙内，使其组成结构很不均匀。有的岩堆上部比较密实，而下部仍然松散，或有松散夹层；有的则仅有部分密实，故岩堆在自重和附加荷载的作用下容易产生不均匀沉降。此外，根据岩堆形成的地形地质条件，岩堆基底和一般是部分或全部坐落在基岩斜坡上，当地表水或基岩中的裂隙水渗入基岩面时，岩堆将可能沿基底和傍依区的接触面滑移，其稳定性受其地下水、地面水情况、形成时间的长短、原基岩坡面的坡度等因素有关。因此，在岩堆上修筑路基容易产生挖方边坡不稳定、路基不均匀沉降和路基与岩堆沿原基岩面整体滑动的路基病害。合理布置线位和保证路基稳定是山区公路经过岩堆地段路线和路基设计面临的重要课题。

云南水富至麻柳弯高速公路是国道主干线 GZ40 二连浩特—昆明—河口公路的一段。路线起点水富县伏龙口，终点麻柳湾，全长 131.739km，经过水富、盐津和大关三县。路线所经地带地形地质条件复杂，地形陡峻，线路布置主要以沿溪、河线为主。而在这些路线所经的河、溪地段分布有大量规模大小不同的岩堆，受地形条件限制，线路难以避开大量岩堆而必须从岩堆上经过。因此，岩堆路基的处治是水麻高速公路路基、施工面临的特殊工程问题，它影响着工程的投资、质量及未来公路营运过程中的养护维修和安全，受到了水麻高速公路业主的高度重视。而目前有关岩堆路基设计和减小岩堆路基沉降的技术措施的国内外文献报道尚不多见，因此，对岩堆路基沉降稳定性和减小沉降措施进行研究对水麻高速公路和其他山区公路路基设计具有重要的意义。本次研究在对水麻路所经地段岩堆进行调查的基础上，在室内应用离心模型试验研究了岩堆路基沉降规律和影响因素，并根据岩堆路基沉降规律和影响因素，提出了采取片石换填、加筋土换填、稳定土换填减小岩堆沉降的处治措施，用离心模型试验对比了这些处治措施的效果，为水麻路岩堆路基设计、施工和减小沉降采取处治工程措施提供试验研究依据，也可供其他地区岩堆路基的处治提高参考，以下是研究成果。

1 水麻路的岩堆特点及岩堆路基形式

水麻路岩堆主要分布于路线前60km的沿河线地段。该地段地形陡峻，高差大；岩堆距河面高度变化较大；岩堆厚度、堆积体成分组成变化较大；其土石组成、空隙和固结密实程度等受原岩体影响明显，并随地质条件的变化而变化。水麻路所经地带的岩石主要有砂岩、泥岩、灰岩等。而砂岩和泥岩又易于风化，因此从地质钻探结果和开挖的路基及原坡面情况看，水麻路岩堆体厚度多在10～20m，多数地面自然坡度为20°～35°，部分岩堆自然坡度达40°，表面粗糙，块石杂乱；岩堆体成分主要为黏性土或碎石土夹大块石的堆积体，由崩塌堆积的碎块石土组成，块石主要是砂岩或含少量泥岩，其余为黏性土或碎石土，岩堆整体结构松散，空隙大，块石粒径从0.5m到7～8m不等，且块石含量差别较大。由于这些岩堆地段的土体松散和组成分布不均匀，路基容易产生不均匀沉降，对于挖方地段，组成松散的边坡容易产生滑移，嵌于松散土体中的大块石出露后容易产生崩塌、落石的路基病害，如图1所示。

图1 路基开挖后的岩堆截面(岩堆体结构松散，块石粒径差异大，分布不均)

根据现场地质调查和路基设计结果，岩堆地段的路基形式主要有半填半挖、全挖两种主要形式。水麻路岩堆路基典型断面形式，如图2所示。由于岩堆厚度和路线填挖高度的不同，路基所处的岩堆厚度差别较大。岩堆厚度较薄地段路基位于稳定地层上，而在堆积体厚度较大的地段，整个路基(全挖或半填半挖)都位于岩堆上，此厚度又因开挖深度的不同，路基下的岩堆剩余厚度也不同，其对路基的工后沉降影响也不同，剩余厚度较大的岩堆对路基稳定性影响最大，是处治的重点，也是本次研究的重点。

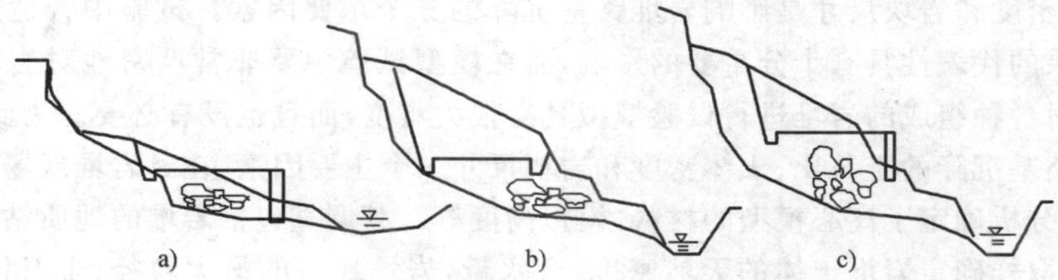

图2 水麻路岩堆地段路基典型断面

a)位于较薄岩堆体上的半填半挖路基；b)位于较厚岩堆体上的全挖路基；c)位于较厚岩堆体上的半填半挖路基

2 水麻路岩堆路基沉降的离心模型试验

根据岩堆的形成及组成成分特点，边坡稳定和沉降是岩堆路基需要解决的主要问题。而由于岩堆的土石比例、粒径变化大，空隙大，岩堆路基的沉降又不同于通常路基压实不足或高填方的工后沉降，沉降远大于人工回填路基的沉降，且沉降稳定时间长。因此，本研究的重点是岩堆路基的沉降。在模型结构设计中不考虑边坡的影响，主要就路基宽度范围内不同组成成分的路基沉降变化规律进行试验研究，目的是通过室内试验找出岩堆路基的沉降规律、影响因素和处治措施。

2.1 土工离心模型试验原理

土工离心模型试验的基本原理是用原型材料按一定相似比尺制作成模型，置于由离心机生成的离心力场中，利用离心机产生的离心加速度，模拟重力加速度，在模型材料中形成牛顿惯性力，数十倍甚至数百倍地增大材料的重力，从而加大土体的自重体积力，使模型达到与原型相似的应力状态，并显示出与原型相似的变形和破坏过程。

其优点是可克服理论计算中土的性质指标因简化假定而引起的误差；若将原型按几何相似缩小成小比尺模型，把它置于重力场(1g)中进行普通土工模型加载试验，则会因为模型的自重应力远小于原型及边界条件影响而不能反映原型的一些物理力学现象，离心模型试验则可使模型的自重应力水平与原型相似而能较好地反映原型的物理力学性态。

表1是根据离心模拟试验原理所得模型与原型间各物理量相似比尺的关系。

离心模型试验中的相似比尺关系 表1

模拟物理量	原型	离心模型	模拟物理量	原型	离心模型
几何长度、沉降	1	$1/n$	力	1	n^2
面积	1	$1/n^2$	土体密度	1	1
体积	1	$1/n^3$	固结、消散时间	1	n^2
应力(强度)	1	1	质量	1	n^3
颗粒尺寸	1	n	摩阻力、凝聚力	1	1

2.2 岩堆离心模型试验材料及成型参数的确定

岩堆路基的主要特点是组成成分复杂，块石几何尺寸差别较大，不同岩堆块石的最大粒径从几十厘米到几米不等，各种粒径块石所占比例差别大。就影响岩堆路基的沉降而言，岩堆的土石比、土体密度和岩块尺寸是影响岩堆路基沉降的三个重要因素。试验中合适选择三者对模型试验成果的代表性具有十分重要的影响，而在模型试验中要非常严密地对岩堆的组成进行模拟以及对各种组成的岩堆进行试验模拟具有很大难度，而且也没有必要。为此，本次研究以影响岩堆路基沉降的土石比、土体密度和岩块尺寸三个主要因素，在对岩堆现场调查的基础上，通过对比分析确定了离心模型的材料，模拟高度等。其调查包括岩堆的地质钻探和粒径分析、现场挖坑取样确定岩堆土体的天然密度、含水量，岩堆块石的最大粒径，土石比等(表2)。通过综合分析水麻路多数岩堆的土石比的范围、粒径组成、密度、高度范围等，作为离心模型材料选择、设计和成型的依据。

现场挖坑土体密度 表 2

挖坑号	1	2	3	挖坑号	1	2	3
湿密度(g/cm^3)	1.554	1.517	1.598	天然含水量(%)	16.3	15.6	9.7
干密度(g/cm^3)	1.336	1.313	1.458	土石比	5.2	3.1	14.7

在现场调查的基础上，试验选择了三个土石比，每个土石比又选择不同密度的土，进行土石混合成型，以模拟不同密度和不同土石比的岩堆。其中，采用的土石比较大反映了水麻路岩堆由风化的砂岩泥岩互层风化堆积而成，风化土较多而未风化块石较少的特点。土料来自水麻路岩堆现场取土，块石用现场砂岩破碎成一定不同粒径按调查比例范围掺入，各粒径及掺入比例及模型成型参数见表 3。

离心模型成型参数 表 3

模型代号	土石比	土体干密度(g/cm^3)	土石混合成型干密度(g/cm^3)	空隙比 e	成型含水量(%)
M1	95∶5	1.25	1.317	1.049	8.2
M2		1.37	1.431	0.887	
M3		1.5	1.554	0.736	
N1	90∶10	1.25	1.384	0.955	8.5
N2		1.37	1.491	0.815	
N3		1.5	1.609	0.683	
S1	85∶15	1.25	1.451	0.873	7.6
S2		1.37	1.552	0.748	
S3		1.5	1.663	0.637	
备注	模拟块石粒径及组成	粒径范围(cm)	0.75～1.0	1～1.5	1.5～2.0
		比例(%)	30	60	10

2.3 模型相似比尺

根据水麻路岩堆调查结果(岩堆的厚度多为 10～20m，路基宽度 30m)及离心模型试验原理，模型按 50g 和 100g 两个重力加速度进行模型尺寸设计，模型结构不考虑边坡，即模拟 10m 和 20m 两个岩堆厚度的路基沉降。

2.4 模型成型和测试

模型按表 2 的成型参数用体积法成型，试验在土工离心机上进行。该离心机的最大加速度为 200g，最大负荷 600kg，可以对结构的应变、土压力、位移进行测试，模型箱尺寸有 60cm×50cm×35cm 和 60cm×60cm×40cm 两种。本次试验采用 60cm×50cm×35cm 的模型箱，在一个模型箱成型两种组成的岩堆路基模型。模型结构和位移测点布置，如图 3 所示。试验主要测试了不同模拟高度条件下岩堆路基的沉降变化。由于岩堆被开挖后，引起其沉降的因素除来自岩堆土体组成结构的自重外，还有附加汽车荷载的作用引起的沉降，试验根据规范把汽车质量换算为当量土柱高后的荷载应力用其他重物加在路基的表面，因此，所得沉降包括了汽车荷载引起的沉降。从每个模型的 5 个测点的沉降分布结果看，沉降比较均匀，边界条件对沉降的影响不大。不同组成和高度的岩堆路基沉降变化规律试验结果如下。

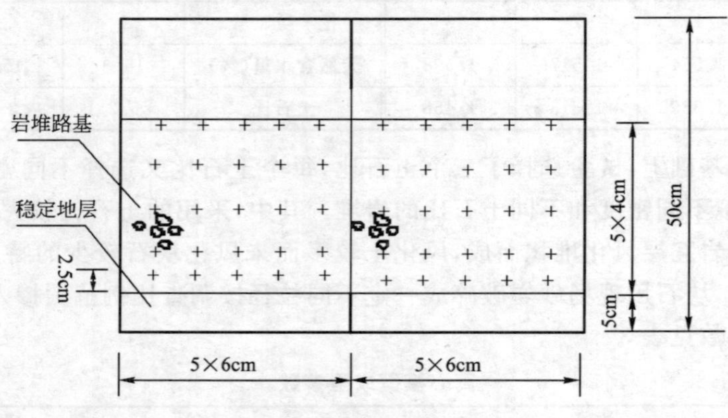

图 3　模型结构和位移测点布置图

3　不同组成和高度的岩堆路基沉降的离心模型试验成果及分析

图 4 是不同组成和高度的岩堆路基沉降变化曲线。从图中可以看出：

(1)在土石比相同的条件下，岩堆体的密实度不同，其工后沉降也不同。岩堆体越密实，即岩堆的密度越大，岩堆的沉降越小；土石比为 95：5 的岩堆的密度由 M1 的 1.32 增加到 M3 的 1.55 时，其 10m(50*g*)高度时的路基顶面的沉降由 114cm 减小到 67.5cm，20m(100*g*)时沉降由 313cm 减小到 206cm；土石比为 90：10 的岩堆密度由 N1 的 1.38 增加到 N3 的 1.61 时，其 10m(50*g*)高度的路基顶面沉降由 111.5cm 减小到 40cm，20m(100*g*)的沉降由 315cm 减小到 156cm；土石比为 85：15 的岩堆密度由 S1 的 1.45 增加到 S3 的 1.66 时，其 10m(50*g*)高度时的路基顶面沉降由 84cm 减小到 11.5cm，20m(100*g*)时沉降由 271cm 减小到 84cm。因此说明，岩堆的自然固结沉降时间对岩堆路基的工后沉降有重要影响，岩堆自然固结时间越长，越密实，其工后沉降越小，反之则越大。

(2)当岩堆含石量由 5%(*M*)增加到 15%(*S*)，岩堆高度为 10m(50*g*)时，岩堆路基顶面沉降分别由 M1、M2、M3 的 114cm、88.5cm、67.5cm 减小到 S1、S2、S3 的 84cm、74cm、11.5cm；高度为 20m(100*g*)时，顶面沉降分别由 M1、M2、M3 的 313cm、283cm、206cm 减小到 S1、S2、S3 的 271cm、233cm、11.5cm。说明岩堆的土石比不同，其岩堆的工后沉降也不同。在岩堆土体密度相同或相近的条件下，岩堆的含石量越大，其工后沉降越小。

(3)岩堆在自重和车辆荷载作用下产生的沉降主要发生在上部 3/4*H* 的岩堆高度范围内，即 10m 高度时的 0～7.5m 和 20m 高度时的 0～15m 高度范围内。相同土石比和密度的岩堆，其高度越大，沉降也越大但不呈比例关系增加。

(4)填土密度最小而土石比增加的 M1、N1、S1 在不同 10m 和 20m 时的沉降差别并不很大，而相同土石比的岩堆中土体密度增加，沉降显著减小。这种沉降变化规律表明岩堆中的填充物土的密实程度对沉降影响最大，若岩堆中的填充物松散、密度很小，那么岩堆也会由于空隙太大而产生大的沉降。因此风化泥岩多、形成年代久远、自然固结时间长，结构密实的岩堆

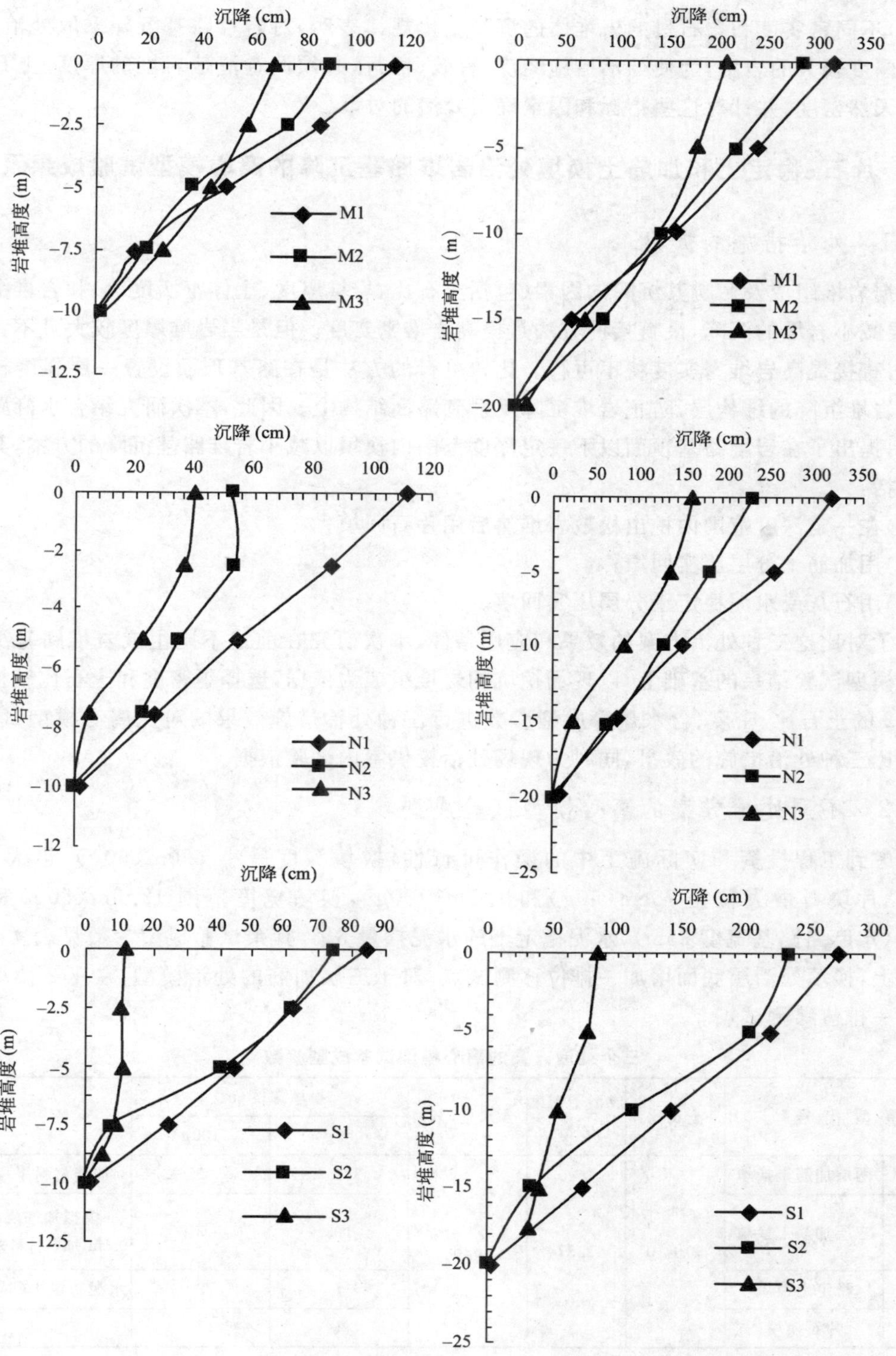

图 4 不同组成和高度的岩堆路基沉降变化曲线

沉降较小而稳定。

(5)不同密实度和含石量的岩堆体的沉降变化规律表明，对岩堆路基沉降采取处治措施，特别是厚度较大的岩堆，为使处治措施经济、有效、可行，必须调查清楚岩堆的厚度、土石比和岩堆的天然密度，并针对这些指标和因素确定处治的对策。

4 片石、稳定土和加筋土换填处治岩堆路基沉降的离心模型试验成果及分析

4.1 处治措施的提出

根据岩堆组成及影响其沉降的因素(包括土石比、岩堆厚度、土体密实度等)和岩堆沉降的机理，要减小岩堆的沉降，最直接的方法是提高岩堆密实度。但是当岩堆厚度较大且不稳定的情况下，直接提高岩堆密实度将不可行。比较可行的方法是在路基顶面设置一层强度较高且能适应岩堆沉降的结构层，防止岩堆沉降反射到路面结构上。因此，本次研究结合水麻路的岩堆特点，提出了在岩堆路基顶面以下一定深度范围内换填以减小岩堆路基沉降的方案，其换填方案包括：

(1)在一定深度范围内挖出松散岩堆然后用片石回填；

(2)用加筋土分层压实回填；

(3)用石灰或水泥稳定土分层压实回填。

为了对比这三种处治方案的效果和应用条件，本次研究在前述不同组成岩堆路基沉降特性离心模型试验结果的基础上，以现场挖坑的岩堆组成为依据，选择了密度和土石比较接近现场的 N2 的土石比、密度、含水量等成型参数进行三种处治措施效果的对比离心模型试验，一方面对比三种处治措施的效果，同时为现场处治提供室内试验依据。

4.2 不同处治方案的离心模型试验成型参数

考虑到工程投资和实际施工中的操作可行性，换填深度最小 1.0m(50*g*)，最大 2.0m(100*g*)，片块石最大粒径 75cm(50*g*)和 1.5m(100*g*)，换填宽度范围 12.5m(50*g*)和 25m(100*g*)(水麻路路基宽度 25m)，水泥稳定土的水泥掺量 5%，其余试验成型参数见表 4。在测点布置上，换填处治层底面增加一排位移测试点，对于三层加筋的处治模型，在 1/2 换填深度处增加一排位移测试点。

三个处治方案的离心模型试验成型参数 表 4

模型代号		土石比	成型干密度(g/cm^3)	含水量(%)	换填深度(m)		备注
					50*g*	100*g*	
MR2	两层加筋土换填	90:10	1.37	8.5	1	2	加筋材料采用窗纱
MR3	三层加筋土换填				1.5	3	模拟加筋层间距 0.5m，加筋材料采用窗纱
MH	稳定土换填				1	2	水泥稳定土(5%水泥)
MP	片石换填				1	2	

4.3 片石、稳定土和加筋土换填的离心模型试验结果及分析

图5是三种处治方案对减小不同岩堆高度沉降的模拟试验结果。从图中可以看出：

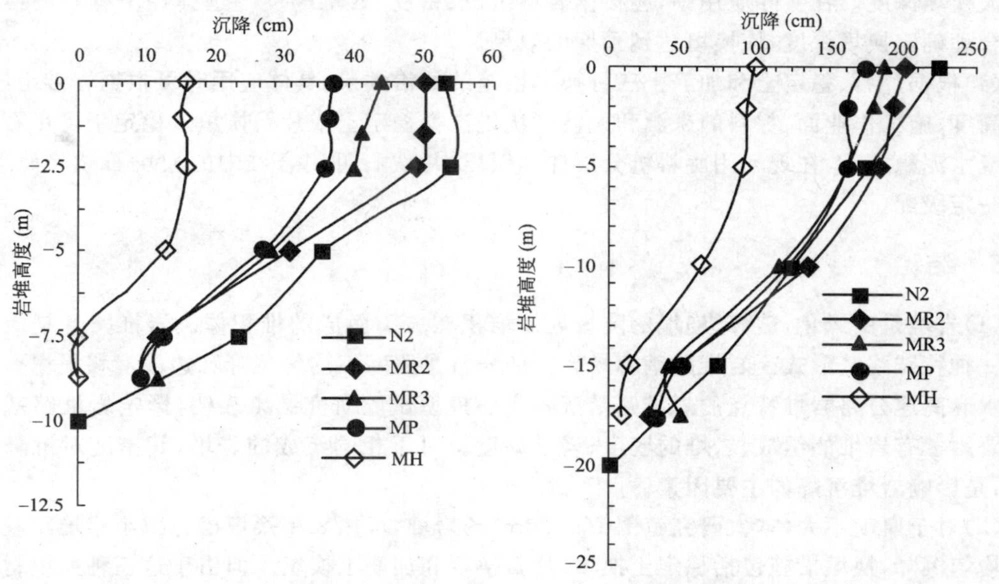

图5 稳定土、片石和加筋土换填处治的岩堆路基沉降曲线

(1)三种处治方法的换填材料不同，对减小岩堆沉降的效果明显不同。当岩堆厚度分别为10m和20m时，稳定土换填处治的路基顶面沉降分别为15.5cm和99cm，片石换填的顶面沉降为36.5cm和174cm，两层加筋的顶面沉降分别为50cm和200cm，三层加筋的顶面沉降分别为44cm和186cm。因此，在相同岩堆和换填处治高度情况下，稳定土的整体强度高，对汽车荷载的分散较明显，其减小沉降的效果最好；片石的整体性虽然不如稳定土，但片石的嵌挤作用使其有较高强度，对荷载的分散效果较好，对沉降的减小的效果较好，但不如稳定土；加筋土换填的效果最差，这一方面是由于加筋土的整体强度相对较低，同时说明试验采用的加筋层数偏少，未能形成整体性较好的加筋土，效果最差。

(2)稳定土和片石处治的沉降曲线在0～−2.5m或−5m深度范围内路基顶部与下部的沉降近似相等，说明由于采用强度和整体性较高的材料换填。在此范围内换填层产生的沉降很小，沉降主要来换填层以下的岩堆。同时，由于换填层的应力分散作用，使得此范围下的岩堆产生的沉降较小，反映到路基顶面上的沉降也较小，最终使得采用这两种换填处治措施的岩堆产生的沉降较小。而加筋土换填处治的沉降曲线在此范围内则有明显的倾斜，表明路基顶面的沉降既有处治层下部的岩堆沉降也有加筋处治层产生的沉降，这是由于加筋土的强度和刚度较小之故。不同处治措施的沉降曲线变化说明，在采用换填处治措施减小岩堆沉降时，换填材料的应有足够的强度和整体性，以分散作用于换填层下部岩堆上的应力，同时抵抗下部岩堆不均匀沉降反射到路基顶面上而引起路面开裂。

(3)从三种处治方案的路基顶面沉降可以知道，即使采用效果较好的稳定土换填，厚度为10m的岩堆换填1.0m稳定土还将产生15.5cm的工后沉降，20m的岩堆用2.0的稳定土换填

后还将产生 99cm 的工后沉降，另外两种处治措施产生的沉降将更大。这说明，在本次试验模拟的岩堆高度条件下，采取的换填深度不够，若要通过换填减小或避免下部岩堆产生的沉降，应加大换填深度。在实际应用中，应根据岩堆组成、密度、岩堆高度等选择经济有效的换填材料和合理确定换填深度，使换填达到预期的效果。

(4)根据片石、稳定土和加筋土三种换填措施的处治效果，具体应用时可根据岩堆组成、岩堆体高度、施工作业面、材料的来源和经济性优先选择稳定土或片石换填。稳定土可用石灰稳定土或水泥稳定土，在现场用旋耕机分层拌和碾压，片块石可用岩堆中的大块石破碎而得，并应有一定级配。

5 结论

(1)岩堆是由风化、破碎、崩塌的陡坡岩体堆积在坡脚而成的堆积体。岩堆路基是山区公路的一种特殊路基形式。岩堆路基容易产生的病害是路基不均匀沉降和边坡滑移坍塌。本次根据水麻高速公路岩堆特点的岩堆路基沉降离心模型试验研究结果表明，影响岩堆路基沉降的主要因素有岩堆的组成、岩堆的密度、岩堆高度。对于相同组成的岩堆，其密度对沉降影响最大，是影响岩堆沉降的主要因素。

(2)对于厚度不大(本次研究范围 10～20m)的岩堆，可用采用换填措施减小岩堆路基的工后不均匀沉降，换填措施包括稳定土换填、片石换填和加筋土换填。但由于这三种换填材料的强度、刚度不同，其换填减小岩堆沉降的效果也不同。在相同换填深度的条件下，稳定土换填的效果最好，其次是片(块)石换填。稳定土可在现场用旋耕机分层拌和碾压，片块石应有一定级配。由于岩堆土体结构松散，其沉降远大于人工填筑路基或高填方路基产生的工后沉降。因此，应选择强度高、刚度大的材料作换填材料是岩堆换填材料选择的原则。

(3)岩堆组成复杂；岩块粒径大小、分布和比例很不均匀；不同位置岩堆厚度也有很大差别；形成的时间年限不同，其密实程度也不一样。这种复杂的随机形成条件和过程增加了岩堆路基沉降处治的难度。因此，在进行处治方案设计之前应对岩堆组成、密实度、厚度、地下水等进行详细调查，然后针对岩堆的自然条件提出相应处治措施。由于岩堆路基的复杂性，本次对岩堆路基沉降规律和处治措施的研究是初步的，尚有待现场工程的验证和理论上的深入分析。

参考文献

[1] 交通部第二公路勘察设计院. 公路设计手册 路基. 北京：人民交通出版社，1996.

[2] 杨锡武，欧阳仲春. 加筋高路堤陡边坡离心模型的研究. 土木工程学报，2000.10(5).

[3] 杨锡武、易志坚. 基于离心模型试验和断裂理论的加筋边坡合理布筋方式研究. 土木工程学报，2002(4).

[4] 中华人民共和国行业标准. JTG D30—2004 公路路基设计规范. 北京：人民交通出版社，2004.

沪蓉西高速公路沿线机制砂厂的生产与质量控制

王敬平　曹传林

（湖北省沪蓉西高速公路建设指挥部　湖北恩施　445000）

摘　要：机制砂的质量与生产技术有着密不可分的关系。在总结机制砂设备技术发展，并结合目前机制砂生产现状的基础上，提出了湖北沪蓉西高速公路机制砂的生产与质量控制的措施。并指导建设了24家机制砂厂，生产的机制砂优良，为湖北省沪蓉西高速公路推广应用机制砂混凝土奠定了坚实的基础。

关键词：公路　机制砂　生产与质量　控制

湖北沪蓉西高速公路，穿越湖北西部山区，全长约320km，其中桥隧比约60%，混凝土需求量大。但沿线砂少石多，天然河砂需从湖南岳阳等地调运，平均价格高180元/m^3。为此，指挥部依托西部项目《机制砂混凝土在桥梁工程中的应用》，开展了机制砂混凝土的研究和应用工作。目前，机制砂混凝土已在该高速公路得到全面推广应用，取得了巨大社会经济效益。本文就机制砂的生产与质量控制作如下介绍。

1　机制砂制备技术进展

机制砂的生产工艺流程可分为以下几个阶段：

块石→粗碎→中碎→细碎→筛分→水洗（脱水）→机制砂

即：制砂过程是将块状岩石，经不同几次破碎后，制成颗粒小于4.75mm的机制砂。为了获得高生产效率，一条工艺通常联产机制砂与碎石。

目前，无论是生产碎石还是碎石与机制砂联产，其粗碎均采用颚式破碎石机，而中碎大都采用反击式破碎机，而细碎制砂机通常选取棒磨机和冲击式破碎机，及其复合式破碎机。

破碎机与制砂机是决定机制砂质量的关键设备，其设备性能的好坏直接影响机制砂的质量、生产成本。早在20世纪40年代，美国就开始采用棒磨机制砂，棒磨机制砂采用的是湿法生产工艺，其优点是砂子的颗粒级配优良、稳定，粒型方正，石粉含量便于控制。但这种湿法制砂工艺用水量很大，每生产1m^3人工砂需用水4m^3，生产量也小，生产过程的损耗又较大（细砂流失严重达30%～35%），加上生产后的污水处理，生产场地需求较大，生产成本较高。目前，棒磨机制砂仍是我国大坝工程使用的主要制砂设备。

欧美等国近几十年研究开发了系列新型干法制砂设备。其中具有代表性的有：立式冲击式细碎机，如德国DH伯布拉斯型、Barmac-9000型；短头圆锥细碎机，如瑞典Svedala公司生产的HP500、HP700；旋盘式细碎机，如美国Nordberg公司的No48s型、No36s型，芬兰诺德伯格公司的Ct49。

目前冲击式破碎机是性能较好、应用较广的新型制砂机。这类破碎机是利用冲击作用对物料进行破碎。这类破碎机的工作部件是装有板锤的高速旋转的转子。当物料给入破碎机工作空间时，在转子锤击区受到板锤的打击，物料产生第一次破碎；同时板锤冲击又给予了物料的能量，物料迅速飞向坚硬的机壁，机壁的反击，又使物料产生第二次破碎；破碎的物料，获得反弹的能量，再次折向转子，转子板锤又作第二次打击，产生第三次破碎；再次冲向机壁……如此连续不断的破碎。而且物料在受到机壁反弹的往返行程中，颗粒之间又相互碰撞，发生自碎。物料在冲击作用过程中，不断地产生裂缝，松散而破碎。

冲击式破碎机是一种高效率的破碎机械，虽然问世较晚（1945 年），但发展很快，应用较广，可用作中、细碎作业。其功效有如下特点。

（1）破碎比很大。一般破碎机的破碎比最大不超过 10，而反击式破碎机的破碎比一般为 30～40，最大可达到 150。故可减少破碎级数，简化生产流程，节省投资和管理费用。

（2）冲击式破碎机的破碎作用，主要发生在物料的节理面、组织脆弱处和裂缝等，具有选择破碎的特点。故破碎效率高，产量大，电耗低（比颚式破碎机省电 1/3），产品粒度均匀，颗粒方正率高。

近十年来，随着我国建设对机制砂需求量的增加及质量意识的提升，国内纷纷引进国外技术，进行消化吸收或自主开发，推出系列新型制砂机。具有代表性的有：贵州“成智”PL 系列立轴冲击式破碎机；上海山宝 SX 立轴式冲击式破碎机；上海远通 PC-1000 冲击式制砂机；枝江 PLF 立轴反击式细碎机；河南双龙 SLP 型立旋式制砂机。

2 机制砂生产现状

虽然我国从 20 世纪 60 年代就开始研究应用机制砂，我国贵州省和一些大坝工程从 20 世纪 70 年开始使用机制砂，目前贵州省的工程已全部使用机制砂，国家 2001 年的《建筑用砂》标准，已明令可用机制砂配制各种强度等级的混凝土。但目前机制砂的应用还很不普遍，很多商品混凝土搅拌站、重点工程仍然不愿采用机制砂。其原因主要是一方面多数人对机制砂混凝土的配制和性能缺乏认识；另一方面我国机制砂行业生产技术水平低下，机制砂质量差所致。目前，我国机制砂行业中小型存在的主要问题如下。

2.1 无专业化设计理念，设备选型不合理，生产工艺落后，生产规模小，环境差，破坏严重

现代化机制砂生产工艺流程和装备是建立在对岩石物料特性及终端产品性能要充分掌握的情况下，选择合适的生产设备，进行有机结合、分工明确，互相匹配。而我国目前，一方面专业化的机制砂生产设计人员缺乏，研究的热点大都放在机制砂的特性及机制砂混凝土的配制和性能上，而忽视制机砂制备技术、设备、工艺的研究。另一方面，生产经营者也认为砂、石生产技术简单，无须专业设计，更有甚者一味蛮干，土法上马；再者，一些设备制造商，夸大宣传，将一些简单的粉碎、筛分设备，冠以新产品之名上市，从而致使设计建设的机制砂中，设备选型不合理，生产工艺落后。这必然导致生产的机制砂不合要求。另外，我国机制砂企业普遍生产规模小，除大型水利工程砂石配套项目及个别大的砂、石企业外，基本采用单段或两段颚式破碎机破碎，小型锤式打砂机制砂，生产工艺极为简单，粉尘、污泥、污水随意排放，环境破坏严重，出来的产品质量参差不齐，不能满足各行业对机制砂的要求，因此，机制砂行业亟待解决工艺、设备、技术、环境落后的问题。

2.2 技术素质低，质量意识差，管理混乱

我国砂、石行业的从业者，大多数没有经过技术培训，技术素质低，即使采用先进的设备、工艺，也不懂得如何使用与维护。同时，对机制砂技术要求也缺乏了解和认识，没有级配、细度

模数、石粉含量、泥含量的概念，也没有试验室和必要的质量检测设备和条件，加之管理混乱，这些也是导致我国普遍存在的机制砂质量差的主要原因。

3 沪蓉西高速公路机制砂的生产与质量控制

机制砂的质量是决定机制砂混凝土性能的基础，要在沪蓉西高速公路的桥梁工程中，全面推广机制砂混凝土，必须解决机制砂的来源和质量问题。因此，指挥部形成专班针对沿线砂、石企业的现状，深入系统研究了机制砂生产中的管理、技术、质量控制等问题，建立了完善的质量管理体系，有力地保证了机制砂的质量，为沪蓉西大规模成功应用机制砂混凝土奠定了基础。

3.1 合理布局，定点生产

经调查，沪蓉西沿线散落了一些规模较小，生产设备、技术落后的机制砂厂，其质量都远不满足要求。另一方面很多经营者获悉沪蓉西高速公路大量需要机制砂，纷纷开始建厂。为了防止一哄而上、粗制滥造，指挥部在研究国内机制砂生产现状的基础上，及时提出了定点生产的管理方针。

湖北沪蓉西高速公路总长 320km，点多线长，运输条件差。因此，机制砂厂的规模不宜过大，以运输半径 20km 为宜。针对这一客观条件指挥部对沿线岩石资源进行了调查，并结合实际工程需要确定了机制砂厂的布局方案，要求实施砂、石联产，同时达到提高碎石质量、保证供应的目的。

3.2 实行准入制

要获得质量优良的机制砂，母岩的质量、生产设备与工艺、质量控制手段是决定性条件。为此，指挥部编制颁布了《湖北沪蓉西高速公路机制砂定点生产管理办法》，对生产设备、生产工艺、生产环境及质量控制等条件提出了具体要求。生产企业(经营者)按照自愿报名的原则，编制资格预审文件上报指挥部，通过资格审查的生产企业达到生产运营条件后，向指挥部提出验收申请，指挥部将组成验收小组进行验收。机制砂建厂必备的条件如下：

(1)生产设备及工艺要求(见表1)；

(2)具有独立法人资格，有工商行政部门颁发的营业执照、安全管理部门颁发的安全生产许可证(施工单位自办企业该项可不作要求)。

(3)具有经批准的矿山开采许可证和固定的矿山资源，母岩强度应符合表1要求。

沪蓉西高速公路机制砂生产厂的生产条件 表1

序号	设备名称	技术要求	一级生产厂		二级生产厂
			I类砂	II类砂	III类砂
1	颚式破碎机	规格不小于 600cm×900cm	必备		必备
2	振动喂料机		必备		必备
2	反击式破碎机	不小于 80t/h	必备		必备
3	振动筛	不少于3层	必备		必备
4	制砂机	不小于 60t/h	必备		必备
5	洗砂机	处理量应与机制砂产量匹配	必备		可选
6	除尘设备	180型以上	必备		必备
7	母岩	饱水抗压强度	＞80MPa		＞60MPa
8	工艺要求		湿法		干法或湿法
9	年生产能力		≥15万t		≥10万t

(4)生产、成品堆场及质量检验场所面积之和不宜低于 20 亩，生产场地必须进行有效的硬化，如采用湿法生产应具有良好的排水设施，具备充足的水源供应条件和排污能力、环保措施。

(5)机制砂生产厂应建立完善的质保体系，建立产品质量检验室，并配备相应的试验检测员。一方面是加强机制砂出厂质量控制，另一方面以指导生产。质量控制基本条件以及机制砂的检测项目和频率见表 2。

质量控制基本条件 表 2

<table>
<tr><th>质检室面积</th><th>检验项目</th><th>检验频率</th><th>主要检验设备</th><th>检验依据</th><th>备 注</th></tr>
<tr><td rowspan="6">不低于 $12m^2$</td><td>筛分</td><td rowspan="4">1 次/$200m^3$</td><td rowspan="6">1. 烘箱一台
2. 标准筛一套(方孔)
3. 0.075mm 标准筛(3 个)
4. 石粉含量测定仪一套
5. 压力机(可选)
6. 电子秤 1～2 台，精度 0.1g</td><td rowspan="6">JTG E42—2005</td><td rowspan="6">压碎值、母岩抗压、碱活性等指标可以委外</td></tr>
<tr><td>石粉含量</td></tr>
<tr><td>亚甲蓝 MB</td></tr>
<tr><td>压碎值</td></tr>
<tr><td>母岩抗压</td><td rowspan="2">1～2 次/年</td></tr>
<tr><td>碱活性</td></tr>
</table>

(6)机制砂生产厂应配备相应的矿山机械设备技术员，具备对机械设备进行维修、保养及调整技术参数的能力，确保设备的正常运转及机制砂质量的稳定性。

3.3 确定定点生产厂家，公布企业名单

生产企业(经营者)按照上述要求建厂，并生产出合乎要求的产品后，编写申请验收资料和报告，上报指挥部。指挥部组成验收小组，通过实地察看，母岩和机制砂抽检等程序，进行综合评定，确定试点、定级厂家，并授予匾牌，同时发文公布各级定点机制砂企业名单。

用于沪蓉西高速公路的机制砂，必须按等级要求，从相应的定点企业购买。定点的机制砂生产厂按照“市场化运作的原则”与施工单位在平等、互惠、互利的基础上自行洽谈供应价格、数量及服务内容。机制砂生产厂与施工单位签订供销服务合同后，报指挥部备案。指挥部按照“协调监督的原则”协调双方关系，并把机制砂纳入监督支付的管理范围。

3.4 建立四级质量管理体系

为了确保机制砂质量，指挥部建立和完善了四级质量管理体系。

(1)机制砂厂自检自查

机制砂厂对每工作日生产的机制砂按照表 2 要求进行抽样检测，并做好试验记录和台账(备查)，未检或检验不合格的机制砂不得出厂。

(2)施工单位的复检和自检

施工单位所用机制砂应在相应定点生产企业进行采购，之前应对其生产的机制砂进行复检，检验合格后方可大量采购。机制砂出厂应有相应的质量检测报告，否则，施工单位应予以拒收。同时，施工单位还应对其进行抽样检测，检测不合格的机制砂严禁进入施工现场。

(3)监理单位的抽检

监理单位应加强监督施工单位的自检，同时还应加大抽检力度。对无厂家质量检测报告及施工单位自检报告或抽检不合格的机制砂及时清退出施工现场，如在同一标段连续三次抽检不合格，可对该标段进行相应的处罚并上报指挥部。

(4)指挥部对机制砂生产企业实行质量监督管理,对施工单位加强巡检力度

指挥部对机制砂生产企业和施工单位建立质量巡检机制,对定点机制砂厂生产的机制砂随机进行抽检,若三次抽检不合格,将取消其供应资格(根据工程需要);如在施工单位连续三次抽检不合格,对该施工单位及相应的监理单位进行通报批评。

3.5 加强技术培训与技术指导

为了确保机制砂的生产质量,指挥部组织生产企业相关技术人员进行技术培训。

(1)机制砂的技术指标及检测方法

机制砂技术指标主要包括:颗粒级配(细度模数)、泥块含量、石粉含量(含亚甲蓝试验)、压碎指标、有害物质、母岩抗压强度、表观密度、堆积密度、空隙率,碱集料活性。其中前4个为常规检验项目(1次/200m³),后7个为型式检验项目(每半年检一次)。检测方法参照JTG E42—2005集料试验规程进行,其技术要求见表3。

机制砂常规技术指标要求 表3

技术指标	类别		
	I类	II类	III类
颗粒级配(细度模数)	I、II区(≤3.4)		
亚甲蓝试验	MB<1.40或合格		
石粉含量	<5.0%	<7.0%	<10.0%
泥块含量	0	<1.0%	<2.0%
压碎指标(类别)	<20%(I类)	<25%(II类)	<30%(III类)

(2)含泥量控制技术

机制砂中的含泥量,主要由块石夹带泥土而来。控制机制砂中的含泥量,须做好以下工作:

①开采矿山时,应清除表面植被、泥土;

②在块石装卸过程防止泥土混入;

③当块石中混有较多泥土时,应用人工将矿石拣出;

④块石应通过振动喂料机,进一步筛除泥土。

(3)石粉含量控制技术

从制砂机出来的机制砂中石粉含量,一般在15%左右,如何去除控制机制砂中多余的石粉是机制砂生产的关键技术之一。目前采用的方法主要有干法收尘和湿化水洗。

①干法收尘:本来收尘是消除机制砂生产过程,扬尘对环境的污染。但通过合理布置收尘点,调整吸尘器的风量、风压,也可部分选出机制砂中的石粉。实际生产过程中,应选用收尘效果好的收尘器,并根据机制砂中石粉含量要求,确定收尘器的工况参数,但收尘器除石粉的方法,只适用于生产Ⅲ级机制砂。

②水洗去粉:机制砂水洗去粉是生产优质机制砂的关键技术。如何用少量的水,洗去过多的石粉,且不带走砂粒,是一个值得研究的问题。

首先应选择好的洗砂设备。目前洗砂设备有两种:一种是螺旋洗机,一种是轮式洗机。轮式洗机与螺旋洗机相比,具有很多优点,一般宜选用轮式洗砂机。同时,无论采用哪种洗砂机,都应结合石粉的测试结果,选择合理工况参数,如角度、水流量等。

其次，为了达到节水环保的目的，在工艺中应设沉淀池，并将洗砂的废水循环使用。

(4)级配与细度模数的控制

机制砂级配较差，细度模数较大主要是由于 2.36mm 的累计筛余率和 0.075mm 的通过率较大，因此要控制机制砂的级配与细度模数关键在于对最小级振动筛筛孔尺寸以及除尘(洗砂)强度的调整。筛孔尺寸的调整可靠更换振动筛网完成，除尘(洗砂)强度的调整可靠调节风力(水流量)完成。

实践证明，最小级振动筛筛孔尺寸为 3.5mm 时，生产机制砂的细度模数一般在 3.4 以内，级配满足标准要求。

(5)防扬尘和离析技术

对机制砂干法生产，当机制砂从皮带落到砂堆时，通常会出现严重的离析现象，即粗颗粒砂在砂堆底部富集，并伴随有严重的扬尘。为了防止该问题出现，可在出砂皮带尾部喷洒适量的水。

4 效果

2006 年 10 月，湖北沪蓉西高速公路已全部完成机制砂厂的建设和验收，共计建设机制砂厂 32 家，其中一级机制砂厂 8 家，二级机制砂厂 24 家，总的生产规模达 500 万 t/年。机制砂质量优良。目前已使用机制砂 120 万 m^3，直接经济效益 9 600 万元。

机制砂的表面干湿状况对低强度等级混凝土性能的影响

王雨利[1]　喻世涛[1]　罗　京[2]

(1. 武汉理工大学硅酸盐材料工程教育部重点实验室　武汉　430070;
2. 湖北省沪蓉西高速公路建设指挥部　湖北恩施　445000)

摘　要:在施工现场,由于保护措施不当,细集料受雨水天气的影响,其表面有较大的含水率。但在施工中,一般通过测定现场用砂的含水率,对混凝土的砂用量和用水量做一个简单的调整,便进行施工,而很少考虑砂的表面干湿状况对混凝土性能的影响。为此,我们采用河砂和机制砂,研究了它们的表面干湿状态对低强度等级混凝土的工作性能、抗压强度、抗渗性能的影响,发现它们对混凝土的上述性能均有不同程度的影响。其中抗渗性能采用水压力抗渗高度和氯离子扩散系数两种方法来表征。

关键词:细集料　干湿状况　抗渗性能

0　前言

砂中所含有全部水的质量,以干砂质量的百分数表示时称为砂的含水率。当拌制混凝土时,由于砂中的含水量不同,会影响混凝土的用水量和砂用量。因此,一般以绝对干燥为基准,用百分率来表示,称为全干含水率;当砂的颗粒表面干燥,而颗粒内部孔隙含水达到饱和时,此时的含水率称为饱和面干含水率。计算混凝土各项材料的用量时,常以饱和面砂为准,因为在这种状态下的砂,既不从混凝土拌和物中吸取水分,也不会给混凝土拌和物中带入水分,能够比较严格的控制混凝土的用水量。在一些较大工程的施工中,由于施工时间长,用砂量大,在现场很少对砂采取防护措施,因此由于天气缘故,砂的含水率往往大于饱和面干时的含水率。对此,施工单位一般测定现场用砂的含水率,来调整混凝土的砂用量和用水量,以便进行混凝土的施工。

香港理工大学的 C. S. Poon 等人研究了砂在空气面干、烘箱干燥和饱和面干的状态时对混凝土工作性能、抗压强度的影响[1],发现用烘箱干燥的砂配制的混凝土有一个较大的坍落度,但同时坍落度的损失也较快;在抗压强度方面,空气干燥状态下的砂配制混凝土的抗压强度最大。我们则采用河砂和石灰岩机制砂,研究了在空气面干和潮湿状态下对混凝土工作性能、抗压强度、水压力抗渗和氯离子扩散系数的影响。

1　原材料及测试方法

1.1　原材料

1.1.1　水泥

本次试验采用的水泥为华新堡垒 P·O32.5。水泥的主要性能指标见表 1。

华新 P·O32.5 级水泥性能指标 表1

性能	细度	标准稠度	凝结时间(h:min)		安定性	抗折强度(MPa)		抗压强度(MPa)	
	(%)	(%)	初凝	终凝	沸煮法	3d	28d	3d	28d
指标	1.2	27.6	3:15	3:44	合格	5.3	8.6	26.1	46.1

1.1.2 石粉

采用福冈砂石料厂风选石粉,80μm 筛余为 5.2%。

1.1.3 集料

采用的细集料有洞庭湖河砂和湖北省恩施市福刚砂石料厂的水洗机制砂,它们的主要性能指标见表 2 和表 3。

河砂的主要性能指标 表2

项目	细度模数	含泥量(%)	表观密度(kg/m³)	空隙率(%)
指标	2.84	0.6	2683	42

福冈水洗机制砂的主要性能指标 表3

项目	筛分级配	细度模数	表观密度(g/cm³)	亚甲蓝 MB 值	石粉含量(%)	泥块含量(%)	压碎值
指标	符合 II 区要求	3.10	2.695	0.5	4.5	0.3	12

粗集料采用湖北省福刚砂石料厂 5～25mm 连续级配碎石。

1.1.4 减水剂

采用武汉浩源有限公司生产的萘系 FDN-9000 缓凝高效减水剂。

1.2 测试方法

1.2.1 坍落度和抗压强度

按《公路工程水泥及水泥混凝土试验规程》(JTG E30—2005)进行测试。

1.2.2 抗渗性能

按《公路工程水泥及水泥混凝土试验规程》(JTG E30—2005)中的 T 0569—2005 水泥混凝土渗水高度试验方法进行,试验过程中采用恒压 1.0MPa。

1.2.3 混凝土 NEL 氯离子扩散系数法快速试验

采用清华大学基于 Nernst-Einstein 方程研究开发的用氯离子扩散系数评价混凝土渗透性的试验方法 (NEL 法),测试氯离子在混凝土中的扩散系数。试验所用仪器为 NEL-PD 型混凝土渗透性检测系统。

将混凝土试件切割成 100mm × 100mm × 50mm 的试件,与电极接触的两个测试面磨光。将试件进行真空饱盐,在低电压下测试饱盐混凝土试件的扩散系数。

图 1 NEL 氯离子扩散系数试验

混凝土中的氯离子扩散系数：

$$d_{cl} = f\frac{RT\sigma}{F^2C_{cl}} \tag{1}$$

式中：d_{cl}——混凝土中氯离子扩散系数，m^2/s；

R——气体常数，为 8.314J/mol·k；

T——绝对温度，K；

σ——饱盐混凝土的电导率，S/m；

F——法拉第(Faraday)常数，为 96 500C/mol；

C_{cl}——饱盐混凝土中孔溶液中氯离子浓度，通常可以取饱盐溶液浓度，mol/m^3（4.0×10^6 mol/m^3）；

f——修正系数，通常可以取 1.0。

2 试验结果与讨论

2.1 试验设计

试验所采用的配合比设计大体如下：水灰比均为 0.5；用水量均为 $175kg/m^3$；河砂的砂率为 42%，机制砂的砂率为 45%；河砂的设计密度为 2 $400kg/m^3$，机制砂的设计密度为 2 $420kg/m^3$；减水剂掺量均为水泥质量的 0.6%。当所采用的砂为湿砂时，在用水量中扣除砂的含水率，并相应的增加砂的质量。在本次试验中，河砂的含水率为 4.2%，机制砂的为 4.6%。所采用机制砂的石粉含量为 10%，是在石粉含量为 4.5%的原砂基础上，通过掺加福刚风选石粉获得的。

2.2 结果与讨论

具体试验结果见表 4。其中 N 代表河砂，M 代表机制砂；N1 和 M1 为饱和面干砂，N2 和 m^2 为含一定水分的砂。

性 能 对 比 表 4

编　号	坍落度(mm)	抗压强度(MPa)		水压力渗透 E-06(mm/h)	氯离子扩散系数 E-14(m^2/s)
		7d	28d		
N1	170	30.3	42.1	0.85	408
N2	180	26.6	33.2	3.51	512
M1	165	29.7	42.1	0.75	435
M2	120	28.2	40.7	2.32	462

从表 3 中坍落度值可以看出，河砂在砂的表面干湿状态时，坍落度值相差不大，其中砂的表面湿润时坍落度值稍大些；砂的表面干湿状况对机制砂的坍落度影响较大，湿砂的坍落度值比干砂的约减小将近 30%。在抗压强度方面，不管是河砂还是机制砂，砂的表面湿润时的抗压强度值比砂的表面干燥时的均减小，其中河砂减小的幅度最大，在 7d 和 28d 时，分别减小了 12%和 21%；机制砂则分别减小了 5%和 3.3%。河砂在表面湿润状态时的水压力渗透系数是干燥时的 6 倍多，机制砂的二者比例则为接近 4，说明砂在湿润状态时，使混凝土抵抗水渗

透能力变差。从氯离子扩散系数来看,两种砂在湿润时,均使混凝土的氯离子扩散系数变大,也就是混凝土抵抗氯离子扩散能力降低。

水泥浆体与集料间存在着过渡区,过渡区的结构与水泥浆体不同[2]。由于在贴近集料表面的水灰比较大,此处所形成的结晶产物的晶体也大,因此,在此界面处所形成的骨架结构中的孔隙比水泥浆本体多。集料与水泥浆对混凝土性能的影响,许多专家对此做过研究或讨论,他们的一致意见是,界面过渡区对混凝土性能的影响很重要[3,4,5]。砂的表面在湿润时,对混凝土的强度和抗渗性能造成不利的影响,可能是由于砂在湿润状态时造成了"预泌水",从而改变了细集料与水泥浆的界面区结构,从而使界面区的水灰比变大,孔隙增多。

3 结论

以水灰比为0.5研究对象,通过对河砂和机制砂的表面在不同干湿状态时,对混凝土工作性能、抗压强度、水压力抗渗和氯离子扩散系数的研究。发现砂在不同干湿状态时,会对混凝土的性能造成不同程度的影响,其中,对混凝土的抗压强度、水压力抗渗和氯离子扩散造成明显的负面影响,因此,在施工中,配制混凝土时尽量采用空气面干状态的细集料。

参考文献

[1] C. S. Poon, Z. H. Shui. Influence of Moisture States of Natural and Recycled Aggregates on the Slump and Compressive Strength of Concrete[J]. Cement and Concrete Research 34(2004)31-36.

[2] 黄士元,蒋家奋,等. 近代混凝土技术[M]. 西安:陕西科学技术出版社,1998,10:148-151.

[3] 姚嵘,等. 水泥混凝土中的界面现象[J]. 建筑技术与应用,2006(2):7-9.

[4] 徐新生. 骨料水泥浆界面对混凝土透过性的影响[J]. 粉煤灰综合利用,2001(2):42-44.

[5] 王稷良,李勇,等. 集料对混凝土强度与界面特性影响的研究[J]. 混凝土,2006(11):39-41.

石粉对机制砂混凝土抗渗透性和抗冻融性能的影响

周明凯　王稷良　李北星　贺图升　李进辉

(武汉理工大学硅酸盐材料工程教育部重点实验室　武汉　430070)

摘　要:本文研究了石粉含量对不同强度等级机制砂混凝土强度、抗氯离子渗透性能和抗冻性能的影响。结果表明,石粉对低强和高强混凝土的影响不完全相同:对于低强度机制砂混凝土,随着机制砂中石粉含量的增加,混凝土的抗氯离子渗透性能提高,而抗冻性能降低,尤其是当石粉含量高于10%(石粉与水泥体积比超过1:3.47)时,混凝土劣化明显;但对于高强混凝土而言,仅当石粉含量大于7%时,石粉使混凝土工作性出现劣化,而对于抗氯离子渗透性能,抗冻性能等耐久性,石粉含量从3.5%提高到14%,均未使高强机制砂混凝土出现劣化现象。

关键词:机制砂　石粉　抗冻性　氯离子渗透系数

0　引言

随着我国基础设施建设的迅猛发展和对环境保护的日益重视,现有的天然砂已经不能满足工程建设的需要,使用机制砂配制混凝土已成为今后的发展趋势。但机制砂与河砂相比,具有显著的特点。机制砂颗粒表面粗糙,多棱角,且机制砂大多级配不良,0.63~0.315mm级颗粒偏少,而机制砂与天然砂最显著的区别是机制砂中含有大量粒径小于0.075mm的颗粒。但机制砂中小于0.075mm的颗粒与河砂中小于0.075mm的颗粒性质完全不同:河砂中的被称作泥粉,泥粉对混凝土的工作性、体积稳定性和耐久性都有不利的影响;机制砂中的细小颗粒则被称为石粉,石粉与母岩的物理化学性质完全一样,且大量的研究表明[1~3],适量的石粉对机制砂混凝土的工作性和强度无不利影响,甚至还可以改善混凝土的性能。

《建筑用砂》(GB/T 14684—2001)规定混凝土用机制砂的石粉含量分别小于3%(≥C60)、5%(C30~C60)、7%(≤C30)。但一般在刚破碎出来的原砂中会含有10%~20%的石粉(随机制砂细度模数的降低,石粉含量增加),为满足国标的要求,只能采取电动收尘或水洗的方法生产机制砂,尤其是在生产用于高强度混凝土的机制砂时,必须采用水洗法。而进行水洗时,为洗除机制砂中小于0.075mm的颗粒,就必然要附带损失一些小于0.60mm,甚至1.18mm以下的颗粒。这样,既浪费了大量的水资源和降低了砂的产量,也破坏了机制砂原有的级配。是否可以将机制砂中的石粉含量放宽及国标严格的限制依据是哪些?针对此问题,国内进行了大量的研究,但研究大多是集中在石粉对混凝土的工作性、强度和收缩性能,对于石粉对机制砂混凝土的耐久性研究却较少。本文重点研究了不同石粉含量的机制砂对混凝土抗氯离子渗透性能、抗冻融性能等耐久性的影响。

1 原材料与试验方法

1.1 原材料

(1)水泥:华新水泥厂生产的P·O32.5、P·O52.5级水泥,低强混凝土采用P·O32.5级水泥,高强混凝土采用P·O52.5级水泥。水泥的物理性质见表1。

水泥的物理性质 表1

水泥名称	视密度(kg/m^3)	标准稠度用水量(%)	凝结时间(h:min)		安定性	抗折强度(MPa)		抗压强度(MPa)	
			初凝	终凝		3d	28d	3d	28d
华新P.O32.5	3 101	28.2	3:31	4:06	合格	3.8	7.9	19.0	44.8
华新P.O52.5	3 134	27.0	1:50	2:19	合格	5.9	9.0	31.1	56.8

(2)粗集料:武汉产石灰岩碎石,低强混凝土采用5~31.5mm连续粒级,高强混凝土采用5~25mm连续粒级。

(3)细集料:试验用石灰岩机制砂的筛分及物性试验结果见表2。试验中不同石粉含量的机制砂为先将原砂中石粉筛除,再按比例调配而成。对比试验用河砂为武汉庙山黄砂。筛出石粉的视密度为2 701kg/m^3。

机制砂筛分及物性检测结果 表2

项目	通过筛孔(mm)累计筛余(%)							细度模数	压碎值(%)	石粉含量(%)	泥块含量(%)
	4.75	2.36	1.18	0.6	0.3	0.15	<0.15				
原状机制砂	0.4	23.3	49.1	66.9	80.9	89.1	100	3.1	18	12.1	0
黄砂	8.4	23.4	39.2	57.2	85.1	98	100	2.85	—	—	—

(4)减水剂:北京冶建JG-2高效减水剂和JG-3缓凝高效减水剂,均为萘系。

(5)水:自来水。

1.2 试验方法

(1)混凝土的抗压强度试验

试验参照《普通混凝土力学性能试验方法标准》(GB/T 50081—2002)进行,试件尺寸为150mm×150mm×150mm。混凝土成型后1d拆模,放入标准养护室养护,到龄期后取出测试。

(2)混凝土抗氯离子氯离子渗透性

采用清华大学基于Nernst-Einstein方程开发NEL法[4]测试氯离子在混凝土中的扩散系数。试验所用仪器为NEL—PD型混凝土渗透性检测系统。NEL法的测试步骤如下:首先将混凝土试件切割成100mm×100mm×50mm的试件(被电极接触的两个面不应为混凝土砂浆富集的表面),并将被测试面打磨光滑;其次将待测混凝土试件进行真空饱盐24h;最后在低电压下测试饱盐混凝土试件的扩散系数。

(3)混凝土的抗冻性

试验参照《水工混凝土试验规程》(DL/T 5150—2001)进行。冻融循环试验采用北京燕科公司生产的TRD1型混凝土冻融试验设备,动弹性模量测试采用天津建筑仪器厂生产的DT—8W动弹仪。试件尺寸100mm×100mm×400mm,测试龄期为28d。

2 试验结果与分析

2.1 石粉对机制砂混凝土的工作性和强度影响

由于高强混凝土和低强混凝土中胶凝材料的数量不同,石粉对混凝土工作性和强度的影响规律也不同,因此,分别对比石粉含量对高强混凝土和低强混凝土的影响。

石粉对混凝土的工作性和强度的影响

表 3

编号	石粉含量(%)	每方混凝土各材料用量(kg/m³)				坍落度(mm)	坍扩度(mm)	抗压强度(MPa)		工作性描述
		水泥	水	机制砂	碎石			7d	28d	
L0	—	327.5	180	757	1 136	11	—	25.0	35.3	工作性良好
L1	0	327.5	180	816	1 127	12	—	25.0	35.6	离析、泌水
L2	5	327.5	180	816	1 127	15.5	—	25.9	35.9	轻微离析泌水
L3	10	327.5	180	816	1 127	18	—	25.5	37.9	较好
L4	15	327.5	180	816	1 127	19	—	25.4	36.2	适中
L5	20	327.5	180	816	1127	16	—	24.7	35.5	较好
H0	0	530	170	706	1 054	210	420	69.2	81.9	良好,较黏
H1	3.5	530	170	756	1 044	220	550	64.7	79.3	流动性大,轻微泌水
H2	7	530	170	756	1 044	210	490	65.9	81.5	流动性好,无泌水
H3	10.5	530	170	756	1 044	210	480	68.0	84.3	较好
H4	14	530	170	756	1 044	205	400	73.9	87.6	较黏

注:①L0 和 H0 为黄砂混凝土。

②*L* 组外加剂为 JG—3,掺量 0.6%;*H* 组外加剂为 JG—2 和 JG—3,各 0.6%,总量 1.2%,均为胶凝材料质量比。

从表 3 中可以看出,石粉对于低强混凝土工作性是有益的,*L* 组混凝土中石粉含量10%~15%为最佳。机制砂中石粉对高强混凝土工作性坍落度影响不明显,但随石粉含量增加,拌和物变得更加黏稠,扩展度逐渐减小。对于高强混凝土而言石粉的最佳含量在 7%~10.5%之间,这主要是由于石粉在混凝土中的填充作用。低强度混凝土中胶凝材料较少(尤其使水泥新标准实行后,水泥强度提高),石粉的存在正好弥补低强度混凝土中胶凝材料较少的缺陷,增加了混凝土浆量,提高了混凝土的工作性。而高强混凝土本身胶凝材料用量较大,水胶比较低,而石粉细度又接近于水泥的细度,增加了混凝土中粉体材料的数量,使混凝土可以流动的自由水变少,致使混凝土变黏。

石粉对于机制砂混凝土强度方面的影响,无论在高、低强混凝土中,石粉都具有填充效应,使硬化后机制砂混凝土结构更加致密。且石粉为机制砂生产过程中形成的副产物,和水泥相比具有更强的棱角性,石粉的存在也提高了硬化水泥石的机械啮合力,对混凝土强度的提高具有一定的贡献。但当石粉含量超过 15%时,低强机制砂混凝土强度略有降低,主要是由于石粉与水泥的比例过大(当机制砂中石粉含量为 15%时,石粉与水泥的体积比为 1∶2.33;当石粉含量为 20%时,比例则高达 1∶1.75),水泥不足以完全填充砂与石粉所形成的空隙,不足以产生足够的胶凝性。但在高强混凝土中,石粉与水泥的比例较小(当机制砂中石粉含量为14%时,石粉与水泥的体积比为 1∶4.36),强度受此影响较小。同时,石粉还可以与水泥中的 C_3A 和 C_4AF 反应,产生具有一定胶凝能力的碳铝酸盐复合物[5,6],对机制砂混凝土强度发展也有一定贡献。

2.2 石粉对机制砂混凝土抗氯离子渗透性能的影响

从表4可以看出,在低强混凝土中,河砂混凝土与石粉含量5%以下的机制砂混凝土的抗氯离子渗透性能相当,但当石粉含量高于5%时,机制砂混凝土的氯离子渗透系数迅速降低。主要是由于低强混凝土中水泥用量较少,水灰比较大,硬化后,混凝土中存在大量的孔隙,致使混凝土的抗氯离子渗透性能不良,但随石粉含量的增加,丰富了混凝土的浆量,使硬化后混凝土中的孔隙减少,提高了混凝土的密实性,也提高了混凝土的抗渗性能。

石粉对混凝土抗氯离子渗透系数的影响(d_{cl},$10^{-14}m^2/s$) 表4

项目	低强混凝土						高强混凝土				
	L0	L1	L2	L3	L4	L5	H0	H1	H2	H3	H4
石粉含量(%)	—	0	5	10	15	20	—	3.5	7	10.5	14
氯离子渗透系数	508	527	511	461	386	401	208	205	216	219	221

从表4可以看出,高强机制砂混凝土具有与黄砂混凝土同样有益的抗氯离子渗透性能,且石粉含量的提高对高强机制砂混凝土抗氯离子渗透性能影响不明显。主要是由于高强混凝土中水泥用量较高,水胶比较低,混凝土中本身连通毛细孔较少,所以石粉的存在对于密实高强混凝土的硬化结构体影响不明显,因此石粉对于高强混凝土抗氯离子渗透性能变化影响不显著。

2.3 石粉对机制砂混凝土抗冻性的影响

石粉对机制砂混凝土抗冻性的影响 表5

项目		低强混凝土				高强混凝土			
		L0	L2	L3	L4	H0	H1	H2	H3
石粉含量		—	5%	10%	15%	—	3.5%	7%	10.5%
相对冻弹模量(%)	F50	91.9	89.0	85.4	64.2	—	—	—	—
	F75	89.3	75.5	61.8	36.8	99.1	98.9	98.8	98.8
	F100	76.1	62.8	36.9	破坏	—	—	—	—
	F150	63.2	37.5	—	—	99.0	98.4	98.56	98.5
	F225	—	—	—	—	98.5	98.4	98.5	98.4
	F325	—	—	—	—	98.3	98.2	98.3	97.1
抗冻等级		F150	F100	F75	F50	>F325	>F325	>F325	>F325
冻融前后强度比(%)		80	73	70	65	95.3	95.6	96.5	97.4
冻融后氯离子渗透系数 d_{cl}($10^{-14}m^2/s$)		—	—	—	—	211	207	214	215

从表5低强混凝土抗冻性可以看出,河砂混凝土具有良好的抗冻性,而机制砂混凝土抗冻性较差,且随石粉含量的增加,抗冻性逐渐降低。主要是由于:

(1)在低强度机制砂混凝土,由于机制砂颗粒形貌较差,视密度偏大(一般介于2 700~2 800kg/m^3,一般大于黄砂的视密度),振捣后易于产生离析、泌水,在混凝土中产生较多的连通孔,使机制砂混凝土的抗冻性低于黄砂混凝土的抗冻性。

(2)随石粉含量增加,低强混凝土中石粉与水泥的比例在逐渐增大,当石粉含量为10%

时，石粉与水泥的体积比为 1∶3.47，当砂中石粉含量为 15%时，石粉与水泥的体积比为 1∶2.33，使得水泥对石粉的包裹量不足。由于机制砂与石粉的多棱角性，提高了硬化混凝土的机械啮合力，使得较高的石粉与水泥比例的情况下，强度降低不明显，但这种啮合力对于抵抗冻融破坏这种内部应力的作用就不如对抵抗抗压破坏那么显著。因此，当石粉含量增大时，低强度机制砂混凝土抗冻性下降。

但对于高强混凝土而言，抗冻性规律就不相同了。在高强混凝土中，机制砂混凝土与黄砂混凝土一样具有很好的抗冻性（均远大于 F325 级）。这主要是由于高强机制砂混凝土本身水胶比较低，硬化结构体密实，同时，石粉相对水泥的比例较低（当石粉含量为 10.5%时，石粉与水泥的比例也仅为 1∶5.8），因此石粉对高强混凝土的抗冻性影响不明显。

3 结论

（1）在低强机制砂混凝土中，石粉可以明显改善机制砂混凝土的工作性，并可以提高机制砂混凝土的抗压强度，但当石粉含量超过 15%时，强度略有降低；在高强机制砂混凝土中，当石粉含量超过 10.5%时，工作性略有下降，但石粉对高强混凝土强度无不利影响。

（2）在低强混凝土中，石粉可以改善机制砂混凝土的抗渗性能，且随石粉含量增加氯离子扩散系数显著降低；但石粉对高强机制砂混凝土的抗渗性影响不明显。

（3）低强机制砂混凝土抗冻性能随着机制砂中石粉含量的增加而降低，尤其是当石粉含量超过 10%（即石粉与水泥的体积比超过 1∶3.47），机制砂混凝土的抗冻性下降显著；高强机制砂混凝土具有与黄砂混凝土同样优异的抗冻性能，且机制砂中石粉含量对高强机制砂混凝土的抗冻性能没有有害影响。

参考文献

[1] 吴明威，付兆岗，李铁翔，等.机制砂中石粉含量对混凝土性能影响的试验研究[J].铁道建筑技术，2000(4):46-49.

[2] 蔡基伟，李北星，周明凯，等.石粉对中低强度机制砂混凝土性能的影响[J].武汉理工大学学报，2006(4):27-30.

[3] 杨玉辉，周明凯，赵华耕.C80 机制砂泵送混凝土的配制及其影响因素[J]. 武汉理工大学学报，2005(8):27-30.

[4] Lu Xinying. Application of the Nernst-Einstein equation to concrete. Cement an Concrete Research，1997，27(2):293-302.

[5] 杨山，方坤河，涂胜金，等.石灰石粉在水泥基材料中的作用及其机理[J].混凝土，2006(6):32-35.

[6] 弗朗索瓦·德拉拉尔.混凝土混合料的配合[M].廖欣，叶枝荣，李启令译.北京:化学工业出版社，2004.

机制砂中石粉作混凝土掺和料的研究

曹传林[1] 王雨利[2] 周明凯[2]
(1.武汉理工大学硅酸盐材料工程教育部重点实验室 武汉 430070;
2.湖北省沪蓉西高速公路建设指挥部 湖北恩施 445000)

摘 要:采用湿堆积密度法,测试石粉和水泥不同混合比例的填充率,得出石粉在等量取代水泥的比例为10%时,二者组成粉体混合物的填充率最大、空隙率最小。在混凝土工作性能、抗压强度、抗氯离子渗透性能研究中,采用石粉作为掺和料按一定比例等量取代水泥,得出石粉取代水泥的比例为10%时,对混凝土的性能有较好的改善作用。这说明通过测试石粉和水泥混合后的湿堆积密度,然后计算得出二者混合后的填充率,可以用来判断石粉作掺和料时,取代水泥的最佳比例。

关键词:石灰岩石粉 掺和料 湿堆积密度 最佳掺量

0 引言

天然砂是地方性和不可再生的资源,其不能满足工程实际需要是长期留存的难题。有些石灰岩区河道中不产砂(如贵州、重庆)或砂过细含土多(如洛阳等地),以及一些广大平原地区既不产石又不产砂,都不得不花费重金远道运入砂石。经济发达地区,由于多年建设,原有砂石资源趋于枯竭,更是必然趋势[1]。

从20世纪60年代,云、贵等砂少石多地区,开始用生产碎石的副产品石屑配制水泥砂浆和低强度等级混凝土。到了90年代,京、津、沪、渝等省市,也相继出现以机制砂代替天然砂配制混凝土,并在实际工程中应用取得了较好的经济效益和社会效益。从贵州等地机制砂生产的大致情况来看,未经处理的机制砂石粉(粒径小于75μm的颗粒)含量一般为10%～15%[2],这远大于规范中规定的含量。因此,“多余”的石粉要采取筛分、水洗或这两种工序同时来除去。据估计,在美国,每年有40亿t的石粉被堆积在采石场附近,而且石粉的数量会因机制砂生产量的增加而持续增加,久而久之,会造成很大的环境污染[3]。

因此,如何合理有效的利用这些大量的“多余”石粉,已成为摆在我们面前一个亟待解决的难题。为了控制和提高机制砂混凝土的性能,许多专家对机制砂的最佳石粉含量进行过研究[4~6]。对于石粉作掺和料的研究,重庆大学的陈剑雄教授[7]采用P·O52.5R水泥和比表面积为13 000cm^2/g的石粉,通过对抗压强度的测试得出石粉的最佳取代量为10%。张永娟等[8]对不同细度的石粉作过水泥胶砂试验研究,也得出石粉作掺和料时最佳掺量为5%～10%。但就石粉作掺和料时最佳含量确定的机理却很少见报道。我们通过测试石粉和水泥在不同比例时的湿堆积密度,计算二者混合后的填充率ϕ和空隙率ε,研究石粉和水泥的最佳混合比例,并通过对抗压强度和氯离子扩散系数的测试进行了验证。

1 原材料及测试方法

1.1 原材料

(1)水泥

本次试验采用的水泥为华新堡垒 P·O32.5,密度为 2.96g/cm³。P·O32.5 水泥的主要性能指标见表 1。

华新 P·O32.5 级水泥性能指标 表 1

性 能	细度(%)	标准稠度(%)	凝结时间(h:min)		安定性	抗折强度(MPa)		抗压强度(MPa)	
			初凝	终凝	沸煮法	3d	28d	3d	28d
指标	1.2	27.6	3:15	3:44	合格	5.3	8.6	26.1	46.1

(2)石粉

采用湖北福冈砂石料厂风选石粉,密度为 2.69g/cm³,80μm 筛余为 5.2%,比表面积为 2 863cm²/g。

(3)集料

采用的细集料有庙山河砂和湖北省恩施市福刚砂石料厂的水洗机制砂,主要性能指标见表 2。

福刚水洗机制砂的主要性能指标 表 2

项目	筛分级配	细度模数	表观密度(g/cm³)	亚甲蓝 MB 值	石粉含量(%)	泥块含量(%)	含泥量(%)	压碎值
河砂	II 区	2.84	2.683	—	—	—	0.6	—
机制砂	II 区	3.10	2.695	0.5	4.5	0.3	—	12

粗集料采用湖北省湖北福冈砂石料厂 5~25mm 连续级配碎石。

(4)减水剂

采用武汉浩源有限公司生产的萘系 FDN-9000 缓凝高效减水剂。

1.2 测试方法

(1)坍落度和抗压强度

依据《公路工程水泥及水泥混凝土试验规程》(JTG E30—2005)进行坍落度和抗压强度测试。

(2)湿堆积密度的试验

试验仪器:100mL 的容器,精度为 0.1g 的电子秤,水泥净浆搅拌机,小刀。

试验方法:固定粉体的质量 500g,采用 0%、5%、10%、15%、20%、30%不同的比例用石粉等量取代水泥。其试验过程与《水泥标准稠度用水量、凝结时间、安定性检验方法》(GB/T 1346—2001)中标准稠度用水量的测定方法相似。通过调节用水量,测试不同浆体的密度,记录获取浆体的最大密度 ρ_{max} 时的用水量 m_w,采用式(1)计算填充率 ϕ,式(2)计算空隙率 ε。

$$\phi = \frac{V_s}{V_t} = \frac{\dfrac{m_c}{\rho_c} + \dfrac{m_{sp}}{\rho_{sp}}}{\dfrac{m_c + m_{sp} + m_w}{\rho_{max}}} \tag{1}$$

式中:m_c——水泥的质量(g);

m_{sp}——石粉的质量(g);

m_w——水的质量(g);

ρ_{max}——水泥浆的最大密度(g/cm^3)；

ρ_c——水泥的密度(g/cm^3)；

ρ_{sp}——石粉的密度(g/cm^3)。

$$\varepsilon = 1 - \phi \quad (2)$$

(3)混凝土 NEL 氯离子扩散系数法快速试验

采用清华大学基于 Nernst-Einstein 方程研究开发的用氯离子扩散系数评价混凝土渗透性的试验方法(NEL 法)，测试氯离子在混凝土中的扩散系数。试验所用仪器为 NEL—PD 型混凝土渗透性检测系统(图 1)。

将混凝土试件切割成 100mm×100mm×50mm 的试件，与电极接触的两个测试面磨光。将试件进行真空饱盐，在低电压下测试饱盐混凝土试件的扩散系数。

图 1 NEL 氯离子扩散系数试验

混凝土中的氯离子扩散系数：

$$d_{cl} = f\frac{RT\sigma}{F^2 C_{cl}} \quad (3)$$

式中：d_{cl}——混凝土中氯离子扩散系数(m^2/s)；

R——摩尔气体常数，8.314J/mol·K；

T——绝对温度(K)；

σ——饱盐混凝土的电导率(S/m)；

F——法拉第(Faraday)常数，96 500C/mol；

C_{cl}——饱盐混凝土中孔溶液中氯离子浓度，通常可以取饱盐溶液浓度，$4.0\times10^6 mol/m^3$；

f——修正系数，通常可以取 1.0。

2 试验结果与讨论

2.1 含有不同比例石灰岩石粉水泥浆湿堆积密度的测试

试验结果见表 3 和表 4。其中，表 3 是在不掺减水剂时湿堆积密度的测试，表 4 是在掺减水剂时湿堆积密度的测试。

在不掺减水剂时湿堆积密度的测试 表 3

编 号	取代比例(%)	质量(g)		m_w(g)	ρ_{max}(g/cm^3)	堆积密度(g/cm^3)	填充率 ϕ	空隙率 ε
		水泥 m_c	石粉 m_{sp}					
1	0	500	0	110	2.090	1.713	0.578	0.422
2	5	475	25	110	2.085	1.709	0.580	0.420
3	10	450	50	111	2.081	1.703	0.581	0.419
4	15	425	75	113	2.073	1.691	0.580	0.420
5	20	400	100	115	2.061	1.676	0.577	0.423
6	30	350	150	118	2.036	1.647	0.573	0.427

在掺减水剂的情况下湿堆积密度的对比 表 4

编号	取代比例(%)	质量(g)		m_w(g)	ρ_{max}(g/cm³)	堆积密度(g/cm³)	填充率 ϕ	空隙率 ε
		水泥 m_c	石粉 m_{sp}					
1	0	500	0	94	2.152	1.811	0.612	0.388
2	5	475	25	96	2.157	1.810	0.614	0.386
3	10	450	50	97	2.151	1.802	0.615	0.385
4	15	425	75	99	2.141	1.787	0.612	0.388
5	20	400	100	101	2.130	1.772	0.610	0.390
6	30	350	150	104	2.109	1.746	0.607	0.393

从表 3 和表 4 可以看出，不管是掺与不掺减水剂，石粉取代水泥的比例在 10%以内时，二者所组成粉体混合物的填充率 ϕ 呈递增的趋势，当取代量超过 10%时，填充率 ϕ 又呈递减趋势，在 10%获得最大值；空隙率 ε 则相反，在取代比例为 10%为最小。这说明石粉和水泥混合时，石粉取代水泥的比例为 10%，可获得空隙率最小的粉体混合物。

2.2 石粉作掺和料时对混凝土性能的影响

(1)试验设计

表 5 中采用的细集料为庙山河砂。在这组试验中，固定水粉比(0.51)、砂率(37%)、用水量(180kg/m³)不变，减水剂按粉体质量的 0.6%掺入，设计密度为 2 420kg/m³；水泥用量为 350kg/m³ 作为基准样，分别用 20kg/m³、40kg/m³、60kg/m³ 石粉等量取代水泥。表 6 采用的福冈水洗机制砂，原砂中石粉含量为 4.5%。在这组试验中，固定水粉比(0.49)、砂率(41%)、用水量(180kg/m³)不变，减水剂按粉体质量的 0.6%掺入，设计密度为 2 426kg/m³；水泥用量为 368kg/m³ 作为基准样，然后分布按 10%、20%、30%的比例用石粉等量取代水泥。

(2)结果与讨论

试验结果见表 5 和表 6。

石粉作掺和料对混凝土抗渗性能的影响 表 5

编号	石粉取代比例(%)	原材料用量(kg/m³)					坍落度(mm)	抗压强度(MPa)		d_{cl} (10^{-14}m²/s)
		水	水泥	石粉	砂	碎石		7d	28d	
1	0	180	350	0	700	1 190	165	26	37	455
2	5.7		330	20			155	25	35	402
3	11		310	40			145	24	34	472
4	17		290	60			135	20	30	534

石粉作掺和料对氯离子扩散系数影响 表 6

编号	石粉取代比例(%)	原材料用量(kg/m³)					坍落度(mm)	扩展度(mm)	抗压强度(MPa)		d_{cl} (10^{-14}m²/s)
		水	水泥	石粉	砂	碎石			7d	28d	
1	0	180	368	0	700	1 108	150	—	29	41	456
2	10		331	37			180	360	30	43	435
3	15		313	54			185	380	27	38	489
4	20		294	74			180	350	25	25	518

从表5可以看出,随着石粉等量取代水泥量的增加,坍落度呈递减的趋势,但减小的幅度不是很大。在取代量为5.7%和11%时,7d和28d的抗压强度虽然有所减小,但减小的量很小,7d和28d的减小百分比均不大于8%;当取代量为17%时,减小的幅度明显增大,7d和28d的分别减小了23%和19%,这说明石粉取代量在10%之内时,对混凝土的抗压强度影响不大。从氯离子扩散系数来看,取代量为5.7%时,氯离子扩散系数的值减小了约10%;取代比例为11%时,氯离子扩散系数的值略有增加,但增加了不到4%;取代比例为17%时,氯离子扩散系数值增加的比例为17%,说明抗氯离子渗透性能明显变差。

从表6可以看出,石粉作掺和料时,对混凝土的工作性能有明显的改善作用。在取代比例为10%,不管是对7d、28d抗压强度,还是对抗氯离子渗透性能,均有改善作用;取代量为15%时,对抗压强度和抗氯离子渗透性能有负面影响,但影响不是很明显;当掺量为20%时,对二者有明显的负面影响。

从以上分析可以得出,石粉作掺和料时,掺量在10%以内,对混凝土的性能有较好的改善作用。

3　结论

(1)通过测试石灰岩石粉和水泥的湿堆积密度,然后计算二者混合后的填充率,可以得出石灰岩石粉取代水泥的比例为10%时,混合物的填充率最大,空隙率最小。

(2)采用石灰岩石粉作掺和料,研究石灰岩石粉对混凝土工作性能、抗压强度和抗氯离子渗透性能的影响,得出石灰岩石粉在取代水泥的比例为10%时,对混凝土的性能有较好的改善作用。

参考文献

[1]　李亚玲. 再论混凝土机制砂. 建筑技术开发,2003,30(12):95-96.

[2]　武汉理工大学,贵州中建建筑科研设计院,贵阳市建设局,等. 岩溶地区机制砂生产与应用情况调研报告,2004.

[3]　Nam-shik Ahn, B. A. E., M. S. E. An Experimental Study On The Guidelines For Using Higher Contents Of Aggregate Micro Fines In Portland Cement Concrete. The University of Texas at Austin, August 2000.

[4]　Tahir. C, Knaled M. Effects of Crushed Stone Dust on Some Properties of Concrete. Cement and Concrete Rearch, 1996, 26(7):1121-1130.

[5]　A. K. Sahu. Sunil Kumar, A. K. Sachan. Crushed Stone Waste as Fine Aggregate for Concrete. The Indian Concrete Journal, January, 2003.

[6]　杨建国,刘跃清,等. 用机制砂拌制水泥砂浆和混凝土. 铁道建筑技术,1996.

[7]　陈剑雄,李鸿芳,陈寒斌. 石灰石粉超高强高性能混凝土性能研究. 施工技术,2005.

[8]　张永娟,张雄. 石灰石微粉矿物外加剂性能研究. 房材与应用,2001.

C50T 型梁机制砂混凝土的配制与应用研究

王稷良[1] 喻世涛[1] 刘 俊[2] 周明凯[1]
(1.武汉理工大学硅酸盐材料工程教育部重点实验室 武汉 430070；
2.交通部公路科学研究所 北京 100088)

摘 要:结合沪蓉西高速公路建设的实际情况,通过严格控制原材料质量、优化配合比,利用机制砂配制出质量优良的C50 高强混凝土,并成功用于预应力T梁的试制。同时,荷载试验还表明,机制砂混凝土T梁具有高的承载能力和抗变形能力。

关键词:机制砂 混凝土 配合比 荷载试验

0 引言

湖北沪蓉西高速公路全长约 320km,是国家公路主骨架沪蓉国道主干线的重要组成部分。其中宜恩段全长 197.8km,桥隧比例占路线总长的 56%,水泥混凝土需求量大,质量要求高。但高速公路沿线从宜昌到恩施均缺乏配制高性能混凝土的优质天然河砂,高速公路建设所需的河砂均需从外地购入,河砂运到施工现场最高单方价格可达 200 元,当施工紧张时期,还出现无砂可用的现象。

《公路桥涵施工技术规范》(JTJ 041—2000)中规定在河砂不易得到时,也可用山砂或用硬质岩石加工的机制砂[1]。但机制砂在湖北省内,除水电行业外未大规模的应用,尤其是没有在重点工程中应用的先例。同时,机制砂在公路工程和水电行业的生产存在明显不同,水电行业施工地点集中,采用制砂设备先进,所制机制砂稳定,质量优良;但公路工程面临点多面广,质量差异大的问题,主要表现在母岩种类、强度差异大,制砂设备规模小、型号多,质量波动大等方面[2]。这些均为公路工程应用机制砂带来严重的制约,且由于沪蓉西高速公路桥隧多,混凝土质量要求高,因此对于机制砂混凝土的应用就必须更加慎重和严格管理。针对于沪蓉西高速公路的特殊情况,本文对 C50T 梁用机制砂混凝土进行了深入的研究。

1 原材料及试验方法

1.1 原材料

(1)水泥

湖北华新水泥有限公司(恩施)生产 P·O42.5 水泥,其性能见表 1。

水泥的物理性能 表 1

标准稠度(%)	凝结时间(min)		安定性	细度(%)	强度(MPa)	
	初凝	终凝			R_3	R_{28}
28.7	150	220	合格	1.2	29.6	54.8

(2)细集料

黄砂为洞庭湖中粗砂,细度模数为2.85,物理性能见表2。机制砂为沪蓉西高速公路沿线华生石料厂生产,物理性能见表2。细集料级配曲线见图1。

细集料的物理性能　　表2

砂	筛孔尺寸(mm)累计筛余(%)						细度模数	石粉含量(%)	压碎值(%)	泥块含量(%)
	4.75	2.36	1.18	0.6	0.3	0.15				
机制砂	0.2	5.5	31.2	61.6	81.6	87.4	2.70	6.8	13	0.5
黄砂	8.4	23.4	39.2	57.2	85.1	98	2.85	—	—	0.2

(3)粗集料

5~25mm连续级配石灰岩碎石,级配曲线见图2。

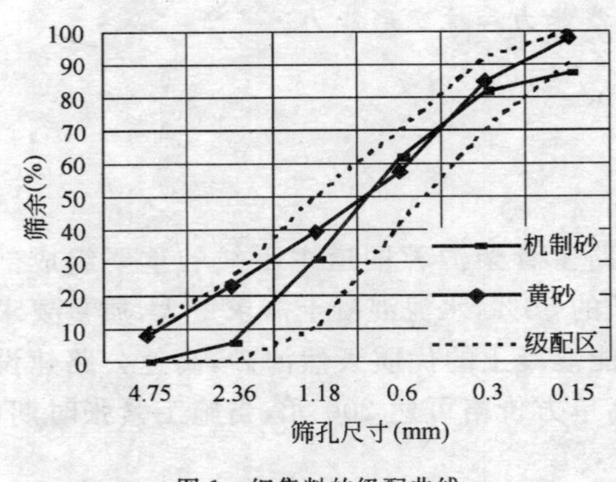

图1　细集料的级配曲线

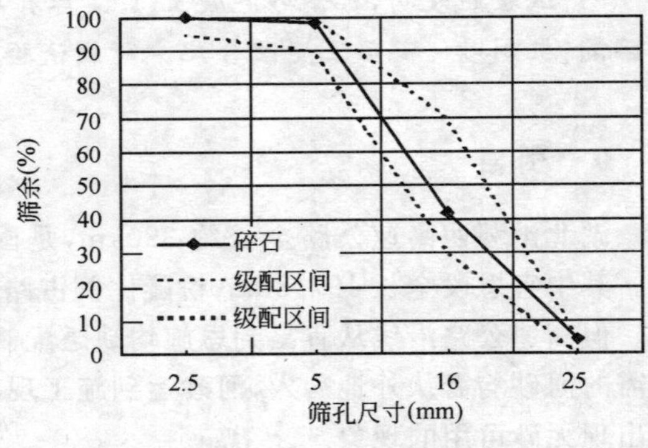

图2　碎石级配曲线

(4)外加剂

武汉浩源外加剂有限公司生产FDN—1萘系高效减水剂。

1.2　试验方法

拌和物性能按《普通混凝土拌和物性能试验方法标准》(GB/T 50080—2002)进行测试。基本力学性能测试方法采用《普通混凝土力学性能试验方法标准》(GB/T 0081—2002)进行测定。混凝土试件尺寸为150mm×150mm×150mm,标准养护后测定试件的7d和28d强度。

2　C50T梁混凝土配合比设计

按混凝土配合比有关规范计算,混凝土的实际配制强度应达到60MPa左右。由于预制T型梁截面面积小,钢筋较密,混凝土浇筑的难度较大,故要求该混凝土具有较好的工作性[3]。

2.1　水灰比对机制砂混凝土强度和工作性的影响

从表3中可以看出,随水灰比增大,机制砂混凝土的工作性逐渐得到改善,但当水灰比达到0.39时,机制砂出现泌水。从图3中可以看出,随水灰比的增大,机制砂混凝土的强度降低,机制砂混凝土28d强度降低缓慢,但7d强度降低幅度略大。综合考虑机制砂混凝土的强度和工作性能,机制砂混凝土的水灰比选定为0.37。

混凝土的工作性与强度结果 表 3

编号	水灰比(%)	砂率(%)	配合比(kg/m³)					坍落度(mm)	强度(MPa)		工作性描述
			水泥	水	机制砂	碎石	外加剂		R_7	R_{28}	
1	0.35	32	475	166	611	1 298	1%	30	56.4	65.0	工作性差
2	0.37	34	475	176	644	1 250	1%	145	51.9	63.5	较黏
3	0.39	33	475	185	624	1 266	1%	175	46.7	59.2	轻微泌水
4	0.37	31	475	176	589	1 310	1.2%	140	53.4	61.4	轻微离析
5	0.37	33	475	176	627	1 272	1.2%	170	53.8	63.3	工作性好
6	0.37	35	475	176	665	1 234	1.2%	150	51.1	60.8	工作性好
7	0.37	37	475	176	703	1 196	1.2%	145	51.3	61.8	略黏

2.2 砂率对机制砂混凝土的工作性和强度的影响

表 3 结果表明,坍落度最大的最佳砂率基本上是 33%～35%,28d 抗压强度最高的砂率约为 33%;砂率在一定范围内的变动对混凝土的流动性和强度的影响并不是很显著。在配制机制砂混凝土时,随着砂率在一定范围内的增加,混凝土的黏聚性得以改善,而流动性基本保持不变。但当砂率增加到一定程度后,由于比表面积的增加,混凝土的工作性将明显降低,混凝土也因过于黏稠而显得粗涩[4,5]。因此,综合考虑混凝土的各项性能,C50 机制砂混凝土的砂率选择为 33%～35%范围内。

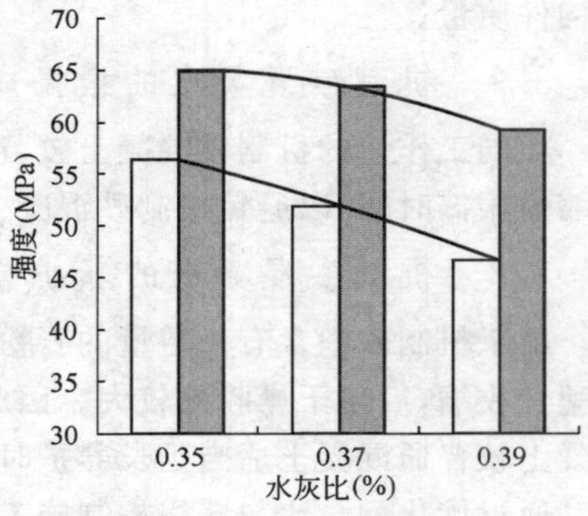

图 3 水灰比对强度的影响

2.3 机制砂混凝土与黄砂混凝土配合比的对比及优化

从表 4 结果可以看出,由于机制砂中含有一定量的石粉,为达到相同工作性效果,就必须适当的提高机制砂混凝土外加剂的用量。通过适当优化混凝土的配合比,机制砂可以配制出拥有和黄砂混凝土相同坍落度的混凝土。但由于机制砂中含有石粉,使机制砂混凝土本身需要更多的包裹水,致使机制砂中可迁移的自由水更少,使得机制砂混凝土较黄砂混凝土黏。机制砂混凝土的强度要略高于黄砂混凝土,主要原因是由于机制砂颗粒多棱角、表面粗糙、界面新鲜,使得机制砂与浆体的黏结强度要高于黄砂与浆体的黏结强度,同时,由于机制砂中含有一定量的石粉,石粉具有填充作用,可以进一步提高混凝土的密实性[6]。

同时,由于施工地点距砂源距离不等,黄砂单方价格在 100～200 元之间,但机制砂单方价格基本可以控制在 50～60 元,以表 4 两个配合比对比发现,机制砂混凝土单方价格较黄砂混凝土单方价格低 17～65 元。

机制砂与黄砂混凝土的对比及优化 表 4

编号	水灰比(%)	砂率(%)	配合比(kg/m³)					坍落度(mm)	强度(MPa)		工作性描述
			水泥	水	砂	碎石	外加剂		R_7	R_{28}	
8	0.37	34	475	176	646	1 253	1.2%	170	53.6	63.9	工作性好
9	0.37	35	475	176	635	1 180	1.0%	160	51.0	60.7	工作性好

注:其中 8 号为机制砂混凝土,9 号为黄砂混凝土。

3 机制砂混凝土的施工工艺及控制

通过优化混凝土配合比，可以利用机制砂配制出具有同黄砂混凝土同样优良工作性的混凝土。但由于机制砂自身的特点，在机制砂混凝土施工时，除应严格按照普通黄砂混凝土的施工工艺严格要求外，还应针对机制砂混凝土的特性在一些方面进行加强。

3.1 严格控制机制砂的质量

由于机制砂为机械制备，制砂过程中，容易产生人为的质量波动，例如制砂机的进料粒度出现大的波动，工艺参数的调整以及制砂机易磨损件未及时更换等均会对机制砂的质量产生较大的影响。机制砂的细度模数变化应控制在±0.2，石粉含量变化控制在±1.0%以内，如变化超过此范围，必须对混凝土配合比进行调整，否则机制砂混凝土工作性将出现较大变化，影响构件质量。

3.2 机制砂混凝土的振捣成型

相同工作性的机制砂混凝土较黄砂混凝土易于液化，因此，当机制砂混凝土浇筑时，应适当缩短振捣时间，以避免机制砂混凝土的离析、泌水。

3.3 机制砂混凝土的养护

由于机制砂中含有一定量的石粉，致使机制砂混凝土中浆体含量增加，在早期容易失水产生塑性收缩，后期干燥收缩较大。因此，机制砂混凝土必须加强早期和后期养护，一般机制砂混凝土较普通混凝土适当延长养护时间，养护时间控制在14d。

通过优化配合比与严格控制施工工艺，浇筑出的机制砂混凝土T梁效果良好，没有出现开裂现象，表面气孔较少，现场留样强度均达到设计要求（强度最高为62.4MPa，最小为52.3MPa，平均值为58.5MPa）。T梁现场经回弹检测，其强度值为53.8MPa。

4 机制砂混凝土T梁的荷载试验

(1)在设计荷载作用下，机制砂和黄砂T梁物理力学性能基本一致。两者挠度和应变的校验系数均小于1.0，荷载卸除后，结构残余变形小；结构挠度随荷载增长曲线呈线形关系；梁体应变沿高度方向分布基本满足平截面假定，梁体处于良好的弹性工作状态。

(2)机制砂T梁弯距破坏试验表明，该梁极限荷载为620kN，是设计荷载320kN的1.94倍，满足设计要求；在荷载达到680kN时，T梁跨中出现裂缝；在荷载达到980kN时，共计产生裂缝39条，最大缝宽为0.38mm，全部荷载卸除后，跨中挠度残余小，裂缝基本闭合。

(3)机制砂T梁梁端剪力破坏试验表明，该梁剪力极限荷载为1 940kN，相应梁端剪力为1 791kN，是设计荷载815kN的2.20倍，满足设计要求。

5 结论

通过上述试验和理论分析，得到如下结论：

(1)利用机制砂可以配制出强度和工作性能满足T梁要求的高强混凝土；

(2)通过严格控制施工工艺及加强机制砂混凝土的养护，可以浇筑出表观质量优良的机制砂混凝土T梁；

(3)机制砂混凝土 T 梁承载能力满足设计要求,且机制砂具有更高的承载能力和抗变形能力;

(4)机制砂混凝土可以满足高速公路建设的需要,同时机制砂混凝土具有优越的经济性,其应用具有广阔的前景。

参考文献

[1] 中华人民共和国行业标准. JTJ 041—2000 公路桥涵施工技术规范[S]. 北京:人民交通出版社,2000.

[2] 徐健,等. 人工砂与人工砂混凝土的研究现状[J]. 国外建材科技,2004,25(3).

[3] 关爱军,王稷良,周明凯. C50T 型梁辉绿岩混凝土配制与应用研究[J]. 公路,2004.

[4] 李兴贵. 高石粉含量人工砂在混凝土中的应用研究[J]. 建筑材料学报,2004,7(1).

[5] A. M. Neville. 混凝土的性能. 李国泮,马贞勇译. 北京:中国建筑工业出版社,1983.

[6] 路文典. 人工砂石粉含量超标对常态混凝土性能的影响试验研究[J]. 山西水利科技,2000(4).

重庆高速公路集约化区域监控管理中心研究

王卫平[1] 任建卫[1] 李祖伟[1] 金朝辉[2] 张顺利[2]

(1.重庆高速公路发展有限公司 重庆 400042;2.西南交通大学 成都 610031)

摘 要: 当前高速公路网由于采用一条高速公路设立一个管理机构,将导致多家高速公路管理机构并存的局面,造成高速公路管理效率难以提高。针对重庆市高速公路网建设现状,本文提出采用集约化区域监控的管理模式,从区域监控中心规划、设计理念、系统功能等方面对重庆市高速公路区域监控中心做了分析研究,最后研究论证了该管理模式的可行性。

关键词: 高速公路 区域监控 集约化 运营管理

0 引言

目前,随着高速公路网的建成,高速公路各路段公司及运营公司都基本建立相应的路段监控、CCTV视频监控、电力监控、桥梁监控以及隧道监控系统等,但由于没有建立起统一的区域路网监控体制,使得管理和维护变得相当困难。随着各个路段监控站的陆续建立,又会产生新的各监控体系相应独立子系统,管理和维护系统更加困难,造成每条高速公路管理效率难以提高,各管理机构之间难以协调,最终妨碍高速公路网整体效益的发挥。因此有必要建立一套统一的、而且能与管理中心提供数据联系接口的标准化系统,构建总中心、区域中心整体系统,使总中心、区域中心能监控各路段管理和运营状况、监控系统状况、数据分析处理等等,提供整体监控,发布信息,达到统一有效管理的目的。

1 区域监控中心简介

重庆市交通工程的整个运营管理是一个复杂、艰巨的系统工程,涉及的工作环节和任务多,涉及到网络架构、联网收费、路段视频、隧道监控、电力监测、桥梁监控、路政监控、呼叫系统、数据库系统、管理职能、数据服务接口、数据共享体系、数据发布等多方面的工作。因此,有必要研究实施区域监控中心的管理模式。区域监控中心借助于目前比较先进的、成熟的、可靠性的,并且经过实践运用的运动检测技术、通讯系统弹性分组环技术(RPR)、智能组态技术、以太网交换技术等等,有效地把交通工程的各个服务系统和各个体系联系起来,实施统一、集中运营管理,最终可有效解决交通运营管理过程中的各个问题,将产生相当的经济效益和社会效益,具有现实的研究实施意义。

根据《重庆市高速公路网规划(2003～2020年)》,重庆市将在2010年前建设“二环八射”约2 000km的高速公路网,实现“三环十射三联线”,到2020年则实现“4小时重庆”的目标。结合重庆高速公路现发展现状,以“精简、统一、集中、高效”为基准,遵循“统一管理、分级控制”的原则,《重庆市高速公路交通工程总体方案设计》提出了区域监控的整体管理思路,即分三级规划，第一级为重庆市监控总中心兼任的中西部区域监控中心，第二级为各路公司和区域监控中心，第三级为各路段监控站和各隧道监控站及外场设备，形成以区域监控为核心的路网智能监控系统。

根据区域总体监控规划，提出了"一带九"的总中心、区域监控中心系统设计方案研究，即：通信、联网收费、交通监控、桥梁监测、隧道监测、视讯会议、电力监测、信息服务、呼叫中心，把上述子服务系统整合，根据总中心、区域中心的管理职能，研究出各服务子系统的接口，在总中心、区域中心设立一套统一整体监控系统，对各个服务子系统进行统一有效管理。

总中心、区域中心整体监控系统研究各服务子系统的接口，以"统一监控，高效管理"为原则，能提供精简的、统一的、集中的、高效的监控系统技术手段。同时，根据总中心、区域中心、各路段监控站及本地监控站的监控职能不同，进行有效合理的研究，分配其功能模块、管理职能、权限与优先级模块等，能达到各级之间各尽其职，统一监管、集中高效的目的。

2 区域监控中心设计理念

(1)创建集约化区域监控管理模式

将在2010年前建成"二环八射"约2 000km的高速公路，以及在2020年前建设"三环、十射、三联线"约3 600km的高速公路分成三个监控区域，分别为中西部、东北部和东南部区域，进行集中统一管理。建成一个"一带九"的监控中心，使整个重庆的高速公路管理变得简单高效。

(2)构筑一体化综合业务通信平台

综合通信、联网收费、交通监控、桥梁监测、隧道监测、视讯会议、电力监测、信息服务、呼叫中心，提供安全、可靠、不间断的一体化工作平台。

(3)搭建数字化智能监控网络

采用最新的数字化网络和计算机技术，如RPR、运动检测、智能组态、以太网交换等新技术，组建一个强大的智能化的区域监控平台。

(4)建立安全型的路网预测、预告、预警系统

监控总中心及时掌握道路状况、交通流状况、气象状况、主要设备运行状况以及事故告警等信息，对各路段的信息，全面、准确的分析，通过科学安全的计算方法，对未来的路网情况预测、预告，并发布预警信息。

(5)建设节能型高速公路机电运行体系

区域监控中心的建立、各种新技术得应用，对所有路段的机电体系统一集中、规范管理，对整个机电体系统筹超控。避免不必要的人力 、物力的浪费，以达到节能的目的。

3 区域监控中心的主要功能

重庆高速公路区域监控中心总体监控坚持以监为主、以控为辅、区域统一协调的监控策略。在正常运行情况下，区域监控中心不主动参与各个监控分中心的控制，当路网内出现交通拥堵、重大交通事故或需要监控中心进行控制时，监控中心通过发布控制指令给路段监控中心对外场设备进行控制。监控中心的主要功能主要体现在以下各个方面。

(1)信息的汇集、动态显示和处理控制功能

监控总中心应及时掌握道路状况、交通流状况、气象状况、主要设备运行状况以及事故告警等信息，要求各区域监控分中心向监控总中心上传下列数据和信息：路段交通数据、高速公路各出入口数据、气象参数、紧急电话报警记录、可变信息标志和可变限速标志供电及显示的内容、区域监控分中心的告警信息、事故和车辆故障记录、外场设备工作状况信息以及外场视频图像。此外，由于隧道监控、大型桥梁检测是重庆高速公路监控系统的一个重点，各区域监控分中心还应将所辖隧道或隧道站的CO/VI、火灾报警、电力监控、视频图像、隧道和大型桥梁安全检测等重要数据和信息向监控总中心上传。

通过图形界面和显示媒体对全路网的各种数据、设备显示内容进行静态与动态显示，对监控系统的所有设备工作状态、区域监控分中心系统的工作状态进行实时监测和显示，使监控总中心实现对整个高速公路网的全面监视。系统能够对收集的数据进行分析处理，提供相应的控制方案。

监控中心的信息可以实现内部信息的共享，能够与收费系统交换信息，实现交通信息共享；可以根据需要与邻省联网监控总中心互传相关交通信息；通过与上级管理部门系统的连接，向上级管理部门发送其所需的交通信息并接收其下达的各种管理指令。

(2)数据报表统计、查询功能

根据各区域监控分中心的交通数据，可对高速公路出入口和路段的交通数据进行统计、查询；根据各区域监控分中心的气象数据，可对全市气象状态进行统计、查询；根据各区域监控分中心上传的管理信息，对管理信息进行统计、查询。

监控中心还能按预先规定的格式和内容，定时进行日、周、月、季、年报表的统计处理，并自动打印。报表统计应能根据需要定义新的报表及对已定义报表进行增项和减项，从而达到可以提供灵活的报表编辑功能。

(3)视频监视功能

监控总中心可切换调看各区域监控分中心上传的摄像机图像，调看图像由监控总中心自由选择，并可对外场摄像机进行遥控。监控总中心可对全市特大桥、特长(长)隧道、高接高枢纽立交、事故易发地点、收费广场等处的图像进行监视。

(4)自动数据备份和系统恢复功能

系统具有数据自动备份功能，能实时自动的将重要数据进行备份，一旦系统受到破坏，可以尽快地恢复系统运行。系统还应具有数据手动备份功能，当系统出现问题的时候，操作员可以手动地进行原始数据的备份工作，并且备份数据的内容可以选择。

(5)交通控制策略

监控总中心可以灵活地和方便地对高速公路上的交通流量及路由进行控制和管理。如在进行重大活动、某些路段发生拥堵或重大交通事故、或某些特殊车队通过时，可根据相应的预定方案或应急预案对各路段进行协调和调度工作，保证整个路网的畅通或便于紧急救援等工作的顺利、高效的展开。监控总中心应具有全市高速路网的各种信息发表工具的第一控制权，并且在交通事故多发、地理情况复杂、重大立交、特大桥隧等地段设置直接由监控总中心控制的交通信息诱导和可变标志。

(6)与外界信息联动功能

监控总中心通过收费总中心所设对外信息服务局域网与外界进行联系，包括与交通信息相关系统、相关信息中心等的信息交换和查询。监控总中心可将需要发布的信息发到对外信息服务局域网上，便于外部用户对交通信息进行查询，包括交通管制信息（含道路养护导致的交通管制）、交通状况、交通拥堵、交通事故、天气信息等。此外，监控中心可建立相关的数据库，结合车道的车牌识别系统，配合路政管理。

监控中心特种服务电话号码向社会公布，并在总中心设特服中心值班服务，主要负责提供全市高速路网交通运行信息咨询、查号、故障申报、路径查询、查卡内费用、紧急救援、救援咨询等功能。可接受社会监督，受理群众投诉和路政案件举报，并向联网路段发布监控中心的有关指令。

(7)事件输入记录功能

系统具有自动和人工输入各种事件及存储功能，可针对紧急电话、巡逻车、养护部门、路政部门送来的各种道路维护、事故等信息进行人工输入。

(8)其他功能

系统具备自诊断功能，能自动测试系统的工作状态，并且在检测到异常情况时，自动显示和打印诊断报告。系统还可以对不同层次和职责的人员，设置不同的访问操作使用权限，设置不同的操作口令和密码，防止越权存取和修改，保障数据的完整性，并且对值班员的操作进行存储、记录、打印等其他功能。

4 研究的可行性分析

区域监控中心构建在区域监控的总体思路之上，基于对已有的路网联网收费系统、交通监测、视频监控、隧道监控系统、桥梁监控等子系统基础性研究工作基础上，经过对现行成熟、可靠的技术的剖析和论证，结合重庆市高速公路目前监控设施的现状，认定对于该区域监控中心构架体系的研究具有可行性。

采用统一的数据集中管理具有精简的机构，便于集中管理和统一调度的优点，能够结合重庆各路段区域的现行情况，进行数据集中的、高效的管理，能够与区域监控各服务子系统，诸如：联网收费系统、桥梁监测系统、电力监测系统、视频系统、呼叫系统、隧道监控系统等能够提供相应的数据通讯服务接口，与整个区域中心系统提供数据联系，并且在系统的扩展方面提供预留接口。特别是隧道监控系统作为重庆市高速公路监控的重要组成部分，由于具有专业性强，功能要求明确，安全和可靠性要求极高，实时性和稳定性要求高等特点，导致目前重庆各个隧道具有不同的隧道监控软件，管理极为不便，区域监控要求把各隧道监控系统数据统一集中在各区域中心，便于统一管理维护。因此，区域监控的统一数据集中管理及通讯接口具有研究的可行性。

综上，从对于监控中心的构架、统一数据集中管理以及通讯接口研究方面，对于重庆市高速公路集约化区域监控中心进行分析，经过分析研究，论证了该管理模式对用于重庆市高速公路路网运营管理具有极大的现实可行性。

5 结论

重庆市高速公路路网实行区域监控中心的管理模式，可以实现运营集中、统一管理的集约化、信息化，提高交通运营管理各级单位对道路交通营运管理的力度，减少下级机构设备及人员的配置，从而有效地降低运营成本，起到节能增效的作用。

参考文献

[1]　西南交通大学．重庆高速公路路网区域监控智能管理系统研究大纲．2006.

[2]　任建卫．重庆高速公路交通工程设计、建设、运行管理的新思路．中国交通信息产业，2006(5):98-101.

[3]　上海交通设计所．重庆高速公路路网运行、调度、指挥、管理总中心初步设计方案，2006.

桥 梁 篇

混凝土桥梁的裂纹仿生监测(BCM)方法

周志祥[1] 张奔牛[1] 王文广[2]

(1.重庆交通大学 重庆 400074;2.重庆高速公路发展有限公司南方建设分公司 重庆 400050)

摘 要:关键部位裂缝的发生和发展判断是混凝土桥梁健康状况的重要依据,重庆交通大学自主开发并研制成功了混凝土结构表面裂纹仿生监测系统 BCM(Bionic Crack Monitoring)系统,试验研究和工程实践表明该系统能及时感知混凝土桥梁表面裂纹的位置、长度及发展状况,目前已成功应用于渝黔高速公路太平庄大桥跨中区段的长期远程监测。

关键词:混凝土桥梁 裂纹 监测 BCM 工程应用

0 引言

目前中、老龄桥梁在国内陆路交通网络中占相当的比重,随着桥龄的增长,由于施工造成的初始缺陷、外界环境变化、日益增加的交通量及人为事故等因素,不少桥梁已出现严重的功能退化的情况。而建造和维护大型桥梁需要耗费大量的人力、物力和财力,滞后于桥梁建设与发展的综合监测及评估手段使桥梁管理层和决策层无法对其整体使用性能作出客观准确的评估,因此也无法采用低成本、高效益的维修养护方法。在这种形势下,建立与之相适应、相匹配的桥梁综合监测与评估系统成为桥梁界研究的热点之一,具有极为重要的意义。

1 现有桥梁监测系统

20 世纪 80 年代中后期,世界上一些国家开始各种规模的桥梁健康监测系统的建立。例如,英国在总长 522m 的三跨变高度连续钢箱梁桥 Foyle 桥上布置传感器,监测大桥运营阶段在车辆与风载作用下主梁的振动、挠度和应变等影响,同时监测环境风和结构温度场。该系统是最早安装的较为完整的监测系统之一,它实现了实时监测、实时分析和数据网络共享。我国自 20 世纪 90 年代起也在一些大型重要桥梁上建立了不同规模的结构监测系统,如香港的青马大桥、汲水门大桥、上海徐浦大桥、苏通大桥以及江阴长江大桥等。

(1)大型桥梁健康监测系统应包括的内容[1][2]

①传感系统。由传感器、二次仪表及高可靠性的工控机等部分组成。

②信号采集与处理系统。实现多种信息源、不同物理信号的采集与预处理,并根据系统功能要求对数据进行分解、变换以获取所需要的参数,以一定的形式存储起来。

③通信系统。将处理过的数据传输到监控中心。

④监控中心。利用可实现诊断功能的各种软硬件对接收到的数据进行诊断,包括结构是否受到损伤以及损伤位置、损伤程度等。传感器监测到的实时信号,经过采集与处理,由通信系统传送到监控中心进行分析和判断,从而对结构的健康状况作出评估。

⑤现场检查。在监控评估系统报警时,工作人员第一时间到现场查看,发现问题及时处理。

其工作流程如图1所示。

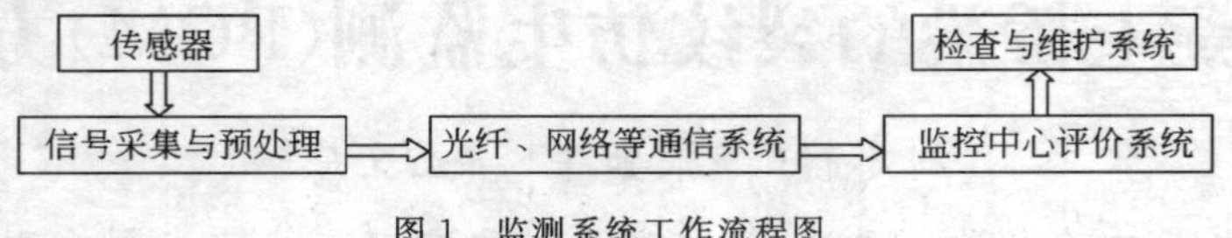

图1　监测系统工作流程图

(2)常见的可被用于桥梁健康监测的手段

①将应变片、磁—弹性应变传感器、压电传感器、加速度传感器等埋入或粘贴在桥梁上实时测量桥梁局部位置的变形以分析其总体健康状态。

②利用电时域反射传感器(Electrical Time Domain Reflectometry Sensor)实时测量桥梁中变形或断裂。

③利用雷达波、超声波、应力波等扫描并分析桥梁健康状态。

④利用全球卫星定位系统(GPS)实时分析桥梁的位移和变形情况以判断其总体健康状态。

⑤通过空中或卫星照相长期监测桥梁的位移与变形判断其总体健康状态等等。

2　现有监测技术的不足

目前,国内常规的桥梁长期健康监测系统的前端传感器大多是温度计等用于测量桥梁外部环境和GPS系统、加速度传感器、应变传感器等用于测量桥梁在运营过程中对外部环境响应的仪器,通过各测点反馈回来的数据评价桥梁的健康状况。

这套系统虽然能大体评价出桥梁的工作状态,在出现安全问题前报警,但是当监测系统发现桥梁有一定程度的病害时,往往已经较为严重,使得加固工作较为困难。这是因为桥梁的病害大都是由小的损伤积累而成的,当桥梁某位置发生细小裂缝时,其对周围混凝土应力和位置变化影响很小,尤其是大跨径桥梁各个构件尺寸巨大,对少数细小裂缝的发生和开展毫不敏感[3]。若裂缝发生在日常维护人员巡查不到的位置,如梁底等处,也是很难被发现的。当健康监测系统汇总各测点数据发现桥梁出现病害时,往往已经较为严重,如裂缝增多、加宽等,并且在这期间内有可能混凝土内部的钢筋已经锈蚀,为结构埋下安全隐患。

常规桥梁长期健康监测系统对细小裂缝的出现并不敏感,结构性裂缝的积累会导致桥梁病害日趋严重。因此,需要一种可以能监测得到细小裂纹出现的设备。虽已有报道将功能光导纤维植入或粘贴在桥梁上,通过测量光纤变形或断裂实时判断桥梁中的断裂[4],但这种方法仅适用在实验室环境,实际监测工程中很难实现。

3　BCM仿生裂纹监测系统

重庆交通大学自主提出和开发了用于混凝土结构表面裂纹监测的仿生裂纹监测BCM(Bionic Crack Monitoring)膜[5],用微芯片局部电路采集和处理信息,并用中央处理器再现混凝土结构表面裂纹,研制了嵌入式控制终端、相关控制算法和虚拟

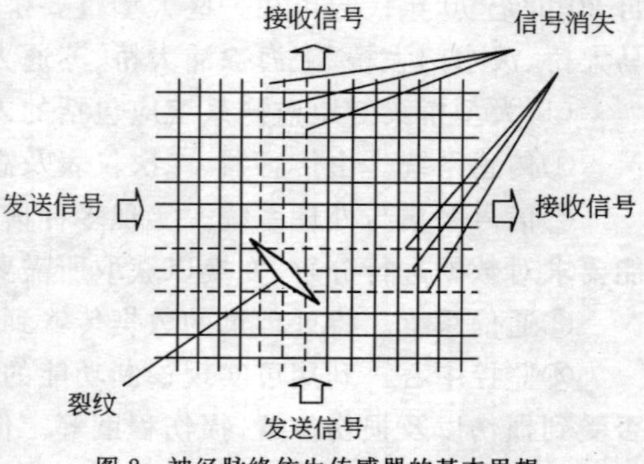

图2　神经脉络仿生传感器的基本思想

现实软件，其基本思想如图 2 所示。一旦粘贴传感材料区域的混凝土出现裂纹，神经脉络传感阵列也会相应开裂，监测中心裂纹监测系统就会报警，通过参数方程坐标算法分析开裂的神经脉络，并组合出断裂点（神经元）坐标，再通过组合序号算法解决材料非均匀性引起结构开裂方向微观上的不连贯性及判别裂纹开裂方向，最终可由三阶均匀 B 样条曲线拟合出裂纹形状。

课题组对此系统分别在小型试件、预应力简支梁试件及 30m 大型预应力箱梁上对桥梁结构表面裂纹监测 BCM 膜的材料、构造、工艺等进行了多个阶段的试验研究，如图 3 所示，验证了所设计的 BCM 系统的可行性和有效性。神经脉络机敏监测膜为透明薄膜，安装到混凝土表面后如图 4 所示，不会影响对结构裂纹的观测。

桥梁裂纹健康监测系统可以把桥梁的结构图模拟在电脑上，当桥梁构件出现裂纹时，裂纹监测系统能够很形象地把实际裂纹的位置、形状模拟出来，如图 5 所示。表明该系统能及时感知表面裂纹的位置及长度，最小可以识别 0.02mm 宽的裂纹，裂纹监测准确率大于 95%[6]。

图 3 裂纹监测膜实验室测试

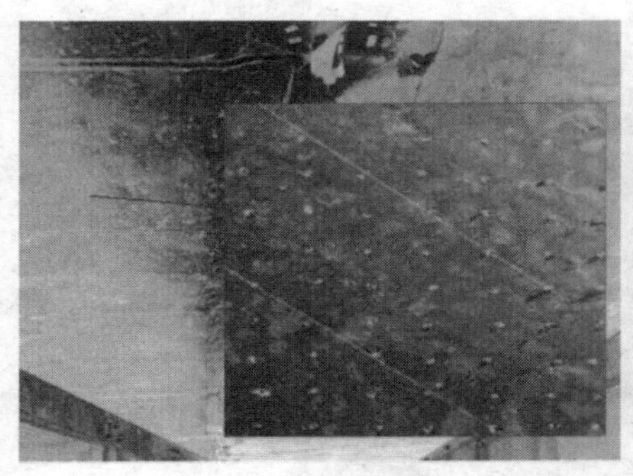

图 4 裂纹监测膜实验室安装效果图

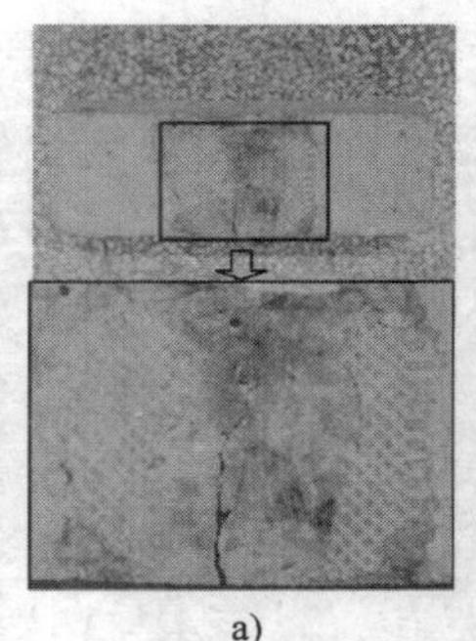

a)

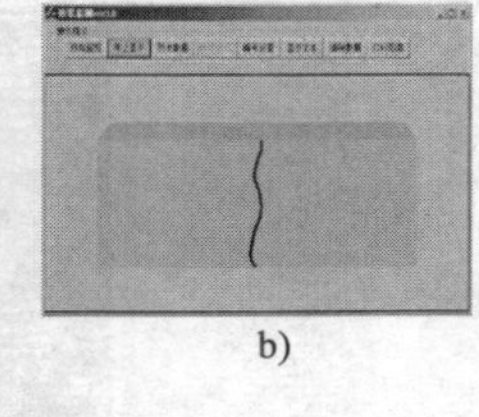

b)

图 5 实验结果对比图

可见，BCM 仿生裂纹监测系统可以准确的监测到混凝土结构表面裂纹，再配合其他长期监测手段，可以更加准确全面的评价桥梁的健康状况。

4 工程应用

某高速公路上太平庄大桥，其主桥为 60.78m＋110m＋60.78m 的连续刚构桥，在营运仅半年后，检测发现跨中合龙段底板底面出现多条裂缝，由此判断桥梁主桥已出现结构性损伤。虽对已检测出的裂缝进行了灌缝和封闭处理，但仅是针对局部病害进行，且只能是一种弥补手段，补强后的结构与设计状态之间仍存在差异。此外本桥的病害出现在混凝土结构内部，现有检测方法均无法保证检测出所有的缺陷，需要对其跨中合龙段的性能进行长期健康监测，以期及时监测出桥梁在运营过程中出现的结构损伤，发现初期病害，随时判断桥梁的可靠性，提早通过维修等手段消除桥梁的安全隐患。

针对上述问题，对桥跨中区段挠度、应变及裂纹发生及发展进行长期的健康监测。在桥梁中安装的桥梁健康监测系统包括重庆交通大学自主研发的 BCM 仿生裂纹监测系统，应变、挠度、温度和湿度监测系统，总控设备硬件系统及数据采集系统，监测系统工作示意如图 6 所示。其中，裂纹监测系统的传感元件神经脉络裂纹监测膜及中间处理器安装在主桥跨中箱梁底面及侧面，安装后的 BCM 裂纹监测系统如图 7 所示。

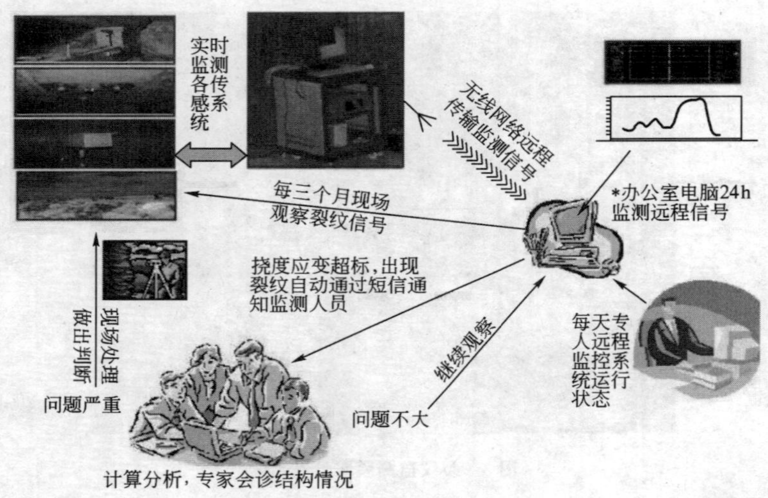

图 6 桥梁健康监测系统工作示意图

图 7 BCM 裂纹监测系统现场安装效果图

太平庄大桥的裂纹监测系统在安装完成后至今已可靠运行 6 000h 以上,从安装完成监测数据显示未出现裂缝。由于裂纹监测系统安装后仍然能很好地看到铜线是否断裂和混凝土表面是否开裂,因此课题组多次赴现场复核检查、测试。复核结果表明,裂缝监测数据是正确的,说明在目前尚未监测到裂纹发生。

5　结语

混凝土桥梁的病害和最终破坏均始于裂缝的发生和发展。如何及时、准确的监测桥梁结构是否"健康"并防患于未然,近 10 多年业界一直为此进行了积极探索,重庆交通大学整合了桥梁、力学、信息、光电、材料等学科人才,针对混凝土桥梁特性,从裂纹监测系统的原理、材料、结构、工艺等方面另辟蹊径,经过 2 年多时间的努力,课题组模仿富含神经元及神经脉络的动物肌肤对创伤的感知机理,开发研制出混凝土桥梁裂缝仿生监测 BCM(Bionic Crack Monitoring)系统,该系统由粘贴于混凝土结构表面的仿生裂纹监测膜,现场信息采集和处理微芯片电路,再现结构裂纹的中央处理器三大部分构成。试验研究和工程实践表明该系统能及时感知混凝土桥梁表面裂纹的位置、长度及发展状况,目前该系统已成功应用于渝黔高速公路太平庄大桥跨中区段的长期远程监测,可以对桥梁"健康"进行全天候监测,真正做到了对桥梁"健康"的全面"体检"。重庆高速公路发展有限公司南方建设分公司也参与了该项目研究。

参 考 文 献

[1]　李爱群,缪长青,李兆霞,等.润扬长江大桥结构健康监测系统研究[J].东南大学学报,2003,33(5):544-548.

[2]　黄方林,王学敏,陈政清,等.大型桥梁健康监测研究与进展[J].中国铁道科学,2005,26(2):1-7.

[3]　费梁,刘立军 ,张连振.桥梁健康监测系统研究[J].黑龙江交通科技,2006(5):61-62.

[4]　Kwon, I. B. , Choi, D. H. , Choi, M. Y. , Moon, H. , Real-time health monitoring of a scaled-down steel truss bridge by passive-quadrature 3×3 fiber optic michelson sensors, Proceedings of SPIE-The International Society for Optical Engineering, v3325, 1998, p253-261.

[5]　Zhang Benniu, Zhou Zhixiang, Zhang Kaihong, Yan Guo, Xu Zhouzhou, 2006, Sensitive Skin and the Relative Sensing System for Real-time Surface Monitoring of Crack in Civil Infrastructure, Journal of Intelligent Material Systems and Structures, 17(10): 907-917.

[6]　桥梁结构损伤机理与神经网络探索研究报告[R].重庆交通大学.2006(12).

FRP 加固混凝土短柱的试验研究

张太雄[1]　李祖伟[2]　钟　宁[2]　杨庆国[3]　易志坚[3]

(1.重庆交通委员会　重庆　400074;2.重庆高速公路发展有限公司
重庆　400074;3.重庆交通大学　重庆　400074)

摘　要:本文对 FRP 加固混凝土柱的力学性能进行了试验研究,并和普通混凝土柱的力学性能进行了对比。对比试验表明:FRP 加固混凝土柱在轴心受压情况下,可以大大提高构件的承载能力;采用 CFRP 加固的混凝土柱呈现脆性破坏,采用 GFRP 加固的混凝土柱的破坏呈现一定的延性破坏性质。

关键词:纤维增强塑料(FRP)　加固混凝土　短柱　轴心受压

0　引言

纤维增强塑料(Fiber Reinforced Plastics)是一种新型复合材料,它由高性能的纤维和基材组成[1]~[5]。根据 FRP 组成的纤维材质,FRP 可分为碳纤维增强塑料(CFRP)、玻璃纤维增强塑料(GFRP)、芳纶纤维增强塑料(AFRP)等。纤维一般是直径为 5～20μm 的连续纤维,通过特殊的拉丝工艺制成。运用纤维材料是由于把大尺度的材料制成纤维后,其物理力学性能会显著提高,而且能够创造出性能更加优越的新材料。FRP 具有的一些共同的优良特性,如密度小;抗腐蚀性能好,强度不受酸碱腐蚀介质的影响;低松弛;非磁性,不影响电磁信号的传播;抗疲劳性能优良,疲劳寿命普遍高于钢材;温变系数和混凝土相当等。但根据 FRP 各自的特性,CFRP 和 GFRP 在土木工程中的应用较为广泛。

用树脂(内加固化剂)浸润碳纤维,待树脂固化后便形成了碳纤维增强塑料(Carbon Fiber Reinforced Plastics),简称 CFRP[1][2]。CFRP 材料除了具有 FRP 共同的优良特性外,还具有自身独特的性质:抗拉强度最高,约为普通钢筋的 4～6 倍;弹性模量和钢材相近;极限延伸率为 1%。

用树脂(内加固化剂)浸润玻璃纤维,待树脂固化后便形成了玻璃纤维增强塑料(Glass Fiber Reinforced Plastic),简称 GFRP。GFRP 也具有自身独特的性质[2]~[7]:抗拉强度约为普通钢筋的 1.5～2 倍;弹性模量和混凝土在同一数量级,与混凝土共同受力时变形协调;极限延伸率为 1%～3%[5]。

FRP 材料具有优良的性能,因此在旧混凝土柱结构进行加固补强中得到广泛的应用。在对轴心受压构件进行补强时,运用的基本原理是:约束混凝土以提高混凝土的抗压强度,进而提高构件的承载力[1]~[7]。

1　轴心受压下 FRP 加固混凝土短柱的试验研究基本原理

FRP 加固混凝土柱,主要是通过采用纤维布缠绕柱体,使混凝土处于三向受力状态,可以使混凝土的纵向受压强度得到提高[8]。通过采用 FRP 材料粘贴混凝土的施工方法,在轴心受压构件的表面形成对混凝土柱全截面的加固,由于 FRP 材料具有更高的强度,能够对混凝土形成有效的约束,因此在轴心受压情况下,能够充分发挥混凝土材料的抗压能力,提高构件的极限承载能力。

2 轴心受压下 FRP 加固混凝土短柱的试验研究

2.1 试验的准备

为了考察 FRP 加固混凝土柱的力学性能,在试验室制作了直径为 15cm,高为 30cm 的素混凝土柱 18 个,分别取其中 3 个作为对照基准组;另外 6 个中每三个为一组,分别用环氧树脂浸润一层(0.6mm)和两层(1.0mm)碳纤维布组成的 CFRP 材料进行加固;剩下 9 个中每三个为一组,分别用环氧树脂浸润一层(0.5mm)、二层(1.0mm)和三层(1.4mm)玻璃纤维布组成的 GFRP 材料进行加固。

所有圆柱形试件的混凝土设计强度等级均为 C30,试验柱在制作时严格按照规范要求操作,草袋保湿养护。通过材料试验得到 CFRP 的弹性模量为 230GPa,抗拉强度为 3 430MPa;GFRP 的弹性模量为 30GPa,强度为 350MPa。

试验采用 200t 压力试验机对所有试件进行加载。加载时用百分表量测柱的纵向位移,用电阻应变仪量测 FRP 环向变形。

2.2 CFRP 加固素混凝土柱的试验研究

2.2.1 试验过程

试验加载过程中,当混凝土柱的荷载不超过极限荷载的 75%时,混凝土的环向应变基本保持线性增长,纵向位移量约占总位移量的 50%;当素混凝土柱的荷载超过极限荷载的 75%后,混凝土的环向应变急剧增加,纵向裂纹肉眼可见,裂纹发展迅速,最后柱体破坏。

对于 CFRP 约束素混凝土柱,当外载小于极限荷载的 85%时,CFRP 的环向应变基本保持线性增长,纵向位移量也近似线性增长;当外载超过极限荷载的 85%时,CFRP 的环向应变增长较快,最后由于 CFRP 被局部拉断,丧失了对内部混凝土的约束,柱体破坏。CFRP 约束混凝土柱破坏十分突然,征兆不明显,CFRP 猛然断裂发出巨大的响声,混凝土碎块和粉末四处崩溅。

2.2.2 CFRP 加固素混凝土柱的试验结果与分析

通过对 CFRP 加固素混凝土柱进行加载,得到的试验结果为:素混凝土柱的极限荷载平均值为 410kN;一层 CFRP 加固素混凝土柱的极限荷载平均值为 732kN,比素混凝土柱提高 78.5%;二层 CFRP 加固素混凝土柱的极限荷载平均值为 1178kN,比素混凝土柱提高187.3%。因此,与素混凝土柱相比,采用 CFRP 加固素混凝土柱这一结构形式后,柱的极限荷载显著提高,平均提高幅度为 78.5%~187.3%。在实验参数范围内,提高程度随着碳纤维布的层数增加而增加。

从变形的角度来看,由于 CFRP 的加固作用,CFRP 加固素混凝土柱的变形模量增大。当素混凝土柱达到极限荷载时,CFRP 加固素混凝土柱的变形尚处于近似的弹性阶段,但总变形量只比素混凝土柱略大。

在轴心受压状态下,CFRP 加固素混凝土柱在提高了极限荷载的同时,也使柱体的近似弹性工作区段得到了增加。由于正常工作区段的增加,因此采用 CFRP 加固素混凝土柱的结构形式可以将柱的设计荷载提高。但是 CFRP 加固素混凝土柱的破坏突然,具有明显的脆性破坏性质,应该在结构设计时对此有充分的估计和预防。

2.3 GFRP 加固混凝土柱的试验研究

2.3.1 试验过程

对于 GFRP 加固混凝土柱试验,当外载小于极限荷载的 80%左右时,GFRP 的环向应变基本保持线性增长,纵向位移量亦近似线形增长;当外载超过极限荷载的 80%后,GFRP 的环向应变增长较快,最后由于 GFRP 被局部拉断,丧失了对内部混凝土的约束,柱体破坏。GFRP 加固混凝土柱的纵向总变形比素混凝土柱及 CFRP 加固混凝土柱的纵向总变形大,GFRP 加固混凝土柱破坏时有较为明显的延性过程。

2.3.2 GFRP 加固混凝土柱的试验结果与分析

通过对 GFRP 加固混凝土柱进行加载,得到的试验结果为:素混凝土柱的极限荷载平均值为 410kN;一层 GFRP 加固素混凝土柱的极限荷载平均值为 593kN,比素混凝土柱提高 44.6%;二层 GFRP 加固素混凝土柱的极限荷载平均值为 713kN,比素混凝土柱提高 73.9%;三层 GFRP 加固素混凝土柱的极限荷载平均值为 818kN,比素混凝土柱提高 99.5%。因此,和素混凝土柱相比,采用 GFRP 加固混凝土柱后,柱的极限荷载平均提高为 44.6%~99.5%,提高幅度随着 GFRP 的层数增加而增加。

从变形角度考察,由于 GFRP 的弹性模量与混凝土在同一个数量级,两者能够变形协调,因此 GFRP 加固素混凝土柱的竖向位移有较大的增长,变形能力有较大的提高。

在轴心受压状态下,采用 GFRP 加固素混凝土柱和素混凝土柱相比,能够大幅提高构件的极限承载能力,明显改善结构的变形能力,且无脆性破坏的特征。因此可以说 GFRP 加固素混凝土柱是轴压状态下的一种较为理想的加固形式。

3 结论

在轴心受压情况下,通过与普通混凝土柱的力学性能进行了对比,采用 FRP 加固混凝土柱可以大大提高构件的极限承载能力,CFRP 较 GFRP 加固的混凝土柱提高的幅度更大一些。但从变形角度来考察,CFRP 加固的混凝土柱破坏变形能力小,呈现脆性破坏;采用 GFRP 加固的混凝土柱破坏变形能力较大,呈现一定的延性破坏性质。

参 考 文 献

[1] 赵彤,谢剑.碳纤维布补强加固混凝土结构新技术[M].天津大学出版社.2001.

[2] 朱张校.工程材料.清华大学出版社[M].2001.

[3] W. Jansze. Strengthening of Reinforced Concrete Members in Bending by Externally Bonded Steel Plates[M]. Delft University Press. 1997.

[4] Stephen Kurtz and P. Balaguru. Comparison of Inorganic and Organic Matrices for Strengthening of RC Beams With Carbon Sheets[J]. Journal of Structural Engineer-

ing. January 2001.

[5] Hamid Saadatmanesh and Mohammad R. Ehsani. Experimental Study of Concrete Girders Retrofitted with Epoxy-Bonded Composite Laminates[J]. Journal of Structural Engineering, ASCE, V. 117, No. 11, November 1991.

[6] 贺曼罗.建筑结构胶黏剂的发展与应用[A].重庆市2002年结构加固会议论文.2002.

[7] 四川省建筑科学研究院.中国工程建设标准化协会标准—混凝土结构加固技术规范[S].北京:中国计划出版社.1991.

[8] 王传志,滕智明.钢筋混凝土结构理论[M].北京:中国建筑工业出版社.1985.

大型桥梁远程健康监测及评价体系研究

周建廷[1]　周志祥[1]　徐　谋[2]　蒋　震[1]　董志清[2]　杨建喜[1]　李红镝[1]

（1.重庆交通大学　重庆　400074;2.重庆高速公路发展有限公司　重庆　400021）

摘　要:本文在简介桥梁健康监测系统的基础上,重点阐述了基于可靠性理论的大型桥梁远程监测评价体系,包括功能函数的构建、荷载效应参数的获取、动态可靠度的计算方法、体系可靠度的计算等。实践证明,文中所提出的基于可靠性理论的桥梁远程监测评价体系可望在实践中起到积极的借鉴作用。

关键词:远程　监测　评价　可靠性

1　背景

为了保证桥梁的安全,需对其作出及时、客观、科学的安全性评估。为了达到安全性评估的目的,通常有两种做法:即荷载试验检测和长期健康监测。荷载试验检测即通过等效标准车队作用于桥梁上,获取相应挠度、应变等指标,结合车辆动荷载作用下测得的动力特性、动力反映等指标,予以综合评定桥梁的承载力。荷载试验检测桥梁对于新桥投入使用前或桥梁受到意外损伤时的安全性评估具有积极的意义。然而其存在以下三方面的不足:一是具有间断性,仅能对桥梁荷载试验时的安全状态作出评估,但对两次荷载试验检测间隙期间的安全状态却不能保证;二是需中断交通;三是重复花费大量的人力、物力、财力。譬如重庆长江大桥建桥初期做了简单的荷载试验,但营运20多年至今未做全面的荷载试验检测,其原因就是归咎于上述三个方面,大桥的安全问题也得不到保证。又如,重庆牛角沱嘉陵江大桥1993年做荷载试验期间,堵塞的车辆一直排出至江北区以外,给市民带来了非常大的不便。桥梁的长期健康监测克服了上述缺点,能实现在不中断交通的情况下,进行长期监测,达到及时评估桥梁安全状态和预警预报的目的。所以,开展桥梁的长期健康监测研究意义重大。

桥梁的健康监测技术是要发展一种最小人工干预的结构健康的在线实时连续监测、检查与损伤探测的自动化系统,能够通过局域网络或远程中心,自动地报告结构状态。它与传统的无损检测技术(Nondestructive Evaluation,简称NDE)不同,通常NDE技术运用直接测量确定结构的物理状态,无需历史记录数据,诊断结果很大程度取决于测量设备的分辨率和精度。而SHM技术是根据结构在同一位置上不同时间的测量的变化来识别结构的状态,因此历史数据至关重要。识别的精度强烈依赖于传感器和解释算法。可以说,健康监测将目前广泛采用的离线、静态、被动的损伤检测,转变为在线、动态、实时的监测与控制,这将导致工程结构安全监控、减灾防灾领域的一场革命。

基金项目:交通部西部交通建设科技项目(编号200431881426);重庆市重大科技攻关项目(编号CSTC2005AA6010)。

2 监测系统简介

桥梁健康监测技术是一个跨学科的综合性技术，它包括工程结构、动力学、信号处理、传感技术、通讯技术、材料学、模式识别等多方面的知识。桥梁健康监测系统的组成包括以下几个方面：

(1)传感系统。用于将待测物理量转变为电信号。

(2)数据采集和处理系统。一般安装于待测结构中，采集传感系统的数据并进行初步处理。

(3)通讯系统。将采集并处理过的数据传输到监控中心。

(4)监控中心和报警设备。利用具备诊断功能的软硬件对接收到的数据进行诊断，判断损伤的发生、位置、程度，对结构健康状况作出评估，如发现异常，发出报警信息。

系统工作流程如图 1 所示。

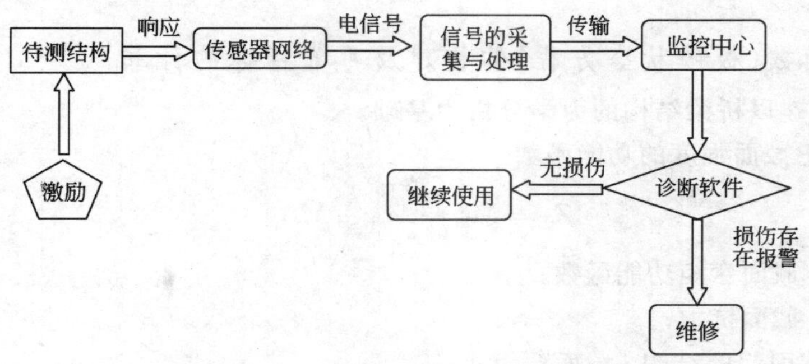

图 1 健康监测系统工程流程

重庆交通大学、重庆大学、重庆高速公路发展有限公司组成的桥梁健康监测课题组在多年研究的基础上，提出了桥梁集群监测理念，以达到更为有效、经济监测桥梁的目的。桥梁集群监测的实现将为我国桥梁健康监测往规模化、集成化发展提供积极的技术支撑。其实现框图如图 2 所示。

图 2 桥梁远程集群监测系统

3 基于可靠性理论的桥梁远程监测评价体系

工程结构在规定时间内，在规定的条件下，完成预定功能的概率，称为工程结构可靠度。

如将作用方面的基本变量组合成综合作用效应 S,抗力方面的基本变量组合成综合抗力 R,从而结构的功能函数为 $Z=R-S$。

对于 $Z=R-S$,存在以下三种情况:

$Z=R-S>0$ 表明结构处于可靠状态;

$Z=R-S<0$ 表明结构已失效或破坏;

$Z=R-S=0$ 表明结构处于极限状态。

基于可靠性理论的桥梁远程监测评价体系,则是利用桥梁远程监测信息,通过结构抗力分析,进行合理的计算分析,评判出桥梁在其使用分析期内超过极限状态($Z=R-S<0$)的概率,借以达到评价桥梁安全状态目的的一种评价体系。

在上述评价体系中,如何获取综合抗力 R 和作用效应 S 的统计参数并采取科学的方法计算桥梁结构的动态可靠度是技术关键。综合抗力 R 的统计参数可通过现有国家和交通部研究成果获取,作用效应 S 的统计参数和桥梁结构的动态可靠度则充分利用监测信息的分析来获取。

3.1 功能函数(极限状态方程)的构建及可靠指标的计算

功能函数的构建以桥梁结构的力学分析为基础。

3.1.1 基于正截面强度的功能函数

$$Z_i = M_{Ri} - M_{0i} - M_i \tag{1}$$

式中:Z_i——结构 i 截面弯矩功能函数;

M_{Ri}——结构 i 截面抗力;

M_{0i}——由恒载引起的结构 i 截面弯矩;

M_i——由监测数据反算的结构 i 截面弯矩;

i——$i=1,2,\cdots\cdots n$,代表各监测截面。

3.1.2 基于主梁截面的功能函数

$$Z_i = K_R - K_{fQi} \tag{2}$$

式中: K_R——主梁截面的挠度抗力参数;

$K_{fQi}=f_{Qi}/f_{1Qk}$——主梁截面的挠度效应参数值,$i=1,2,\cdots,n$;

f_{Qi}—— 主梁截面试验荷载作用下的挠度测试值;

f_{1Qk}—— 标准荷载作用下的挠度测试值。

3.1.3 基于索力的功能函数

根据拉索频率和索力的关系 $T=K\dfrac{4ml^2f_n^2}{n^2}$,可测得实际索力值。由此,基于索力的功能函数如下:

$$Z_i = T_R - T_i \tag{3}$$

式中:T_R——拉索抗力值;

T_i——实际索力值。

同样,可得到基于索塔位移、主墩倾斜等参数的功能函数值。

3.2 基于分布优度拟合检验的荷载效应参数获取技术

由 3.1 可知，为获得桥梁结构的实时可靠度，桥梁抗力参数和荷载效应参数的获取至关重要。桥梁结构构件的抗力参数可在交通部“公路桥梁可靠度研究”课题组提供的桥梁抗力分析成果的基础上，结合各座桥梁建设期间的收集资料(包括设计、监理、施工资料)，经过一定的修正后得到。营运期间的桥梁荷载效应参数则可在实时监测信息分析的基础上，通过基于分布优度拟合检验技术获取。具体实施过程如图 3 所示。

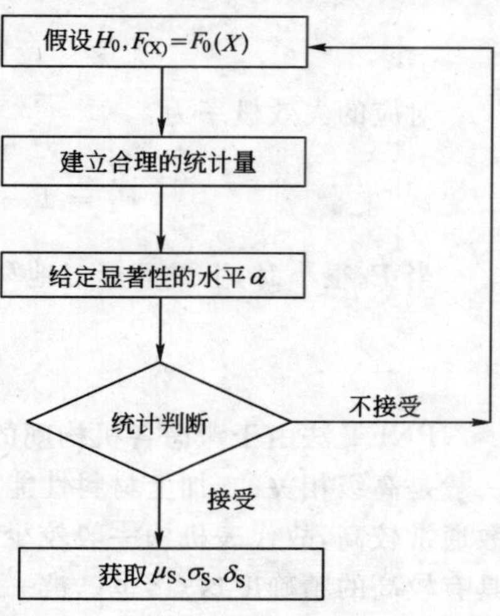

图 3 分布优度拟合检验实施框图

3.3 可靠指标 β 分析方法

桥梁实时可靠指标 β 的分析采用蒙特卡罗法，其计算步骤如下：

(1)产生(0,1)区间的伪随机数 u_n(周期应尽量长，建议采用乘同余法)。

(2)指定循环次数 N，N 须满足 $N \geqslant 100/p_{fi}$(p_{fi}是预估计的结构失效概率)。

(3)输入各变量的均值 m_{xi}、标准差 σ_{xi}、分布类型。

(4)产生变量的随机数。

①若为正态分布变量 $N(m_{xi}、\sigma_{xi})$。

$$x_i = (-2\ln u_i)^{0.5}\cos(2\pi u_{i+1})\sigma_{xi} + m_{xi} \tag{4}$$

②对数正态分布变量。

$$x_i = e^{x_i^* \{\ln[1+(\sigma_x/m_x)^2]\}^{0.5}+\ln\{m_x/[1+(\sigma_x/m_x)^2]^{0.5}\}} \tag{5}$$

其中，$x_i^* = (-2\ln u_i)^{0.5}\cos(2\pi u_{i+1})$

③极值 I 型分布变量。

$$x_i = m_x - 0.45\sigma_x - 0.7797\sigma_x\ln(-\ln u_i) \tag{6}$$

(5)将产生的变量随机数代入功能函数中，求得 Z_i 值。累积记录出现 $Z_i \leqslant 0$ 时的次数 L 和计算总次数 N，则计算结束。

(6)$p_{fi}=L/N$ 算的失效概率。

(7)反算出可靠指标 β。

3.4 桥梁结构体系可靠度的计算

根据串联系统分析原理，可偏安全地采用 PENT 法进行桥梁体系可靠度的计算。

PNET 法认为结构所有主要的失效机构可以用其中的 n 个所谓代表机构来代替。这些代表机构是由所有主要机构通过下述原则选择出来的，即把主要机构分为几个组，在同一组中各机构与一代表机构高级相关，这个代表机构就是该组所有机构中失效概率最高的机构。从相关条件知，它可以代表该组所有机构的失效概率。在计算时，假定不同组间的代表机构是统计独立的。

根据上述原则，设 m 个代表机构中，第 i 个机构的破坏概率为 P_{fi}，则结构体系的可靠度为：

$$P_r = \prod_{i=1}^{m}(1-P_{fi}) = \prod_{i=1}^{m} P_{ri} \tag{7}$$

对应的失效概率为：

$$P_f = 1 - P_r = 1 - \prod_{i=1}^{m}(1-P_{fi}) = 1 - \prod_{i=1}^{m} P_{ri} \tag{8}$$

当 P_{fi}很小时，上式可近似地写成：

$$P_f = \sum_{i=1}^{m} P_{ri} \tag{9}$$

PNET 法由于考虑各机构间的相关性，因而具有一定的适应性。由于各机构间荷载效应一般是高级相关的，加上材料性能所决定的抗力也有较高的相关性，因此，各机构间的相关系数通常较高，故代表机构一般较少，这可使计算工作量大大地减少。至于 PNET 法所得结果具有较高的精确度这点，也已被一些精确的方法所证实。由于上述优点，PNET 法已成为延性结构体系可靠度分析的较为可行的方法。

4 应用示范

现以一座主跨 240m 的连续刚构桥——重庆外环高速公路高家花园大桥（图 4）为实例来说明应用效果。

图 4 高家花园大桥

该大桥的可靠度分为截面可靠度、体系可靠度，且均属实时可靠度。从获取的途径而言，分为基于主梁抗弯分析和挠度分析的动态可靠度。现列出相关结果如图 5 和表 1 所示。需指出，分析可靠度是指为考察桥梁目前的安全状况对桥梁抗力作出一定折减后的可靠度值。

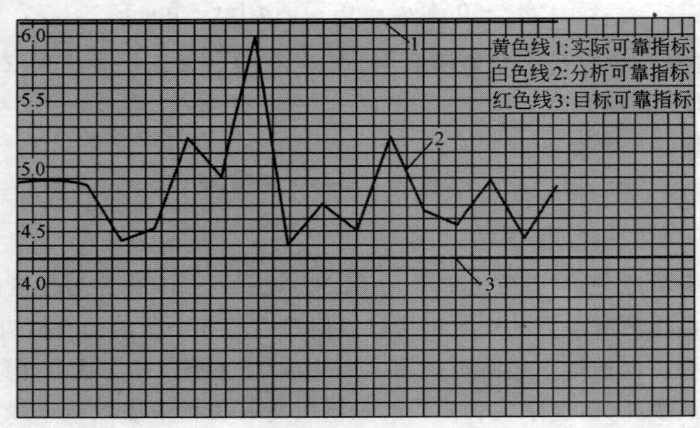

图 5 高家花园大桥基于主梁正截面抗弯分析的体系动态可靠度

基于主梁正截面抗弯分析的高家花园大桥可靠性分析 表1

监测截面	实际可靠度		分析可靠度	
	可靠指标 β	体系可靠指标 β	可靠指标 β	体系可靠指标 β
O	6.0	6.0	4.47～6.0	4.30～5.88
III′	6.0	6.0	4.45～6.0	
IV′	6.0	6.0	4.40～6.0	
V	6.0	6.0	4.52～6.0	
VI′	6.0	6.0	4.50～6.0	

由上述图表结果可看出，各监测截面的动态可靠度和体系可靠度均为6.0，而且各监测截面的分析可靠指标(实际可靠指标基础上的折减值)也均超过“公路工程结构可靠度设计统一标准”的取值4.2，表明高家花园大桥主梁抗弯能力强，且具有较大的安全储备，结构处于安全的营运状态。

5 后续研究的展望

桥梁远程监测评价是至今研究方兴未艾的国际难题，本研究又是首次将可靠度理论应用于桥梁的远程监测评价，尚有许多问题有待人们去探索，其中主要包括下列几方面：

(1)在桥梁荷载效应统计参数的获取技术方面，尚有继续探索优化的空间。桥梁监测信息是动态、间隔连续的，与常规的静态样本相比，及时获取客观的统计参数更难。本课题所做的工作虽可满足应用要求，但尚有继续优化、探索的空间。

(2)桥梁可靠指标的分析方法方面，尚有继续优化、研究的必要。本课题采用的是蒙特卡罗法，该方法具有直观、精确、获取信息最多、对高次非线性问题最有效的特点，但也存在花费时间长的缺点。因此，如何采用更为智能、节省时间而又精确的可靠指标的分析方法尚需继续研究。

(3)在桥梁体系可靠度计算方面，尚有探索的空间。本课题采用的是根据串联系统分析原理，采用PENT法进行三座桥梁体系可靠度计算。该法认为结构所有主要的失效机构可以用其中的 n 个所谓代表机构来代替。这些代表机构是由所有主要机构通过下述原则选择出来的，即把主要机构分为几个组，在同一组中各机构与一代表机构高级相关，这个代表机构就是该组所有机构中失效概率最高的机构。从相关条件知，它可以代表该组所有机构的失效概率。在计算时，假定不同组间的代表机构是统计独立的。PNET法所得结果具有较高的精确度这点，已被一些精确的方法所证实。但如何从桥梁更为客观的失效模式着手，采用更为精确的分析方法来分析桥梁的体系可靠度，是值得研究的新课题。

参考文献

[1] 周建廷.基于可靠性理论的桥梁远程监测安全评价研究.博士论文.2005,p3-70.

[2] F. Tang, S. L. Huang, X. L. Hu and J. T. Wang, Electro-mechanical coupling characteristics of PZT for sensor and actuator applications, International Journal of

Modern Physics B，1999，13 (31)：p 3823-3826.

[3] 刘西拉，杨国兴. 桥梁健康监测系统的发展与趋势. 工程力学增刊. 1996，p20-29.

[4] Monaco E. et al. Non Destructive Technique based on vibrations measurements and piezoelectric patches array for monitoring comosion phenomena[R]，p25-35.

[5] 孙宏敏，李宏男. 土木工程结构健康监测研究进展. 防灾减灾工程学报. 2003 年 23 卷第 3 期，p92-98.

[6] 何声武. 随机过程导论. 上海：华东师范大学出版社. 1989，p55-65.

[7] 李扬海，鲍卫刚. 公路桥梁结构可靠度与概率极限状态设计. 北京：人民交通出版社. 1997.

山区深谷条件下新型刚构拱桥的探索

周志祥[1] 李祖伟[2] 乔 墩[3] 敬仕红[2]

(1.重庆交通大学 重庆 400074;2.重庆高速公路发展有限公司 重庆 400042;
3.重庆市公路局 重庆 400021)

摘 要:本文分析了常规混凝土拱桥和连续刚构桥的技术经济特点,在综合两种桥型技术经济优势的基础上,针对跨越山区深谷河流的桥梁,提出一种新型的八字形刚构拱桥,其施工方法为:在两岸以立柱施工方式完成半刚构拱结构的制作,再竖转合龙形成八字形刚构拱跨越结构。文中论述了该新型刚构拱桥的结构特点、施工工艺和技术经济效益,并简要介绍了在渝邻高速公路古路中学立交桥的应用情况。已有研究和工程实践表明:刚构拱桥具有施工简便、安全、迅速、节省场地、结构整体性和延性抗震能力好的特点,其施工方法为大、中跨径桥梁的无支架快速施工提供了有价值的参考。

关键词:刚构拱桥 施工技术 结构性能 效益分析

0 引言

我国西南地区(重庆、云南、贵州、四川、广西、西藏等)多属山岭重丘区,大江大河、高山深谷众多,地形复杂险峻,如仅重庆市内就有长江、嘉陵江、涪江、乌江、沱江等十余条大河。随着西部大开发的逐渐推进及高等级公路的兴建,必将遇到为数众多的跨越深山峡谷的大、中跨径桥梁,这些桥梁往往成为控制整条公路工期及投资的关键因素。在这种特定自然、地理条件下兴建大、中跨径桥梁,选择合适的结构体系及施工方法对于桥梁的安全性、经济性及适用性具有十分重要的意义。

本文针对跨越山区深谷河流的桥梁,在对常用的混凝土拱桥和连续刚构桥进行综合技术经济分析的基础上,提出刚构拱桥的构想,并对其结构体系和施工技术进行了分析和探索。

1 常规混凝土拱桥的技术经济特点

混凝土拱桥以其造型优美、造价低廉,跨越力强、经济实用得到人们的青睐,成为我国最常用的桥型之一。据20世纪90年代初的不完全统计,在我国的公路桥梁中拱桥可达70%。在我国西南山岭重丘区,U形及V形河谷众多,基岩埋深浅、岩石整体性比较好,适宜建设单孔跨越的混凝土拱桥;与斜拉桥、悬索桥等其他桥型相比,单孔跨越的大跨径拱桥避免了高墩、高塔的修建,节约了下部结构的建设费用,且其建筑材料以混凝土和普通钢材等单价较低的材料为主;施工质量好的混凝土拱桥还具有经久耐用、后期养护费用低的优势;一般认为,在跨径60～200m范围内,在适宜的地形地质条件下,混凝土拱桥与其他桥型相比,具有明显的经济和技术优势。

然而，近年来无论是设计单位，还是建设或施工单位都逐渐形成了尽量避免在高等级公路上修建混凝土拱桥的趋势，即使在地形地质条件非常适宜的情况下，也不惜投资明显增大，宁愿放弃拱桥，而以其他桥型代之(如超高墩的简支梁桥或造价高昂的连续刚构桥)。出现这种奇怪趋势的原因何在？笔者通过调查研究发现，其中的主要原因是混凝土拱桥在施工及使用方面确实存在如下一些问题：

(1)施工场地及设备要求高。常规混凝土拱桥通常采用分节段预制，缆索运输并吊装就位，扣索和浪风作为预制节段的临时稳定，对山区深谷河流的拱桥建设，常常要为寻求合适的节段预制和吊装运输场地付出高昂的代价，对节段吊装运输、拼装成拱和临时稳定措施所需的施工设备也有很高的要求，并且设备占用周期长(图 1)。针对这一缺陷，人们开发了拱桥的竖转和平转施工方法。现有的竖向转体施工为在跨越桥位处设矮支架现浇半拱，然后在两岸设索塔自下而上提起半拱，在跨中合龙形成主拱结构(图 2)，通常仅适宜于河床地形相对平坦的中小跨径的混凝土拱桥。

图 1 常规混凝土拱圈的节段预制和吊装运输场地及设备

图 2 混凝土拱桥的已有竖向转体施工

常规的拱桥平转施工方法是在两岸设置半拱的预制场地并现浇拱肋，然后平转就位并合龙成拱，对有平衡重的平转施工要求拱座后部有可供平衡重台座旋转的足够场地，两岸的预制场地和座后部有可供平衡重台座旋转的空间要求对跨越山区深谷河流的桥梁来说常常是难以满足的；无平衡重的拱桥平转施工则对转体设备的要求很高，转体阶段的安全常给施工带来较大的麻烦。

(2)施工工艺复杂、工期长、安全性差。分节段预制、缆索吊装、空中悬拼、跨中合龙成拱是目前钢筋混凝土箱形拱桥最常用的施工方式。这种施工工艺复杂，存在诸多难以控制的不安全因素：主拱形成的施工工程中，空中悬拼结构为多铰非稳定体系，须依靠扣索、浪风起临时稳定作用，不确定因素多，面内外稳定性差，是拱桥历史上发生垮塌事故风险最高的施工阶段，而这种高风险的吊装过程通常将持续几周甚至几月,使发生严重事故的概率明显增大;在拱架上浇筑混凝土形成主拱圈,结构整体性较好,但通常仅适宜于桥高不大的中小跨径拱桥,否则其所需的高支架或大跨拱架这类临时结构的经济性与其整体稳定性和安全性是该类施工的一对突出的矛盾,国内多次拱桥跨塌或出现严重问题以致须撤出重建等事故即发生在施工阶段,如2005年11月在某省即先后发生钢拱架垮塌和施工支架垮塌两起重大事故,导致严重的群死群伤及重大经济损失和不良社会影响。

(3)主拱结构接缝多,结构实际状态与设计理想状态存在明显偏差。通常的分节段预制,通过缆索吊装合龙成拱的主拱结构,均存在为数众多的纵、横向接缝。接缝质量难以把握,高空浇筑的接缝质量更难把握已是不争的事实;接缝混凝土性能较设计理想的整体混凝土性能显著降低,接缝越多,结构整体性越差,结构实际状态与设计理想状态的偏差越明显已为众所公认;部分混凝土拱桥也因此出现了主体结构开裂,长期变形较大的病害。曾较多应用于贵州等地的预应力混凝土桁式组合拱桥普遍出现结构性病害,其主因之一即是主体结构接缝过多,桥梁整体性差,接缝性能的逐步退化导致结构状态逐渐劣化,迄今已有70%的桁式组合拱桥退出工作,余下的该类拱桥大多被迫降低荷载等级使用。接缝对主拱结构的不利影响是现有设计未予考虑,也很难把握的重要因素。

(4)混凝土拱桥抗震性能差。常规混凝土拱桥的主拱结构为受压构件,延性差,通常认为不具有延性抗震能力。唐山大地震后,据调查有30多座拱桥遭到不同程度的破坏,甚至有6座完全倒塌,造成了巨大的损失和严重的社会影响。资料表明,西部地区云南、四川、贵州、西藏等相当一部分地区为地震多发区,重庆虽不属地震频发区,但兴建公路、铁路以及三峡工程等大规模的人为改造地质地貌特性的活动将使诱发地震、滑坡等地质灾害的可能性明显增加,常规混凝土拱桥的应用因此受到较大的局限。

综上所述,在目前国内对安全、质量及民生问题空前重视的政策环境下,上述问题的存在严重阻碍了混凝土拱桥在适宜条件下的应用及发展,设计时也因此常常放弃了经济实用的拱桥方案,而选择了造价很高的连续刚构、多跨超高墩简支梁桥等方案,明显增加了桥梁建设成本。针对这些问题,笔者希望在混凝土拱桥的结构体系及施工技术方面做出一些新的探索。

2 预应力混凝土连续刚构桥的技术经济特点

预应力混凝土连续刚构桥是近年来在国内高速公路建设中应用非常广泛的桥型,其主要技术、经济特点有:

(1)连续刚构桥构形简单,对V形河谷具有较好的适应性,其主梁为受弯构件,采用墩梁固结,避免了结构断缝,整体性强,使用性能好,桥梁具有较强的延性抗震能力。但与同样跨径混凝土拱桥相比,其跨越结构截面尺寸显著增大,材料高强要求高且用量大,故其单位平方造价可达混凝土拱桥造价的1.5～2.0倍。

(2)连续刚构桥一般采用分节段悬臂浇筑或悬臂拼装的方法施工,对施工场地要求较低,避免了常规混凝土拱桥吊装施工所必需的主缆、扣索、浪风等一整套复杂且带风险的施工体系,悬臂施工方法经过多年实践,工艺成熟、安全性较好。施工技术要求高、工期长。

(3)混凝土材料及其施工质量决定了其收缩徐变性能,预应力张拉控制确定了梁内预应力的有效性,主梁各节段间竖向接缝的质量影响着桥梁实际工作状态与设计理想状态的符合程度,使连续刚构桥对材料和施工质量的敏感性很高，导致为数不少的已有连续刚构桥存在局部开裂和过度下挠等结构性病害，目前尚难以根治，影响了桥梁的正常使用性能和结构的耐久性。

3 新型刚构拱桥的构思

笔者针对跨越山区深谷河流条件下兴建大跨径拱桥的特点，在充分汲取现有常规混凝土拱桥[图 3a)]和连续刚构桥[图 3b)]结构体系及施工技术优点的基础上，提出一种新型的预应力混凝土刚构拱桥——由立柱竖转形成的八字形刚构拱桥[图 3c)](发明专利号：ZL00130630.8)的结构体系及施工方法。

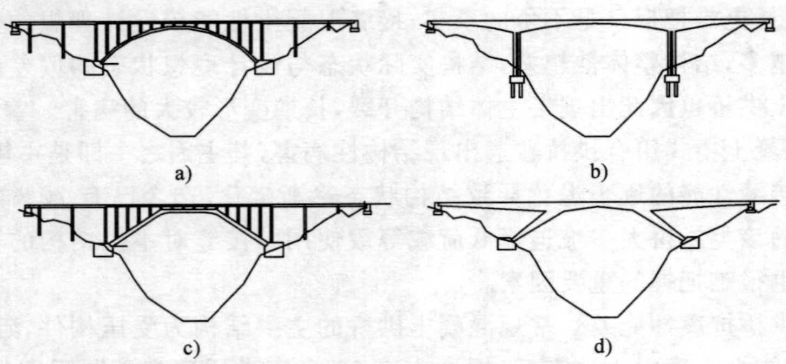

图 3 连续刚构桥、刚构拱桥、常规拱桥方案比较

a)混凝土拱桥；b)连续刚构桥；c)刚构拱桥；d)斜腿刚构桥

3.1 结构特征

本文提出的预应力混凝土八字形刚构拱桥如图 4 所示，主拱结构由两斜腿和一水平撑构成整体肋式八字形刚架拱，拱上建筑同常规拱桥。比较图 3 的前三种桥型方案可见，八字形刚构拱桥主拱结构的构形为介于常规混凝土拱桥与连续刚构桥之间的一种结构。

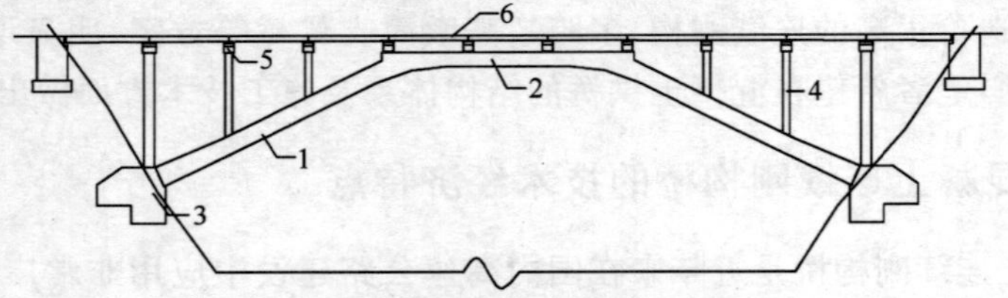

图 4 预应力混凝土刚构拱桥结构形式

1-斜腿段拱肋；2-水平段拱肋；3-拱座；4-拱上立柱 5-拱上立柱盖梁；6-桥道系

(1)常规混凝土拱桥的主跨结构为连续曲线形拱圈，力学特征为“受压构件”。

(2)连续刚构桥为墩梁固结，带外伸臂的门形刚构体系，其主跨结构为变截面梁，力学特征为“受弯构件”。

(3)刚构拱桥的主拱结构为分段直线构成的折线形刚架拱(一般为三段式八字形刚构拱)，其构形介于常规混凝土拱桥与连续刚构桥之间，主跨结构的力学特征也为介于二者之间的“压弯构件”。故命名为“刚构拱桥”。

刚构拱桥与斜腿刚构桥有明显的区别，斜腿刚构桥的斜腿上无立柱[图 3d)]，不承受竖向荷载，为以受压为主的构件，其外伸臂亦为主体结构之部分，故较常规混凝土拱桥造价高昂，较连续刚构桥施工复杂、难度大，且跨越能力有限；刚构拱桥仅八字形刚架拱为主体结构，其余拱上建筑均为次要结构，主跨结构的力学性能介于常规混凝土拱桥与连续刚构桥之间，从理论上说刚构拱桥的跨越能力亦应介于二者之间。

3.2 施工工艺

预应力混凝土刚构拱桥主要施工工艺如图 5 所示，其主要步骤有：

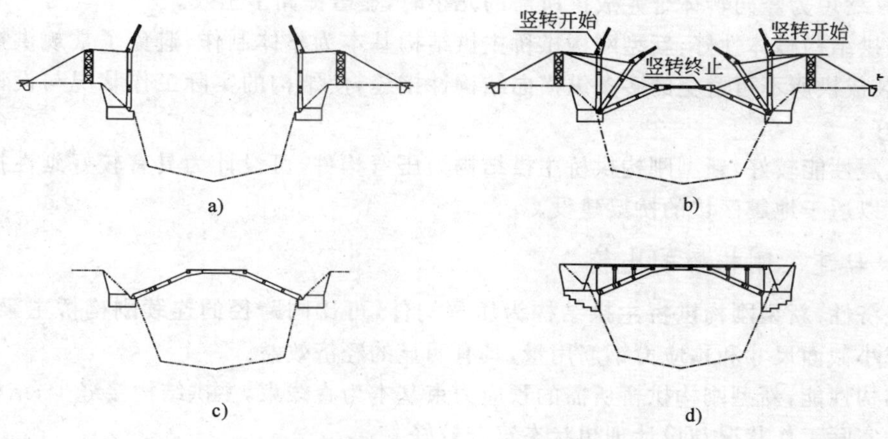

图 5 预应力混凝土刚构拱桥主要施工工序

(1)在桥位的设定位置完成基础施工。

(2)在基础上以立柱施工的方式完成八字形刚架拱的斜腿部分施工，其下端与基础作临时固结。

(3)安装作为八字形刚架拱水平撑的钢管混凝土劲性骨架或钢箱节段并与立柱上端刚结。

(4)用钢缆绳系住立柱的顶端，拆除立柱与基础的临时固结形成铰接，控制钢缆绳的放松速度，使两岸的立柱及劲性骨架或钢箱节段在竖直平面内绕立柱下端缓慢转动直至跨中合龙，在跨中连接形成八字形刚架拱。

(5)拆除钢缆绳，对劲性骨架或钢箱区段按设计要求浇筑混凝土形成完整的八字形刚构拱圈。

(6)按设计要求分阶段对八字形刚构拱的斜腿及水平撑施加预应力。

(7)完成拱上建筑的施工，适时封闭拱脚的临时铰使其成为无铰刚构拱。

4 新型刚构拱桥的技术、经济特点

笔者提出新型刚构拱桥，其主跨结构的构形和力学性能均介于常规混凝土拱桥与连续刚构桥之间，从理论上说，在同条件下主跨结构的截面尺寸(即材料费用)也介于二者之间。但新型刚构拱桥采用按立柱浇筑拱肋，再竖转合龙成拱的施工方法，即将跨越结构的施工转化为竖直立柱的施工和转体成拱，在适宜条件下具有显著的综合技术经济优势。

4.1 与常规混凝土拱桥比较

新型刚构拱桥在保持常规混凝土拱桥造型优美、造价低廉、经济实用的传统优势的条件下，还克服了常规混凝土拱桥的一些弱点。

(1)施工场地及设备要求低:新型刚构拱桥主拱结构的斜腿为竖向制作,拱顶区段为在劲性骨架上挂模外包混凝土或在钢箱顶、底板上浇筑,无预制场地和大型预制节段的吊装运输要求。

(2)施工安全稳定,工期短:按立柱制作拱肋,将跨越结构的施工转化为竖直结构施工,节省了大量模板及支架;横桥向为框架结构,具有足够的面外稳定性;将拱桥的常规成拱时间由数周或数月缩短为竖向转体合龙成拱所需的几小时,显著提高了工效。

(3)主拱结构整体性好:新型刚构拱桥主拱结构基本为整体制作,避免了常规拱桥分节段预制再吊装成拱所不可避免的多条纵横向结构性接缝,使结构的实际工作状况与设计理想状态符合较好。

(4)抗震性能较好:新型刚构拱桥主拱结构为压弯构件,可设计为具有较好延性抗震性能的结构,可以适于地震区域的桥梁建设。

4.2 与连续刚构桥的比较

(1)经济性:新型刚构拱桥主拱结构为压弯构件,可比同跨径的连续刚构桥主梁(受弯构件)显著减小截面尺寸和预应力钢筋用量,具有明显的经济效益。

(2)结构性能:新型刚构拱桥所需的预应力束基本为直线束,主拱结构接缝少,结构整体性强,桥梁的实际工作状况与设计理想状态符合较好。

4.3 新型刚构拱桥的主要优点

与常规混凝土拱桥相比,新型刚构拱桥的优势主要表现在:

(1)结构体系:改常规连续曲线形拱圈为分段折线形拱圈,极大地简化了施工工艺,节省了大量模板及支架,并易于通过施加预应力来调整各截面的应力至期望程度。

(2)施工技术:改常规的分节段预制缆索吊装成拱方式为先立柱施工后竖转成拱方式,避免了昂贵的缆索吊运设备和复杂的扣索和浪风体系。

(3)施工设备:所需机具设备少且简单,解决了许多桥位,特别是山区深谷桥位运输大量施工设备进场比较困难或运输费用高的难题。

(4)施工周期:成拱周期由几月缩短至几小时,极大缩短施工时间,工效和经济效益显著。

(5)安全性:施工过程中结构的整体性、稳定性(特别是横向稳定性)显著提高,合龙时间短,易于保证施工安全。

(6)抗震性能:预应力混凝土刚构拱桥的主体结构为压弯构件,具有更好的延性抗震能力。

5 新型刚构拱桥的工程应用

2002 年,以渝邻高速公路古路中学立交桥(净跨径 $L_0=40\text{m}$,设计荷载:汽—20,挂—100)为依托工程,对预应力混凝土刚构拱桥进行了大量的理论分析和全桥施工及使用阶段的模型试验研究,于 2003 年建成(图 6)并经过荷载试验验证满足设计要求,至今使用正常。工程实践表明,预应力混凝土刚构拱桥较常规混凝土拱桥在确保结构安全的条件下明显地简化工艺,提高工效,降低措施费用,减少施工用地,为山区深谷河流条件下的桥梁补充了一条新方法。

图6 渝邻高速公路古路中学立交桥——刚构拱桥试点工程

目前，本课题组承担了交通部西部交通建设科技项目“竖转钢—混凝土组合拱桥设计施工关键技术研究”，在已有研究基础上，利用钢—混凝土组合结构的优势，希望将新型刚构拱桥推广应用到更大跨径的桥梁中。

6 结束语

(1)混凝土拱桥具有跨越力强、承载力高、经济实用、造型优美的优势，尤其适宜于跨越山区沟谷的桥梁，是一种值得进一步推广和发扬、改进和完善的桥型。

(2)连续刚构桥形简单，受力明确；整体性好，延性抗震能力强；悬浇施工对场地要求较低；但造价高昂、长期性能不易把握是其明显的不足。

(3)本文提出的新型混凝土刚构拱桥在跨越结构的构形、材料用量和力学性能等方面均介于混凝土拱桥和连续刚构桥之间，其跨越结构采用先按立柱施工，再竖转合龙成拱的施工方法，对跨越山区深谷河流的桥梁具有明显的综合技术经济优势，也为大、中跨径桥梁的无支架快速施工提供了有价值的参考。

(4)课题组对40m跨径的渝邻高速公路古路中学立交桥完成了新型混凝土刚构拱桥从理论到实践的研究，论证了在理论上的正确性、技术上的合理性和和实践上的可行性。但当应用于更大跨径的桥梁时，尚有不少的技术和理论问题有待进一步研究。

参考文献

[1] 周志祥. 由立柱竖转形成的八字形拱桥的施工方法. 中国发明专利(ZL00130630.8)，2003.10.

[2] 周志祥. 山区深谷大跨径拱桥结构体系及施工技术研究. 重庆市科技计划项目研究报告，2003.

[3] 高燕梅. 由立柱竖转形成的预应力混凝土八字形刚构拱桥的探索与实践. 硕士学位论文，重庆交通大学，2005.

截面转换加固增强T形梁桥技术研究

周建庭[1] 冉仕平[2] 田金昌[3] 王世槐[1] 刘思孟[1]

(1.重庆交通大学 重庆 400074;2.西藏自治区交通厅 西藏 850000;
3.西藏自治区交通科学研究所 西藏 850000)

摘 要:本文以模型试验为基础,以西藏自治区实施加固工程的两座桥梁为工程依托,通过方案比选、工艺实施、加固前后荷载试验及结果分析,具体介绍了工字形梁截面转换为箱梁这一梁桥加固技术。实践证明,该项技术具有安全、经济、快速的优点,实用性强,可广泛推广应用。

关键词:T梁 截面转换 加固增强

1 背景

旧有设计标准的偏低、交通量的迅猛增长、桥梁建设质量尚存在问题及超重、超限车辆损坏桥梁等等问题,造成我国现已建成的33万座各类桥梁中,存在危桥达1万余座,更有1/3以上的桥梁存在结构性缺陷或不同程度的功能性失效隐患。然而,拆除旧桥重建新桥,不但耗资巨大,而且需要时间,中断交通,因此,各国都视旧桥为宝贵财富,力图通过修复予以利用。美国在21世纪初计划投入12 000亿美元用于桥梁的全面维修。交通部"十五"期间国道省道主干线旧危桥改造计划,从2001年起共分5年,每年交通部计划下拨两亿元资金扶持各省的旧危桥改造工作,"十一五"期间更将进一步加强力度,旧桥加固具有广阔的市场。

钢筋混凝土工字形梁桥是我国梁式桥中应用最为广泛的桥型之一。我国现有的钢筋混凝土工字形梁桥中,除按1982年交通部颁发《公路工程技术标准》(JTJ 01—81)设计的桥梁尚能满足近期交通量外,在此前的桥梁大多已发生承载力不足现象。譬如,我国50、60年代普遍采用的苏联装配式简支工字形梁桥,其最高设计荷载等级为汽—18级,拖—60,而现在城市干道及国道荷载等级最低要求为公路—II级,显然旧有桥梁的承载力等级已达不到现代交通的要求。本文以模型试验为基础,通过实例,介绍如何将工字形梁截面转换为箱梁这一梁桥加固技术应用于实际工程。

2 加固技术简介

在原T梁下缘增设钢筋混凝土底板,通过底板与T梁下缘主筋的刚性连接,截面转换成箱形截面,达到活载作用下桥梁全截面受力的目的,如图1所示。其实施工艺如下:

剥开原T梁下缘混凝土露出主筋──→增焊横筋"⎾⏋"于原T梁两相邻下缘主筋──→增设

基金项目:交通部西部交通建设科技项目(200431881426);重庆市重大科技攻关项目(CSTC2005AA6010)。

纵向主筋,并与“⊓”横筋相交处一律采用点焊——清除烧伤、松散混凝土——架模板现浇T形梁间混凝土,形成封闭箱形梁结构——混凝土养生。

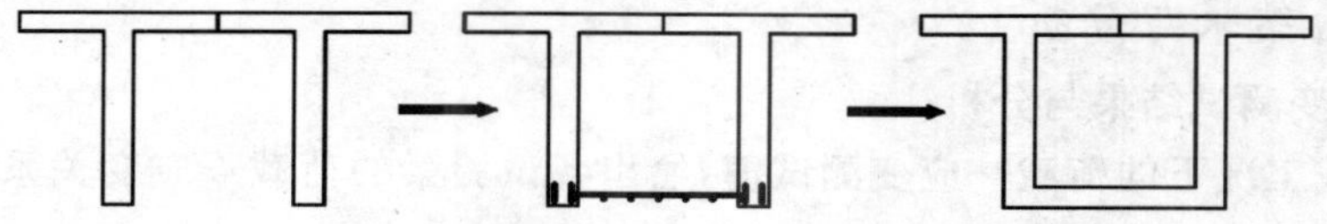

图1 T梁截面转换成箱形梁截面加固示意

3 模型试验

3.1 模型梁制作

为试验制作方便,本次试验以开口槽形梁代替原相邻两T形梁。试验共制作同批槽形梁4片,分别定名为E_1、E_2、E_3、E_4。

E_1、E_2——加载至开裂后卸载,作加固增强截面转换成箱形梁后分别命名为E'_1、E'_2,模拟原桥存在一定病害需作加固处治的情况。

E_3——直接加载至破坏,代表加固前的T形梁。

E_4——直接将原T梁加固后转换成箱形梁E'_4,模拟原桥无明显病害需作增强处理的情况。

上述槽形梁和箱梁梁长2.2m,计算跨径2m,梁高0.45m,梁宽0.48m,主梁断面尺寸和配筋如图2所示。

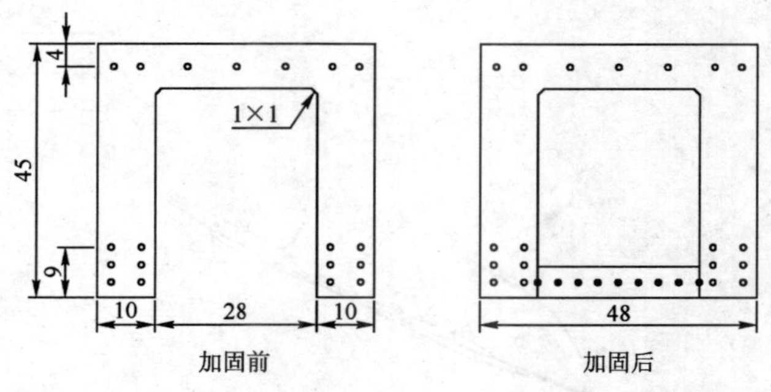

图2 槽形梁加固前后断面尺寸及配筋(尺寸单位:cm)

3.2 测点布置与加载方式

3.2.1 测点布置

(1)为比较加固前后试验梁的力学性态指标,分别在槽形梁跨中截面的压应力区布置混凝土应变片,在拉应力区布置钢筋应变片。同时,在试验梁的跨中截面布置了百分表挠度测点。

(2)为考察T梁截面转换成箱形梁的剪力滞效应,在箱梁跨中截面主筋上加密布置钢筋应变片测点。

(3)为考察加固前后试验梁的抗扭刚度情况,在试验梁跨中截面的内外侧布置百分表,以比较在偏载作用下内外侧点的挠度值。

3.2.2 加载方式

采用千斤顶跨中截面分级加载，同时为考察抗扭刚度，加载分内外侧两点进行，以便于内外侧加载不同大小的荷载。

3.3 试验结果与分析

3.3.1 应变测试结果与分析

根据各加载工况下的荷载—应变测试值，绘出各试验梁的荷载—应变关系曲线如图3、图4所示。

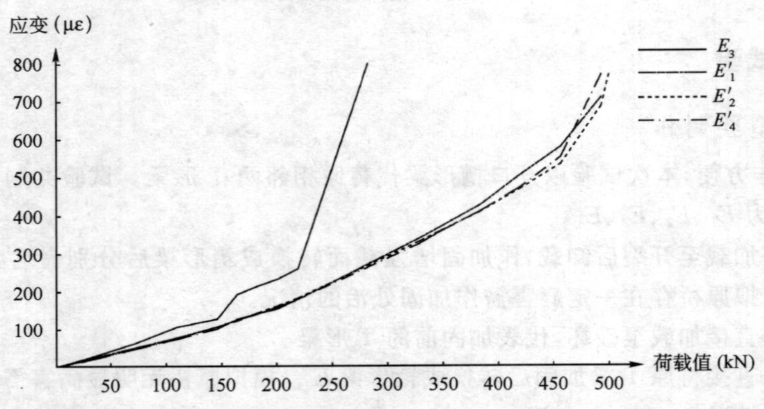

图3 试验梁跨中截面荷载—混凝土压应变关系曲线

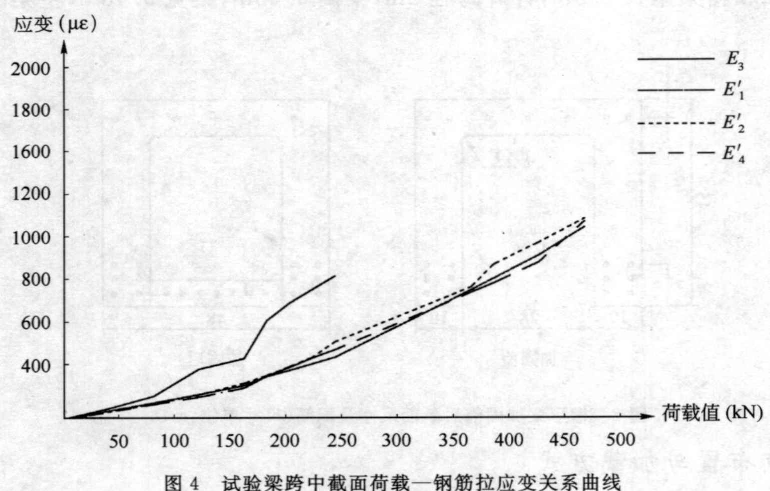

图4 试验梁跨中截面荷载—钢筋拉应变关系曲线

由图3、图4结果可看出：

(1)由于加固后主梁整体强度的提高，使得同级荷载作用下试验梁的混凝土压应变和钢筋拉应变均较加固前减小30%～50%。

(2)E'_1、E'_2 和 E'_4 相比较，所测应变无明显差别，表明本加固技术对原T梁下缘是否开裂情况均适用。

3.3.2 挠度测量结果与分析

将试验梁在加载工况下的跨中挠度测量值进行整理，绘出如图5所示的荷载—挠度关系曲线。

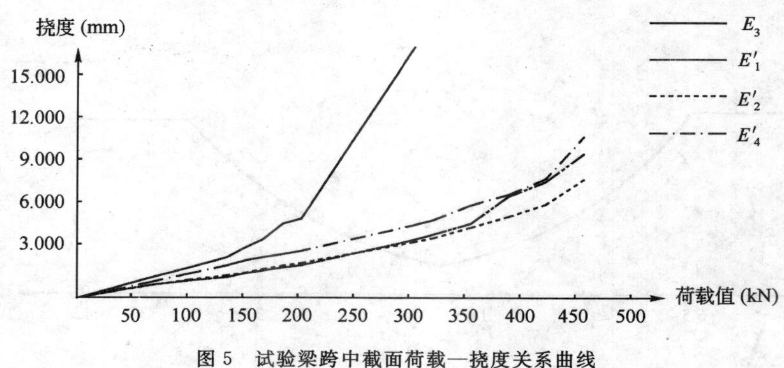

图 5 试验梁跨中截面荷载—挠度关系曲线

由图 5 结果可看出：

(1)由于加固后主梁整体刚度的提高，使得在同级荷载作用下，试验梁跨中截面挠度较加固前减小30%～60%。

(2)加固前主梁是否开裂对加固效果无明显影响。

3.3.3 剪力滞后效应分析

为考察加固后箱梁的剪力滞效应，现将加载工况中 46kN 荷载作用下跨中截面钢筋应变值列于表 1，相应绘出该工况下的试验梁的剪力滞后效应考察图如图 6 所示。

E'_1、E'_2、E'_4 剪力滞后效应分析 表 1

测点距起点横向水平距离(cm)		0	6.5	11	19	23	27	31	35.5	42
钢筋应变值(με)	E'_1	1 406	1 406	1 053		1 025	1 096		1 389	1 389
	E'_2	1 433	1 433	1 113	1 054		1 160	1 368	1 469	1 469
	E'_4	1 463	1 463	1 244	1 239		1 241		1 397	1 397

由图 6 结果可看出：

新增设的钢筋混凝土底板与原主梁刚性连接，在活载作用下剪力滞效应明显，构成箱形结构的力学行为，大大改善了原桥的受力性态。

3.3.4 抗扭刚度分析

T 梁转换成箱形梁后其抗扭刚度的提高幅度通过考察试验梁在偏载作用下的扭矩—扭转角关系得到，分析结果见表 2、图 7 和表 3。

E_3 和 E'_1、E'_2、E'_4 扭矩—扭转角关系 表 2

扭矩(kN·m)		3.8	7.6	11.4	15.2
扭转角(°/m)	E_3	0.405	0.680	1.174	1.305
	E'_1	0.048	0.071	0.095	0.103
	E'_2	0.044	0.056	0.099	0.155
	E'_4	0.056	0.075	0.111	0.135

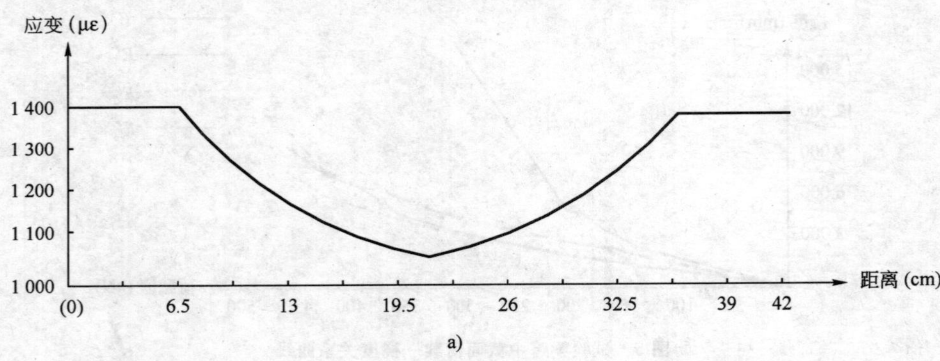

a)

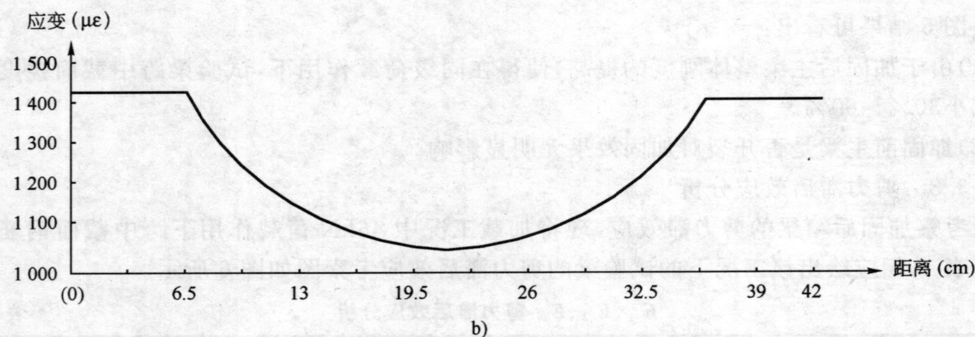

b)

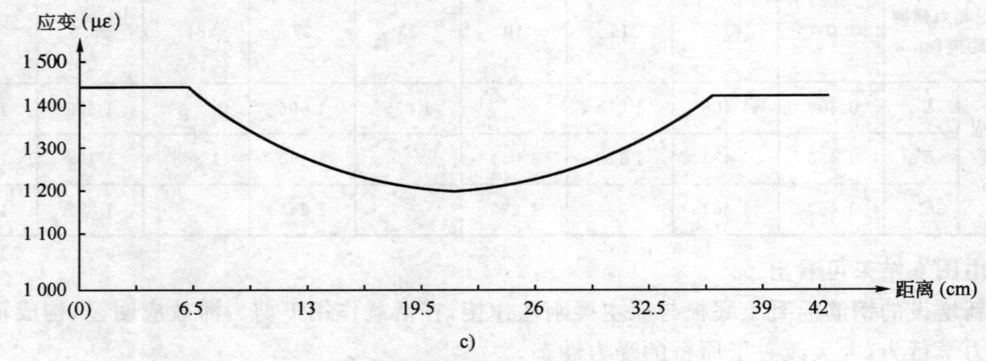

c)

图 6 试验梁剪力滞后效应考察

a) E'_1; b) E'_2; c) E'_4

根据表 2 结果，绘出相应关系曲线图如图 7 所示。

根据图 7，求出各试验梁的 $M_T—\varphi$ 曲线的斜率，即可得到各试验梁的抗扭刚度，其比较结果列于表 3。

槽形梁转换为箱形梁后抗扭刚度提高幅度 表 3

加固前 GI_T (kN·m²)		加固后 GI_T 后 (kN·m²)		GI_T 后/GI_T 前
E_3	537.9	E'_1	6 879.0	12.8
		E'_2	6 601.0	12.3
		E'_4	6 454.4	12.0

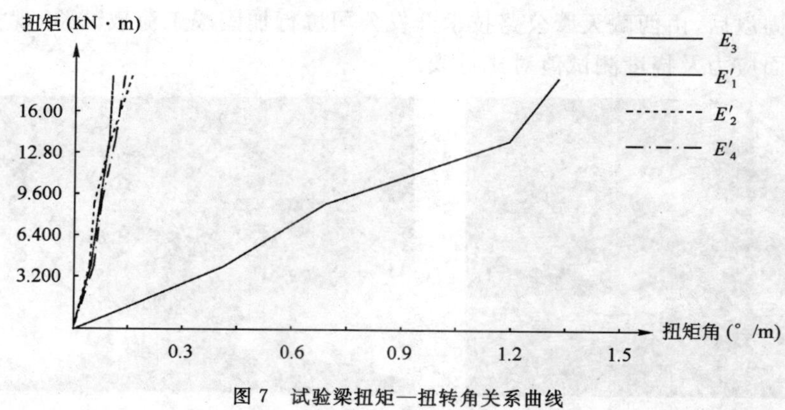

图7 试验梁扭矩—扭转角关系曲线

由上述图表可看出：T形梁经截面转换封闭成箱形梁后，其抗扭刚度得到了较大幅度的提高。

3.3.5 极限承载力分析

将各试验梁的极限承载力进行分析比较，其结果列于表4。

加固前后试验梁极限承载力提高幅度　　表4

梁　号	M_p(kN·m)	外荷载承载力提高幅度	梁　号	M_p(kN·m)	外荷载承载力提高幅度
E_3	173.6	—	E'_2	263.2	51.6%
E'_1	247.2	42.4%	E'_4	268.8	54.8%

从表4可看出：

(1)T梁转换成箱梁加固后，其极限承载力提高幅度值达到40%～50%。

(2)原T梁下缘是否开裂对加固效果影响微小，但增设的钢筋混凝土板的混凝土浇筑质量对加固效果有一定的影响。

4 应用实例

雪卡中桥是一座4跨20m的简支T形梁桥，行车道宽7m。经现场收集资料检算，原桥不能满足原汽—20级、挂—100荷载等级营运要求，需做加固增强处理。

罗布江孜大桥位于西藏日(喀则)江(孜)公路，是一座6跨普通钢筋混凝土简支工字形梁桥，全长103.95m。该桥建成通车于1978年9月，存在发生了2～3cm不可恢复的永久性变形，产生严重的横向、纵向及斜向三种裂缝等病害，需做加固增强处理。

两桥分别于2003年和2004年采用截面转换技术成功加固，图8和图9分别是加固后的两桥。

现以罗布江孜大桥为例，说明采用截面转换加固技术的应用效果。

4.1 加固前后汽—15、挂—80荷载作用下试验结果与对比分析

罗布江孜大桥在加固以前，重庆公路工程检测中心受西藏自治区交通厅重点公路建设项目管理中心委托于2001年9月19日～9月22日对大桥进行了静载试验。2002年9月，罗布

江孜大桥在加固以后，由西藏天鹰公路技术开发公司进行加固竣工荷载试验，现将加固前后静载试验控制截面应力及挠度测试值对比见表5。

图8 采用截面转换技术加固后的雪卡中桥

图9 采用截面转换技术加固后的罗布江孜大桥

加固前后荷载试验结果对比

表5

桥跨	测试点	应力值(MPa)			挠度值(mm)		
		加固前	加固后	加固前－加固后 加固前	加固前	加固后	加固前－加固后 加固前
江孜岸第一跨	1号	28.32	15.2	46.33%	5.5	2.83	48.55%
	2号	38.92	16.8	56.83%	—	2.97	
	3号	39.07	16.4	58.02%	7.7	3.03	60.65%
	4号	39.68	17.6	55.65%	—	2.97	
	5号	42.64	18.4	56.85%	6.7	2.91	56.57%
江孜岸第三跨	1号	30.44	14.6	52.04%	6.1	2.51	58.85%
	2号	39.83	20.2	49.28%	—	2.74	
	3号	40.13	13.6	66.11%	6.6	2.82	57.27%
	4号	36.8	17.2	53.26%	—	2.8	
	5号	31.65	14.8	53.24%	5.7	2.77	51.40%

由表5结果可看出，与加固前罗布江孜大桥荷载试验测试结果比较，在同样加载工况下，加固后主梁下缘钢筋应力值比加固前减少46.33%～66.11%，主梁挠度值比加固前减少48.55%～60.65%，表明新增设的钢筋混凝土底板已与原主梁刚性连接，共同承担活载，分担了原主梁的荷载。可见罗布江孜大桥加固工程是成功的，该项加固技术可行。

4.2 加固后汽—20、挂—100荷载作用下试验结果与分析

由文献[4]，利用递推迭代技术实测罗布江孜大桥的应变、挠度影响线。并在已经得到的应变及挠度实测影响线的基础上，将汽—20、挂车—100荷载作用于实测影响线可以推算出该荷载等级下各片主梁的应变、挠度，其结果见表6。

挂车—100 作用下测试跨主梁应变及挠度推算值 表 6

江孜岸第一跨

梁号	应变(με)			挠度(mm)		
	加载值	理论值	校验系数 μ	加载值	理论值	校验系数 μ
1号	96	145	0.66	3.860	4.89	0.79
2号	106	145	0.73	3.899	4.89	0.80
3号	104	145	0.72	3.890	4.89	0.80
4号	110	145	0.76	3.890	4.89	0.80
5号	114	145	0.79	3.880	4.89	0.79

江孜岸第三跨

梁号	应变(με)			挠度(mm)		
	加载值	理论值	校验系数 μ	加载值	理论值	校验系数 μ
1号	104	145	0.72	3.680	4.89	0.75
2号	112	145	0.77	3.779	4.89	0.77
3号	99	145	0.68	3.836	4.89	0.78
4号	109	145	0.75	3.770	4.89	0.77
5号	97	145	0.67	3.790	4.89	0.78

由表 6 结果可知，利用实测出的桥梁应变、挠度影响线推算出主梁在挂—100 荷载作用下跨中截面的实际应变、挠度，然后与理论计算值进行比较，其挠度、应变校验系数也在《公路旧桥承载能力鉴定方法》规定的校验系数常值范围内，表明罗布江孜大桥能满足汽—20 级，挂—100 荷载等级营运要求。采用截面转换将罗布江孜大桥原工字形截面转换为箱形截面加固后，其由原汽—15、挂—80 荷载等级提高至汽—20、挂—100 荷载等级。

5 结语

从上述分析结果可以得到以下结论：

(1)新增设的钢筋混凝土底板能与原 T 梁协调变形、共同承担活载。

(2)从加固前后试验梁的应变、挠度对比分析结果可看出，T 梁经加固增强处治截面转换成箱形梁后，由于强度、刚度的提高，在同级荷载作用下，其应变值减少 30%～50%，挠度值减少 30%～60%，主梁的力学性态得到了较大幅度的改善。

(3)新增设的钢筋混凝土底板能与原主梁刚性连接，在活载作用下剪力滞效应明显，构成箱形结构的力学行为。

(4)T 形梁经加固增强，截面转换或封闭成箱形梁后，其抗扭刚度可提高 12 倍。

(5)T 梁转换成箱梁加固后，其极限承载力提高幅度值达到 40%～50%。

(6)依托工程应用效果证明，钢筋混凝土工字形(T)梁桥截面转换为箱形截面加固技术是安全、经济、有效、实用的，可望对我国现有旧桥加固起到积极的作用。

参考文献

[1] 周建廷.桥梁承载力评定与加固增强研究(硕士学位答辩论文).重庆，1996，p33-66.

[2] 周建廷，等.罗布江孜大桥加固整治研究报告.重庆，2001，p6-20.

[3] 梁光模，等. 罗布江孜大桥荷载试验检测报告.拉萨，2002，p3-17.

[4] 周建廷，冉仕平，等 . 截面转换加固罗布江孜大桥研究[J]. 公路 . 2003 年 12 期，p16-18.

[5] 周建庭，郝祎，等.截面转换加固 T 梁桥技术的试验研究[J]. 公路交通科技 . 2006 年 5 期，p60-63.

[6] Peairs D. M. et al. Reducing the Cost of linpedence-Based Structural Health Monitoring[R]. NDE for Health Monitoring and Diagnostics, San Diego, 2002,4702-36.

[7] Allen D. W. et al. Utilizing the Sequential Probability Ratio Test for Building Monitering[R]. NDE for Health Monitoring and Diagnostics, San Diego, 2002,4704-01.

[8] Amaravadi V et al. Structural Integrity Monitoring of Composite Patch Repairs Using Wavelet Analysis and Neural Network [R]. NDE for Health Monitoring and Diagnostics, San Diego, 2002,4701-17.

用整体式悬挑结构拓宽山区道路的新技术探索

周志祥[1] 范 亮[1] 阿旺曲觉[2] 王文广[3]

(1.重庆交通大学土木建设学院 重庆 400074;
2.西藏自治区交通公路勘察规划设计院 西藏拉萨 850021;
3.重庆高速公路发展有限公司南方建设分公司 重庆 400050)

摘 要:本文针对陡峻山区道路拓宽工程,在分析比较目前常用道路拓宽方式的特点后,提出“一种用悬挑结构拓宽山区道路的方法”,其设计理念是:杜绝深挖高填,在确认现已稳定路基范围内用整体浇筑的墙柱式挡墙形成路堤,以悬挑结构补足道路欠宽部分。本文对该方法的施工技术、工作原理和经济、技术效益及环保效益进行了分析,并将其成功应用于川藏线西藏境内的局部路段。工程实践表明,在高陡边坡条件下的道路拓宽中,本文方法较目前常用的锚索挡墙方案既明显简化工艺、降低造价、安全可靠,又能最大限度地保护自然生态环境。

关键词:道路拓宽 悬挑结构 施工技术 工程应用 效益分析

0 引言[1~5]

随着我国经济的飞速发展,交通量日益增大,对公路的等级要求越来越高,原有低等级公路普遍面临拓宽改造的问题。特别是西部地区早期所建公路,大多修建在山区丘陵地带,公路等级受地形限制明显偏低,已成为制约山区经济发展的瓶颈,山区人民对能拥有更高等级的公路交通提出了迫切的渴望。但山区地质条件复杂,地形地貌条件多变,具有山大沟深、石厚土薄、山岭走势崎岖等特点,地质条件复杂;气候湿润,多暴雨洪流,是我国冰川型及暴雨型泥石流多发区。

山区道路建设大部分顺山谷河道,或开凿隧道,或大开挖、高路堤,或半挖半填开挖土石方工程量大,部分弃渣因运输不便而弃入沿线附近荒地或河谷,使河床床面抬高,侧面挤压,行洪受阻。且路基边坡面积所占的比例较大,半挖、全挖路堑边坡因爆破、山体自然风化、剥离、搬运等影响,极易导致山坡、崖坡失去平衡,引起重力侵蚀,甚至诱发滑坡。

本文将在对现有主要公路加宽技术进行分析比较的基础上,探讨一种杜绝深挖高填,能最大限度保护自然生态环境,施工便捷,经济实用的山区公路加宽技术。

1 现有主要道路加宽技术[6,7]

1.1 以挖填方式拓宽道路

对地面坡度较缓的山区道路,采用在外侧填方或内侧挖方或两者同时应用的方式加宽原有道路(图1),挖方、填方高度均较小,边坡能保持自然稳定,也便于绿化,是经济实用的。但不适于边坡高度较大和较陡的情况。

1.2　以圬工挡墙拓宽道路

以圬工挡墙拓宽道路，可有效地减小采用填方边坡时的占地面积，当地基条件较好，可保路基长期稳定，且形式简单，取材容易，施工简便，对边坡高度和坡度不大的情况具有技术经济优势。

但若用于高陡路段，则存在以下问题：高陡路段通常需设置高挡墙，高挡墙则墙身厚度大，为砌筑该大体量的圬工挡墙，势必首先对原有路基大量开挖（图 2），易使原本已稳定的路基诱发局部或大体量塌方等灾害；大量的弃方和原坡面植被的破坏将明显有损于沿线自然环保；施工期长，难于保持原道路的车辆通行；若挡墙置于非岩地基，在长期荷载和自然因素的作用下，存在局部变形、沉陷、开裂甚至垮塌的隐患。

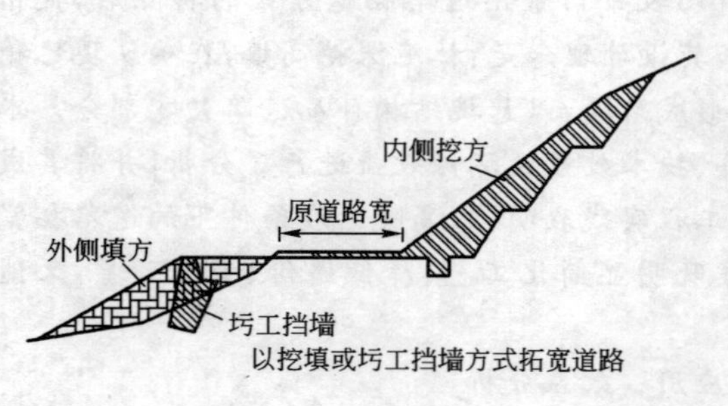

图 1　以挖填方式拓宽道路

图 2　重力式挡墙施工

1.3　以锚索挡墙拓宽道路

对高陡路段的道路加宽，锚索挡墙无疑是现有技术中安全处理高边坡最有效的方式之一（图 3），锚索挡墙的施工避免了对原边坡的大体量开挖，借助于伸入边坡体内的预应力锚索和外墙面在理论上能够确保边坡的稳定；施工期便于保持原道路的车辆通行。但锚索挡墙用于加固高陡路段的道路边坡时施工难度和工程数量均很大，造价高昂；另外锚索挡墙改变了自然地貌，难以实施坡面绿化。

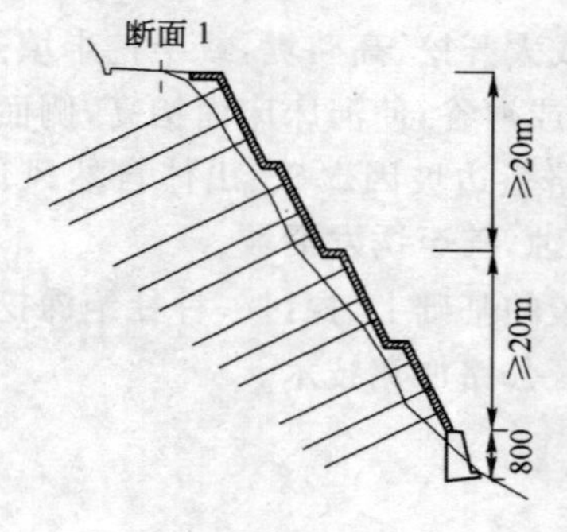

图 3　锚索挡墙的布置与施工

1.4　以半山桥拓宽道路

对高陡路段的道路加宽，以半山桥拓宽道路应是一种有效的途径。其施工对原有边坡扰动较少，基本保持了原有自然地貌。但是高陡路段所需外侧桥墩高(图 4)，在陡峭地形条件下，考虑基岩有效嵌固要求的桩基埋置深度很大，施工难度大，工程造价高；深基坑开挖亦存在诱发局部塌方等灾害的危险；位于陡坡处的桥墩难免承受内侧土压力的长期作用，对桥墩的长期受力不利。

为此，有必要针对高陡山区地段的道路加宽，探索一种既施工便捷、安全可靠、经济实用，又不破坏山体稳定和保护自然环境的新型拓宽技术。

2 山区道路加宽新技术探索[8]

2.1 总体构思

借助于古代栈道修筑技术的启发，对高陡山区地段的道路加宽，本文第一作者提出的"一种用悬挑结构拓宽山区道路的方法"(发明专利申请号 2004100444492.0)，用整体悬挑结构拓宽山区道路的设计理念是：杜绝深挖高填，在确认现已稳定路基范围内用整体浇筑的墙柱式挡墙形成路堤，以悬挑结构补足道路欠宽部分。其具体方法为：以原有稳定路基边缘结构(整体浇筑的钢筋混凝土墙柱式挡墙)为支撑，以伸入内侧山体的锚索(杆)为锚固点的悬挑结构形成道路外侧的新建或加宽部分。

2.2 施工技术

在综合考虑因地制宜、经济实用、安全可靠和保护环境等因素的条件下，提出"用悬挑结构拓宽山区道路的方法"，其施工技术为(参见图 5)：

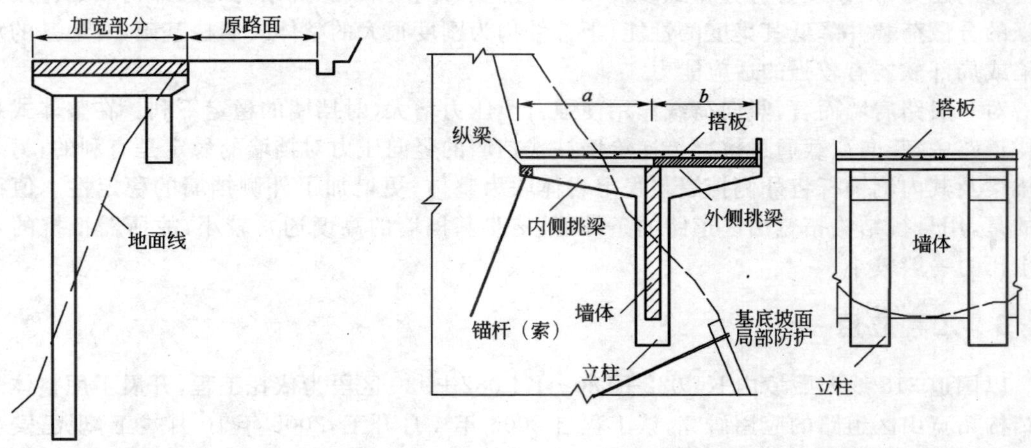

图 4 以半山桥拓宽道路

图 5 用整体悬挑结构拓宽山区道路示意

(1) 在稳定路基边缘基坑开挖，并对悬挑结构基础下方局部边坡进行必要的加强防护处理；

(2) 施工整体浇注的钢筋混凝土墙柱式挡墙至挑梁底面高度；

(3) 在道路靠山侧施工用于固定悬挑梁的锚杆(基岩条件下)；

(4) 以钢筋混凝土墙柱式挡墙的柱顶为支点安装预制混凝土挑梁；

(5) 施工内侧纵梁，通过此纵梁将各挑梁内侧端部与伸入基岩的锚杆联结为整体；

(6) 继续施工钢筋混凝土墙柱式挡墙至挑梁顶面高度，使墙柱式挡墙与挑梁联结为整体；

(7) 安装悬挑结构部分的预制桥道板，并现浇接缝和桥面铺装混凝土，使桥道板与挑梁联结为整体；

(8) 完成内侧原有路基的钢筋混凝土路面板施工。

上述立柱、墙体、挑梁、搭板、纵梁及锚杆均通过钢筋连接和现浇混凝土的方式，使悬挑结构形成一整体空间结构并与内侧基岩联结为整体(参见图5)。

2.3 整体式悬挑结构的工作原理

整体式悬挑结构的空间构造如图6所示。

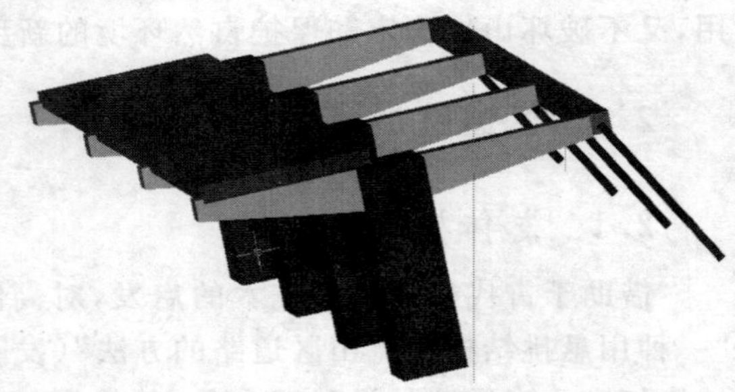

图6　整体式悬挑结构空间构造

类似古代栈道修筑方式的传统悬挑结构可谓“琴键式受力”，各挑梁为独立受力，相互间无结构联系，某一挑梁的质量或支点或锚固端出现问题将导致灾难性的后果。

整体式悬挑结构道路的各部件间均为刚性联结，任一荷载作用均由多跨结构共同承受，避免了某一挑梁的质量或支撑柱基础或锚固端出现问题将导致灾难性后果的情况，为抵抗偶遇荷载和地基局部缺陷等意外作用储备了潜在的抗力。具体地说，悬挑道路部分的活载和恒载是通过纵向搭板传递到挑梁上；挑梁通过外侧支撑立柱的受压和内侧端部锚固于基岩锚杆的受拉来抵抗悬挑道路部分的垂直外荷载。

由于桥道板与各挑梁之间为刚性联结的多跨连续刚构，某一跨的荷载作用将分布到相邻多根挑梁承受；又因各立柱间是由刚度足够大的钢筋混凝土墙联结为整体，若某一柱受到由挑梁传递的压力，则该压力将分布到多根相邻柱承受；即整体式悬挑结构对局部荷载的作用具有较强的分散荷载并降低其集度的性能；下部结构为刚度很大的整体式墙柱基础，对地基的局部缺陷或局部软弱有较强的适应能力。

对一般路肩墙而言，竖向荷载作用使强背土压力增大，对挡墙的稳定不利。在整体式悬挑结构道路中，竖向荷载通过挑梁传递给墙柱式挡墙的竖向压力对挡墙的稳定是有利的；另外通过挑梁及其内侧锚杆将外侧挡墙与稳定岩体联为整体，更增加了外侧挡墙的稳定性。值得说明的是，用悬挑结构拓宽山区道路的条件下，该路基挡墙的高度通常较小，故所需抵抗的水平向土压力一般较小。

3 工程应用

以国道318线西藏境内K4 082＋830～K4 082＋930区段为依托工程，开展了用整体式悬挑结构拓宽山区道路的应用研究，该工程自2005年4月开工，2005年10月竣工，现已安全运营一年多，长期健康监测结果表明，试点工程运营情况良好。

该试点工程原路基状况：路面至坡脚高约80m，坡面与水平面夹角约55°～75°，局部区域岩石凸出或塌陷形成反坡或凹坑；其中K4 082＋820～885段为岩石边坡，K4 082＋885～920段为块石土质边坡，K4 082＋920～930段为回填土质边坡；根据路线改建要求，在K4 082＋830～＋875区段悬挑道路宽度为2.5m，在K4 082＋875～＋930区段悬挑道路宽度为3.5m，在K4 082＋875处设置一条断缝。

以K4 082＋830～＋875局部区段为例，其总体布置图7所示，立柱及挑梁间距为5m，横断面构造如图8所示。

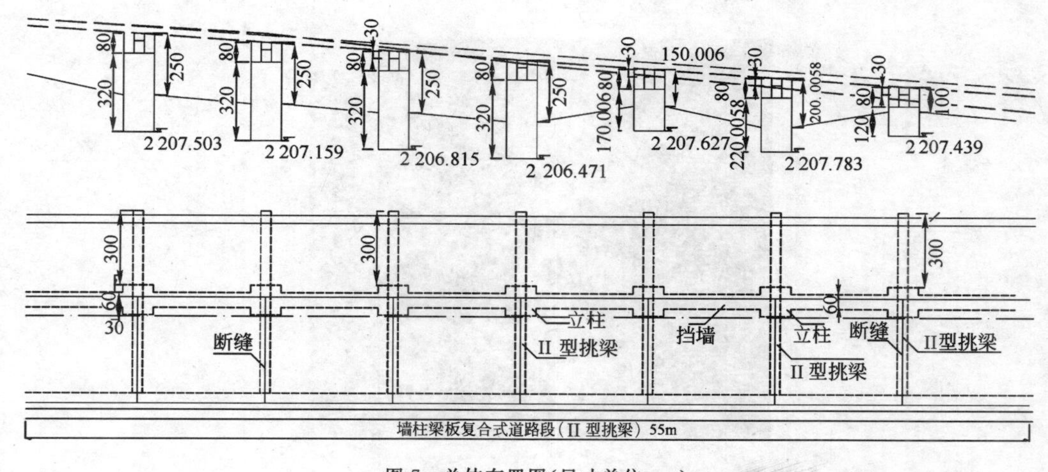

图 7　总体布置图(尺寸单位:cm)

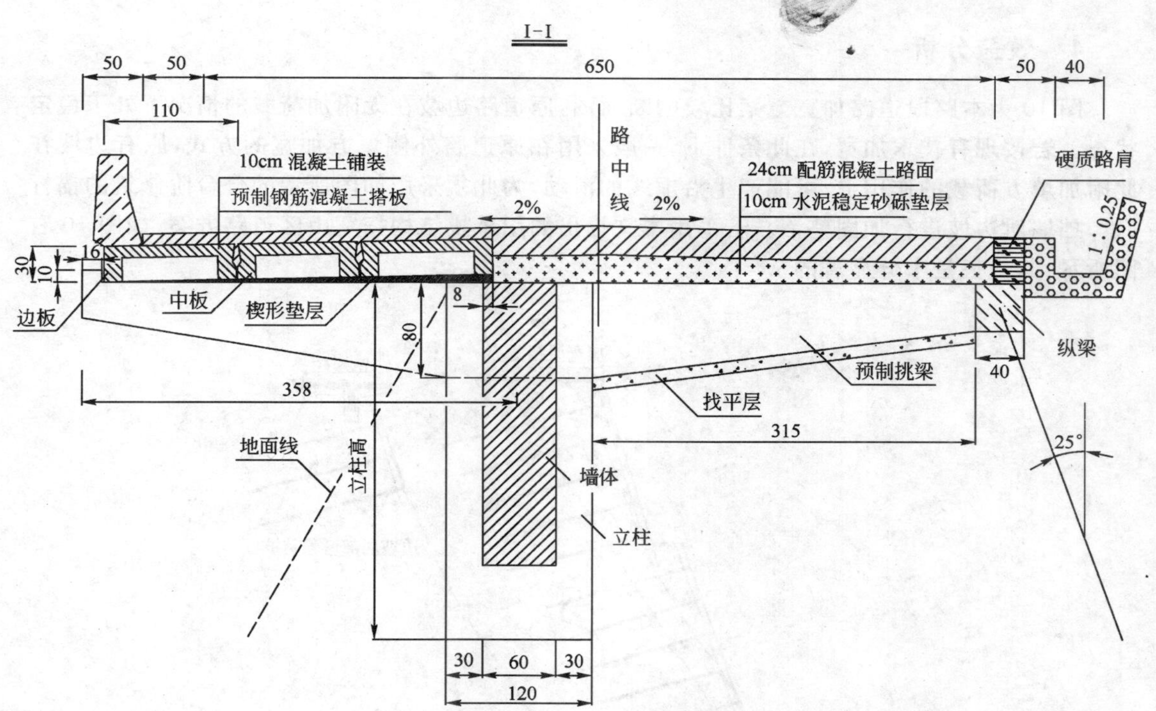

图 8　横断面构造图(尺寸单位:cm)

用整体悬挑结构拓宽道路方案中，对立柱基底的承载力要求较低，但实际工程中对非岩石地基偏安全地进行了立柱基底压浆强化地基处理。立柱最大的开挖深度均小于 4m，均采用人工开挖，使开挖施工对原有边坡扰动最小，另对墙柱基础下的坡面进行了局部防护处置，以确保边坡的长期稳定性。对挑梁内侧锚固端位于非基岩情况的区段，在设置抗拔锚杆的基础上，另在内侧纵梁上偏安全地增设了经计算的重力式挡墙，以确保悬挑结构的长期可靠性。图 9 为建成后的部分悬挑结构道路图片。

图 9 建成后的整体式悬挑结构

4 效益分析

图 10 为本路段道路加宽方案比较的断面图，原道路边坡在无附加荷载的情况下处于稳定状态。若按现有技术加宽，在此条件下，一般采用在原道路外侧填方加宽的方式，原有边坡在此附加填方荷载的作用下，可能产生沿虚线的滑动，为此须采用如图所示的分台阶修筑的锚杆(索)挡墙对边坡进行加固整治。若采用本文提出的用悬挑结构拓宽山区道路方案，如图 10 右图所示，其优势是十分显著的。

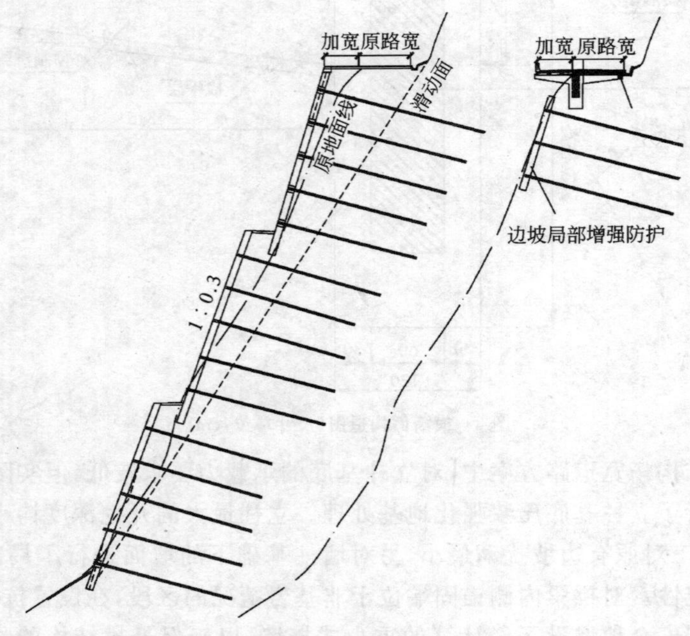

图 10 某路段加宽方案比较

4.1 经济效益比较

从图 11 可见，在高陡边坡条件下，用锚杆（索）挡墙拓宽山区道路方案所需的钢材和混凝土通常是用悬挑结构拓宽山区道路方案的数倍。显然，原道路边坡越陡或边坡岩或土质条件越差，前者所需的材料用量越大，用悬挑结构拓宽山区道路方案的经济性越显著。

4.2 技术效益比较

用锚杆（索）挡墙拓宽山区道路方案施工的作业范围将是挡墙拓宽修筑的全高范围，通常可高达数十米，需要专用施工设备和大量的施工支架，在高陡边坡条件下的施工作业，其难度是可想而知的。由于难度大、数量多，施工人员的安全和工程质量的保证是困扰该类工程的一大难题，故为数不少的该类边坡从设计理想状态看应是足够安全的，但在实际营运一段时间后钢筋混凝土面墙或加劲格构即出现了异常开裂、变形、沉降甚至垮塌等病害。

用悬挑结构拓宽山区道路方案避免了对原本稳定的边坡再次附加荷载而可能诱发新的地质灾害的隐患，克服了预应力锚索在长期的填土荷载作用下的可靠性难以保证的缺点。其施工的作业范围通常仅限于几米高的范围内，除易于施工的墙柱式挡墙为就地现浇施工外，其余的挑梁、搭板等构件均采用预制安装，因预制件通常体量较小，仅小型的调运设备即可完成其主体结构的施工，施工难度低，质量易于保证，结构的实施状态与设计理想状态一般不会产生明显的差异，具有较好的可靠性。

显然，由于采用锚杆（索）挡墙拓宽山区道路方案的难度大、工程数量大，其所需的施工工期常常可能是用悬挑结构拓宽山区道路方案的几倍。

4.3 环保效益比较

用锚杆（索）挡墙拓宽山区道路方案全面改变了作业范围的自然坡面和平衡状态，对原本稳定的边坡再次附加荷载还可能诱发新的地质灾害，并难以还原其绿色植被。用悬挑结构拓宽公路技术基本保持了原有自然选择的稳定坡面，避免了附加不利荷载，在满足道路拓宽要求的条件下最大限度地保护了自然生态环境，是传统道路加宽技术难以实现的。表 1 为针对试点工程路段的两不同方案的综合比较。

悬挑结构与锚索挡墙方案的综合比较 表 1

比较方案	悬挑结构方案	锚索挡墙方案
主体工程数量	3ϕ32 锚杆 218m；1ϕ32 锚杆 300m；混凝土 511.5m^3；钢筋 45.5t；填方 182m^3；挖方 418m^3	6ϕ15.24 锚索 4 098m；混凝土 2 236.5m^3；钢筋 240t；7.5 号浆砌片石 693m^3；回填块石土 2 205.7m^3
主体结构作业范围	主体结构仅在距路面 5m 高的范围内施工，难度较低	主体结构在距路面 40～75m 高的范围内施工，难度高
施工技术及工期	锚杆及常规混凝土结构施工，技术要求较低；工期较短	高挡墙及预应力锚索锚固施工难度大、技术要求高，工期较长

续上表

比较方案	悬挑结构方案	锚索挡墙方案
可靠性评价	对原稳定边坡无附加不利荷载；立柱、挡墙、挑梁及锚杆与内侧稳定岩体形成可靠的整体结构；可靠性着重锚杆质量	对原稳定边坡有不利附加荷载；靠高挡墙及预应力锚索保持边坡的稳定性；预应力锚索在长期的填土荷载作用下的可靠性较难保证
生态环保	保持原有自然选择的稳定坡面；基本保持原坡面植被；在满足道路拓宽要求的条件下最大限度地保护了自然生态环境	彻底改变了原有自然坡面；人工挡墙将破坏坡面植被；后加边坡荷载可能诱发新的地质灾害
估计造价(万)	182.00	506.00

5 结语

(1) 现有山区道路拓宽技术各有其特点和相应的适应条件，对高陡山区道路的拓宽工程，普遍存在边坡的加固防护工程量巨大，造价高昂，施工质量不易控制；全面改变了作业范围的自然坡面和平衡状态，存在诱发新的地质病害的隐患，对自然生态环境有明显不利影响。

(2) 针对陡峭山区道路拓宽工程，本文提出“一种用悬挑结构拓宽山区道路的方法”，其设计理念是杜绝深挖高填，在确认现已稳定路基范围内用整体浇筑的墙柱式挡墙形成路堤，以整体式悬挑结构补足道路欠宽部分。

(3) 用整体式悬挑结构加宽山区道路在试点工程的实践表明，在高陡边坡条件下，与现有技术相比，用整体式悬挑结构拓宽山区道路技术既施工便捷、经济实用、安全可靠，又能最大限度地保护自然生态环境。

(4) 本文提出的“一种用悬挑结构拓宽山区道路的方法”，目前还处于探索研究阶段，尚需开展深入系统的研究工作，方能在更大范围推广应用。

参考文献

[1] 孙伟，龚晓南．高速公路拓宽工程变形性状分析[J]．中南公路工程，2004(29).4:53-55.

[2] 黄琴龙，凌建明，唐伯明，等．旧路拓宽工程的病害特征和机理[J]．同济大学学报：自然科学版．2004(32).2 197-201.

[3] 王强．论中国公路交通的可持续发展[J]．西安公路交通大学学报，2000 (20).3:78-81.

[4] J. Geotech. ,Geoenvir. Engrg. Numerical Analysis of Geosynthetic-Reinforced and Pile-Supported Earth Platforms over Soft Soil. Volume 128, Issue1, pp. 44-53 (January 2002).

[5] Toru Terayama, Yasumiki Yamamoto and Manabu Taya. Development of non-cut-and-cover widening of urban-road shield tunnels for on-and off-ramps. Tunnelling and Underground Space Technology, Volume 21, Issues 3-4 , May-July 2006:458.

[6] 董德禄，等．用悬臂梁锚固结构技术新建、拓宽山区公路[J]．路基工程，2004,(4):47-49.

[7] 方左英．路基工程[M]．北京：人民交通出版社，1995.

[8] 周志祥．一种用悬挑结构拓宽山区道路的方法：中国，200410044492.0[P].

钢筋混凝土套箍封闭主拱圈加固拱桥技术

周建庭[1] 乔 墩[2] 郝 衶[3] 沈小俊[4] 郑志明[2] 刘思孟[1] 王世槐[1]

(1.重庆交通大学 400074;2.重庆市公路局 400021;

3.重庆市交通委员会 400021;4.重庆市公路工程质量检测中心 400067)

摘　要:本文在明确钢筋混凝土套箍加固拱桥的截面增大理论、套箍效应、断裂力学三大机理的基础上,介绍了套箍加固拱桥模型试验及结果。通过设计技术、施工工艺及应用效果,阐述了钢筋混凝土套箍加固拱桥技术的应用情况。实践证明,钢筋混凝土套箍封闭主拱圈加固拱桥技术具有安全、经济、快速、美观、耐久性好的特点,值得推广应用。

关键词:套箍　加固　机理　试验　应用

1　背景

当今世界范围内,无论是发达国家还是发展中国家,均有较大一部分桥梁因结构损伤、材料老化等原因而发生承载力不足问题,有待加固增强。美国现有桥梁中有40%以上(超过200 000座)都有不同程度的损坏,美国计划在21世纪初投入12 000亿美元用于桥梁的全面维修。联邦德国的公路桥梁调查表明,桥龄在30～50年的桥梁,有13%的桥梁上部构造至少有一处中等损伤。在我国现有桥梁中,除按1972年交通部颁布的《公路工程技术标准(试行)》和1982年以来按部颁《公路工程技术标准》(JTJ 1—81)设计建造的桥梁,尚能基本满足近期交通量外,在此之前,特别是50年代后期及60年代修建的一些桥梁,由于交通量的迅猛增长、桥梁建设质量尚存在问题以及超重、超限车辆损坏桥梁,造成大多数桥梁发生荷载吨位不足,甚至干线公路桥梁重车无法通过的情况时有发生。我国现有33万座公路桥梁中有1万多座属危桥,1/3以上的桥梁部分功能失效,急需加固改造。重庆市国省干线上存在危桥87座,更有600余座旧桥亟待提高承载力。2000年广东省桥梁普查结果表明,18 000多座桥梁中有4 000多座发生承载力不足现象。然而,废除这些旧桥重建新桥不但需耗巨资,而且需花时间,中断交通。而采用旧桥加固技术,则具有节省投资、减少工期、一般情况下不中断交通等优点。交通部每年花数亿元用于旧桥加固改造。

正因桥梁加固具有显著的技术、经济和社会效益,世界各国都在致力于该课题的研究,实践中也出现了各种各样的加固技术。针对数量占优(全国范围内60%以上,西南地区75%以上)的拱式桥梁的加固中,常用的技术主要有锚喷加固技术、粘贴加固技术、增设新拱肋加固技术三种。该三种加固技术各有其特点,也有其各自不足之处,如锚喷加固技术耐久性差、粘贴技术工艺要求高、增设新拱肋加固技术造价高等。另外,桥型的多样化、桥梁病害的多种性,影响桥梁承载力因素的复杂性,以至于至今国内外尚无统一的规范执行,各国的旧桥加固课题研

基金项目:交通部西部交通建设科技项目(200431881426);重庆市重大科技攻关项目(CSTC2005AA6010)

究方兴未艾。针对巨大的旧桥加固市场，寻求更为安全、经济、可靠的拱桥加固技术势在必行。

在上述背景下，重庆市科委于 2001 年 7 月把本项目列入了重庆市科技攻关计划（项目编号为 2001—6594）。经课题组不懈努力，本课题成果于 2003 年通过专家组鉴定，并获得 2004 年重庆市科技进步二等奖。至今，课题组采用本成果在省内外成功加固旧有桥梁近 60 座，取得了巨大的经济和社会效益。

2 加固机理

本加固技术主要采用了三项加固机理。

2.1 钢筋混凝土套箍加固拱桥机理之一——截面增大理论

随着高强度等级砂浆锚杆及现浇混凝土本身的黏结力，将现浇钢筋混凝土套箍层和原主拱圈层有机地结合在一起，达到共同承担活载的目的。在加固前，主拱圈的极限承载力的计算模式为：

$$\gamma_0 N_d < \varphi A f_{cd} \tag{1}$$

式中：γ_0——结构重要性系数；

N_d——轴向力设计值；

A——原主拱圈截面面积；

f_{cd}——砌体轴心抗压强度设计值；

φ——构件轴向力的偏心距 e 和长细比 β 对受压构件承载力的影响系数。

加固后，在暂不考虑其他影响因素，仅仅考虑截面增大效应的条件下，复合主拱圈极限承载力强度计算模式为：

$$\gamma_0 N_d < \varphi(A + \eta_1 A_1) f_{cd} = \varphi A f_{cd} + \varphi A_1 f_{cld} \tag{2}$$

式中：A_1——钢筋混凝土加固层的面积，$\eta_1 = f_{cld}/f_{cd}$；

f_{cld}——加固层中混凝土的轴心受压强度设计值；

其余符号意义同上。

将(1)与(2)进行比较，可看出采用钢筋混凝土套箍加固后其极限承载力明显得到了提高。

2.2 钢筋混凝土套箍加固拱桥机理之二——套箍效应

钢筋混凝土套箍层的增设，使得原主拱圈在活载作用下处于三向受压状态。由于侧压限制，使得主拱圈内部裂缝的产生和传播发展受到阻碍；荷载作用下主拱圈稳定裂缝和稳定裂缝传播扩展的开始，会因侧压限制而分别被延缓或推迟，使原主拱圈强度得到提高，这就是钢筋混凝土套箍加固拱桥的“套箍效应”。

课题组在分析 Richart、Balmer、Chiam 等人所做的三轴试验的基础上，提出考虑“套箍效应”的主拱圈强度计算公式为：$N_j \leqslant \alpha(A_o + KR_{al}^j / R_{ao}^j A'_1) R_a^j / Y_m$，为“套箍效应”试验的开展及加固设计技术的完善明确了方向。

2.3 钢筋混凝土套箍加固拱桥机理之三——断裂力学机理

2.3.1 机理一：变主拱圈表面裂纹为内部裂纹

(1)主拱圈断裂判据

如图1所示在试样中心有一长度为 $2a$ 的穿透裂纹，外加拉应力和裂纹平面垂直，采用图中坐标系，则可以证明，在裂纹端附近有如下的应力分布：

$$\left.\begin{aligned}\sigma_x &= \frac{K_I}{\sqrt{2\pi r}}\left\{\cos\frac{\theta}{2}\left(1-\sin\frac{\theta}{2}\sin\frac{3\theta}{2}\right)\right\}\\ \sigma_y &= \frac{K_I}{\sqrt{2\pi r}}\left\{\cos\frac{\theta}{2}\left(1+\sin\frac{\theta}{2}\sin\frac{3\theta}{2}\right)\right\}\\ \sigma_{xy} &= \frac{K_I}{\sqrt{2\pi r}}\sin\frac{\theta}{2}\cos\frac{\theta}{2}\cos\frac{3\theta}{2}\end{aligned}\right\} \tag{3}$$

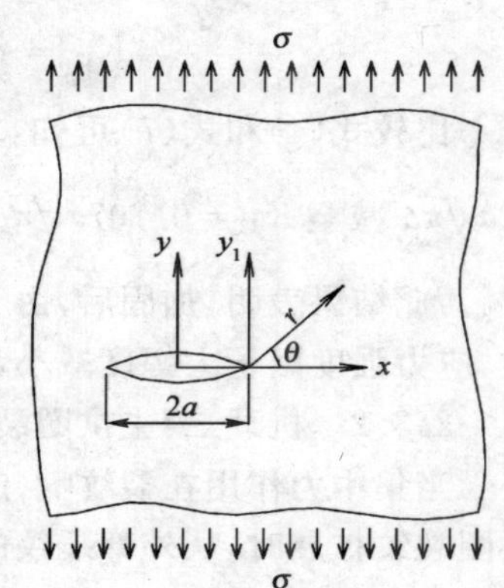

图1 I型裂纹

从式(3)可看出，减小 K_I 即可达到抑制裂缝扩展的目的。

(2)采用钢筋混凝土套箍加固前后主拱圈 K_I 比较

主拱圈加固前，假设在主拱圈表面存在一长度为 a 的裂纹，如图2所示，此时主拱圈在受单向拉伸时的应力强度因子 K_I 表达式，可从具有中心裂纹的"无限大"板单向拉伸作用的 K_I 表达式经过修正求得。经研究，此时的应力强度因子 K_I 的表达式为：

$$K_{I1} = 1.12\sigma\sqrt{\pi a} \tag{4}$$

主拱圈在加固后，由于其表面存在一强大的钢筋混凝土套箍层，使得主拱圈表面裂纹变为内部裂纹，如图3所示。此时，裂纹尖端附近应力强度因子 K_I 的表达式为：

$$K_{I2} = \sigma\sqrt{\pi a/2}\,f(\lambda) \tag{5}$$

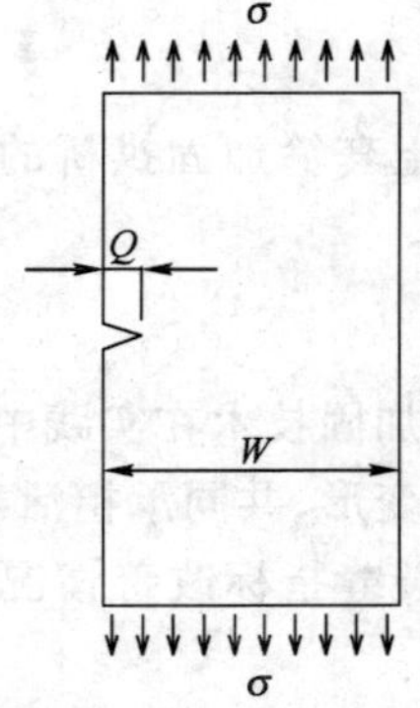

图2 主拱圈表面裂纹

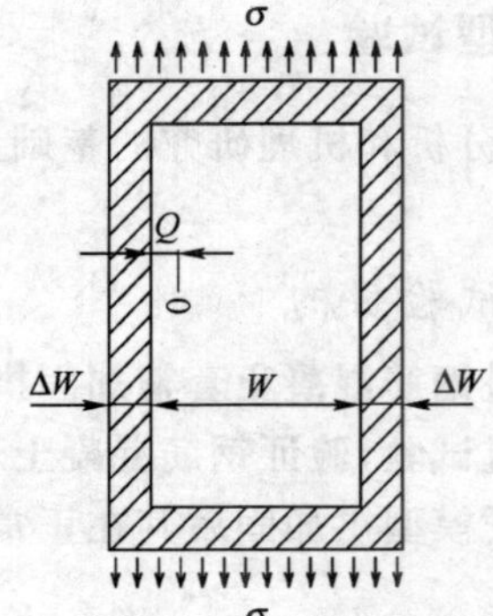

图3 主拱圈表面裂纹转化为内部裂纹

上式中，$\lambda=\dfrac{a/2}{W+2\Delta W}$，$f(\lambda)$为修正系数，其值可查表而得。当 $a/2<0.7(w+2\Delta w)$时：

$$K_{I2} = \sigma\sqrt{\pi/\frac{a}{2}}\sqrt{\pi}\left[1.77+0.227\left(\frac{a}{w+2\Delta w}\right)-0.510\left(\frac{a}{w+2\Delta w}\right)^2+2.7\left(\frac{a}{w+2\Delta w}\right)^3\right] \tag{6}$$

一般情况下，a<<$w+2\Delta w$，则此时式(6)可表示为：

$$K_{I2}=\sigma\sqrt{\pi a/2}\sqrt{\pi\times 1.77}\text{，即 }K_{I2}=0.707\sigma\sqrt{\pi a} \tag{7}$$

比较式(4)和式(7)可知：在同样裂纹宽度、应力作用下主拱圈应力强度因子由 $K_{I1}=1.12\sigma\sqrt{\pi a}$ 减至 $K_{I2}=0.707\sigma\sqrt{\pi a}$，$\frac{K_{I1}-K_{I2}}{K_{I1}}\times 100\%=36.9\%$，即加固后应力强度因子减少 36.9%。此结果表明，加固后，由于钢筋混凝土套箍层的作用，使得原主拱圈表面裂纹变为内部裂纹，应力强度因子大幅度减小，对稳定桥梁裂缝的开展极为有利。

2.3.2 机理二：主拱圈裂纹嘴的集中闭合力阻裂

当集中力作用在裂纹嘴(起裂点)上时，此时集中力产生的应力强度因子最大；相应，在主拱圈裂纹扩展时，从外部裂纹的起裂点施加一对和开裂方向相反的集中闭合力时，此时集中力产生的负应力强度因子也最大，主拱圈裂纹的总应力强度因子也减少最多。从钢筋混凝土套箍层加固主拱圈的实际情况看，由于套箍层与原主拱圈设有可靠的砂浆锚杆连接，并有强大的环向箍筋，如图 4 所示，当主拱圈出现裂纹扩展情况时，钢筋混凝土套箍层势必产生一强大的抑制裂纹开展的集中力，大大减少裂纹处的应力强度因子，起到积极的抑制裂纹开展作用。

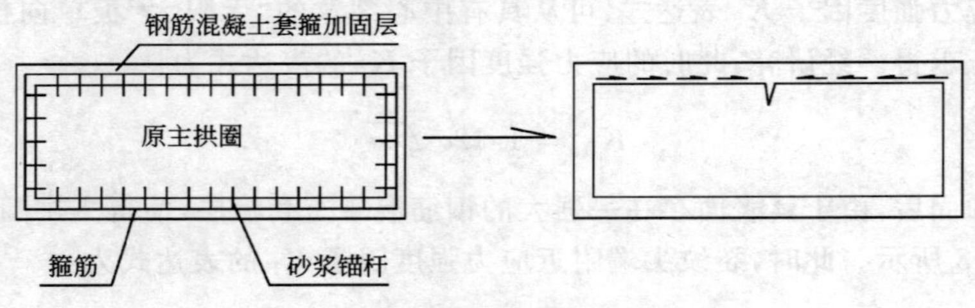

图 4 套箍抑制裂纹扩展示意图

3 模型试验

在理论分析和机理研究的基础上，课题组进行了钢筋混凝土套箍加固拱桥的系列模型试验。

3.1 试验目的

(1)通过钢筋混凝土套箍加固拱桥的模型模拟试验，检验该加固技术在实践中的可行性。

(2)通过试验，验证钢筋混凝土套箍层与原主拱圈层的协调变形、共同承担活载能力。

(3)验证模型拱加固后其在正常使用状态下的强度、刚度、裂缝指标改善情况及极限承载力提高幅度。

(4)通过钢筋混凝土“套箍效应”配套试验，研究构件在不同刚度套箍层作用下的力学性态情况。

3.2 试验概况

3.2.1 总体概况

本次试验分为钢筋混凝土套箍加固拱桥主模型试验和“套箍效应”配套试验。

钢筋混凝土套箍加固拱桥主模型试验共有 5 片试验拱，分别命名为 $A1$、$A2$、$A3$、$A4$、$A5$，其试验内容为：

$A1$——原拱直接加载至破坏，代表未作加固处理的原桥。

$A2$、$A3$——在原拱完好的状态下作增设钢筋混凝土套箍层的加固，相应加固后的试验拱命名为 $A2'$、$A3'$，代表在无明显病害下需作加固增强处理的拱桥。

$A4$、$A5$——原拱作加载直至开裂，开裂后即卸载，并作钢筋混凝土套箍加固处理，相应加固处理后的试验拱命名为 $A4'$、$A5'$，代表存在一定病害需作加固整治处理的拱桥。

通过测试上述各片试验拱在加载工况下的应变、挠度、裂缝指标，即可反映出采用钢筋混凝土套箍加固拱桥的实际效果。

“套箍效应”配套试验旨在研究不同套箍层刚度(厚度)对核心混凝土构件的影响。试验共分 9 组共 30 个试件进行。

3.2.2 试验拱的设计与制作

为了使模型更具有代表性、更好地与实际工程比较，课题组分析、计算了大量钢筋混凝土拱桥及圬工拱桥，在此基础上选定实桥原型跨径为 60m，矢跨比为 1/5。为了模拟实桥上的横墙及立柱，在模型拱的两个四分点分别设计一道横墙。根据相似原理，确定模型相似比为 1/20；同时考虑到试件制作难度、试验条件及构造要求，对试件加固层厚度并不严格按照相似比取值。为了模拟全空腹式拱桥，$A3'$、$A4'$、$A5'$ 采用全主拱圈封闭的套箍；相应的，为模拟实腹式拱桥，$A2'$ 拱顶段采用顶部开口的 U 形套箍加固。

3.3 加载试验

加载试验在重庆交通大学结构实验室进行。

3.3.1 测点布置

主模型试验加载过程要求测试截面位移及混凝土和钢筋应变。位移测点布置在拱脚、四分点及拱顶五个位置，其中拱脚处测量水平位移，其余三处测量竖向挠度，要求各测点处的仪器置于拱腹中线上。

各片试验拱在加载过程中要求测试两拱脚、两四分点、拱顶五处钢筋表面应变；相应每一截面上要在拱腹、拱背靠近两边缘处钢筋上粘贴应变片。

“套箍效应”配套试验只要求测试试件承载力，不要求测试位移、应变。

3.3.2 加载方式

主拱模型试验加载方式采用两点加载，如图 5 所示。加载之前必须对各模型用 1～2t 的荷载进行预压。各级荷载之间的级差根据试验进程适当调整，原则上要求在构件出现可

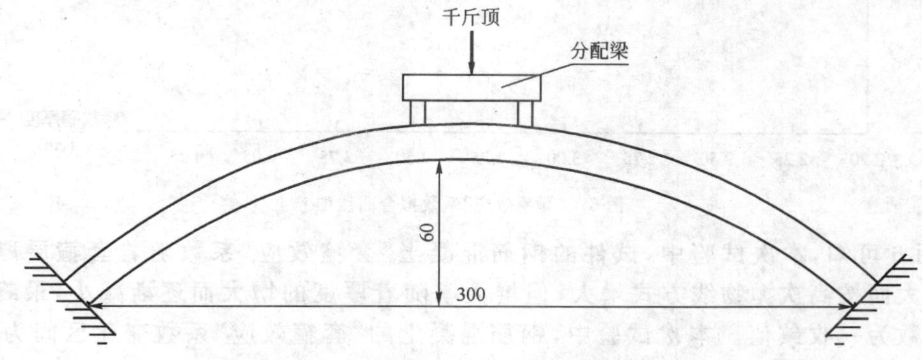

图 5 主拱试验加载示意图(尺寸单位：cm)

见裂缝以前荷载级差为1t,构件开裂后适当加大级差。每级荷载作用之后,要求3～5min后待构件变形稳定方可记录位移、应变数据。

"套箍效应"配套试验采用连续加载直至结构破坏。

随主拱试件与套箍试件同时制作的标准试块的抗压强度试验按规范进行。

3.4 试验结果分析

3.4.1 钢筋混凝土套箍加固主模型试验结果分析

(1)由应变测试结果表明,由于钢筋混凝土套箍层与原主拱圈结合,形成复合主拱圈,提高了主拱圈的强度,使得在同级荷载作用下,加固后主拱圈的钢筋和混凝土的应变值较加固前减少20%～60%。

(2)由挠度测试结果表明,加固后主拱圈在同级荷载作用下的挠度值减少30%～50%。

(3)由裂缝测试结果表明,加固后主拱圈的开裂荷载等级较加固前提高近1倍,且同级荷载下的主拱圈裂缝根数和最大裂缝宽度较加固前有较大幅度的减小,采用钢筋混凝土套箍加固的复合主拱圈在正常使用状态下的力学性态较加固前有较大幅度的改善。

(4)由测试结果可知,$A2'$、$A3'$、$A4'$、$A5'$的极限承载力分别是$A1$试验拱的1.623、1.690、1.587和1.571倍,可见,采用套箍加固后主拱圈极限强度可较加固前提高57%～62.3%,加固效果显著。

(5)$A2'$、$A3'$为完好状态下直接作加固的试验拱,$A4'$、$A5'$为出现开裂后的试验拱,从试验结果看,尽管$A4'$、$A5'$比$A2'$、$A3'$极限承载力高,但超过值在8%以内,可见,钢筋混凝土套箍加固技术对已出现病害拱桥或无明显病害需作加固增强处理的拱桥均有较大的适用性。

3.4.2 "套箍效应"配套试验结果

不同套箍层厚度与"套箍效应"系数的关系如图6所示。

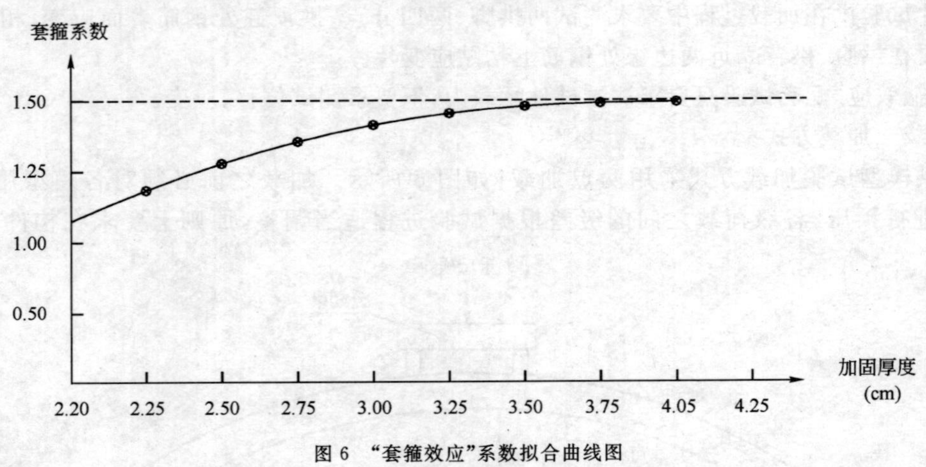

图6 "套箍效应"系数拟合曲线图

从图6可知,本次试验中,试件的钢筋混凝土"套箍效应"系数随着套箍层厚度(刚度)的增大而按高次抛物线方式增大,但增大率随着厚度的增大而逐渐减小,最终"套箍效应"系数为一收敛值。本次试验中,钢筋混凝土的"套箍效应"系数变化区间为1.2～1.5,该值可作为今后加固设计中的重要依据。

综上所述,钢筋混凝土套箍层能和原主拱圈有效结合在一起,形成复合主拱圈,协调变形、共同承担活载,发挥了套箍效应,能改善桥梁力学性态和较大幅度地提高原桥的承载力。

4 应用

4.1 设计技术

钢筋混凝土套箍加固拱桥应满足如图 7 所示的三应力准则进行。

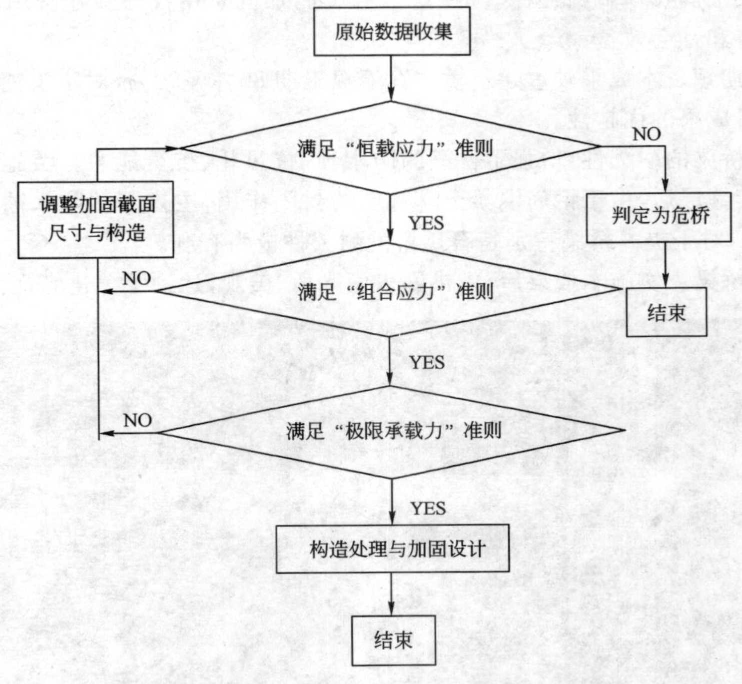

图 7 拱桥加固三应力准则执行程序图

设计理论可采用极限状态设计理论,也可采用容许应力设计理论,但须满足构造设计要求。

4.2 施工工序

钢筋混凝土套箍加固拱桥施工可按照以下工序进行。

(1)沿桥梁主拱圈搭设轻型支架。

(2)安设主拱圈砂浆锚杆。

(3)主拱圈表面凿毛处理。

(4)通过砂浆锚杆,固定和布设纵横钢筋。

(5)从两拱脚往拱顶方向浇筑混凝土套箍层。

(6)混凝土养生。

4.3 应用情况

目前,采用本加固技术已在重庆、四川、西藏、云南等省市成功加固旧有桥梁近 60 座。实践证明采用钢筋混凝土套箍加固拱桥技术具有以下实施效果。

(1)新增设的钢筋混凝土套箍层完全能与原主拱圈有效结合在一起，达到协调变形、共同承担活载的目的。

(2)在不中断交通的前提下，可有效提高桥梁荷载等级1～2级，确保桥梁不仅能满足近期交通量要求，还能满足远期交通量要求。

(3)具有显著的经济和社会效益。实践证明，采用钢筋混凝土套箍封闭主拱圈加固拱桥技术可较常规桥梁加固技术节约工程造价10%～30%，加固费用仅占新建费用的15%～25%，具有显著的经济和社会效益。

(4)施工工期短。本成果较重建新桥方案缩短工期80%～90%，对于工期要求高的工程，更能显示本项目成果的优越性。

(5)提高了桥梁的耐久性，增强了桥梁的防水蚀、抗风化、抗震能力。实施科学、合理设计的钢筋混凝土套箍层后，由于钢筋混凝土套箍层的封闭作用，主拱圈的防水蚀、抗风化能力可靠度达到100%，对于提高桥梁特别是石拱桥的耐久性极为有利。

(6)美化了桥梁。实施本成果后，主拱圈表面光滑、美观，达到了美化修饰桥梁的目的。

图8 采用钢筋混凝土套箍加固后的四川平昌秧田沟大桥

5 结束语

在国家交通大发展、西部大开发的背景下，“钢筋混凝土套箍封闭主拱圈加固拱桥技术”项目成果，必将对我国拱式桥梁提供一条行之有效的加固途径。随着社会的进步，科技的发展，新材料、新工艺、新技术的不断涌现，本项目成果还将在实践中得到进一步的发展和完善；同时，随着本技术的不断完善和应用，必将产生更大的社会和经济效应，应用前景更为广阔。

参考文献

[1] 周建廷. 钢筋混凝土套箍封闭主拱圈加固拱桥成套技术研究报告. 重庆，2002.

[2] 周建廷.常用拱式桥梁加固技术及适用特点分析. 2001 年桥梁学术讨论会论文集.北京:人民交通出版社,2001.

[3] 周建廷,等.钢筋混凝土套箍技术在拱桥加固中的应用研究〔J〕. 公路 . 2002 年第 1 期:p44-46.

[4] 周建廷,冉仕平,等 . 截面转换加固罗布江孜大桥研究〔J〕. 公路 . 2003 年 12 期:p16-18.

[5] Xie B. et al. Damage Location ldentification for Aluminum Plate by Wavelet Analysis [R]. NDE for Health Monitoring and Diagnostics, San Diego, 2002,4701-36.

[6] Peairs D. M. et al. Reducing the Cost of linpedence-Based Structural Health Monitoring[R]. NDE for Health Monitoring and Diagnostics, San Diego, 2002,4702-36.

[7] Amaravadi V et al. Structural Integrity Monitoring of Composite Patch Repairs Using Wavelet Analysis and Neural Network [R]. NDE for Health Monitoring and Diagnostics, San Diego, 2002,4701-17.

玻璃纤维(GFRP)加固混凝土梁抗弯性能试验研究

杨庆国　易志坚　何小兵　马银华　黄　锋

(重庆交通大学土木建筑学院　重庆　400074)

摘　要:本文论述了玻璃纤维(GFRP)加固梁的阻裂机理,通过对钢筋混凝土梁进行试验研究,表明采用粘贴玻璃纤维(GFRP)加固梁的使用功能优越,承载力高,延性好。

关键词:玻璃纤维(GFRP)　加固　梁　抗弯性能　试验研究

0　引言

钢筋混凝土结构是土木工程中广泛应用的结构形式之一。在实际工程应用中常常由于各种原因(如结构使用期限已经超过结构的设计基准期;设计、施工或管理的失误;使用功能改变或荷载等级提高等)使得结构不能满足正常工作的需要而不得不进行加固维修。近些年来,纤维复合材料(FRP)作为一种新型的钢筋混凝土结构补强加固材料在我国逐渐兴起[1][2]。目前,这些研究主要集中于碳纤维(CFRP)加固钢筋混凝土结构,并且加固时都对结构进行了卸载[3][4]。针对上面的问题,本文进行了玻璃纤维(GFRP)加固已承受荷载的钢筋混凝土梁的理论分析与试验研究。

1　玻璃纤维加固钢筋混凝土梁的阻裂机理分析

玻璃纤维加固钢筋混凝土梁应用了断裂力学中的三个阻裂机理。

(1)在裂纹嘴施加一对集中闭合力。玻璃纤维加固钢筋混凝土梁是在其受拉面粘贴一层或是几层玻璃纤维材料,当结构受力时,玻璃纤维也会参加工作,承受拉力作用。对于裂纹而言,玻璃纤维层的影响相当于在裂纹嘴上对裂纹施加了一对集中闭合力,它的作用使原本张开的裂纹闭合,从而有效地降低了裂纹端部的应力强度因子。

(2)改变裂纹形式,变边裂纹为内部偏心裂纹。对于钢筋混凝土结构,混凝土一旦开裂,则其中的裂纹就是边裂纹。新结构在其表面粘贴断裂韧性较大的玻璃纤维材料后,于是原来的边裂纹就变成了内部偏心裂纹,应力强度因子因此会降低;另一方面玻璃纤维材料的断裂韧性远远大于混凝土的断裂韧性,这样,裂纹上端的应力强度因子就成了裂纹扩展的控制因素,因此此时控制裂纹扩展的应力强度因子大幅度降低。

(3)减小裂纹长度。应力强度因子不仅与外界应力大小成正比,还与裂纹长度开方成正比。因此对裂纹进行灌浆处理并固化后,裂纹长度显著减小,从而使应力强度因子大大降低。对于裂缝完全被封闭的理想情况,此时裂缝端部的应力强度因子降为零。

2　玻璃纤维加固已承受荷载的钢筋混凝土梁的试验研究

2.1　试验设计

为了考察不卸载粘贴 GFRP 布加固后的钢筋混凝土受弯构件的抗弯性能以及裂缝封闭

对加固效果的影响，进行了两组试验梁的对比设计，见表1。需要进行加固的普通梁均在各自极限荷载的50%～70%之间循环3次。

试验梁编号及加固方式 表1

梁的尺寸	编　号	钢筋形式	加固方式
大梁：6.5m×0.25m×0.5m	Dbeam	II级螺纹	普通对比大梁
	Dbeam-1		普通梁的极限荷载50%作用下粘贴三层GFRP
	Dbeam-2		普通梁的极限荷载50%作用下粘贴三层GFRP并灌缝
小梁：2.0m×0.1m×0.18m	Xbeam	I级光圆	普通对比小梁
	Xbeam-1		普通梁的极限荷载50%作用下粘贴二层GFRP
	Xbeam-2		普通梁的极限荷载50%作用下粘贴二层GFRP并灌缝

2.2 试验结果及数据分析

2.2.1 荷载—跨中挠度曲线

从图1中可以看出，不论是大梁还是小梁，粘贴玻璃纤维加固后的梁的结构刚度相比普通梁有较大程度的提高，甚至可以与普通梁处于弹性工作状态下的结构刚度相媲美。并且普通梁在受拉主筋屈服后，构件的挠度急剧增大，已经丧失了继续承载的能力，而此时粘贴玻璃纤维加固梁由于玻璃纤维的作用，还有很大的承载潜力，远远没有达到梁体整体屈服阶段。另外，封闭裂缝可以使梁的加固效果更好，并且消除裂缝存在对结构耐久性以及结构使用性能的影响。因此，推荐采用粘贴玻璃纤维并封闭裂缝的加固方式，玻璃纤维层数为两层即可。

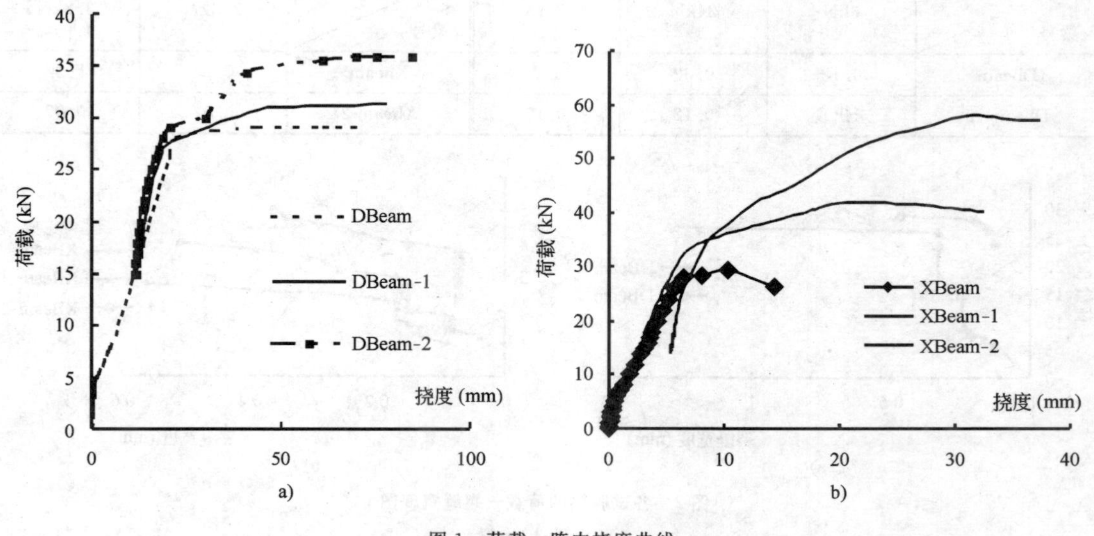

图1 荷载—跨中挠度曲线

a)大梁；b)小梁

从梁的挠度数据也可以看出加固后的普通梁的刚度得到了显著提高。荷载达到相应普通梁极限荷载的70%时，各试验梁的挠度见表2。

各试验梁的挠度 表 2

梁编号	挠度(mm)	减小程度	梁编号	挠度(mm)	减小程度
Dbeam	15.6	—	Xbeam	4.2	—
Dbeam-1	14.2	9%	Xbeam-1	3.7	14%
Dbeam-2	12.7	19%	Xbeam-2	3.4	19%

2.2.2 裂缝性态分析

混凝土是一种非均匀的多相材料，其内部含有许多天然微孔隙、微裂纹，这些微裂纹并非沿截面贯通的，因而其是可以承受拉应力的；但是，微裂纹很容易在拉力作用下扩展并贯通整个截面，最终形成宏观裂纹，从而引起弯拉状态下混凝土的断裂。由于微裂纹分布的随机性以及混凝土材料的非均匀对称性，使得钢筋混凝土梁不同截面处的混凝土材料弯拉强度相差甚远。因此，钢筋混凝土梁的裂缝只会率先在其薄弱截面位置处出现。对于粘贴玻璃纤维并对灌缝加固的普通梁来说，只要裂缝灌注胶的抗拉强度和灌注胶与混凝土界面的黏结强度高于混凝土抗拉强度（如今的加固材料已经不难满足该要求），那么新的裂缝只能在其他截面位置处寻求开裂，而这些截面位置处的混凝土抗拉强度明显要高于初次开裂的地方，也就是说，混凝土要想再次开裂比第一次难得多。与此同时，由于玻璃纤维在裂缝嘴上提供了一对集中闭合力，使得裂缝端部的应力强度因子显著减小，有效地阻止了裂缝的失稳扩展。因此，加固后的普通梁的裂缝宽度较未加固的普通梁的裂缝宽度大幅度减小。各试验梁在不同荷载等级下的裂缝宽度见表 3，裂缝宽度随荷载的变化图如图 2 所示。

各试验梁的裂缝宽度（单位：mm） 表 3

梁号 \ 荷载	6kN	24kN	27kN	梁号 \ 荷载	2.8kN	3.8kN
Dbeam	0.12	0.33	1.3	Xbeam	0.56	已坏
Dbeam -2	未出现	0.12	0.15	Xbeam-2	0.07	0.07

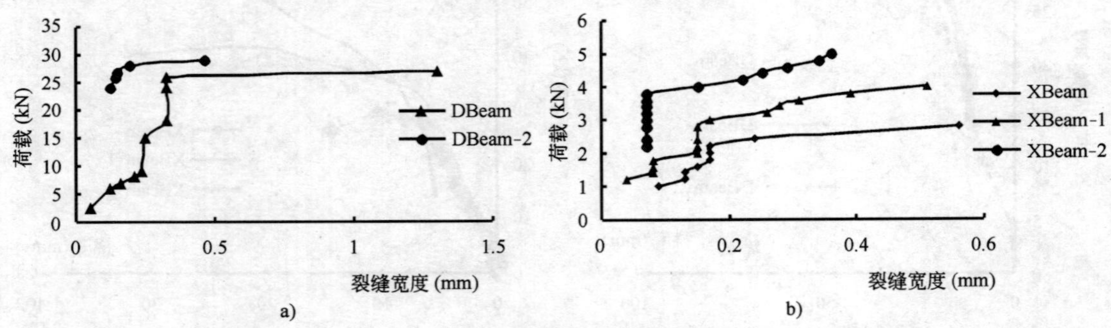

图 2 各试验梁的荷载—裂缝宽度图

a）大梁；b）小梁

从表 3 和图 2 中可以看出，加固后的普通梁的裂缝宽度较未加固的普通梁大幅度减小。以大梁为例，荷载达到 24kN 时，梁 Dbeam 的裂缝宽度为 0.33mm，加固梁 Dbeam -2 仅为 0.12mm，而荷载为 6kN 时，梁 Dbeam 的裂缝宽度就已经达到了 0.12mm。并且裂缝宽度的减小随着荷载的增加表现得更加明显，如荷载达到 27kN 时，梁 Dbeam 的裂缝宽度已超过

1mm,为 1.3mm,梁即将破坏,而此时梁 Dbeam -2 的裂缝宽度只有 0.15mm,处于正常工作状态。对于小梁来说,这种加固效果同样明显。加固后的普通梁不仅裂缝宽度显著减小,而且裂缝发展缓慢,裂缝高度也显著降低。可见,加固后的普通梁的裂缝指标得到了显著改善。

2.2.3 极限承载力对比

加固后的普通梁由于玻璃纤维能够代替钢筋承担一部分拉力的作用,使得结构的极限承载力也得到了很大程度的提高。表 4 为各试验梁的极限承载力对比。

各试验梁的极限承载力(单位:kN) 表 4

梁 号	极限承载力	提高程度	梁 号	极限承载力	提高程度
Dbeam	29	—	Xbeam	2.8	—
Dbeam-1	31	7%	Xbeam-1	4.2	50%
Dbeam-2	36	24%	Xbeam-2	5.8	107%

需要说明的是,由于受拉主钢筋为螺纹钢筋的大梁在钢筋屈服后,保护层混凝土很快碎裂并沿界面形成破碎带,玻璃纤维层连同混凝土保护层脱落,使得玻纤维层没有充分发挥其强度,造成梁提前破坏,因此加固后的极限承载力的提高程度不及受拉主钢筋为光圆钢筋的小梁。

加固后的普通梁实际上不仅是上面所涉及的一些力学性能得到了显著的改善,其他的一些力学性能如梁的抗剪能力,破坏时的延性等也得到了较大的提高。但限于篇幅有限,不再另作分析。

3 结语

粘贴玻璃纤维并封闭裂缝加固后的钢筋混凝土梁与未加固的梁相比,梁的整体刚度和极限承载力都得到了很大程度地提高,特别是梁的裂缝指标得到了更为明显地改善,裂缝的再次开裂比初次开裂要难很多,而且同等荷载级别下的裂缝宽度和裂缝发展高度成倍减小。同时,加固后的钢筋混凝土梁的抗剪能力和破坏时的延性也得到了显著改善。因此,粘贴玻璃纤维并封闭裂缝加固后的钢筋混凝土梁完全能够满足结构的正常使用要求。

参考文献

[1] 赵彤,谢剑.碳纤维布补强加固混凝土结构新技术[M].天津大学出版社.2001.

[2] 朱张校.工程材料.清华大学出版社[M].2001.

[3] Stephen Kurtz and P. Balaguru. Comparison of Inorganic and Organic Matrices for Strengthening of RC Beams With Carbon Sheets[J]. Journal of Structural Engineering. January 2001.

[4] Hamid Saadatmanesh and Mohammad R. Ehsani. Experimental Study of Concrete Girders Retrofitted with Epoxy-Bonded Composite Laminates[J]. Journal of Structural Engineering, ASCE, V. 117, No. 11, November 1991.

船桥碰撞概率计算模型研究

耿　波　汪　宏

(重庆交通科研设计院　重庆　400067)

摘　要:本文对目前国内外应用较多的AASHTO规范模型、欧洲规范模型、KUNZI模型和黄平明直航路模型进行了深入探讨,并比较了各种模型的优缺点,在此基础上,提出了改进的KUNZI模型,解决了KUNZI模型中不能考虑船舶航迹分布的问题,并运用该模型进行了实例分析,说明了该模型的合理性。

关键词:船撞桥　概率　模型

1　概述

随着我国跨江跨海大桥的增多以及船舶运输业的蓬勃发展,船撞桥事故的发生也屡见不鲜。国内外统计资料表明,近几十年来,世界上发生的船舶撞毁桥梁事故已超过100次。我国船撞桥的事故也频繁发生,据统计,武汉长江大桥自1957年建成以来已经发生了70多起船撞桥事故,黄石长江大桥仅1993、1994两年时间就连续发生19起船撞桥事故,白沙沱长江大桥自1959年建成通车后桥墩被船舶撞击竟达100多次,经专家讨论后未来将拆除该桥。

由于船撞桥事故往往会造成巨大的人员伤亡、严重的经济损失和恶劣的政治影响,因此对已建或在建桥梁进行船撞桥概率分析就显得尤为必要,通过将桥梁的船撞桥概率与船舶的年通航量相乘就可以估算出桥梁的年撞击频率。对于年撞击频率较高的桥梁,我们可以采取适当的避碰措施来减少船舶撞击,如设置导航标以及实行船舶定线制等,必要时还可以对桥墩加装防撞设施。

本文将对目前国内外应用较多的几种船桥碰撞概率计算模型进行深入探讨,通过分析各种模型的优缺点,力图从理论上提出一种更为合理和完善的船桥碰撞概率计算模型,并通过应用该模型进行实例分析,说明该模型的合理性。

2　现有船桥碰撞概率计算模型评述

目前,国内外应用较多的几种船桥碰撞概率计算模型有:AASHTO模型、欧洲规范模型、KUNZI模型和黄平明直航路模型。下面分别对这几种模型做一下简要介绍。

2.1　AASHTO规范模型

《美国公路桥梁设计规范》(1994)[1]给出了桥梁各桥墩年倒塌频率的计算公式:

$$AF = N \times PA \times PG \times PC \tag{1}$$

式中:　　N——船舶年通航量;

PA、PG、PC——偏航概率、几何概率和倒塌概率。

公式中去除 PC 后便是桥梁遭受船舶撞击的年频率。

偏航概率 PA 按下式进行计算：

$$PA = BR \times R_B \times R_C \times R_{XC} \times R_D \tag{2}$$

式中：BR、R_B、R_C、R_{XC}、R_D——偏航基准概率、桥位修正系数、平行水流修正系数、横流修正系数和船舶交通密度修正系数。

几何概率 PG 的计算如图 1 所示。AASHTO 模型采用正态分布来模拟船舶的分布，均值为航道的中心线，标准差为船舶的典型长度。

2.2 欧洲规范模型

欧洲规范(Eurocode 1)(1997)[2]给出了如下船撞桥概率模型，如图 2 所示。

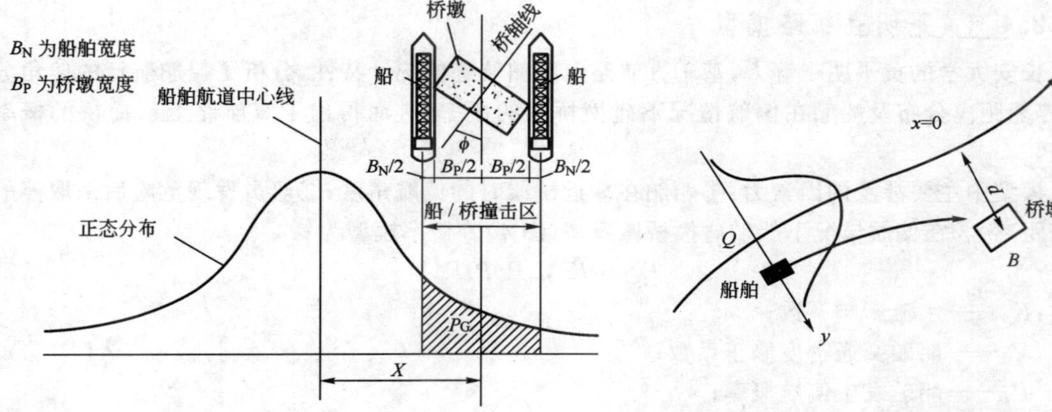

图 1 几何概率 PG 计算图示　　　图 2 欧洲规范船桥碰撞概率模型

在该方法中，引入一个坐标系(x,y)，x 轴代表沿航道的中心线，y 轴代表船舶距航道中心线的距离。潜在的被撞结构物即桥墩位于$(0,d)$处。由于航行错误和机械故障等导致的船舶与桥墩的碰撞被模拟为一个非均匀的泊松过程，已知该泊松过程的密度为 $\lambda(x)$，则在时间 T 内的碰撞概率表达式为：

$$P_c(T) = nTP_{na}\iint \lambda(x) P_c(x,y) f_s(y) \mathrm{d}x\mathrm{d}y \tag{3}$$

式中：P_{na}——由于人员干预仍不可避免撞桥的概率；

$\lambda(x)$——船舶单位航行距离的失误概率，可参照事故资料来确定；

$P_c(x,y)$——在给定初始位置(x,y)下的碰撞条件概率；

$f_s(y)$——y 方向船舶初始位置的分布。

2.3 KUNZI 模型

德国的 Kunz 建议了一个具有两随机参数的船桥碰撞概率计算模型[3]，第一个随机参数为船舶的偏航角度 ϕ，第二个随机参数为停船距离 x。偏航角度 ϕ 是指船舶航行方向与预订的航线方向之间的角度，如图 3 所示。

对于 ϕ 和 x，KUNZI 模型中采用正态分布来对其进行描述，即：

$$F_{\phi}(\phi) = \frac{1}{\sqrt{2\pi}\sigma_{\phi}} \int_{-\infty}^{\phi} \exp\left\{\frac{(\phi-\mu_{\phi})^2}{2\sigma_{\phi}^2}\right\} d\phi \tag{4}$$

$$F_{x}(x) = \frac{1}{\sqrt{2\pi}\sigma_{x}} \int_{-\infty}^{x} \exp\left\{\frac{(x-\mu_{x})^2}{2\sigma_{x}^2}\right\} dx \tag{5}$$

概率模型的数学表达式为：

$$P_c(T) = nT\int \lambda(s) W_1(s) W_2 ds \tag{6}$$

式中：$W_1(s) = F_{\phi}(\phi_1) - F_{\phi}(\phi_2)$——一条撞击航迹的概率；

$W_2(s) = 1 - F_x(s)$——撞击前事故未得到制止的概率；

$\lambda(s)$——船舶单位航行距离的失误概率。

2.4　黄平明直航路模型

长安大学的黄平明[4]等人，基于直航路上船舶航迹的统计特性，分析了船舶航行的偏角分布，停船距离分布及船舶在偏航情况下碰撞桥墩的概率，进而得出了直航路上船撞桥的概率模型。

模型中主要涉及的因素为：①船舶在靠近桥梁时的偏航角度；②船员发现危险后采取停船所需距离；③在偏航情况下船舶碰撞桥墩概率(图 4)。概率模型为：

$$P_c = K_v V_d P_{\varphi} P_s P_{ic} \tag{7}$$

式中：K_v——水流影响系数；

V_d——船舶交通密度修正系数；

P_{φ}——船舶发生偏航概率；

P_s——停不住船的概率；

P_{ic}——偏航情况下碰撞桥墩概率。

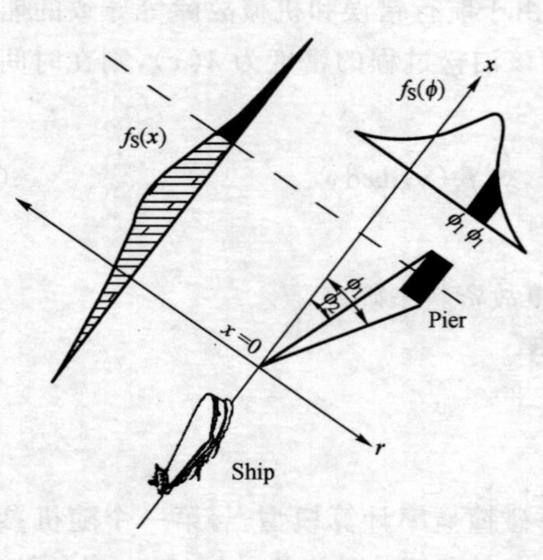

图 3　KUNZI 船桥碰撞概率模型

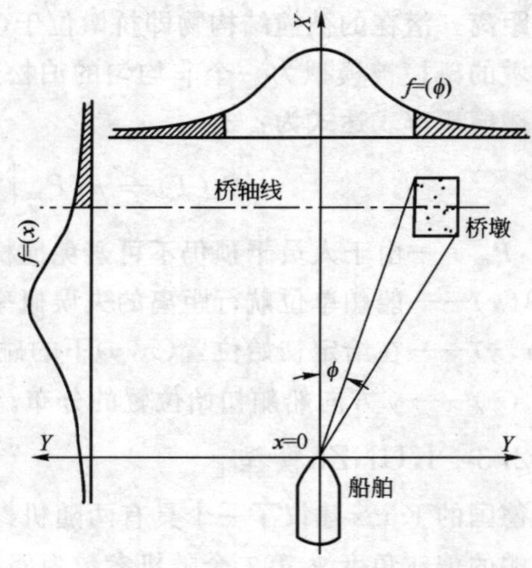

图 4　偏航角及停船距离分布

2.5 综合比较

AASHTO模型是目前应用最为广泛的船桥碰撞概率计算模型，原因在于其方法完善，应用也相对简单，实用性较强。AASHTO模型计算碰撞概率的基本思路可以理解为，首先确定出几何概率 PG（图5中 B 区），然后再乘以船舶由于偏航而驶入 B 区的概率，即船舶的偏航概率 PA（由 A 区驶入 B 区的概率），且船舶一旦驶入 B 区，这种状态就会一直维持到发生事故。确定 PA 的最精确的方法是进行长期的事故统计，在缺乏统计资料的前提下，AASHTO给出了 PA 的估算经验公式，但并未包括诸如风、能见度条件、助航设备等影响因素的影响。

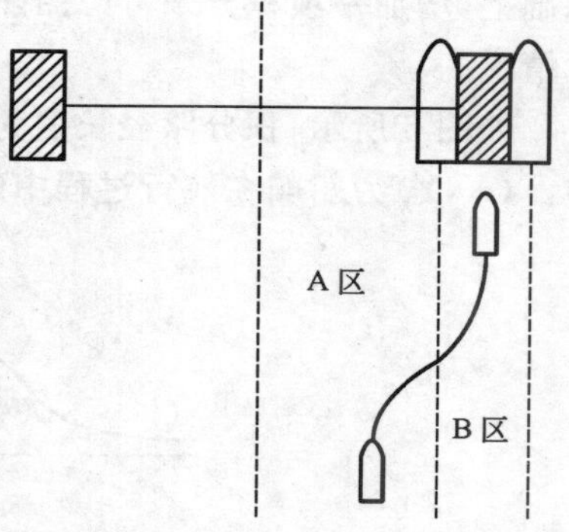

图5 AASHTO模型计算图示

实际上，大多数情况下，船舶在航行中一旦驶入危险区域，会采取一些措施如减速、调整航向等来避免碰撞，也即船舶从图中的 A 区偏航驶入 B 区后，并不一定就撞上桥墩。从这个意义上说，KUNZI模型和欧洲规范模型似乎更能反映出事故的发生过程和发生机理。

KUNZI模型和欧洲规范模型的计算思路基本相似。欧洲规范模型考虑了船舶在桥区的横向分布、所处位置对事故的影响以及单位航程事故率的变化，理论推导方面较为严谨，但由于在计算 $P_c(x,y)$ 时缺乏具体的随机变量，因此其应用受到一定的限制。KUNZI模型则进一步明确了 $P_c(x,y)$ 的计算方法，提出了偏航角和停船距离这两个随机变量，并给出了相应的计算公式，但KUNZI模型只是针对船舶的单条航迹给出了碰撞概率的计算方法，而在实际中，船舶在横向上存在一定的航迹分布，不同航迹线上的船舶按KUNZI模型计算出的碰撞概率是不同的，要想得到真实的碰撞概率还要将KUNZI模型的计算结果在船舶的横向分布上进行积分。因此，KUNZI模型与欧洲规范模型相比，既有其先进的一面，但同时又忽视了实际中船舶的横向分布，对计算结果造成了一定的偏差。

黄平明的直航路模型从思路上看，是对AASHTO模型和KUNZI模型进行了综合，既引入了AASHTO模型中的某些修正系数和几何概率 PG，又引入了KUNZI模型中的偏航角和停船距离的概念。但该模型在计算偏航概率 P_φ 和停不住船的概率 P_s 时，仅考虑了船舶初始位置的影响。而实际上，在KUNZI模型中，偏航概率和停不住船的概率的计算是一个有序的积分过程，当船舶行驶在不同位置时，其偏航角的分布和停船距离的分布也是随之变化的，并非仅与船舶的初始位置有关。因此，从这个意义上说，黄平明的直航路模型从理论推导上来说并不是很严谨。

总体上看，AASHTO模型采用 PG 来表征撞击区域，然后用偏航概率 PA 进行修正；KUNZI模型采用 $W_1(s)$ 来表征撞击区域，然后用 $\lambda(s)$ 和 $W_2(s)$ 进行修正。AASHTO模型忽略了停船因素的影响，采用了一个综合影响系数，也即偏航概率 PA 来进行了考虑。KUNZI模型则从船舶的航行过程入手，采用一个有序积分来计算碰撞概率，实际意义更为明确，不足之处在于忽略了船舶的横向分布。

3 改进的KUNZI模型

针对KUNZI模型中的不足之处，本文提出了改进的KUNZI模型，即在KUNZI模型的基础上，增加一项积分来考虑船舶横向分布对碰撞概率的影响，使模型的理论推导更加符合实际情况。

如图6所示，积分路径长度为D，D可取$\geqslant\mu+3\sigma_s$，μ_s为停船距离均值，σ_s为停船距离标准差。(X,Y)为船舶在航行过程中的积分坐标。

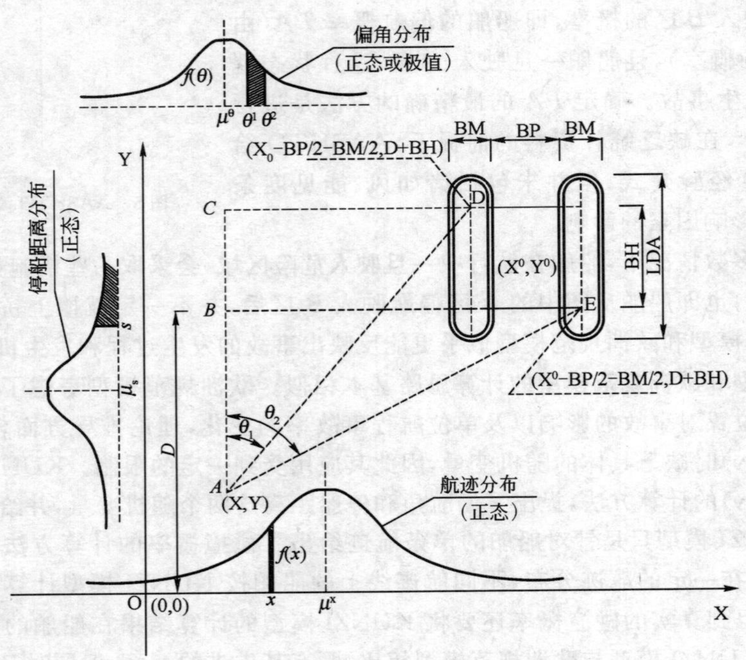

图6 改进的KUNZI模型计算图示

经改进的KUNZI模型积分式为：

$$P_c = nT\int_{\mu_x-3\sigma_s}^{u_x+3\sigma_s} f(x)\int_0^D \lambda(s)[1-F(s)]\int_{\theta_1}^{\theta_2} f(\theta)\,\mathrm{d}\theta\,\mathrm{d}y\,\mathrm{d}x \tag{8}$$

式中：μ_x、σ_x——船舶的航迹横向分布均值和标准差；

$f(x)$——航迹分布密度函数；

$F(s)$——停住船的概率；

$f(\theta)$——偏航角分布密度函数；

$\lambda(s)$——船舶单位航行距离的失误概率。

$f(x)$、$f(\theta)$、$F(s)$分别如下：

$$f(x)=\frac{1}{\sqrt{2\pi}\sigma_x}e^{-\frac{(x-\mu_x)^2}{2\sigma_x^2}} \tag{9}$$

$$f(\theta)=\frac{1}{\sqrt{2\pi}\sigma_\theta}e^{-\frac{(\theta-\mu_\theta)^2}{2\sigma_\theta^2}} \tag{10}$$

$$f(s)=\frac{1}{\sqrt{2\pi}\sigma_s}e^{-\frac{(s-\mu_s)^2}{2\sigma_s^2}} \tag{11}$$

$$F(s)=\int_{\mu_s-3\sigma_s}^{s}f(s)\mathrm{d}s \tag{12}$$

根据船舶航迹所处的横向位置不同，分三种情况来确定 KUNZI 模型中的积分上下限 θ_1、θ_2，如下：

(1)当 $X<X_0-\frac{BP}{2}-\frac{BM}{2}$时

$$\tan\theta_1=\frac{X_0-\frac{BP}{2}-\frac{BM}{2}-X}{D-Y+BH} \tag{13}$$

$$\tan\theta_2=\frac{X_0+\frac{BP}{2}+\frac{BM}{2}-X}{D-Y} \tag{14}$$

(2)当 $X_0-\frac{BP}{2}-\frac{BM}{2}<X<X_0+\frac{BP}{2}+\frac{BM}{2}$时

$$\tan\theta_1=\frac{X_0-\frac{BP}{2}-\frac{BM}{2}-X}{D-Y} \tag{15}$$

$$\tan\theta_2=\frac{X_0+\frac{BP}{2}+\frac{BM}{2}-X}{D-Y} \tag{16}$$

(3)当 $X>X_0+\frac{BP}{2}+\frac{BM}{2}$时

$$\tan\theta_1=\frac{X-X_0-\frac{BP}{2}-\frac{BM}{2}}{D-Y+BH} \tag{17}$$

$$\tan\theta_2=\frac{X-X_0+\frac{BP}{2}+\frac{BM}{2}}{D-Y} \tag{18}$$

式中：X——航迹的横向分布坐标；

X_0——桥墩的 X 轴坐标；

BP——桥墩宽度；

BM——船舶宽度。

需要说明的是，船舶的偏航角分布可根据实际的观测资料取为正态分布或者极值Ⅰ型分布，若为极值分布，可将偏航角的分布密度函数 $f(\theta)$ 改为极值Ⅰ型的分布密度函数即可。而且，利用该模型，对于矩形桥墩，我们还可以通过调整积分上下限 θ_1、θ_2 的取值，来分别得到船舶撞击桥墩长边与短边的概率。

4　应用实例

本文以拟建的南京长江第四大桥为例来进行船桥碰撞概率分析。南京四桥推荐方案为主跨1 418m的三跨吊悬索桥，该方案跨径布置为166m＋422m＋1 418m＋352m＋122m，此时，在高水位7.98m下，北过渡墩、北主墩、南主墩都将有可能遭受船舶的撞击，如图7所示。

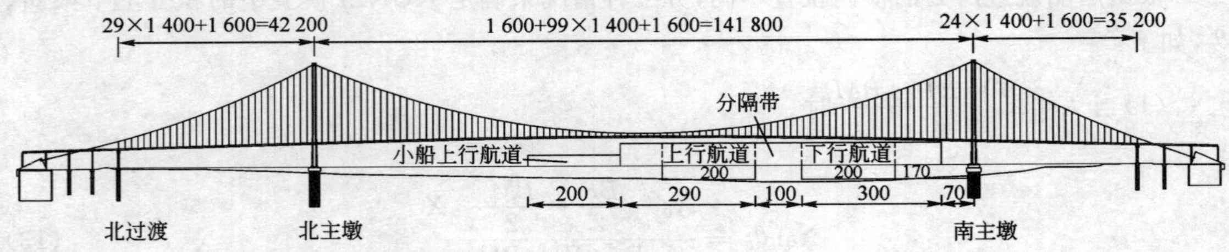

图7　南京四桥1 418方案布置

该方案设三个航道，一个下行航道，两个上行航道，其中一个上下航道专门供江船使用，船舶航行实行定线制。具体航道布置如图7所示。

本算例计算水位取7.98m。南京长江四桥位于转向水域，根据桥位的地理特征，弯道转角大约取21°。考虑到潮位变化的影响，该计算中进行偏保守取值，平行于航线的水流速度分量取1.5 m/s，垂直于航线的水流分量取0.2 m/s。最小水流速度取1.5 m/s。

南京四桥桥区船舶通航密度取高交通密度，根据上海船舶运输科学研究所的"船舶撞击力及防撞方案研究报告"[5]，通航密度分别见表1和表2。

在利用KUNZI模型和改进的KUNZI模型时，船舶的偏航角均值取0°，标准差取10°。事故率根据相关统计资料取1×10^{-6}/艘/年/m。船舶的停船距离根据吨位的不同，取值为200～800m，标准差为20～100m。

通航量预测表—海船(艘次)　　表1

	2050年预测
通过船舶总数(艘)	35 209
平均日通过船舶艘数	96
其中：3万吨级以上	5 198
5万吨级以上	1 038
内含：1 000载重吨以下	11 244
1 000～2 999载重吨	4 361
3 000～5 000载重吨	2 991
5 000～10 000载重吨	3 095
1～3万载重吨	8 320
3～5万载重吨	4 160
5万载重吨以上	1 038

通过量预测表—江船(艘次)　　表2

	2050年预测
通过船舶总数(艘)	1 123 465
平均日通过船舶艘数	3 078
其中：一等江船(艘/年)	11 451
二等江船(艘/年)	30 560
三等江船(艘/年)	65 758
四等江船(艘/年)	77 462
五等江船(艘/年)	8 080
过往江船(艘/年)	930 154

利用AASHTO模型、KUNZI模型和改进的KUNZI模型分别对南京四桥1 418方案进行船桥碰撞概率计算。计算结果见表3。

不同模型下的年碰撞频率(次/年) 表3

	AASHTO 模型	KUNZI 模型	UPDATE-KUNZI 模型
北过渡墩	1.41E−08	3.07E−08	1.51E−07
北主墩	4.89E−04	3.00E−05	1.33E−03
南主墩	8.67E+00	8.65E−02	3.62E+00
全桥	8.67E+00	8.65E−02	3.62E+00

从表3看出，对于北过渡墩和北主墩，改进的KUNZI模型计算结果偏大，对于南主墩，AASHTO模型计算结果偏大。全桥的年碰撞频率取决于南主墩。AASHTO模型得到的结果大约为9次/年，改进KUNZI模型大约为4次/年，KUNZI模型则最小约0.1次/年。这是因为KUNZI模型的积分路径选为了航道中心线，而桥墩距离航道中心线又较远，从而导致了积分上下限θ_1、θ_2取值偏大，因此利用偏航角的正态分布进行积分时就会导致结果偏小。为了解决这一问题，对于KUNZI模型我们可以在船舶的横向分布上取很多条积分路径进行计算，然后进行加权取和，从这个意义上说，改进的KUNZI模型恰恰就是这种思想的体现。

计算中发现，碰撞主要有过往江船引起，船撞力相对于桥墩的抗力来说较小，因此全桥的年倒塌概率较小。

根据有关部门统计[5]，南京大桥1968年建成通车以来，至1995年共发生大的碰撞事故28起，基本为1次/年。而南京四桥与南京大桥相隔不远，从这一点上来看，改进的KUNZI模型的计算结果似乎更加合理可信。

5 结语

从上面分析实例可见，用改进的KUNZI模型所计算的结果与实际统计结果相近，说明该方法有一定的合理性。

该模型的计算结果的合理与否与桥区航段的事故率、偏航角分布以及船舶的停船距离分布密不可分，因此要得到精确合理的结果需要进行桥区航段的资料搜集和统计。

利用改进的KUNZI模型还可针对不同的航迹分布特征、偏航角分布、停船距离分布等进行参数分析，来确定各种影响因素的重要程度，从而对拟建桥梁的初始规划提供合理的指导。

参考文献

[1] AASHTO 1994. LRFD Bridge Design Specification and Commentary. American Association of State Highway and Transportation Officials, Washington D. C.

[2] A. C. W. M. Vrouwenvelder. Design for Ship Impact according to Eurocode 1，Part 2. 7. Ship Collision Analysis. 1998.

[3] C. U. Kunz. Ship Bridge Collision in River Traffic，Analysis and Design Practice. Ship Collision Analysis. 1998.

[4] 黄平明,张征文. 直航路上船舶碰撞桥墩概率分析. 第十四届全国桥梁学术会议论文集. 2000,594-598.

[5] 上海船舶运输科学研究所. 南京长江第四大桥船舶撞击力及防撞方案研究报告. 上海，2004.

欧拉坐标系在物体有限变形计算中的应用

徐绩青

（重庆交通大学河海学院　重庆　400074）

摘　要：本文应用两点张量$\dfrac{\partial x^{i}}{\partial X^{I}}$来描述物体的有限变形，并提出了变形前的欧拉坐标系这一概念。详细阐述了变形前的拉格朗日坐标系、欧拉坐标系，变形后的拉格朗日坐标系、欧拉坐标系，它们四者之间的关系及其作用。而且说明了移位子的本质特征，从而推导出计算物体有限变形的基本公式。

关键词：两点张量　变形前的欧拉坐标系　物体的有限变形

0　引言

关于物体有限变形的计算，国内专著一般采用拉格朗日坐标系来讲述。但拉格朗日坐标系的缺点是它只能是曲线坐标系，因此求解过程十分繁琐。自 20 世纪 70 年代国外提出“两点张量”的概念以来，连续介质理论运用变形前的拉格朗日坐标系、变形后的欧拉坐标系描述物体的变形。尽管计算显得简单，但是概念始终含混不清。本文认为必须明确变形前的欧拉坐标系，只有说明变形前的拉格朗日坐标系、欧拉坐标系，变形后的拉格朗日坐标系、欧拉坐标系，它们四者之间的相互关系，理论上才能完善物体有限变形的计算公式。

1　公式的推导

首先假设两个相同的直角坐标系 Z^{L}、z^{l}，其度量张量 $G_{IJ}=g_{ij}=\begin{bmatrix}1&0&0\\0&1&0\\0&0&1\end{bmatrix}$。用 Z^{L} 坐标系描述物体的初始构形，即为变形前的拉格朗日坐标系；而 z^{l} 坐标系则描述物体的当前构形，即为变形后的欧拉坐标系。为了推导公式方便，还可以令这两个直角坐标系完全重合。因为物体变形是连续的，初始构形的点 Z^{L} 与当前构形的点 z^{l} 是一一对应的，所以有

$$\begin{cases}z^{l}=z^{l}(Z^{1},Z^{2},Z^{3})\\Z^{L}=Z^{L}(z^{1},z^{2},z^{3})\end{cases}\tag{1}$$

根据雅可比行列式 $\xi'=\left|\dfrac{\partial z^{l}}{\partial Z^{L}}\right|\neq0$，展开为

$$\xi'=\begin{vmatrix}\dfrac{\partial z^{1}}{\partial Z^{1}}&\dfrac{\partial z^{1}}{\partial Z^{2}}&\dfrac{\partial z^{1}}{\partial Z^{3}}\\\dfrac{\partial z^{2}}{\partial Z^{1}}&\dfrac{\partial z^{2}}{\partial Z^{2}}&\dfrac{\partial z^{2}}{\partial Z^{3}}\\\dfrac{\partial z^{3}}{\partial Z^{1}}&\dfrac{\partial z^{3}}{\partial Z^{2}}&\dfrac{\partial z^{3}}{\partial Z^{3}}\end{vmatrix}\neq0\tag{2}$$

(2)式又可写为：$\xi'=e_{\mathrm{lmn}}\dfrac{\partial z^{l}}{\partial Z^{1}}\dfrac{\partial z^{m}}{\partial Z^{2}}\dfrac{\partial z^{n}}{\partial Z^{3}}\Rightarrow e_{\mathrm{LMN}}\xi'=e_{\mathrm{lmn}}\dfrac{\partial z^{l}}{\partial Z^{1}}\dfrac{\partial z^{m}}{\partial Z^{2}}\dfrac{\partial z^{n}}{\partial Z^{3}}e_{\mathrm{LMN}}=e_{\mathrm{lmn}}\dfrac{\partial z^{l}}{\partial Z^{L}}\dfrac{\partial z^{m}}{\partial Z^{M}}\dfrac{\partial z^{n}}{\partial Z^{N}}$ (3)

其中 e_{LMN}、e_{lmn} 分别为直角坐标系 Z^{L}、z^{l} 的置换张量。又 $\dfrac{\partial z^{l}}{\partial Z^{L}}$ 称为变形梯度，它是一个两点张量，(3)式为直角坐标系下的张量方程，根据张量方程的形式具有不变性，故(3)式可导出：

$$\varepsilon_{\mathrm{IJK}}\xi'=\varepsilon_{\mathrm{ijk}}\frac{\partial x^{i}}{\partial X^{I}}\frac{\partial x^{j}}{\partial X^{J}}\frac{\partial x^{k}}{\partial X^{K}} \tag{4}$$

式中：X^{I}——变形前的拉格朗日坐标系；

$\varepsilon_{\mathrm{IJK}}$——变形前拉格朗日坐标系的置换张量；

x^{i}——代表变形后的欧拉坐标系；

$\varepsilon_{\mathrm{ijk}}$——变形后的欧拉坐标系的置换张量。

由于(4)式是普遍张量形式的方程，所以 X^{I}、x^{i} 分别表示两个任意曲线坐标系，而且不一定相同。当然，$\dfrac{\partial x^{i}}{\partial X^{I}}$ 仍然代表变形梯度，也可以写出雅可比行列式 $\xi=\left|\dfrac{\partial x^{i}}{\partial X^{I}}\right|\neq0$。

2　ξ' 与 ξ 的相互关系

在实际应用中，已知条件一般给出 X^{I}、x^{i} 坐标系，以及变形梯度 $\dfrac{\partial x^{i}}{\partial X^{I}}$，这就需要知道 ξ' 与 ξ 的转换关系。$\dfrac{\partial x^{i}}{\partial X^{I}}$ 同样是两点张量，那么根据张量的变换法则：

$\dfrac{\partial z^{k}}{\partial Z^{K}}=\dfrac{\partial z^{k}}{\partial x^{i}}\dfrac{\partial X^{I}}{\partial Z^{K}}\dfrac{\partial x^{i}}{\partial X^{I}}\Rightarrow\xi'=\left|\dfrac{\partial z^{k}}{\partial Z^{K}}\right|=\left|\dfrac{\partial z^{k}}{\partial x^{i}}\right|\left|\dfrac{\partial X^{I}}{\partial Z^{K}}\right|\left|\dfrac{\partial x^{i}}{\partial X^{I}}\right|=\left|\dfrac{\partial z^{k}}{\partial x^{i}}\right|\left|\dfrac{\partial X^{I}}{\partial Z^{K}}\right|\xi$；又根据度量张量的转换公式，可以证明(从略)：

$\left\{\begin{aligned}&\left|\dfrac{\partial z^{k}}{\partial x^{i}}\right|=\sqrt{|g_{\mathrm{ki}}|}=\sqrt{g}\\&\left|\dfrac{\partial X^{I}}{\partial Z^{K}}\right|=\dfrac{1}{\sqrt{|G_{\mathrm{IK}}|}}=\dfrac{1}{\sqrt{G}}\end{aligned}\right\}$；综上所述：$\xi'=\dfrac{\sqrt{g}}{\sqrt{G}}\xi$。其中，$G$、$g$ 分别为 X^{I}、x^{i} 坐标系的度量张量行列式的值。最后将上述结果代入(4)式得到：

$$\varepsilon_{\mathrm{IJK}}\frac{\sqrt{g}}{\sqrt{G}}\xi=\varepsilon_{\mathrm{ijk}}\frac{\partial x^{i}}{\partial X^{I}}\frac{\partial x^{j}}{\partial X^{J}}\frac{\partial x^{k}}{\partial X^{K}} \tag{5}$$

(5)式就是描述物体有限变形的基本公式。那么可以设由初始构形取平行六面体体元，它的三个棱边分别为 $\mathrm{d}\vec{Q}$、$\mathrm{d}\vec{R}$、$\mathrm{d}\vec{S}$，$\mathrm{d}\vec{Q}=\mathrm{d}Q^{I}G_{I}$，$\mathrm{d}\vec{R}=\mathrm{d}R^{J}G_{J}$，$\mathrm{d}\vec{S}=\mathrm{d}S^{K}G_{K}$。又因为体元体积为 $\mathrm{d}V=(\mathrm{d}\vec{Q}\times\mathrm{d}\vec{R})\cdot\mathrm{d}\vec{S}=\mathrm{d}Q^{I}\mathrm{d}R^{J}\mathrm{d}S^{K}\varepsilon_{\mathrm{IJK}}$。根据变形后的拉格朗日坐标系⇔变形后的欧拉坐标系之间的张量变换，线元 $\mathrm{d}\vec{Q}$、$\mathrm{d}\vec{R}$、$\mathrm{d}\vec{S}$ 变形后成为 $\mathrm{d}\vec{q}$、$\mathrm{d}\vec{r}$、$\mathrm{d}\vec{s}$，$\mathrm{d}q^{i}=\dfrac{\partial x^{i}}{\partial X^{I}}\mathrm{d}Q^{I}$，$\mathrm{d}r^{j}=\dfrac{\partial x^{j}}{\partial X^{J}}\mathrm{d}R^{J}$，$\mathrm{d}s^{k}=\dfrac{\partial x^{k}}{\partial X^{K}}\mathrm{d}S^{K}$。变形后的体元体积 $\mathrm{d}v=(\mathrm{d}\vec{q}\times\mathrm{d}\vec{r})\cdot\mathrm{d}\vec{s}=\mathrm{d}q^{i}\mathrm{d}r^{j}\mathrm{d}s^{k}\varepsilon_{\mathrm{ijk}}=\mathrm{d}Q^{I}\mathrm{d}R^{J}\mathrm{d}S^{K}\dfrac{\partial x^{i}}{\partial X^{I}}\dfrac{\partial x^{j}}{\partial X^{J}}\dfrac{\partial x^{k}}{\partial X^{K}}\varepsilon_{\mathrm{ijk}}$ (6)

将(5)式代入(6)式得： $$dv = dQ^I dR^J dS^K \varepsilon_{IJK} \frac{\sqrt{g}}{\sqrt{G}} \xi = \frac{\sqrt{g}}{\sqrt{G}} \xi dV \tag{7}$$

3 体元体积在变形前、后的相互关系

上述推导过程中，只出现了变形前的拉格朗日坐标系和变形后的欧拉坐标系，其实还隐含了变形后的拉格朗日坐标系与变形前的欧拉坐标系。有关变形后的拉格朗日坐标系，很多著作都有论述，本文不再重复，下面着重阐述变形前的欧拉坐标系。定义：物体某一点在变形前的欧拉坐标系中的坐标值，与变形后的欧拉坐标系中的坐标值是相同的。这一概念与拉格朗日随体坐标有异曲同工之处。

(1)因为引出了变形前的欧拉坐标系，所以欧拉坐标系不再是固定的，它与拉格朗日坐标系一样，也是可变的。

(2)在应变张量的定义中，拉格朗日应变张量

$$E_{KL} = 1/2(G_{KL} - G_{KL}) \tag{8}$$

欧拉应变张量

$$e_{kl} = 1/2(g_{kl} - c_{kl}) \tag{9}$$

其中，C_{KL}是变形后的拉格朗日坐标系的度量张量，而 c_{kl}就是变形前的欧拉坐标系的度量张量。这就表明了变形前的欧拉坐标系在理论上的合理性，而且还可以计算它的基矢量、度量张量等基本要素。例如：

$$c_{kl} = \frac{\partial X^K}{\partial x^k} \frac{\partial X^L}{\partial x^l} G_{KL} \tag{10}$$

其中，G_{KL}是变形前的拉格朗日坐标系的度量张量(已知)。

(3)$\frac{\partial x^k}{\partial X^K}\left(或\frac{\partial X^K}{\partial x^k}\right)$的本质特征具有双重性。在(5)式中它代表变形梯度，是一个两点张量；在(10)式中它仅仅表示坐标之间的转换关系，从而完成了张量变换。$\frac{\partial x^k}{\partial X^K}\left(或\frac{\partial X^K}{\partial x^k}\right)$作为张量变换的工具适用于：①变形前的拉格朗日坐标系⇔变形前的欧拉坐标系；②变形后的拉格朗日坐标⇔系变形后的欧拉坐标系。

(4)针对变形前的拉格朗日坐标系与变形后的欧拉坐标系，$\frac{\partial x^k}{\partial X^K}\left(或\frac{\partial X^K}{\partial x^k}\right)$表示变形梯度，并不代表坐标之间的转换关系，不能用它来完成张量变换。而这时就需引用另一个两点张量移位子 g^k_K(或 g^K_k)，移位子的本质作用就在于完成变形前的拉格朗日坐标系与变形后的欧拉坐标系之间的张量变换。

4 结论

(1)引入变形前的欧拉坐标系不仅是合理的，而且是必要的。在理论上它为定义欧拉应变张量奠定了基础。

(2)$\frac{\partial x^{k}}{\partial X^{K}}\left(或\frac{\partial X^{K}}{\partial x^{k}}\right)$的本质特征具有双重性：①变形梯度；②坐标之间的转换关系。面对不同的适用范围，它表现出不同的特征。

(3)物体有限变形的计算不但依赖于变形梯度，而且与变形前的拉格朗日坐标系、变形后的欧拉坐标系，它们两者的度量张量相关。

参考文献

[1] 郭仲衡.非线性弹性理论.北京：科学出版社，1980.

[2] 郭仲衡.张量(理论和应用).北京：科学出版社，1988.

[3] 黄克智.非线性连续介质力学.北京：清华大学出版社、北京大学出版社，1989.

[4] 黄克智，薛明德，陆明万.张量分析.北京：清华大学出版社，2003.

[5] 刘北辰.非线性弹性力学.重庆：西南师范大学出版社，1992.

[6] 黄义，张引科.张量及其在连续介质力学中的应用.北京：冶金工业出版社，2002.

隧　道　篇

公路隧道群及毗邻隧道的智能联动控制方案研究

李祖伟[1] 何 川[2] 李海鹰[1] 王明年[2] 彭建康[3] 张太雄[3]

(1.重庆高速公路发展有限公司 重庆 400042;2.西南交通大学 成都 610031;
3.重庆市交通委员会 重庆 401147)

摘 要:在重庆等西部山区省市,高速公路上的特长隧道及隧道群(或毗邻隧道)数量巨大,由此带来的隧道控制问题也日趋突出。本文将从高速公路隧道群及毗邻隧道交通事件的发生、联动控制流程及方案、运营状态自动检测及识别、智能通风照明与灾害救援控制、智能联动控制与联网控制系统平台五个方面来探讨公路隧道群及毗邻隧道联动控制技术中亟待解决的核心内容,为进一步研究提供参考。

关键词:公路隧道 隧道群 毗邻隧道 联动控制 智能控制

0 引言

在重庆等西部山区省市,高速公路上的特长隧道及隧道群(或毗邻隧道)数量巨大,如重庆市境内正在建设的万州—开县公路、兰州—杭州公路、渝湘公路、沪蓉国道支线、绕城高速等高速公路中,隧道长度在整个线路中所占相当大的比例,最高区段甚至达到52%。重庆地区高速公路隧道存在两大特点:一是特长隧道多,到目前为止的统计,重庆市正在建设的隧道总数达147座,其中3 000m以上的特长隧道达32座,其中5 000m及以上的特长隧道有13座;二是隧道群多,隧道进出口距离较近,隧道间距在100m以下占隧道7.6%,隧道间距在100～500m占隧道14.4%,隧道间距在500～2 000m占隧道33.3%,隧道间距在2 000～5000m占隧道23.5%。由此将带来特长隧道、隧道群及毗邻隧道的智能控制技术问题。在我国开始进行大规模高速公路建设之前,公路隧道群及毗邻隧道的数量和规模均较小,并没有对其通风及控制进行过深入而系统的研究。随着高速公路建设规模的不断扩大,尤其是在西部山区高速公路的建设,涌现出来许多隧道群和毗邻隧道,而且这些隧道的规模较大,多由长及特长隧道构成。在这样的情况下公路隧道群及毗邻隧道的通风及控制问题便成为一个十分重要而又急需解决的问题。本文将从交通事件的发生、联动控制流程及方案、运营状态自动检测及识别、智能通风照明与灾害救援控制、智能联动控制与联网控制系统平台五个方面来探讨高速公路隧道群及毗邻隧道联动控制技术。

1 公路隧道交通事件发生机理、分类及对策研究

隧道内交通事件繁多,总括起来有如下几种:即货物撒落、车辆故障、交通阻塞、交通事故、火灾、一氧化碳或烟雾严重超标等。对于货物撒落、车辆故障来说,当发生在道路上时,不是严重的交通事件,但当发生在隧道内时,往往会产生重大的次生事故,因此,对于隧道内的货物撒落和车辆故障,必须给予高度重视。对于交通阻塞、交通事故、火灾来说,无论发生在道路上,

还是发生在隧道内，都是严重的交通事件，但隧道内要严重得多，且由于隧道本身特点，处理起来比道路上难度更大。因此，隧道内的交通阻塞、交通事故、火灾必须给出完备的处理预案。对于一氧化碳或烟雾严重超标来说，是隧道内特有的，它不但与运营安全有关，而且与运营费用有关，因此，充分研究安全与节能的关系，将是解决这一问题的关键。

从交通事件产生的机理来看，有的事件通过土建工程设计优化可以被克服或被极大地降低发生频度，而有的事件必须通过交通工程才能解决，或者通过交通工程解决比通过土建工程解决代价要小很多，通过各种交通事件产生机理研究，提出分类方法并给出解决方案，从而尽量避免交通事件的发生。

2 公路隧道联动控制流程及控制方案研究

不管交通事件预防措施如何完善，交通事件仍会发生，只不过频率可能会小一些。当交通事件发生后，如何将交通事件的影响减到最小，并避免次生灾害的发生，是一个非常重要的问题。对于隧道群或毗邻隧道，事件控制将涉及到多个隧道中的多个系统，甚至包括道路控制系统。如何进行多个隧道中的多个系统控制，即控制流程和控制方案问题，需要认真研究，主要研究内容包括联动控制的硬件框架和软件流程研究。

2.1 联动控制的硬件框架

联动控制的硬件框架是指支撑对隧道群及实时监控所必需的硬件平台及其构成。

2.1.1 主站的硬件结构

目前国内流行的主站硬件控制结构是服务器客户机模式，即由两台服务器构成主站的核心，围绕服务器设置多台客户工作站。客户工作站主要是实现隧道各子系统的功能监控功能，较好地实现了隧道的监控功能。但随着隧道监控的技术在进一步发展，数字视频监控，视频事件检测，RPR 分组环等技术的引入，使隧道监控主站处理的数据急剧增加，对多隧道进行监控时，该架构能否支撑大量的数据采集及处理，实现高可靠、可管理的隧道监控系统功能，实现对隧道群的智能联动控制，需要进一步研究。

2.1.2 现场控制总线的构成

目前国内对隧道的现场设备控制主要通过 PLC 实现，在隧道内各 PLC 之间架构现场总线，主要由两种表现形式：

①各 PLC 构成主从控制环，各 PLC 与主 PLC 通信，通过主 PLC 和主站进行信息交换。各 PLC 之间，主 PLC 和主站之间采用各 PLC 厂家私有协议进行通信；

②各 PLC 之间通过工业以太网构成以太网环网，各 PLC 直接和主站进行通信，其通信协议随 PLC 厂家不同而不同，有的厂家公开通信协议，有的厂家进行保密。

以上两种现场总线架构模式各有其优缺点，方式①构成相对简单，造价较为低廉。但缺点是：协议不公开，组网困难，对主 PLC 可靠性要求高，一旦主 PLC 发生故障，则整个系统瘫痪。方式②造价相对较高，但系统简单透明，当协议公开时，便于系统集成，是目前国内隧道监控系统研究应用的发展方向。

2.1.3 现场监控站的设置

传统的隧道监控模式是在每一隧道旁设一隧道监控站，当实现隧道群集中监控时，取消每一隧道旁的隧道监控站，多个隧道共用一个隧道监控站，但仍在现场设置现场监控站，用于进行隧道监控站发生故障时的现场监控任务。由此需对隧道现场监控站的规模和配置、现场监控工作站和监控工作站的管理权限和关系划分进行研究，从而做到既节约投资又保障隧道运行的安全可靠。

2.2 联动控制的软件流程

联动控制软件流程的主要研究内容包括下面三个方面：

(1)隧道内单系统控制流程的软件架构：深入细致地对隧道各个子系统内部的联动关系进行研究，并提出相应的软件架构和控制流程。

(2)隧道内多系统联动控制流程的软件架构：研究当隧道发生火灾和交通堵塞等异常状态时，多系统联动的控制流程和相应的软件架构。

(3)多隧道(隧道群及毗邻隧道)控制流程的软件架构：在上述两个研究的基础上，针对隧道群及毗邻隧道研究隧道日常运营中，研究各子系统的划分，构架子系统内部及系统之间的联动关系。

3 公路隧道运营状态自动检测及识别技术研究

交通事件发生后，只有在被及时发现并采取控制措施的情况下，交通事件影响才会最小。如何及时发现交通事件，必须进行隧道运营状态的自动检测和识别。交通事件包括货物撒落、车辆故障、交通阻塞、交通事故、火灾、CO或烟雾严重超标等，根据交通事件的类型，应选用准确度高、性能价格比好的检测和识别设备。

目前研究现状表明，货物撒落、车辆故障、交通事故等可以通过视频技术进行检测和识别。对于交通阻塞，除了可以采用视频技术外，还可以通过环型线圈进行检测和识别。对于严重的火灾事件，目前已有很多产品，如光纤感温传感器、感温电缆传感器、热敏合金线传感器、双波长火焰探测器、感烟传感器和视频火灾检测器等，这些产品各有所长，必须通过实验研究，分析常用火灾自动探测器的适用条件，确定探测设备的报警时间、误报率、检测率等参数，通过比较选择最优探测器。对于CO或烟雾，可以采用CO-VI仪进行检测。

通过这些研究，给出隧道运营状态的自动检测和识别的优选方案，并制定出适合单体隧道、隧道群及毗邻隧道特点的隧道运营状态的自动检测和识别设备的选型原则。

4 公路隧道群及毗邻隧道智能通风照明与灾害救援控制技术研究

隧道的通风与照明状态是保证运营安全性的关键性因素，良好的通风与照明水平可保证司乘人员的健康和舒适度，减少各类交通事件的产生，极大地降低隧道内交通事故尤其是重大交通事故的出现概率。但通风与照明会产生巨大的电力消耗，电费开支在隧道的运营成本中占极高比例，从节约运营成本出发又要求在满足司乘人员的健康标准和舒适度的情况下尽量减少电力消耗。而前馈式通风与照明控制则是解决此问题的良好方式。在正常运营情况，对于隧道群，后面隧道的交通流数量及其特性将为前方隧道交通流预测创造条件，故对前方隧道通风控制有较大影响性。而对于相距较近的毗邻隧道，对通风、照明的相互影响均很大。在事故情况下，特别在火灾情况下，隧道群必须采用联动技术才能防止事故规模的扩大和次生灾害的发生。由于每个隧道都有各自独立的控制系统，当一个隧道发生事故后，事故隧道和非事故隧道如何联动，灾害的救援控制则成为突出的问题。本项的研究内容可归纳为，以前馈式为主线并兼顾其他控制方式，解决如下问题。

4.1 隧道群及毗邻隧道的通风及智能控制技术研究

从国内外调研的资料来看，目前在公路隧道群及毗邻隧道的通风及控制中存在以下问题：

(1)没有明确定义隧道群及毗邻隧道的概念及限定范围

国内虽然已经提出过隧道群的概念，但并没有对其进行明确定义和限定，毗邻隧道的概念则是近年来才提出的，同样没有给出准确的定义。对于隧道通风而言，隧道群和毗邻隧道的相互影响是不同的：对于隧道群，后面隧道的交通流数量及其特性将为前方隧道交通流预测创造条件，故对前方隧道通风控制有较大影响性；而对于相距较近的毗邻隧道，除后面隧道的交通流数量及其特性外，后方隧道出口污染空气的排出对前方隧道的影响必须提前被预知，从而保证前方隧道前馈式通风输入的准确性。只有解决好毗邻隧道的这种关系，才能保证毗邻隧道群的运营安全。可以看出，隧道群和毗邻隧道通风的最大区别在于是否考虑后方隧道出口污染物对前方隧道入口空气的影响。

(2)隧道群中各隧道的通风设计与控制是相互独立的，没有考虑到前后隧道在交通流上数据上的共享性

由于高速公路行驶的封闭性，隧道群中后面隧道的交通流数量及其特性在一段时间内同样会再现到前方隧道中，从而为前方隧道交通流预测创造条件，故对前方隧道通风控制有较大影响性。目前已建成的隧道群通风设计与控制时，没有考虑到隧道群的这种特点，如陕西省西安—汉中高速公路上秦岭 I、II、III 号特长公路隧道群、319 国道长沙—刘阳段蕉溪岭隧道群、深圳坪西公路雷公山、迭福山隧道群等，在这些隧道群中各个隧道的通风设计与控制是相互对立的。

(3)毗邻隧道中前后隧道洞口污染物扩散对通风控制的影响没有被深入研究

目前对公路隧道洞口处污染物扩散的研究较多，研究手法多以数值模拟和现场实测为主，如长安大学课题组采用有限元法对秦岭终南山特长公路隧道(18 020m)洞口外污染物浓度的分布及两洞口之间污染物的回流进行了数值分析研究，为该特长公路隧道通风和洞口的环保设计提供参考依据；西南交通大学课题组对重庆市渝合高速公路北碚隧道在单向行车、双向行车等情况下洞口处的污染物扩散形态进行了现场实测，获得了很有意义的结论。但这些研究一方面仅局限于单体隧道洞口处的污染物扩散研究，并没有涉及到毗邻隧道洞口处的污染物扩散研究，实际上后者由于有两个出口和两个进口，因而变得更为复杂；另一方面，隧道洞口处污染物扩散的影响并没有体现到通风的控制中去。

4.2 隧道群及毗邻隧道的照明及控制技术研究

目前国内外对隧道群及毗邻隧道的照明控制技术研究较少。对于隧道群而言，隧道间的距离相对较远，各个隧道的照明可以认为相互之间不受影响，照明设计可以独立进行。对于毗邻隧道而言，隧道间的距离很近，后方隧道的出口照明与前方隧道的入口照明之间有明显的相关关系。驾驶人员在驶出前一隧道的时候经历了“明适应(light adaptation)”过程，不到 30s 的时间内又要经历后续隧道接近入口处的“暗适应(dark adaptation)”过程，给驾驶人员带来很大的心理压力，是引发交通事故的主要因素。

关于毗邻隧道之间照明相关关系的研究，国内外进行得相对较少，研究资料与成果也很匮

乏，仅日本有关研究人员对此进行了研究，他们根据两隧道间的行车时间长短对前方隧道入口段的照明亮度进行折减。我国现行的《公路隧道隧道通风照明设计规范》中也是采用该方法对毗邻隧道中前方隧道的照明设计进行规定，如下表所示。

前方隧道入口段亮度折减率 表1

两隧道之间行驶时间(s)	<2	<5	<10	<15	<30
前方隧道入口段亮度折减率(%)	50	30	25	20	15

从该表可以看出，前方隧道入口段亮度的折减率是根据人眼的适应性来确定的，且认为只有当隧道间行车时间小于30s时才考虑亮度的折减。两隧道间行车时间越短，前方隧道入口段的亮度折减就越大。实际上仅仅由隧道间行车时间这单一因素来决定前方隧道入口段照明亮度折减率是不全面的，往往会产生很大的误差，甚至影响行车安全。前方隧道入口的亮度折减有必要综合考虑行车间、天气情况、周围植被、出入口建筑形式、道路路面铺装以及人眼对明暗环境交替的适应等因素的影响。但从调研的资料来看，目前国内还没有系统地开展对毗邻隧道照明的研究。

对于隧道群的照明控制而言，由于隧道间相距较远，前后隧道出入口照明几乎没有影响，因而其照明控制方法就是单座隧道照明的控制方法，如广东汕梅高速公路丰顺至梅县路段隧道群，就是分别针对每座隧道独立设计控制方法，各隧道的照明控制互不影响。对于毗邻隧道的照明控制而言，由于没有对前后隧道出入口照明的相互影响进行深入而系统地研究，缺乏控制的理论依据，目前国内外并没有提出专门针对毗邻隧道的照明控制方法。从已建隧道的实际的营运状况来看，出入口相距较近的两座隧道的照明控制仍然是独立进行的，并没有考虑到两座隧道照明控制的联动性。

4.3 隧道群与毗邻隧道的灾害救援控制

对于隧道群而言，虽然隧道间距离较远，烟雾的扩散不会影响到另一座隧道，但是火灾隧道引起的交通流间断必然会对另一座隧道的交通流产生影响。因而隧道群发生灾害时，不仅包括对产生灾害的隧道进行救援和控制，还包括对隧道群中的其他隧道进行控制，防止灾害的蔓延及次生灾害的产生。在隧道群中某座隧道发生灾害时，控制系统及时地作出反应，对其他隧道的相关子系统进行控制，即在灾害情况下对隧道群进行联动控制。对于灾害情况下隧道群中非灾害隧道的控制是以交通的诱导和控制为主，从调研资料看，目前隧道群中各隧道的灾害救援控制仍然是独立的，并没有考虑隧道群中灾害隧道与其他非灾害隧道之间的关系。

对于毗邻隧道而言，由于后方隧道的出口与前方隧道的进口相距较近，灾害情况下隧道间的相互影响更为巨大。当前方隧道发生灾害时，控制系统必须迅速地作出反应，一方面保障灾害隧道中人员的逃生和防止烟流的反窜，另一方面还须及时地对后方隧道进行控制，防止后方隧道的车辆驶入前方隧道。当后方隧道发生灾害时，一方面保障后方隧道中人员的逃生和防止烟流的反窜，另一方面还需对前方隧道的通风系统进行控制，防止后方隧道的烟雾扩散至前方隧道。从目前的调研资料看，还没有对灾害情况下毗邻隧道的控制技术进行系统的研究。

研究隧道群及毗邻隧道的灾害救援时一方面采用CFD软件，对不同火灾规模进行数值模拟，模拟隧道内烟雾和有毒气体随时间的扩散范围、高温气体的影响范围，并观察其速度场、烟雾场、温度场和压力场扩散规律；另一方面将火灾横通道开启的通风排烟系统简化为通风网络，运用通风网络软件，进行不同的自然风压下、不同堵塞长度下、不同横通道间发生火灾的动态通风网络模拟。在数值模拟和网络模拟的基础上，提出不同地点发生火灾时，火灾疏散阶段隧道群和毗邻隧道中的射流风机开启台数和位置，确定横通道的开启方式以及消防灭火阶段的横通道开启方式及消防人员的进入路线。在前面工作的基础之上，充分贯彻“以人为本”的思想进行火灾情况下、交通事故情况下公路隧道群及毗邻隧道的联动控制技术研究。

5 公路隧道群智能联动控制与联网控制系统平台技术研究

联动控制包括两个方面，即单体隧道各子系统的联动控制和隧道群或毗邻隧道的隧道之间的联动控制。单体隧道各子系统的联动方案已基本成熟，但隧道群或毗邻隧道的隧道之间的联动控制研究还没有开展。该项研究应以隧道群或毗邻隧道的联动控制为重点，进行联网控制研究，制定联动控制方案，最终研制出一套公路隧道群及毗邻隧道智能联动与联网控制系统软件平台及相应的智能通用协议转换器。

为实现公路隧道群及毗邻隧道智能联动与联网控制，研究开发统一系统软件平台，软件平台以标准化、组态化、智能化、网络化、综合化为开发目标。进行以下内容的研究：

(1)标准化：要研究适用、可靠、统一的隧道群机电设备智能监控系统软件平台，标准化研究是其首要前提和重要的基础。

(2)组态化：其目的是实现系统的在线修改，即不修该软件、系统不停止运行，通过对系统进行组态，实现系统功能的扩展。

(3)智能化：隧道监控系统能考虑到对隧道通风智能化控制要求，能有效提供隧道通风智能控制、照明自动控制方案。

(4)网络化：采用标准的、可路由的工业统一网络标准 TCP/IP 协议，它是现有的最完备、应用最普遍的协议。

(5)综合化：隧道监控系统能综合隧道内所有机电设备、各串口设备及电力设备、各子系统监控计算机等，提供全方位综合化联动控制，而且还能整合电力子系统，并能提供对各个串口设备的统一控制，以适应隧道监控全方位的要求。

6 结论与展望

可以看出公路隧道群及毗邻隧道的智能联动控制是十分复杂的控制技术，它涉及到多种学科之间的相互交叉，需要各个子系统之间的密切配合。同时，它也是一项十分先进的控制技术，有利于提高通风设备的有效利用率、节省电力消耗、增加行车安全舒适度。开发研究适应我国国情的公路隧道群及毗邻隧道的智能联动控制技术可以推广和完善我国现有的纵向通风技术，也缩小我国在智能通风照明与灾害救援控制、联动控制与联网控制软件平台技术等方面与国际领先水平之间的差距，因而有着广阔的应用前景和巨大的技术经济效益。

参考文献

[1] 中华人民共和国行业标准. JTJ 026—1999 公路隧道通风照明设计规范[S]. 北京：人民交通出版社，2000.

[2] 何川，李祖伟，方勇，等. 公路隧道通风系统的前馈式智能模糊控制. 西南交通大学学报，2005,40(5).

[3] 王明年等. 隧道智能监控中心计算机系统. 公路交通科技，2001,2.

[4] 韩直. 公路隧道机电系统综述. 公路交通科技，2004(6).

[5] 蒋树屏. 我国公路隧道建设技术的现状和展望. 国际隧道研讨会暨公路建设技术交流会，2002.

[6] 赵忠杰. 高等级公路隧道照明工程设计与研究[J]. 西安公路交通大学学报，1999,(4)：55-57.

[7] 王学堂，赵展旗. 隧道照明控制工程研究[J]. 西安公路交通大学学报，1998,(1)：87-91.

公路隧道前馈式智能通风控制的体系与方法

何 川[1] 李祖伟[2] 方 勇[1] 王明年[1]

(1. 西南交通大学 成都 610031;2. 重庆高速公路发展有限公司 重庆 400042)

摘 要:长及特长公路隧道纵向通风控制方法的选择,直接影响行车安全性、舒适度及营运电力耗费。将模糊逻辑应用于长大公路隧道通风系统的前馈式控制中,可以有效地节约电能,并解决传统控制法中存在的时滞性和风机启动频繁等问题。本文详细介绍了前馈式智能模糊通风控制系统的构成,并对智能模糊控制器进行了设计。研究成果可以直接应用于长大公路隧道通风控制系统,对于打破国外高新技术的封锁,提高我国公路隧道高新技术应用水平具有重要的意义。

关键词:特长公路隧道 前馈通风 智能控制

0 引言

因汽车在隧道内行驶时排出的废气和卷起的尘埃会妨碍行车安全和对人体造成危害,交大隧道的特殊结构和环境条件又极易造成行车堵塞和诱发重大交通事故,为保证车辆在隧道内的快速安全行驶和良好的行车环境,需对隧道进行营运通风,并进行以通风控制系统为核心的多项系统的营运集成中心控制管理。先进可靠的营运通风及控制技术、隧道中心控制系统技术以及隧道防灾技术是确保长大公路隧道营运安全、畅通、降低营运能耗与管理成本的保障,是实现高速公路"高速、高效、安全、舒适"的关键技术之一。目前世界各国均投入力量研究开发能适应长大隧道和复杂交通情况下的各式各样的前馈式智能控制系统。近年日本在九州公路的金刚山隧道和福知山隧道、能生隧道等隧道的通风控制中进行了该控制方式的实验应用,收到了极好的效果。在新开通的东京湾横断公路海底隧道中(双孔各长 9.6 km,单向交通,竖井送排纵向通风)即全面采用了该控制法,并计划在近期对营运中的关越隧道等长大隧道(这些隧道目前主要采用反馈控制)的通风控制方法进行全面更新改造。以前馈控制法为前提的智能控制已成为今后长大公路隧道营运通风控制技术的前沿领域和发展的主要方向。我国目前在已建成的长大公路隧道中主要采用以固定程序控制和反馈控制为主体的通风控制方法,尚未进行前馈控制法和前馈式智能控制法的研究开发,而在建和计划修建的为数众多的长大公路隧道均采用了纵向通风方式。开发研究适应我国国情的长大公路前馈式智能通风控制技术能推广完善我国现有纵向通风技术,提高通风设备的有效利用率,节省电力消耗,增加行车安全舒适度,有广阔的应用前景和巨大的经济效益。

1 前馈式智能模糊控制系统的构成

前馈式智能模糊控制系统由 6 个部分组成:交通流预测模型、污染物扩散模型、模糊控制器(FLC)、检测元件、执行元件和控制对象,其基本构成如图 1。

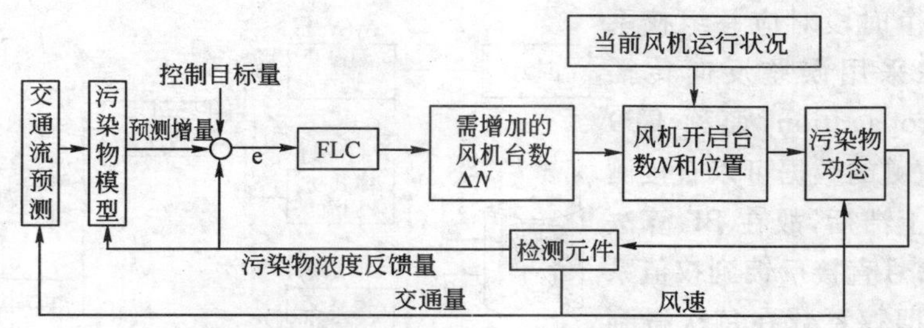

图 1 前馈式智能模糊控制系统构成

其中检测元件主要是指 CO/VI 检测计、风速检测仪和车辆检测计，执行元件为射流风机，控制对象为 CO 浓度 δ 和烟雾浓度 K。

1.1 交通流预测模型

交通系统是一个有人参与的、时变的、复杂的非线性大系统，具有高度的不确定性。为了更好地预测隧道内的交通流，在隧道入口处放置车检计，把测得的当前数据作为预测模型的基础数据。同时将一天划分为一系列连续的时段，根据各时段的交通流期望值建立一组模式交通流数据，以此为基础建立了下面 4 种预测模型：基于交通流特征的预测模型、模糊逻辑预测模型、神经网络预测模型以及仿真预测模型。这些模型的预测值可以直接应用于公路隧道的前馈式通风系统中，对风机进行更有效的控制。

1.1.1 基于交通流特征的预测模型

高速公路交通流量有一个很重要的特征：周期相似性，即每天、每周乃至每年的交通流量变化情况都有一定相似性，通过划分时段和时间类别的方法可以更加充分利用此相似性。常用的预测方法有插值法、相关系数法，插值法在当前测得数据序列与模式交通流序列之间对时间进行插值；相关系数法中，计算当前测得交通流数据与模式交通流数据的相关性，以此修正模式交通流中对应时段的交通流值，将修正结果作为预测值。

1.1.2 模糊逻辑预测模型

该模型将模糊逻辑引入交通流的预测中，运用模糊推理的方法来预测交通流的变化情况。设车检器计数周期刚结束的这一时段为 $n-1$，要预测下一时段 n 的交通流。设 $n-1$ 时段车检器测得的交通流为 $N_r(n-1)$，交通流模式中对应的 $n-1$ 时段的值为 $N_m(n-1)$，由下式计算当前交通流相对于模式交通流的变化系数 J：

$$J=\frac{N_r(n-1)}{N_m(n-1)} \tag{1}$$

将模式中的第 n 时段的交通流 $N_m(n)$ 则和 J 一起作为模糊推理的输入值，推理结果即为我们所预测的第 n 时段交通流 $N_f(n)$。该过程是在获得当前交通流的变化趋势（变化系数 J）基础之上，把交通流模式中的值作为参考值，运用模糊推理的方法来获取下一时段的交通流数据。预测流程图如图 2 所示。

1.1.3 神经网络预测模型

神经网络具有很强的自组织和自适应能力，能很好地克服普通线性回归模型不能反映出交通流变化的非线性和不确定性缺点。研究中采用多层前馈神经网络来建立交通流预测模型,模型中每一个时段对应一组权系数,网络的训练采用误差反向传播(Error Back Propagation,简称BP)算法。由于所预测的数据可以直接测得,只是在时间上滞后,故在BP算法中它可以作为信号直接反馈到权值系数的调整中来,即权系数在每次得到实测数据后根据预测误差进行修正。因而,神经网络模型可以在预测中不断地学习,从这点看来,神经网络模型更智能化。

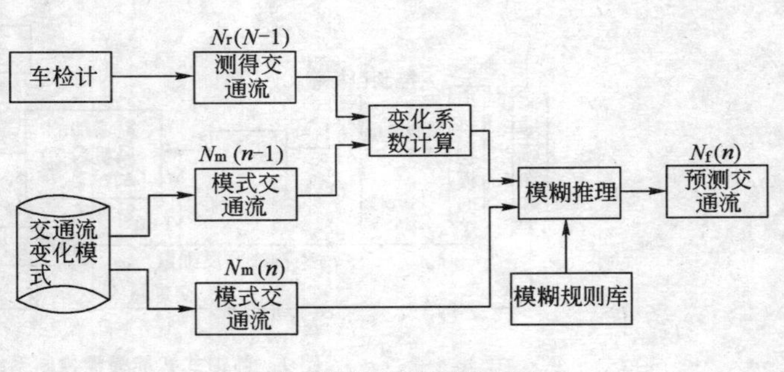

图2 模糊逻辑预测流程图

1.1.4 仿真预测模型

当预测时间小于5min时,交通流量的波动性变得更明显,以至于采用前面的方法都不能进行准确预测,此时可以采用仿真预测模型。仿真模型中采用时间扫描法,对隧道内和前方路段上的交通流进行微观仿真。仿真中以单个车辆为对象,通过一些简单但更真实的仿真模型来模拟车辆在不同道路和交通条件下的运行情况,并以动态图像的形式显示出来。该模型是求取隧道内污染物浓度动态分布的基础。

1.2 空气动力学模型

空气动力学模型主要用于计算隧道内的风向风速,模型中综合考虑了交通流通风能力、机械升压力、隧道流体损失力、自然通风力等因素的影响。

(1) 自然风压:主要由三部分组成:隧道内外的热位差、隧道两端的水平大气压梯度和隧道洞口处大气流动产生的静压,计算自然风压时主要采用实际量测的自然风速来计算。

(2) 交通流通风能力:充分考虑隧道内车辆的活塞作用,将车辆视为连续的、无间断的交通流,采用相应的通风压力模型计算交通流通风压力,并把它作为隧道通风的动力因素。

(3) 射流风机增压:将射流风机作为通风动力元件,确定风机增压效果及其影响因素,如隧道风速的变化、过往车辆的扰动等因素对风机增压效果的影响。

(4) 各种阻力损失的确定:确定阻力损失系数时应充分考虑隧道内壁表面、道路表面的粗糙度对沿程阻力损失系数的影响以及风流入口处地形对局部阻力损失系数的影响。

1.3 污染物扩散模型

该模型根据每台车辆排出的煤烟量和CO的累积量,结合隧道内风速,模拟并预测将来时段隧道内的污染状态,即CO/VI的时间和空间分布形态,为前馈式智能模糊控制系统提供污染物浓度的预测信号。

采用的污染物扩散模型主要包括稳态模型和动态模型。稳态模型中交通流数据为一段时间的平均值,不考虑污染物浓度随时间的变化(一个控制周期内)。由于风速引起的污染物的对流扩散速度比紊流扩散速度大得多,故在污染物扩散方程中不考虑紊流扩散项,此外在建立扩散方程时也不考虑射流风机对污染源项的影响,这样得出预测交通流所对应的污染物浓度的沿线分布呈三角形状。动态模型考虑污染物浓度随时间的变化,采用有限差分的方法对污染物扩散方程进行离散,并将污染源项(车辆)叠加在对应差分网格的节点上,从而计算出污染物浓度沿隧道纵向的动态分布。

2 智能模糊控制器(FLC)设计

2.1 智能模糊控制器的输入变量

FLC有三个输入量:控制目标量、预测增量和反馈量。控制目标量是隧道内VI浓度、CO浓度的期望值,预测增量是由交通流预测模型和污染物扩散模型计算出的VI浓度、CO浓度的增加值即前馈信号,反馈量是由VI/CO检测器测得的隧道内VI、CO的当前浓度值。FLC的输出量为增加/减少风机的台数ΔNJF 。VI/CO的控制偏差可由下式得到:

$$\Delta VI=(VI_B+VI_I)-VI_E$$
$$\Delta CO=(CO_B+CO_I)-CO_E \quad (2)$$

其中 VI_B、CO_B 为反馈值,VI_I、CO_I 为预测增量值,VI_E、CO_E 为期望值,分别取0.0075m^{-1}和200ppm。前馈信号即为污染物浓度的预测增量 VI_I、CO_I,由预测的交通流计算得到。

2.2 隶属函数的设定

2.2.1 ΔVI的隶属函数

对于西部地区而言,在全射流纵向式通风系统中,隧道内的烟雾浓度将是通风控制的最主要因素,而CO浓度不起决定性作用。因VI的控制目标为 $k=0.0075$,故取ΔVI的真实论域为{−0.0015 0.0015},如图3所示。

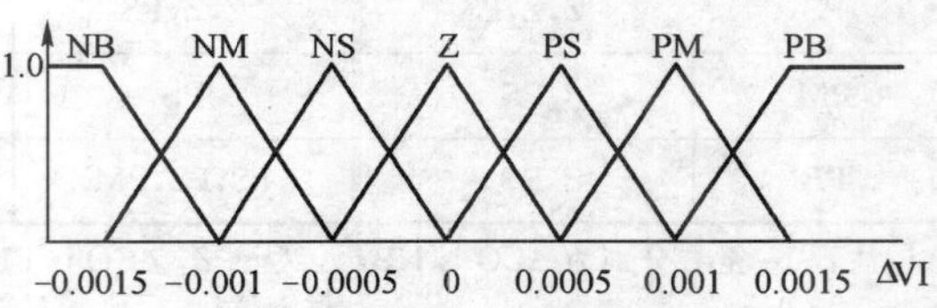

图3 ΔVI的隶属函数

2.2.2 WS与ΔCO的隶属函数

取WS的真实论域为{0 8},隶属函数如图4所示。由于CO浓度在通风控制中不起主要作用,故在模糊推理时为考虑的次要因素。因而,对CO和ΔCO隶属函数的划分可粗糙一些,取ΔCO的真实论域为{−50 50},隶属函数如图5所示。

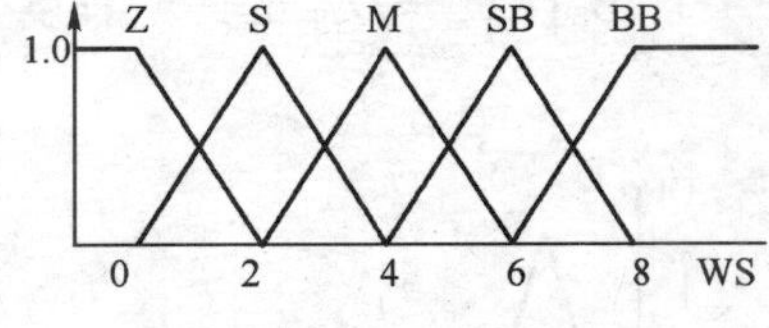

图4 WS的隶属函数图

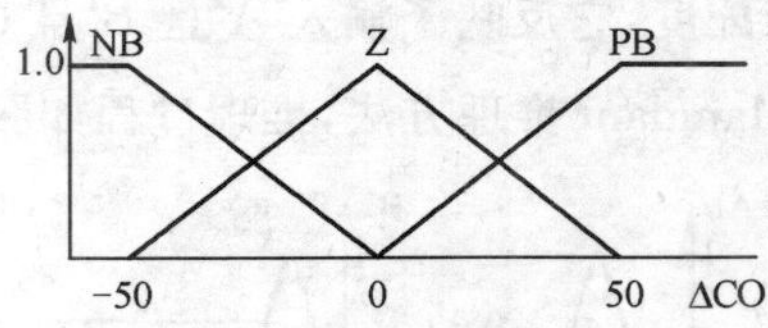

图5 ΔCO的隶属函数图

2.2.3 ΔNJF的隶属函数

确定ΔNJF时需综合多种因素的影响,并随隧道的不同而不同。以北碚隧道为例,当ΔVI和WS都取PB时,算出ΔNJF约8,故取真实论域为{−8 8},隶属函数如图6所示。

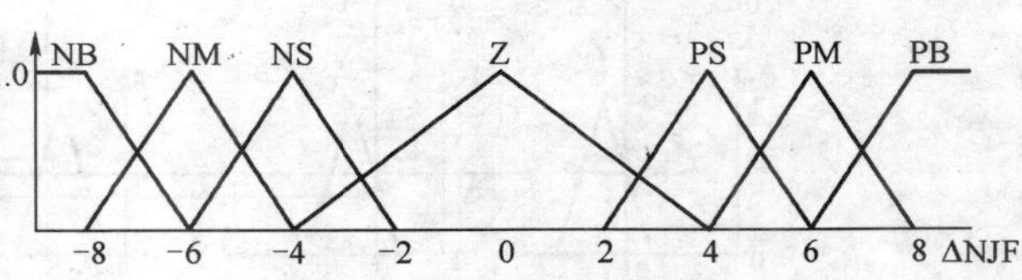

图6 ΔNJF的隶属函数如图

2.3　FLC 模糊推理

2.3.1　模糊规则

隧道通风系统的控制模型是一个多输入单输出(MISO)系统。因为 CO 的污染浓度水平不是通风控制的主要影响因素，故在一些情况下，可以不考虑 CO 的污染浓度水平。表 1 列出了 FLC 的全部 105 条规则，现列举规则 R_1 和 R_2 来说明 FLC 的推理过程：

R_1：IF ΔVI is PB and WS is BB and ΔCO is PB THEN ΔNJF is PB;

R_2：IF ΔVI is NB and WS is PB and ΔCO is NB THEN ΔNJF is NB;

FLC 控制规则　　表 1

ΔVI	WS				
	Z	S	M	BS	BB
NB	Z,Z,PS	NS,Z,Z	NM,NS,Z	NB,NS,Z	NB,NM,Z
NM	Z,Z,PS	NS,Z,Z	NM,NS,Z	NM,NS,Z	NB,NS,Z
NS	Z,Z,PS	Z	Z	NS,NS,Z	NM,NS,Z
Z	Z,Z,PS	Z	Z	Z	Z
PS	Z,Z,PS	Z,Z,PS	Z,Z,PS	Z,Z,PS	Z,PS,PS
PM	PS	PS	PS	PS,PS,PM	PS,PM,PM
PB	PS	PS,PS,PM	PS,PM,PM	PM,PM,PB	PM,PB,PB

注：从左至右分别为 ΔCO is NB，ΔCO is Z，ΔCO is PB。

2.3.2　模糊推理

对于模糊输入 A^1、B^1、C^1，输出模糊变量的表达式为：

$$\underset{\sim}{D}'(z)=\bigvee_{i=1,j=1,k=1}^{l\ \ m\ \ n}\left[\alpha_{ijk}\wedge \underset{\sim}{D}_{ijk}(z)\right] \tag{3}$$

其中

$$\alpha_{ijk}=\prod(\underset{\sim}{A}'|\underset{\sim}{A}_i)\wedge\prod(\underset{\sim}{B}'|\underset{\sim}{B}_j)\wedge\prod(\underset{\sim}{C}'|\underset{\sim}{C}_k) \tag{4}$$

称为匹配度，它反映了输入 $\underset{\sim}{A}'$ 且 $\underset{\sim}{B}'$ 且 $\underset{\sim}{C}'$ 和规则 $\underset{\sim}{A}'$ 且 $\underset{\sim}{B}'$ 且 $\underset{\sim}{C}'\rightarrow\underset{\sim}{D}'_{ijk}$ 的匹配程度。通风控制中采用 Mamdani 推理方法，推理过程如图 7 所示。

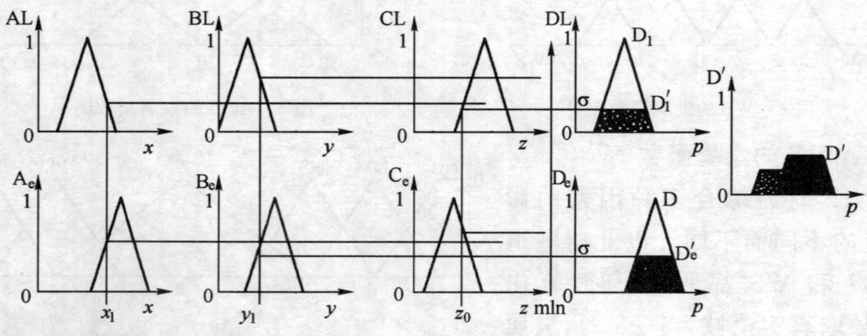

图 7　Mamdani 模糊逻辑推理过程图

3 结论

前馈式智能模糊通风控制系统通过对下一个周期的交通流、污染物浓度进行预测，将此信号提前传给控制程序，使其做到"要来多少车就送多少风"，这样从根本上解决了传统控制法中所不能解决的时滞性问题。该系统通过AI模糊控制器，可防止不良车辆行走时引起的波动；获得更加安定的通风效果，并从细微处出发，对风机进行最优化组合，最大限度地减少风机的开停频度，延长风机寿命。总之，前馈式控制法或前馈式智能模糊控制法的通风控制系统除能明显改善了通风效果，增加行车舒适度，提高行车安全性，预防重大火灾和其他重大交通事故的发生，增加车辆通行能力，还可节约电力消耗。

采用本文方法开发的前馈式智能模糊通风控制系统已经在渝合高速公路的北碚隧道(4 026m)、西山坪隧道(2 600m)以及万开高速公路的铁峰山1号(2 317m)、铁峰山2号(6 021m)、南山隧道(4 850m)等多座特长及长隧道中实际应用，取得了良好效果。

参考文献

[1] 中华人民共和国行业标准. JTJ 026—1999 公路隧道通风照明设计规范[S]. 北京：人民交通出版社，2000.

[2] 何川，王明年，李祖伟，方勇. 特长公路隧道智能前馈式通风系统研究. 第11届隧道和地下工程科技动态报告会报告文集，2004：217-222.

[3] 何世龙，李祖伟，王明年，何川. 长大公路隧道前馈式智能模糊通风控制系统原型设计研究. 2003年中国交通土建工程学术暨建设成果论文集，2003：565-568.

[4] 张曾科. 模糊数学在自动化技术中的应用. 北京：清华大学出版社，1997：159-162.

[5] 郑道访. 公路长隧道通风方式研究. 北京：科学技术文献出版社，2000：2-4.

[6] 范厚彬，樊志华，董明刚. 公路长隧道污染物的运移机理及一维解析分析. 交通运输工程学报，2002(3).

[7] 汤兵勇，路林吉，王文杰. 模糊控制理论与应用技术. 北京：清华大学出版社，2002.

[8] 徐压娟，余南阳. 公路隧道中纵向式通风控制系统研究. 中国公路学报，2001，14(3)：78-80.

公路隧道节能照明设计探讨

涂　耘

（重庆交通科研设计院　重庆　400067）

摘　要：本文通过对影响公路隧道照明质量的几个主要参数入手来探讨隧道照明设计达到高效节能的途径和方法，使广大的设计人员树立起通过充分运用现代科技技术的进步来提高隧道照明的设计水平和隧道照明的质量，而不能通过降低设计标准来达到节能目的的理念。

关键词：隧道照明　参数　亮度　洞外亮度　均匀度　频闪　节能

公路隧道照明有其特殊性，隧道白天也需要照明，白天照明比夜间照明更复杂，因此在隧道照明设计中要在隧道的出入口考虑人的视觉的适应性。照明设计除了保证路面具有一定的亮度水平外还需要考虑隧道墙壁高1.5m以下范围内也应有不低于路面亮度的亮度水平。正是由于隧道照明中存在"黑洞效应"、"运动效应"、"墙效应"和眩光现象等一系列特殊问题，使得隧道照明不同于其他道路照明。所以在隧道照明设计中考虑节能问题时，不能采用靠降低照明标准来节能，而是要通过充分运用现代科技手段来提高照明的设计水平来达到节能的目的。为此，本文通过对影响公路隧道照明质量的几个主要参数入手来探讨隧道照明设计达到高效节能的途径和方法。

1　影响隧道照明质量的因素分析

隧道照明中必须考虑某些特殊的视觉现象。而目前运营中为了节能使得隧道照明存在一些问题，因此有必要对一些基本的视觉问题进行分析和探讨，以便在保证行车安全和舒适的前提下提高照明质量和效果，来达到节约能源的目的。

1.1　亮度

从行车安全考虑，较好的隧道照明能增加道路使用者的生理和心理安全感。目前大多数隧道照明设计者和营运管理部门对隧道白天照明中的黑洞、白洞效应都有清楚的认识，也比较一致地对加强照明有较高的认同度。但在中间段照明和夜间照明的认识上有些模糊，主要表现在认为隧道按现行规范设计太亮或中间段照明可少开灯，夜间甚至可不开灯等等。因此，常常采用减少开启灯具数量甚至不开灯等方法来节约能源，这是非常危险的。

实际上，许多营运单位形成按现行规范设计的照明系统太亮的原因在于他们最先接触的是照明系统的初装亮度，而设计单位给出的亮度标准是照明系统的维持亮度，它们之间的关系是初装亮度乘上灯具的维护系数即是维持亮度，《公路隧道通风照明设计规范》规定灯具的维护系数可取0.6～0.7，可见两者的差别是非常大的。另一个原因就是设计单位在设计照明系统时，没有对隧道所处的地理环境进行调查，洞外亮度值估算偏大，使得隧道入口的各加强照明设计亮度值偏大，也是造成隧道照明系统亮度太亮的原因之一。

隧道必须设夜间照明，中间段照明也不能太省。因为车辆在隧道内行驶，随着速度的增加眼睛的视界会越来越窄，就像通过管子看东西一样，近处和两侧的东西看不见，这就是“运动效应”，隧道本身也是狭长的管状构造物，这种“运动效应”就更强。如果隧道不设中间段照明和夜间照明，仅靠车灯照明，车灯只能照亮道路路面，隧道壁仅有微弱的反射，形成“墙效应”，在开阔的道路上就没有“墙效应”，这就是《公路隧道通风照明设计规范》规定隧道壁 2m 以下范围的亮度应不低于路面亮度的考虑。如果隧道内没有足够的照明，两种效应的叠加会使驾驶人员感到压迫感，从而造成安全隐患。

随着交通的发展，隧道内的交通特别是夜间的交通也愈加繁忙，出现的问题愈加复杂。隧道作为特殊的构造物，在其中发生事故不同于道路上发生事故，其救援难度会更大，危害和损失也更大。因此，隧道的照明系统设计必须以驾驶人员的视觉特性为出发点和最终的落脚点，必须要有足够的亮度，满足不同层次的驾驶人员的视觉功能和心理需求，以杜绝或减少交通事故的发生。

1.2 路面亮度均匀度

隧道照明质量的好坏，除了要求有一个较好的亮度外，还必须要求路面上的平均亮度和最小亮度之间不能相差太大，其纵向上也要求亮暗变化不能相差太大。因为视场中存在亮度不相同的表面，眼睛从一个表面移到另一个表面要发生适应过程，在适应过程中眼睛的视觉能力是要降低的，适应也需要一定的时间。如果经常交替适应，亮暗的变化会带来一定的频闪效应，路面上连续、反复出现亮带和暗带，即“斑马效应”，会使驾驶人员的视力工作发生困难而导致视觉疲劳，如果再加上亮度不足，就会造成视觉错误而危及道路安全。

目前许多设计人员都采用利用系数法或工程类比法来设计照明系统，二者都没有充分考虑不同灯具具有不同的配光特性。隧道实际采用的照明灯具往往和设计者参照设计的灯具不一致而导致营运照明系统的均匀度值发生偏离，特别是一些营运单位为了节能而减少开启灯具数量时，造成路面均匀度值严重下降，存在一定的安全隐患。因此，隧道内路面亮度均匀度值和路面平均亮度值一样，也是影响隧道照明质量的主要因素之一。它的好坏直接影响驾驶人员的视觉功能。较差的路面亮度均匀度会造成驾驶人员的视觉疲劳甚至视觉错误，从而造成安全事故，这一点必须引起设计者和营运管理部门的重视。

1.3 频闪效应

隧道内的频闪主要来自于隧道照明灯具排列的不连续使驾驶员不断地受到明暗变化的刺激而产生的视觉不适。由于隧道内灯具安装受几何尺寸的限制，特别是灯具在隧道两侧安装时高度偏低，频闪会严重影响驾驶员的视觉功能，使驾驶员产生烦乱而危及行车安全。目前由于许多照明灯具的配光质量不高，受亮度和均匀度要求的限制，其布灯间距较小，特别是中间段照明对称布灯时许多设计间距都不符合频率低于 2.5Hz 的要求。

只有增大布灯间距才能满足规范要求，也才能减少灯具安装数量，从而达到节约能源的目的。因此设计时应当考虑采用配光质量好的高效灯具或采用高效率的布灯方式来满足灯具安装间距的要求。

2 节能途径探讨

通过对影响隧道照明质量的因素分析，亮度、均匀度和频闪分别涉及到设计参数的合理选择、灯具及其布置方式等方面，节能途径必须从这几个方面入手。当然由于科学技术的进步，作为隧道照明的主体光源也发生了巨大的变化，选择节能光源也是最有效的节能途径之一。

2.1 设计参数

现阶段大多的照明设计受技术条件的限制都很粗放，设计出的隧道照明系统设计值偏大、保守。许多设计单位由于缺乏照明灯具的光强表等具体的灯具配光参数，不得已采用利用系数曲线图计算方法，不管什么样的照明灯具，统统采用同样的设计参数，造成有些隧道照明系统浪费，差的隧道照明系统又存在安全隐患。为了使隧道照明系统节能，设计人员必须做到照明系统的精细化设计，必须尽量收集照明灯具的配光参数，采用先进的数值计算方法进行设计，以避免因设计方法粗放使照明亮度值过大带来的能源浪费。

洞外亮度 L_{20}(S) 是照明系统的设计基准之一，洞外亮度 L_{20}(S) 的正确设定，对工程投资和营运电费都有极大的影响，不容忽视。日本东京湾海底隧道曾于设计中做过详细比较：在其他条件(包括车速)相同的情况下，如 L_{20}(S) 分别设定为 4 000cd/m^2 与 6 000cd/m^2，则设备费相差 34%，年耗电量相差达 30%。在隧道照明设计阶段，隧道洞外亮度 L_{20}(S)在多数情况下无法实测得到，一般按查表法获取洞外亮度 L_{20}(S) 值。查表获取的洞外亮度 L_{20}(S) 值与实际值存在一定的误差，因此，使设计基准更准确、更符合隧道的实际情况能避免因隧道洞外亮度值取值过大带来的能源浪费。国内目前已研究出比较成熟的手段可对隧道洞外亮度值进行快速准确的测试和估算，这种测试方法的进步使得准确得到洞外亮度值成为可能，它的推广应用可为新建隧道设计提供较为准确的隧道洞外亮度 L_{20}(S) 值，有较好的经济效益。

2.2 高效节能的照明系统

隧道的照明方式直接影响配光特性、照明效果和运行的经济性，一个高效节能的照明系统，必须选用和隧道照明方式相匹配的照明灯具。公路隧道照明质量是通过隧道照明灯具以合理的布置方式，不同的亮度组合达到舒适、适应和经济配光实现的。公路隧道照明质量的好坏与灯具的配光特性直接相关，灯具的布置方式对灯具配光效益有较大影响，采用高效节能灯具和高效率的布灯方式是解决营运电费高低最有效的方法，具有较大的经济效益和社会效益。研究表明：

(1)不同照明布置方式应选用不同配光形式的灯具以提高照明系统的配光效率，达到省电目的。照明系统采用两侧排布置灯具时，宜采用宽光带点光源配光式灯具，若采用中线布置灯具时，宜采用宽光带线光源配光式灯具或逆光照明灯具。逆光照明灯具比常规照明灯具更能充分利用光效来提高路面亮度，降低目标照度，以达到省电目的。

(2)照明装置的照明效率很大程度上取决于灯具本身的配光形式和其布置方式，中线布置比侧面布置效益高。

(3)把布灯方式定在中排布偏置 60cm 处和侧布在一侧布灯高度为 6.3m 处的布灯方案，将有效地解决公路隧道双侧布置能耗较高、中央布灯不便维护的矛盾，是较高效率的布灯方式。

2.3 节能光源

公路隧道照明系统中，出入口段所设的加强照明是解决白天“黑洞”和“白洞”效应的，中间段照明和夜间照明是解决黑暗环境下的照明。众所周知：两种亮度环境下人眼的视觉是分别由锥状细胞和柱状细胞起作用。最近的研究表明人眼还存在有一种由两种细胞在介于明暗两者之间的亮度水平时共同起作用的视觉，称之为“中间视觉”。

国际照明委员会公布的标准视觉反应 $V(\lambda)$ 定义的是一个正常人在“明视觉”条件下对光谱输出的反应，照明技术中的设计与制造包括检测设备均和较高的亮度有关，即针对“明视觉”条件，这一点在照明应用中须引起充分重视。隧道照明中常采用的高压钠灯的光效非常之高，但这只是表面现象，钠灯最大的输出光能集中在黄色区，在明视觉条件下眼睛对它的敏感程度很高，由于光通量是以明视觉条件下眼睛接受到的光的数量来定义的，所以高压钠灯有很高的额定光通量。但它在其他波段只能输出极少的量，因此在暗视觉条件下有效光通量急剧减少，即它的效能在低高度环境中显著减弱。

目前开发的许多节能光源，大多数都发出白光。用现在的检测设备检测它的光输出其有效的光通量是很低的，但在暗视觉和中间视觉条件下，眼睛对它的敏感程度会大幅提升，这就是我们在夜间眼睛看这些节能灯感觉很亮，也能很好地看见物体目标，但测试其照度值很低的根本原因。而隧道的夜间照明和中间段照明恰好处在中间视觉范围内，这就为节能灯具在隧道内的应用提供了广阔的空间。通过科研课题来研究在中间视觉条件下节能灯具在隧道照明设计中具体应用的设计参数值，将会为解决隧道营运电费高的难题提供有效的途径，具有较大的经济效益和社会效益。

3 结束语

公路隧道节能照明设计还有许多研究可做，除本文讨论的合理的设计参数确定、高效节能灯具和高效布灯方式的应用以及节能灯具的大量应用外，开展照明系统的节能控制、节能设备应用的研究等等同样也是隧道照明节能的有效途径，也会带来巨大的经济效益。因此，广大设计人员应该树立通过充分运用现代科技技术的进步来提高隧道照明的设计水平和隧道照明的质量，而不能通过降低设计标准来达到节能目的的理念。

公路隧道照明光源的比选

陈彦华[1] 谭光友[2]

(1.重庆交通科研设计院 重庆 400067;
2.重庆万桥交通科技发展有限公司 重庆 400067)

摘 要:本文通过对各种照明光源性能进行比较,分析了各种照明光源在公路隧道使用的适应性,提出了公路隧道照明光源的发展方向和比选。

关键词:隧道 照明 光源

0 引言

公路隧道照明,是为了把必要的视觉信息传递给驾驶员,防止视觉信息不足而出现交通事故,从而保证行车的安全性和提高舒适性。

公路隧道具有缩短公路里程、提高运输效益、利用地下空间、节省用地和保持生态环境等优越性,随着公路建设尤其是高速公路建设的发展,公路隧道方案被广泛采用,公路隧道项目日益增多,隧道照明设施的规模及数量越来越大。

但与此同时出现了对隧道照明缺乏深入研究,隧道照明运营电力费越来越高,隧道照明质量跟不上高速发展的公路建设,隧道交通事故日益增多等问题,严重影响行车安全性。因此伴随着公路隧道的增多,对隧道照明节约能源、提高照明效果、保证行车安全性和舒适性的要求进一步提高,在公路隧道照明中推行绿色照明势在必行,正确合理地选取电光源是实现公路隧道绿色照明的关键。

1 公路隧道"绿色照明"的含义

"绿色照明"是20世纪90年代初国际上对节约电能,保护环境,提高照明质量,对照明系统进行的形象化说法。

1991年,美国环保署为提倡环境保护首先提出了"绿色照明工程"(Green Lighting Program)的概念,同时开始推广绿色照明计划,它的目标是提高照明效率,减少照明用电量。随后,国际上很多国家认识到了绿色照明的重要,纷纷开始了绿色照明的研究和推广。我国在1996年10月由国家经贸委牵头,启动了"中国绿色照明工程"。

所谓"绿色照明",是指通过科学的照明设计,采用效率高、寿命长、安全和性能稳定的照明电器产品(包括光源、电器附件、灯具、配线器材及调光控制设备等),最终达到建成环保、高效、舒适、安全、经济,有益于环境和提高人们学习和生活质量的照明系统。

绿色照明产品应符合以下条件:

(1)光效高,节省电能;

(2)寿命长,节约资金;

(3)照明质量高,舒适性好,提高工作效率;

(4)减少使用含有有害物质的照明产品。

实施公路隧道绿色照明应采取以下措施:(1)建立健全隧道绿色照明标准;(2)进行科学的隧道照明设计;(3)选择开发高效节能的光源和电器;(4)采用优质高效照明灯具;(5)优化照明控制。

2 光源的种类

根据发光原理的不同,各种电光源的分类如表1。

光源的种类　　表1

电光源	热辐射	白炽发光	普通白炽灯
			卤钨灯
	气体放电发光	高气压放电灯	高压汞灯
			荧光高压汞灯
			高压钠灯
			金属卤化物灯
		低气压放电灯	低压钠灯
			荧光灯
	电致发光	EI	场致发光板
		LED	发光二极管
	其他光源	无极荧光灯	

3 常用照明光源性能对比(表2)

常用照明光源主要性能对比　　表2

光源种类	普通照明白炽灯	管形、单端卤钨灯	低压卤钨灯	直管形荧光灯	紧凑型荧光灯	荧光高压汞灯	高压钠灯	低压钠灯	金属卤化物灯	LED发光二极管	无极荧光灯
额定功率(W)	10～1 500	60～5 000	20～75	4～200	5～55	50～1 000	35～1 000	18～180	35～3 500	1	85～150
光效(lm/W)	15	21	21	70	60	48	120	150	70	10	80
平均寿命(h)	1 000～2 000	1 500～2 000	1 500～2 000	6 000	6 000	12 000	18 000～28 000	5 000	8 000	100 000	60 000
显色指数	95～99	95～99	95～99	70～95	＞80	30～60	25～85		60～90	75	80
色温(K)	2 400～2 900	2 800～3 300	2 800～3 300	2 500～6 500	2 500～6 500	5 500	1 900～2 800		3 000～6 500	4 500	3 800
启动稳定时间(min)	瞬时	瞬时	瞬时	1～4s	快速	4～8	4～5		4～10	快速	瞬时

续上表

光源种类	普通照明白炽灯	管形、单端卤钨灯	低压卤钨灯	直管形荧光灯	紧凑型荧光灯	荧光高压汞灯	高压钠灯	低压钠灯	金属卤化物灯	LED发光二极管	无极荧光灯
再启动时间(min)	瞬时	瞬时	瞬时	1～4s	快速	5～10	3		10～15	快速	瞬时
闪烁	不明显	不明显	不明显	普通明显,高频不明显		明显	明显		明显	不明显	不明显
电压变化对光通输出影响	大	大	大	较大	较大	较大	较大		较大	较大	较大
环境温度变化对光通输出影响	小	小	小	大	大	较小	较小		较小	小	小
耐震性能	较差	较差	较差	较好	较好	好	较好		好	好	好

4　隧道照明光源的发展方向和比选

各种光源的光学特性、性能参数各不相同。在大多数情况下,光源是体现绿色照明之高效节能的核心。正确合理地选取电光源是实现绿色照明的关键,光源的节能主要取决于它的发光效率。

隧道照明的光源应满足隧道特定环境下的光效、光通量、光衰减、寿命、光色和显色性、成本要求;同时还能保证在汽车排放形成的烟雾中有良好的能见度。隧道照明的效果必须依靠可靠的光源来实现。公路隧道一旦投入使用,照明系统几乎就处于长期点灯状态。选择一种适宜的光源,是隧道照明的重要环节,应综合考虑,合理运用。

隧道用光源的发展方向是高效节能。隧道照明中一般选用的光源是白炽灯、荧光灯、高压汞灯、低压钠灯和高压钠灯。随着科技的发展,照明领域取得了一个又一个的进步,随着LED新光源的推出以及电磁感应灯的问世。人们也试图将这些新型电光源用于道路和隧道照明中。

4.1　白炽灯

白炽灯开创了人类电气照明的历史,是照明也是隧道照明的第一代光源。白炽灯结构简单、使用方便、易于调光、色调温暖、显色性好,但是效率低、耗电高、寿命短、容易碎,目前隧道照明中已不使用白炽灯。

4.2　荧光灯

荧光灯使用寿命不长,透雾性较差,隧道布灯间距小,成本高,但显色性较好,荧光灯的光效和寿命均为普通白炽灯的5倍以上,在城市隧道中也有使用,一般使用在对显色性要求高的隧道紧急停车带和人行横道。

4.3　低压钠灯

低压钠灯虽然光效高于其他光源,但是它的显色性差,使用寿命短,国内几乎没有生产,所以目前在隧道中很少使用。随着进一步的研制，延长寿命，也可望在隧道中使用。

4.4 高压汞灯

高压汞灯是隧道照明的第二代光源，光效不高，而且吸引蚊虫，不能调光。目前隧道照明中已很少使用。

4.5 高压钠灯

高压钠灯光效高、透烟性强、性能稳定、使用寿命长，是隧道照明绿色产品，是目前公路隧道照明光源的最佳选择。

在公路隧道的发展进程中，高压钠灯发展空间广阔，市场容量很大，目前已基本全面替代高压汞灯照明。20 世纪 90 年代中期，欧司朗公司已开发出脉冲式钠灯光源，该光源除继续保持寿命长、高光效的特点外，还显著改善了光色和显色性。

目前，国内外隧道照明几乎均采用高压钠灯。这是因为高压钠灯具有光效高、寿命长、工作可靠，且所发出的橘黄色的光线，具有强透雾功能。高压钠灯主要配用镇流器，目前在市场上销售的镇流器有传统电感镇流器、节能(低损耗)型电感镇流器、H 级电子镇流器、L 级电子镇流器。传统的电感镇流器功率耗损大，仅镇流器每年消耗电能数量巨大；电子镇流器具有高光效、低频闪和节能等优点，但目前因价格过高或产品质量难以令人满意或对外电磁干扰很严重等适用范围受到限制。而节能型电感镇流器性能安全、可靠、节能、省钱，符合现在的中国国情，符合绿色照明的需要，可靠耐用，价格低廉，节能效果显著，既实现环保节能又可以节省投资，是绿色照明时代的主流产品。同时高压钠灯的寿命在标准电压下工作一般为 18 000h 到 24 000h。

4.6 LED(发光二极管)

LED 以其固有的特点，如省电、寿命长、耐震动，响应速度快、冷光源等特点，广泛应用于指示灯、信号灯、显示屏、景观照明等领域。在我们的日常生活中处处可见，家用电器、电话机、仪表板照明、汽车防雾灯、交通信号灯等。但白色 LED 单颗用电 1W，光输出 251m，目前由于白光 LED 的光效低、功率效，亮度差、价格昂贵等条件的限制，无法作为通用光源推广应用。近年来，LED 的发光效率虽然在逐步提高。但是，在照明普及应用方面仍存在一些技术性问题：

(1)LED 灯的功率和光效有待大幅提高，使其具有更高的光通量和更高的能量效率；

(2)白光 LED 发出的白光带有蓝色光的成分，在这种光的照明下，人们的视觉效应不是很自然、舒服；

(3)如何将 LED 点光源集中形成高强度、大面积照明；

(4)价格昂贵是影响 LED 照明的主要原因，降低成本是 LED 照明普遍应用的关键；

(5)LED 和光学、机械、电子控制等相关技术的整合；

(6)LED 照明规范、标准的制订。

解决上述问题需要很长的一段时间。据了解，目前国内外还没有 LED 新光源在隧道照明应用的成功案例。LED 新光源要在隧道照明中建设和维护中取代大功率的高压钠灯、高压汞灯、金卤灯等光源，还需进一步的研究和探讨，解决 LED 光源在照明应用中存在的技术问题，生产出符合隧道照明的新产品才能使 LED 新光源发挥更大的作用。

目前,全世界都在致力于LED的研究,可以相信在不久的未来,LED光源的应用也将不断发展,在隧道照明建设中发挥巨大的作用。

4.7 无极荧光灯(电磁感应灯)

无极荧光灯采用的原理是先由电产生磁场,再由磁场产生感应电流,再应用耦合震荡原理将生产的高频电压注入到玻璃壳或玻璃管中。电磁感应灯的寿命可以达到60 000h以上,光效可达85~90lm/m,显色性好,而且高效节能。但电磁感应灯真正投入照明、服务社会,技术上还需要更多的完善。如何解决大范围应电磁感应灯存在的电磁干扰,成为科研人员主要的攻关课题;且价格昂贵,在日本新干线上安装的105W的灯体,约500美金左右一只。德国欧司朗公司已开发成功100W和150W两种规格无极荧光灯并投入使用,但价格高,每只5 500~6 500元,只在欧洲少量使用。国内生产的无极荧光灯已开始在隧道内尝试,但质量不稳定,使用后效果不好。

5 结论

(1)高压钠灯是目前公路隧道照明光源的最佳选择。

(2)在隧道照明中使用无极荧光灯应是今后几年隧道照明研究的方向之一。

(3)LED是一种未来的光源产品,但现阶段完全替代NAV存在功率、光效、寿命和成本上的问题,可以加大力度研究、探索LED在隧道中的应用。

参考文献

[1] 周太明,宋贤杰,刘虹,等.高效照明系统设计指南[M].上海:复旦大学出版社,2004.

[2] 陈彦华.公路隧道“绿色照明”初探——国际隧道研讨会暨公路建设技术交流大会论文集[C].北京:人民交通出版社,2002.

福建京福高速公路隧道节能技术研究

涂 耘 韩 直

（重庆交通科研设计院 重庆 400067）

摘 要:公路隧道通风照明系统是隧道机电工程中最重要的设施之一,也是整个机电运营过程中电费支出最大的系统。所以,开展对隧道通风照明节能技术的研究,对于降低公路隧道通风照明设施的购置、安装,特别是隧道投入营运后的长时间的通风照明营运与维护费用,降低隧道营运管理成本,提高营运效益都是十分必要。本文总结了由我院2000年承担完成的《福建京福高速公路隧道关键技术研究》课题中节能技术的研究成果,供隧道设计人员参考。

关键词:隧道通风 照明 节能

京福高速公路福州段约100km,其中隧道约13座,单洞延长近28km,最长的隧道美菰林隧道约5.6km,交通工况前后期差异大。针对工程特点,本课题依托美菰林隧道对特长公路隧道通风方式、公路隧道照明技术进行了研究。通风节能研究主要从确定合理的设计参数、控制工况等方面入手研究经济合理的通风系统和充分发挥通风设备作用的节能控制模式。公路隧道照明节能研究主要从合理的布灯方式和与之匹配的高效灯具的开发入手研究经济合理的照明系统以达到节能的目的。这些研究成果都不是靠降低通风照明标准来节能,而是通过充分运用现代科技手段和相关专业的合理结合来提高通风照明的设计水平和方法。

1 美菰林隧道通风节能研究

1.1 经济合理的通风方案,节能效果显著

美菰林隧道通风方案的研究在隧道交通量、阻滞工况、排放标准等方面的掌握,对确定隧道合理的需风量有较大的创新与突破。

(1)需风量计算时选择营运通风的控制状态甚为关键。美菰林隧道的通风系统研究中为充分发挥监控设施的作用,结合交通工程的有关规定,将80km/h计算行车速度的阻塞车速定义为30km/h,对小于这一车速的工况采用监控设施加以指挥,而不是盲目加大通风量来解决。以稀释CO为例,车速30km/h时左洞需风量为601.0m^3/s,右洞需风量为558.1 m^3/s,而当车速降为20km/h时,左洞需风量猛增到837.1m^3/s,右洞增到742.7m^3/s,分别增加39.3%和33.1%。因此,以30km/h作为交通阻塞控制状态,仅此一项可节约大量投资和营运费用,值得在相似工程中认真考虑。

(2)公路隧道通风设计中,计算有害气体的排放量是一个重要环节,也是整个设计的基本依据。而有害气体排放量计算中又以交通量N与有害气体基准排放量q为最主要参数。在交通量的计算中,本次研究根据我国公路交通量的调查资料,参照国内相似路段的情况,确定

了高峰小时交通量按年平均日交通量的12%计算。有害气体基准排放量,本次研究明确基准排放量 q 的设计年限,与交通量 N 的设计年限相匹配,按每年1%递减率计算获得了设计年限的基准排放量。以稀释CO为例,未折减时左洞需风量为601.0m^3/s,右洞需风量为558.1m^3/s,折减后左洞需风量减为454.2m^3/s,右洞需风量减为404m^3/s,分别降低了24.4%和27.6%。因此,通风设计不单要考虑交通量 N 的设计年限,也应明确基准排放量 q 的设计年限,两者必须匹配,否则,所设计的通风系统必定规模过大,浪费建设资金。

(3)通过全射流通风、竖井排出式通风、竖井排出+射流风机组合通风、竖井送排式、竖井送排+射流风机组合通风五种通风方式的技术经济综合比较发现:虽然全射流通风一次性投资只有最省,但其维护费和营运电费较高,维护困难,洞内噪声大,风速高。送排式通风虽然维护费和营运电费较低,但其一次性投资额大,不太经济。竖井排出+射流风机组合通风方案,在本研究中其一次性投资、维护费和营运电费相对较低,具有投资省、便于维护、经济和技术可行、有利环保等优点,故将其作为设计推荐方案;通风特点为洞口两端进风,竖井集中排风,射流风机升压控制竖井底部压力平衡;长端能较好地利用汽车活塞风,噪声适中,排烟方便,最大特点是竖井长度短,行车环境较好,洞内噪声适中,管理与维护方便,特别是洞口两端的环境保护较好。由于几乎全部的废气通过竖井排出,避免了一个出洞的废气又作为一个进洞的新鲜空气进入隧道,造成二次污染。

(4)首次在国内采用地下风机房技术也是一个可喜的突破,管理维护较为方便,轴流风机的动压损失可明显减小,左右洞轴流风机节约的功率约280kW。同时对环境保护也十分有利。

1.2 公路隧道通风模糊控制,节能效果显著

公路隧道通风控制系统是公路运营管理系统的重要组成部分。通风控制的智能化水平,既影响隧道使用者的身体健康与舒适性,又影响运营管理成本与企业的效益。目前,国内通风控制大多采用直接控制法,即根据CO和VI的实时检测值进行控制,能源消耗大。国外已开展前馈式模糊通风控制系统的研究与应用,日本的资料表明,可节能25%左右。本研究在论述通风控制原理、现有的控制方式、流程的基础上,着重探讨前馈式模糊通风控制模型,并用模拟数据进行了检验,模糊预测可较好地反映预测对象的发展变化趋势,并能充分考虑营运动力消耗与风机的运行时间,确定合理的组合风量级档,建立起一套节能科学的控制模式,能很好地解决好通风设备的均衡使用问题。

1.2.1 前馈式模糊通风控制模型控制原理

公路隧道通风控制是基于控制对象的通风方式,根据《公路隧道通风照明设计规范》对环境的要求,结合隧道实时运营交通状态及发展变化,通过控制风机开启台数和转数,使隧道通风达到既能满足《公路隧道通风照明设计规范》规定的环境质量,又能延长风机使用寿命与节能的目的。由此可见,通风控制涉及通风方式、交通组成与变化、交通状态与变化、风机运行时间及启停时间几个方面的因素,作为控制决策,在通风方式确定后,影响通风的主要因素有隧道内的车辆数和车辆类型,其决定了CO和烟雾排放量,车辆行驶速度,其决定了车辆在隧道内的滞留时间。从而,通风控制问题转换为隧道内车辆数与车辆类型的检测和预测问题。在得到隧道内车辆数与车辆类型的当前值和其后一段时间的发展变化规律后,则可计算CO和烟雾排放量值,得到CO和烟雾排放量随时间的变化曲线,根据通风计算模型,得到风机开启

台数和转数随时间的变化曲线,根据各台风机运行时间和启停时刻记录,选择启动或停止的风机,使风机运转平衡。

1.2.2 前馈式模糊通风控制模型控制模块

(1)预警参数设置模块

《公路隧道通风照明设计规范》对环境给出了设计要求,值得说明的是其远比卫生条件要求严,美国卫生标准为400ppm时滞留时间15min,200ppm时滞留时间30min,若将设计值定为预警值,则仍留有很大的安全余地。

(2)通风计算模块

根据交通发展变化情况,计算CO和烟雾浓度,从而由通风计算模块计算需风量及风机开启或停转台数。

(3)交通预测模块

根据现场采集的交通数据,判别交通状态:正常或阻塞;预测期内隧道内车辆数变化趋势,是将增加、减少或基本保持不变。当隧道内车辆数基本保持不变时,不需改变风机的运行状态,当隧道内车辆数将增加时,可能会增加风机的开启台数,当隧道内车辆数将减少时,可能会减少风机的开启台数;隧道内车流的平均速度(用于判别是否会出现1km的阻塞和车辆在隧道的滞留时间)。

(4)运营评价模块

对隧道当前和预测期内的环境质量进行评价,以便进行通风控制决策。

(5)控制决策模块

结合运营评价模块的评价结论和风机运行记录,决定风机的开启或停转。

2 公路隧道照明节能研究

公路隧道照明,尤其是高速公路隧道照明与道路照明要求不同,公路隧道照明质量的好坏与隧道照明灯具直接相关。目前,公路隧道照明系统的经济性、合理性制约着我国公路隧道发展,尤其是不少公路隧道营运管理部门以减少开启隧道照明灯具的数量、降低隧道照明质量来达到降低隧道照明营运成本的目的,从而增大了隧道营运的安全隐患。所以,采用高效节能的隧道照明灯具及其高效的灯具布置方式,对于降低公路隧道照明设施的购置、安装,特别是隧道照明投入营运后的长时间的照明营运与维护费用,降低隧道营运管理成本,提高营运效益都是十分必要。本研究根据隧道的配光特点研发的隧道照明灯具可实现大布灯间距,减少布灯数量,省电节能等等。研究出的特殊偏置位置布灯方式将大大降低隧道照明灯具的购置费用和营运费用,节约营运成本,同时将减少隧道内照明用电力电缆、照明配电箱等照明相关设施设备的购置、安装、维护等费用,具有良好的经济和社会效益。隧道照明系统的加强照明由于亮度值高,灯具布置较密,其照明质量一般较好。中间段照明是隧道内照明时间最长、照明段落最长的部分,而中间段照明由于亮度值相对较低,灯具布置间距较大,其照明质量和照明效率相对复杂,影响的因素较多,最主要的影响因素是照明灯具本身和灯具布置方式这两个因素。因此,隧道照明节能技术的研究以中间段照明入手,解决中间段照明配光的合理性、经济性,采用1∶1的研究手段,依靠1∶1实体隧道展开对比实验,从而揭示经济配光及布灯的关键所在。实验分两个阶段进行:第一阶段是选取国内有代表性的照明灯具进行不同布置方式、不同布置间距的配光实验，来了解灯具配光的基本性能和灯具布置的效率问题；第二阶段是在第一阶段研究成果的基础上开发新型高效节能灯具，采用精确的实验方法进行试验并不断改进灯具的配光性能，以满足中间段照明配光的合理性、经济性和高效率，主要进行对解决适合我国现阶段运营情况的特殊偏移位置布灯形式的配光要求的相关实验。研究的主要成果：

(1)灯具的布置方式影响照明系统的照明效率：中心布置比双侧排布置效率高，双侧交错布置又比双侧对称布置效率高。

通过对比实测，中央布置比双侧排布置有较高的路面亮度总均匀度值；双侧排交错布灯又比双侧排对称布置有较高的路面亮度总均匀度值。

由利用系数曲线图计算公式 $E_{av}=\dfrac{n\cdot P\cdot M\cdot N}{W\cdot S}$ 可以看出，同型号同功率灯具在相同布灯间距时，由于利用系数与灯具的安装高度有关，中央布置高度一般都比双侧布置有条件安装高度高些，因此可以获得较高的路面照度平均值，并且中央布置有较高的均匀度值。另外，中央布置时，驾驶员几乎是从轴向看到灯具，灯具安装位置又高，灯具所生产的不舒适眩光和失能眩光很少，结合这几方面看，中央布置平均亮度减少 20%都可接受。双侧排交错布置和双侧排对称布置在 N 取 2 时，要获得相同的 Ean，在一侧灯的布置间距是一样的，但交错布置有较好的路面亮度总均匀度值，显然照明质量比对称布置要好。

(2)灯体大小、反光器形式是影响灯具配光质量、性能的关键，具有大灯体、特殊的反光器的照明灯具是适合隧道照明特点的理想灯具。

灯具是对光源发出的光进行控制和分配的器具，隧道灯具是一种投光灯具，光的投射方向可以由反光器分配控制地投向隧道上任一需要光的地方。由于隧道照明不同于一般照明，它由隧道狭长的界限所限，灯具安装高度较低，隧道壁面 2m 以下及路面都是需要照亮的地方，因此，反光器需要特殊处理来满足隧道照明需求，复合曲面反光器比传统单曲面的反光器有较好的配光效果。由于高压钠灯是一个有较大光发射面积的灯泡，相应也要求有较大的光学系统，如做一个小灯体，相对亮度较高，眩光不易控制，光散射不充分，照射角度小，影响灯具布置时路面亮度总均匀度值。反之，大灯体灯具眩光易控制，反光器可以有充分的空间来分配控制光的均匀分布，以利于隧道照明。通过实测对比，宽体灯具比传统的窄体灯有较好的均匀度值。由于隧道用于基本照明的灯具长期工作，在运行的时候灯具内温度不能升得太高乃至于干扰了灯泡的正常功能，此时，灯具的体积十分重要，尤其在全封闭的隧道照明专用灯具中更加要紧。因此，具有大灯体、特殊反光器的灯具将是适应隧道照明的理想灯具。

(3)对逆光照明技术进行了研究，提出加大力度研究和开发逆光灯具是今后增效节能的最有效的途径。

物体亮度的对比度越大，其能见度就越高，路面上产生高亮度(L)和垂直面上产生低照度(EV)的照明系统，对位于道路上的大多数物体都会产生相当高的对比度值。只有当照明设施沿隧道纵向呈非对称设置且能给驾驶员最佳的视觉引导时，才能达到上述照明系统所希望的效果，这种照明系统称之为“逆光照明”。通过 1∶1 的实测，还发现逆光照明灯具在布置间距发生变化时，其路面亮度总均匀度值有较好的稳定性，比传统灯具变化慢。由于逆光照明灯具一般只适用于中央布置，它的高 L/Ev 的特点以及中央布置的优点使得采用逆光照明技术的隧道照明系统亮度减少 20%是可以接受的。

(4)研制开发了KJID型康吉系列新型灯具,该系列灯具采用了许多研究成果,有些特点为其他灯具所不具备,是一种集大家之长,又含许多高技术成果的新型灯具。

康吉灯具研制出来以后,经国家灯具检测中心检测,灯具防护等级为IP65,灯具外亮度耐腐蚀性能为II类。灯具工作环境为-35℃～45℃,防腐电保护类别为I类。经重庆公路工程检测中心测试,其布灯效果比同类型灯具布灯效果不论是照度,均匀度都好,在实际工程中也得到了业主的认可。康吉灯具是一种宽体灯,其反光器都作了特殊的设计,特别是已生产出了逆光宽光带灯具,是代表现今水平的一种高效节能灯具。

(5)特殊偏置位置布灯方式

在大量的照明实测工作的基础上,把布灯方式定在中排布偏置60cm处和侧布在一侧布灯高度为6.3m处的两种布灯方案。这两种方案将有效地解决公路隧道双侧布置能耗较高、中央布灯不便维护的矛盾,是较高效率的布灯方式。

①6.3m高处隧道单侧布灯

这种布灯方案是一种全新的隧道照明布灯形式,采用150W的隧道灯具侧布在二车道隧道6.3m高处,布灯间距为6～7m。参照依托工程这种布灯方式1km隧道可比7m对称布置方式节隧道灯具120～143套,从而节约隧道照明灯具的购置费40%～48%,节约日后的营运费12.5%～25%。同时,由于本方案为单侧布灯,可节约隧道内照明灯具用电力电缆、照明配电箱等相关的照明设备设施及安装调试费用40%～50%,具有可观的经济效益。该方案有效地解决了公路隧道尤其高速公路隧道双侧布灯能耗高、中央布灯维护不方便的矛盾,是具有独创性的高效布灯方式。同时该布灯方案美观实用。

②中排偏置60cm处布灯

这种布灯方案是利用逆光照明技术,解决中央布灯在营运维护中占用行车道的问题。偏置60cm后,在隧道营运维护时可尽量只占用一行车道,保持另一车道的畅通。本方案采用150W的逆光照明灯具,布灯间距为6～7m。参照依托工程这种布灯方式1km隧道可比7m对称布置方式节隧道灯具120～143套,从而节约隧道照明灯具的购置费40%～48%,节约日后的营运费12.5%～25%。该布灯方式采用了逆光照明技术,提高了隧道照明的安全性和舒适性。

参考文献

[1] 中华人民共和国行业标准.JTJ 026.1—1999 公路隧道通风照明设计规范.北京:人民交通出版社,1999.

高速公路隧道配电电缆截面及变压器容量合理选择的探讨

赵清碧　张　琦　屈志豪　吴小丽

(重庆交通科研设计院　重庆　400067)

摘　要：目前国内高速公路隧道内的低压配电电缆工程造价占据到隧道机电工程的40%左右，而线缆的电能损耗在今后20年的隧道运营过程中将是一笔无形的、较大的电费支出。电力变压器容量选择合理与否，不仅与初期投资关系密切，同时也与今后运营过程中电力变压器电能损耗时的电费支出有着重要的联系。因此，确定合理的电缆截面和变压器容量是节能型供配电系统的途径之一。

关键词：节能　电能损耗　综合经济最小法　供电半径　电缆截面　需要系数　变压器容量

1　概述

安全、环保、高效、节能作为公路工程建设追求的目标，在公路隧道运营管理中尤显突出。目前，根据重庆市“二环八射”的路网规划，重庆在建高速公路隧道达150座(国内修建更多)，隧道的建成投入运营，今后的运营电费将是一笔很大的费用，因此，如何将运营电费降低到最小化是运营管理人员关注的内容，而保证这一节能的前提是系统的设置在满足安全运营的同时应满足合理性。

隧道供配电系统节能途径很多，如确定好的供电方案、设置节能设备、设置滤波装置、选择合理电缆截面、合理选择变压器容量等，本文主要对节能效果影响较大的低压配电电缆截面和变压器容量两方面进行探讨。过去，我们习惯于按照常规方式选择导线截面和变压器，很少按经济运行进行校验，即使按照经济电流密度系数和负载率进行线路截面的校验，由于该系数没有反映出当前在节约能源方面的政策，因而也不完全符合经济运行的要求。按照经济运行选择电气线路截面和变压器，尽量减少输配电线路和变压器中的电能损耗，是做好节能工作的重要一环。

2　公路隧道机电工程现状

2.1　低压配电电缆初期投资和运营费用高

由于隧道内低压配电电缆均为长距离供电，因此，隧道内的低压配电电缆截面一般都按电压降进行选择。由此，按照电压降确定的电缆截面远远超过按经济电流选择的电缆截面。随着电缆源材料——铜材价格不断上涨，电力电缆价格也随之不断地上涨，隧道低压电缆工程造价也逐渐增高。而由于受隧道内运营环境差的思想影响，设计人员通常按常规方式设置变电所的位置，从而造成长距离供电的问题，使得隧道内的低压电缆工程造价高。同时，设计人员和建设人员往往忽略了长距离供电的低压配电电缆有功和无功损耗是比较大的，其将给今后的运营带来一些额外的电费开支。

2.2 “大马拉小车”严重

由于部分设计院技术人员并未对隧道的用电负荷运行情况进行分析，同时国内相关设计手册也无相关的参考资料，因此，大多数投入运营的隧道变压器负载率都在10%～30%左右，造成极大的资源浪费和运营浪费。

3 合理电缆截面选择

电力电缆截面选择是一个大家十分关心的问题，因为它是供配电设计的主要内容之一。传统的电缆截面选择方法是按技术选择，可分为4类：① 按允许发热条件选择，也就是按允许载流量选择；②按允许电压损失校验；③按短路热稳定校验；④按保护灵敏度校验。

3.1 综合经济最小法的概念

以前不少论文中提到按经济电流选择电力电缆截面，其方法称之为“经济选型”。所谓经济电流是“寿命期内投资和导体损耗费用之和最小的适用截面所对应的工作电流”。隧道内低压配电电缆均按电压降选择电缆截面的。电缆截面选择同样遵循“寿命期内投资和导体损耗费用之和最小的选择方法”，即我们在本文中提到的“综合经济最小法”。

为保证隧道用电质量，设计人员均按电压降选择电缆截面，而由于低压供电距离远，线路上聚集有大量的电能损耗，因此，设计人员在低压电缆选择上应寻求一个平衡点。在配电回路压降满足相关规定的同时，争取初期投资和运营费用两者综合费用最小化。电缆截面选择应按照综合经济最小法则选择电缆截面。按电压降选择电缆截面时，只计算初始投资；按综合经济最小法选择电缆截面时，除计算初始投资外，还要考虑经济寿命期内导体损耗费用，二者之和应最小。当减小电缆截面时，初始投资减少，但线路损耗费用增加；反之，增加电缆截面时，线路损耗减少，但初始投资增加。

3.2 综合经济最小法则

$$CT = CI + CJ \tag{1}$$

式中：CT——总费用；

CI——电缆主材、附件费用及施工费用之和；

CJ——损耗费用，它与负载（电流）大小、年运行时间、电价、电缆电阻（截面）、使用寿命等因素有关，可以用下面算式表示

$$CJ = I_{max}^2 \times R \times N \times F \times 10^{-3} \tag{2}$$

$$F = N_p \times P \times r \tag{3}$$

式中：I_{max}——第一年的最大负载电流；

R——计算各种因素（如集肤效应、邻近效应、护层电流等）后的实际交流电阻值；

N——隧道运营时间（按隧道的使用寿命计）；

F——综合系数，它包含3个方面的内容：①导体的数量 N_p；②年最大负荷损耗小时 r 单班制约为1 400h，两班制约为4 000h，三班制约为6 900h）；③ 电价 P。

3.3 具体案例分析

本文主要以渝沙高速公路彭水至武隆段的长滩隧道(3 215mm)和高谷隧道(1 410m)为例进行电缆截面选择分析,其方法也适用于高速公路其他隧道。

由于隧道内的射流风机、加强照明以及基本照明每天的运行时间不同,因此,本文分别对隧道内的射流风机以及基本照明配电电缆截面选择进行分析。由于加强照明低压配电电缆供电距离相对较短,且篇幅有限,本文不对加强照明配电电缆截面选择进行分析。

3.3.1 长滩、高谷隧道基本照明

隧道应急照明(基本照明的一部分)灯具和部分基本照明灯具全天开启,隧道另外部分基本照明灯具深夜关闭。根据上述的照明运行情况,确定隧道两种基本照明分别按两班制和三班制考虑,应急照明按三班制考虑。下面对两隧道单洞的基本照明电缆截面选择方式进行分析,该方式适用于隧道左、右洞。

具体分析数据见表1～表4。

隧道基本照明运营综合系数 F 计算表 表1

两班制				三班制			
导体数量 N_P	电价 P	年最大负荷损耗小时数 r	综合系数 F	导体数量 N_P	电价 P	年最大负荷损耗小时数 r	综合系数 F
3	0.65	4 000	7 800	3	0.65	6 900	13 455

正常压降下的基本照明配电电缆综合费用计算表 表2

序号	电缆截面	电缆长度 L(km)	电缆单价(元/km)	附件及施工费用比例	建设贷款时间 N_1	电缆初期投资费用 CI(元)	负载电流 I_{max}	电阻 R	综合系数 F	运营时间 N_2(年)	电能损耗费用 CJ(元)	综合费用(元)	备注
1	16	1.273	45 864	15%	1	61 980.8	9.12	1.272	7 800	20	21 010.2	82 991.0	长滩隧道
2	16	1.273	45 864	15%	1	61 980.8	9.12	1.272	13 455	20	36 242.6	98 223.4	
3	25	1.273	68 943	15%	1	93 169.8	13.8	0.814	13 455	20	53 103.7	146 273.5	
4	35	1.823	87 171	15%	1	168 700.2	14	0.581	7 800	20	32 385.0	201 085.1	高谷隧道
5	35	1.823	87 171	15%	1	168 700.2	14	0.581	13 455	20	55 864.1	224 564.2	
6	50	1.823	120 750	15%	1	233 684.9	16.6	0.407	13 455	20	55 018.8	288 703.7	

注:本表专用于隧道基本照明,其中一路基本照明按两班制工作,另一路基本照明按三班制工作。电缆经济寿命按隧道运营时限20年计。

提高一级截面的基本照明配电电缆综合费用计算表 表3

序号	电缆截面	电缆长度 L(km)	电缆单价(元/km)	附件及施工费用比例	建设贷款时间 N_1	电缆初期投资费用 CI(元)	负载电流 I_{max}	电阻 R	综合系数 F	运营时间 N_2(年)	电能损耗费用 CJ(元)	综合费用(元)	备注
1	25	1.273	68 943	15%	1	93 169.8	9.12	0.814	7 800	20	13 445.2	106 615	长滩隧道
2	25	1.273	68 943	15%	1	93 169.8	9.12	0.814	13 455	20	23 193.0	116 362.8	
3	35	1.273	87 171	15%	1	117 803.3	13.8	0.581	13 455	20	37 903.2	155 706.5	

续上表

序号	电缆截面	电缆长度 L(km)	电缆单价 (元/km)	附件及施工费用比例	建设贷款时间 N_1	电缆初期投资费用 CI(元)	负载电流 I_{max}	电阻 R	综合系数 F	运营时间 N_2(年)	电能损耗费用 CJ(元)	综合费用 (元)	备注
4	50	1.823	120 750	15%	1	233 684.9	14	0.407	7 800	20	22 686.2	256 371.1	高谷隧道
5	50	1.823	120 750	15%	1	233 684.9	14	0.407	13 455	20	39 133.7	272 818.6	
6	70	1.823	178 500	15%	1	345 447.2	16.6	0.291	13 455	20	39 337.8	384 785	

注:本表专用于隧道基本照明,其中一路基本照明按两班制工作,另一路基本照明按三班制工作。电缆经济寿命按隧道运营时限20年计。

减少供电半径的基本照明配电电缆综合费用计算表 表4

序号	电缆截面	电缆长度 L(km)	电缆单价 (元/km)	附件及施工费用比例	建设贷款时间 N_1	电缆初期投资费用 CI(元)	负载电流 I_{max}	电阻 R	综合系数 F	运营时间 N_2(年)	电能损耗费用 CJ(元)	综合费用 (元)	备注
1	16	0.7	45 864	15%	1	34 082.2	9.12	1.272	7 800	20	11 553.1	45 635.3	长滩隧道
2	16	0.7	45 864	15%	1	34 082.2	9.12	1.272	13 455	20	19 929.1	54 011.3	
3	25	0.7	68 943	15%	1	51 232.2	13.8	0.814	13 455	20	29 200.8	80 433.2	
4	35	1	87 171	15%	1	92 539.8	14	0.581	7 800	20	17 764.7	110 304.5	高谷隧道
5	35	1	87 171	15%	1	92 539.9	14	0.581	13 455	20	30 644.0	123 183.9	
6	50	1	120 750	15%	1	128 187	16.6	0.407	13 455	20	30 180.3	158 367.3	

注:本表专用于隧道基本照明,其中一路基本照明按两班制工作,另一路基本照明按三班制工作。电缆经济寿命按隧道运营时限20年计。

3.3.2 长滩、高谷隧道射流风机

根据隧道通风系统专业提供的资料,在隧道运营正常情况下,长滩、高谷隧道可通过汽车的活塞风将隧道内废气带出洞外,即正常情况下隧道内可不设置射流风机;在除异味、换新风过程中或在交通异常情况下,如隧道内发生火灾时需设置射流风机进行排除异味或防灾通风。根据养护性使用频率和交通异常使用情况的折算,隧道射流风机按1天开启3h计。下面主要对长滩隧道单洞的射流风机电缆截面选择方式进行研究,该研究方式适用于长滩隧道和高谷隧道左右洞,具体分析数据见表5~表8。

隧道射流风机运营综合系数 F 计算表 表5

导体数量 N_P	电价 P	年最大负荷损耗小时数 r	综合系数 F
3	0.6	250	450

正常压降下的射流风机配电电缆综合费用计算表 表6

序号	电缆截面	电缆长度 L(km)	电缆单价 (元/km)	附件及施工费用比例	建设贷款时间 N_1	电缆初期投资费用 CI(元)	负载电流 I_{max}	电阻 R	综合系数 F	运营时间 N_2(年)	电能损耗费用 CJ(元)	综合费用 (元)	备注
1	35	0.294	100 000	15%	1	31 210.7	57	0.581	450	20	4 994.8	36 205.5	长滩隧道
2	35	0.341	100 000	15%	1	36 200.2	57	0.581	450	20	5 793.3	41 993.5	
3	50	0.441	140 000	15%	1	65 542.6	57	0.407	450	20	5 248.0	70 790.6	

续上表

序号	电缆截面	电缆长度 L(km)	电缆单价(元/km)	附件及施工费用比例	建设贷款时间 N_1	电缆初期投资费用 CI(元)	负载电流 I_{max}	电阻 R	综合系数 F	运营时间 N_2(年)	电能损耗费用 CJ(元)	综合费用(元)	备注
4	50	0.488	140 000	15%	1	72 527.9	57	0.407	450	20	5 807.7	78 335.6	长滩隧道
5	70	0.635	187 000	15%	1	126 058.5	57	0.291	450	20	5 403.3	131 461.8	
6	70	0.782	187 000	15%	1	155 240.6	57	0.291	450	20	6 654.2	161 894.8	

注:本表专用于射流风机,射流风机按1天开启3h计。电缆经济寿命按隧道运营时限20年计。

提高一级截面的射流风机配电电缆综合费用计算表　表7

序号	电缆截面	电缆长度 L(km)	电缆单价(元/km)	附件及施工费用比例	建设贷款时间 N_1	电缆初期投资费用 CI(元)	负载电流 I_{max}	电阻 R	综合系数 F	运营时间 N_2(年)	电能损耗费用 CJ(元)	综合费用(元)	备注
1	50	0.294	140 000	15%	1	43 695.0	57	0.407	450	20	3 498.9	47 193.94	长滩隧道
2	50	0.341	140 000	15%	1	50 680.3	57	0.407	450	20	4 058.3	54 738.6	
3	70	0.441	187 000	15%	1	87 546.1	57	0.291	450	20	3 752.5	91 298.6	
4	70	0.488	187 000	15%	1	96 876.5	57	0.291	450	20	4 152.5	101 029.0	
5	95	0.635	269 000	15%	1	181 335.5	57	0.214	450	20	3 973.6	185 309.1	
6	95	0.782	269 000	15%	1	223 314.0	57	0.214	450	20	4 893.4	228 207.4	

注:本表专用于射流风机,射流风机按1天开启3h计。电缆经济寿命按隧道运营时限20年计。

减少供电半径的射流风机配电电缆综合费用计算表　表8

序号	电缆截面	电缆长度 L(km)	电缆单价(元/km)	附件及施工费用比例	建设贷款时间 N_1	电缆初期投资费用 CI(元)	负载电流 I_{max}	电阻 R	综合系数 F	运营时间 N_2(年)	电能损耗费用 CJ(元)	综合费用(元)	备注
1	35	0.15	100 000	15%	1	15 923.9	57	0.581	450	20	2 548.4	18 472.3	长滩隧道
2	35	0.17	100 000	15%	1	18 047.0	57	0.581	450	20	2 888.1	20 935.1	
3	50	0.22	140 000	15%	1	32 697.0	57	0.407	450	20	2 618.2	35 315.2	
4	50	0.25	140 000	15%	1	37 155.7	57	0.407	450	20	2 975.3	40 131.0	
5	70	0.32	187 000	15%	1	63 525.5	57	0.291	450	20	2 722.9	66 248.4	
6	70	0.4	187 000	15%	1	79 406.9	57	0.291	450	20	3 403.7	82 810.6	

注:本表专用于射流风机,射流风机按1天开启3h计。电缆经济寿命按隧道运营时限20年计。

4　电力变压器的容量选择

变压器运行节能技术已列入“八五”和“九五”计划的全国重点推广的新技术,要求之一是按照变压器经济运行选择变压器的容量和台数。在供电系统中,配电变压器是电网中将电能送到用户的变压器,电压等级一般为10/0.4kV,数量多,总容量大。变压器的初投资和损耗都很大,用户希望变压器的容量不大且相应的损耗也较小。近年来,配电变压器容量的选择方法是供电部门和科研单位探讨的课题之一，其选择的方法主要有功率运行损耗最小原则、经济负荷法、年运行费用最低等方法。这些方法各有优缺点，有的与供电部门坚持节约能源的原则相背，有的与用电部门的实际利益相矛盾。因此，合理地选择变压器容量，既能满足节能要求又能在经济区域内运行。

当电流通过变压器时，会引起有功功率和无功功率的损耗，这部分损耗即为变压器的电能损耗。变压器有功功率和无功功率损耗的大小与变压器的选型、选容及负荷率有关，在一般情况下，变压器无功功率损耗约占企业全部无功功率损耗的 20%～25%。其中，变压器空载无功损耗又约占变压器无功功率损耗的 80%。实际上，往往因为变压器选型、选容不当或运行方式不合理，导致企业的功率因数下降，使变压器电能损耗增大。

4.1 变压器容量初步选择

变压器容量的初步确定是根据用电设施装机容量、用电设施组需要系数、变电所同期系数以及变压器的经济负载率进行综合确定的。变电所同期系数可参照相关的设计手册执行相关数据，但由于工厂和建筑设计手册无隧道用电设施的需要系数参考，因此行业各设计人员均按隧道内用电设施装机容量选择变压器，这种做法是不科学和客观的。

4.2 电力变压器的电力能耗计算

变压器的功率损耗可分为有功功率损耗 ΔPb 和无功功率损耗 ΔQb 两部分。由于隧道变电所内通常设置有无功补偿装置，只要功率因数在 0.9 及以上，当地供电部门基本就按有功电度表测量的数据进行计费。当然，对于大容量的变压器，当地供电部分还会考虑基本电费。因此，本文主要对变压器有功功率损耗进行分析。

变压器年有功电能损耗计算公式为：

$$\Delta W_{\mathrm{T}} = \Delta P_0 t + \Delta P\left(\frac{S_{\mathrm{js}}}{S_{\mathrm{r}}}\right)\tau kWh \tag{4}$$

式中：ΔP_0——变压器空载有功损耗，kW；

ΔP——变压器负载(短路)有功损耗，kW；

t——变压器全年投入运行小时数，可取 8 760h；

S_{js}——变压器计算负荷，kVA；

S_{r}——变压器额定容量，kVA。

4.3 具体案例分析

本文对渝沙高速公路彭水至武隆段长滩隧道的变压器合理容量的选择，主要从初期投资和运营费用两方面进行综合分析，该方法适用于渝沙高速公路彭水至武隆段、水江至武隆段所有隧道。

(1)照明变压器容量的初步确定

笔者根据调研的数条高速公路路段上的隧道内运营用电设施实际运营状况的现场资料，以及重庆市高速公路发展公司颁布试运行的《重庆高速公路隧道通风照明供配电消防指导意见》，在照明变压器容量初步确定时，隧道照明设施组的需要系数按 0.85 考虑；隧道监控设施的需要系数按 1.0 考虑；隧道消防水泵的需要系数按 0.35 考虑；变电所自身用电及未计入的其他负荷的需要系数按0.8考虑。由于照明变压器供电负荷单一，在同一段时

表 9

正常情况下的电力变压器综合费用计算表

变压器容量	变压器单价（元）	附件及施工费用	建设贷款时间 N_1	变压器初期投资费用 CI(元)	变压器空载有功损耗 ΔP_0	变压器满载有功损耗 ΔP_k	变压器计算负荷 S_{js}	变压器额定容量 S_r	变压器全年运行小时数	年最大负荷损耗小时数 r	电费单价（元/度）	运营时间 N_2（年）	变压器有功电能损耗费用（元）	综合费用（元）	备用
160	75 000	15%	1	91 425	0.48	2.33	117	160	8 760	6 900	0.6	20	153 619.2	245 044.2	照明变压器
315	95 000	15%	1	115 805	0.715	3.52	18.9	315	8 760	6 900	0.6	20	76 210.0	192 015	风机变压器
400	103 000	15%	1	125 557	0.825	4.059	24	400	8 760	6 900	0.6	20	87 933.9	213 490.9	风机变压器

表 10

提高一级容量的电力变压器综合费用计算表

变压器容量	变压器单价（元）	附件及施工费用	建设贷款时间 N_1	变压器初期投资费用 CI(元)	变压器空载有功损耗 ΔP_0	变压器满载有功损耗 ΔP_k	变压器计算负荷 S_{js}	变压器额定容量 S_r	变压器全年运行小时数	年最大负荷损耗小时数 r	电费单价（元/度）	运营时间 N_2（年）	变压器有功电能损耗费用（元）	综合费用（元）	备用
200	85 000	15%	1	103 615	0.528	2.563	117	200	8 760	6 900	0.6	20	128 129.1	231 744.1	照明变压器
400	103 000	15%	1	125 557	0.825	4.059	18.9	400	8 760	6 900	0.6	20	87 474.3	213 031.3	风机变压器
500	120 000	15%	1	146 280	0.99	4.95	24	500	8 760	6 900	0.6	20	105 013.1	251 293.1	风机变压器

间范围内使用的可能性非常大，因此，照明变压器所带用电负荷的同期系数按 $K_p=1.0$，$K_q=0.95$ 考虑。根据上述数据，初步确定长滩隧道进出口变电所的照明变压器容量均为160kVA 。

(2)风机变压器容量的初步确定

在风机变压器容量初步确定时，隧道通风设施组的需要系数按 0.75 考虑；未计入的其他负荷的需要系数按 0.8 考虑。由于风机变压器供电负荷单一，在同一段时间范围内使用的可能性非常大，因此，风机变压器所带用电负荷的同期系数按 $K_p=1.0$，$K_q=0.95$ 考虑。根据上述数据，初步确定长滩隧道进口变电所的风机变压器容量为 400kVA ；出口变电所的风机变压器容量为 315kVA 。

(3)不同容量的电力变压器综合费用计算见表 9～ 表 10。

(4)照明和风机变压器容量的确定

照明和风机变压器容量的确定从初期投资和运营费用两方面进行论证，综合值最小者的变压器容量为所选的变压器容量。根据上述表格数据，照明变压器容量选用200kVA；进口变电所的风机变压器容量选用 400kVA；出口变电所的风机变压器容量选用 315kVA 。

5 结论

根据对上述不同运行时间段的隧道各类照明和射流风机的低压配电电缆合理截面进行选择分析，我们从中得出，隧道低压配电电缆截面的选择不能参照目前推广的“经济选型法”。按正常电压降选择的低压配电电缆，其运营费用高于提高一级截面的低压配电电缆30%左右。但由于电缆延米价格目前较高，隧道低压供电半径较大，因此，其综合费用低于提高一级截面的低压配电电缆 25%左右(该数字适用于隧道基本照明，射流风机配电电缆为30%左右)。供电半径为接近预先设定供电半径的 1/2，即供电半径小的低压配电电缆其初期投资和运营费用均低于预先设定的供电半径即供电半径大的低压配电电缆 50%左右，因此，减少低压配电电缆的供电半径是隧道电力电缆最直接和最根本的节能途径。当然，隧道低压配电线缆的截面选择，应结合隧道供电系统中的方案做统一考虑，寻求最优的隧道供配电系统方案。

在上述对电力变压器容量选择中可以看出，明确隧道各用电设施的需要系数和变电所用电设施的同期系数是确定电力变压器初期容量的最重要的一个环节。从上述表 9 和表 10 可以看出，根据重庆颁布试运行的《重庆高速公路隧道通风照明供配电消防指导意见》中选择的电力变压器，如其长期带负载运行，其有功电能损耗费用高于提高一级容量的电力变压器 16.6%；如其短时带负载运行，其有功电能损耗费用低于提高一级容量的电力变压器 15%左右。照明变压器为长期带负载运行，风机变压器为短时带负载运行。从总的综合费用来看，按常规方式选择并长期带负载运行的照明变压器初期投资和运营两者综合费用高于提高一级容量的电力变压器的综合费用的 5%；按常规方式选择并短时带负载运行的动力变压器初期投资和运营两者综合费用低于提高一级容量的电力变压器的综合费用的 11%左右，建议照明变压器容量按常规方式选取后提高一级，动力变压器容量按常规方式选取。

我们在对上述电力变压器初期容量分析中不难发现，在确定变压器初期容量时，如按以前的做法，即采用隧道射流风机功率累加的方法确定电力变压器容量，则动力变压器的初期容量基本等同于表10的变压器容量。根据上述的分析资料和结论，进一步论证了采用隧道射流风机功率累加的方法确定电力变压器容量的做法是不可取的，造成了资源浪费，是与国家的节能方针相背离的。动力变压器合理容量的选择结果，也同时进一步验证了隧道射流风机的需要系数和同期系数的选取是合情合理的。

参考文献

[1] 电力电缆截面选择方法的发展与应用. 北京：国际铜业协会.

[2] 隧道供配电及照明系统中节能技术综合应用探索. 北京：中咨华科（北京）交通建设技术有限公司，北京市交通委员会.

[3] 论变压器电能损耗及节能措施. 江西：江西铜业公司东乡铜矿.

[4] 中压电能传输系统用于高速公路供配电工程. 上海：上海瑞奇电气设备有限公司.

[5] 中国航空工业规划设计研究院. 工业与民用配电设计手册. 北京：中国电力出版社，2003.

渝合高速公路西山坪隧道机电与监控系统设置研究

高　旭[1]　王明年[1]　郭　春[1]　陈　平[2]　濮家利[2]

(1.西南交通大学　成都　610031；
2.重庆高速公路发展有限公司　重庆　400042)

摘　要：本文分析了渝合高速公路西山坪隧道的机电与监控系统的组成情况，详细介绍了机电与监控系统中通风与控制系统、照明与控制系统、交通诱导与控制系统、火灾报警系统、闭路电视系统和有线广播系统等子系统的布置原则，以及西山坪隧道内各机电与监控设施的具体设置情况。

关键词：西山坪隧道　机电系统　监控系统

1　概述

国道212线渝合高速公路上的西山坪隧道为特长公路隧道，隧道左线长2 526m(ZK33＋750～ZK36＋276)，右线长2 510m(YK33＋750～YK36＋260)。

西山坪隧道的机电与监控系统设置得是否合理将会直接对隧道的正常运营产生影响，因此对其进行的研究也是隧道设计以及运营的重要基础。西山坪隧道的机电与监控系统主要由通风与控制系统、照明与控制系统、交通诱导与控制系统、火灾报警系统、闭路电视系统和有线广播系统等子系统构成。

2　通风与控制系统

通风与控制系统主要由射流风机、CO/VI检测仪和风速检测仪构成，该系统主要通过对隧道内的CO值、VI值、TW值等参数的监测，对隧道内的风机实行远程控制或现场的人工控制，以满足隧道内的通风要求，特别是在火灾、事故时的通风要求。

2.1　CO/VI检测仪

西山坪隧道选用一体式的AQM型CO/VI检测仪，它能自动检测隧道内的CO浓度值及烟雾透过率。该CO/VI检测仪由发射/接收头和反射头组成，通过测量特定红外波和光波的衰减分别测量CO浓度和能见度值。在默认情况下，CO检测仪的测量范围为0～300ppm，精度为±1ppm，VI检测仪的测量范围为$0 \sim 0.015m^{-1}$，精度为$\pm 0.0002m^{-1}$。

西山坪隧道内左、右线的CO/VI检测仪按三个断面布设，即进口100～200m、隧中和距出口100～200m处，且布设在行车方向右侧壁人行道上方3.5m处，检测头收、发之间的间距为3m。

CO/VI检测仪采集数据的周期不能大于60s。

2.2　TW检测仪

TW检测装置用于自动检测隧道内的风向、风速，依托工程中采用CODEL公司的AFM

型风速测试仪，它采用超声波技术来测量空气流速，测量范围为－20～＋20m/s，精度为±0.1m/s。该设备也安装于隧道侧壁上，并具有防水、防潮、防尘功能。

西山坪隧道中TW检测仪在左、右线各安装1个，都设于隧道中部位置。TW检测仪采集数据的周期不能大于60s。

2.3 射流风机

隧道内的射流风机用于保证隧道中的烟雾和CO浓度达到允许值以及在发生火灾时控制烟雾的蔓延。选用的射流风机直径为1 000mm，功率为22kW（以SDS100K-22为例），出口风速为31.2m/s，流量为24.5m^3/s。

西山坪隧道在近期内（2010年前）左、右线各安装4组（每组2台）射流风机，在东口和西口各安装2组。西山坪隧道远期风机台数不变。

2.4 西山坪隧道通风系统示意图

西山坪隧道通风系统各设备在洞内的安装位置与设备编号详见图1。

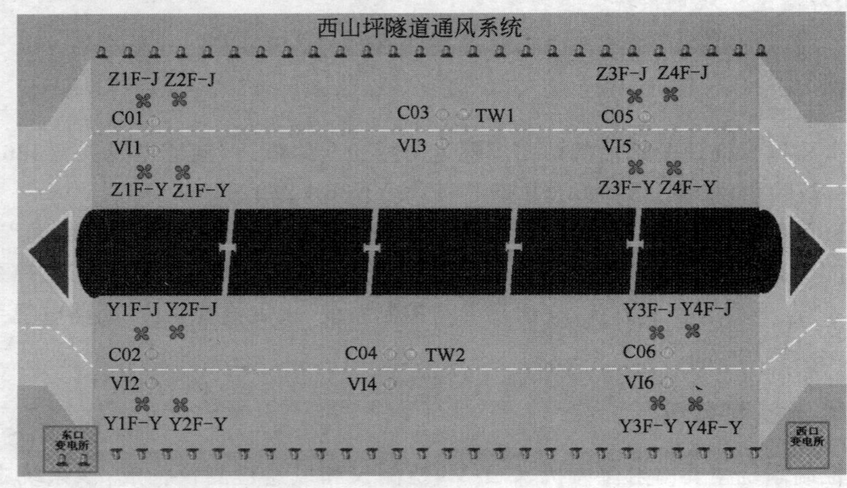

图1 西山坪隧道通风系统图

3 照明与控制系统

西山坪隧道的照明分为下面几类：基本照明、紧急照明、加强照明。

3.1 基本照明

基本照明分两路，即基本照明1、基本照明2。其中基本照明1为常开照明，白天和夜间均设为常开状态。基本照明2只在白天设为常开。

3.2 紧急照明

紧急照明为常开照明，始终处于开启状态。

3.3 加强照明

加强照明分为入口段加强照明、出口段加强照明。

入口加强照明共4路:加强照明1、加强照明2、加强照明3、加强照明4。

出口加强照明共2路:加强照明1、加强照明2。

3.4 西山坪隧道照明系统示意图

西山坪隧道照明系统各设备在洞内的安装位置与设备编号详见图2。

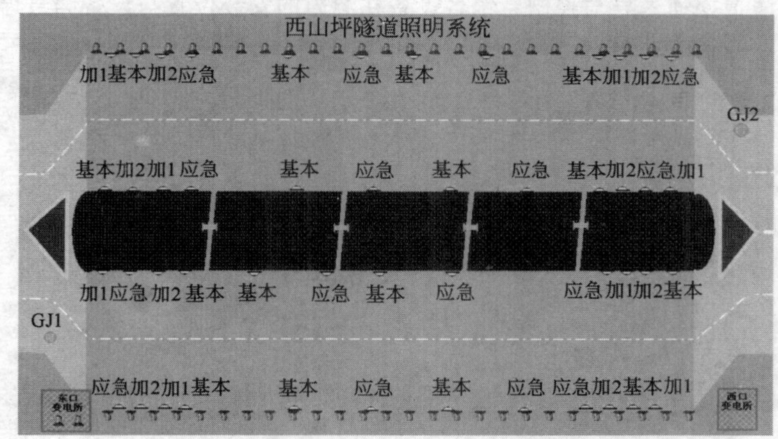

图2 西山坪隧道照明系统

4 交通诱导与控制系统

西山坪隧道内的交通诱导与控制系统主要由车辆检测仪、可变情报板、可变限速标志、三显示或四显示信号灯、车道指示器等组成。

4.1 车辆检测仪

西山坪隧道中左右线均埋有多处环形线圈用于检测通过隧道的交通流数据,这些数据是体现隧道内交通是否正常的重要标志。车辆检测仪可以计算出通过环形线圈的交通量、行车速度、车型(分大、中、小三种),还可以计算各点的占有率、平均速度。

4.2 交通信号灯

为红、绿、黄、绿箭头四显示信息机。红灯为禁行信号,绿灯为通行信号,黄闪灯为注意行驶过渡信号,红灯加绿箭头为绕行指示信号。

红灯显示应与本隧道两架车道指示器显示一致,绿箭头显示应与另一隧道出口左车道反向显示的车道指示器显示一致。

4.3 车道指示器

在每条隧道出入口及紧急通道处,每个车道设车道指示器。车道指示器由绿箭头和红X组成,用以指示该车道能否通行。

4.4 可变情报板

为指示车辆即将进入的隧道状况,在隧道入口处设可变情报板。可变情报板可显示汉字、字母、数字及简单图形。显示内容一般为存入的十多种固定内容,根据调整车流的需要自动显示或由值班员手动输入编号,也可以由计算机实时编制显示内容。

4.5 车行横通道标志

在每一车行横通道处设置车行横通道标志，用于隧道内发生事故时引导车辆安全撤离。

4.6 西山坪隧道交通诱导与控制系统示意图

西山坪隧道交通诱导与控制系统各设备在洞内的安装位置与设备编号详见图 3。

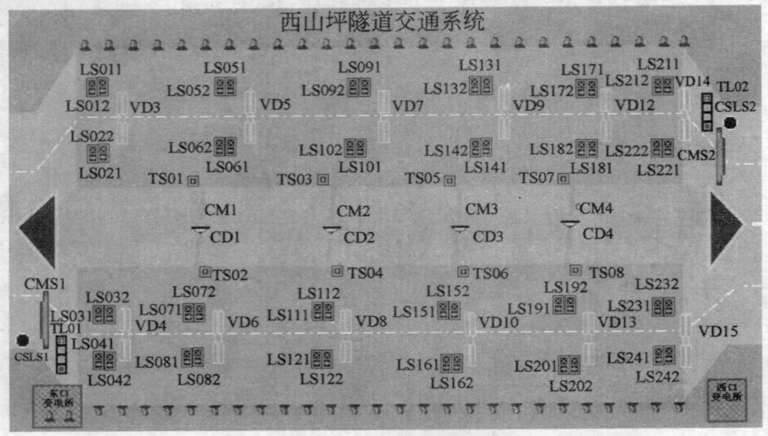

图 3 西山坪隧道交通诱导与控制系统

5 闭路电视系统 CCTV

闭路电视系统负责对隧道全段进行监视。正常情况下用以掌握交通状况；异常情况时用于捕获隧道内突发事件发生时的现场图像，以供事故处理决策人员在远程监视事故现场处理情况，作出正确营救、疏散的具体方案。

西山坪隧道 CCTV 在洞内的安装位置与设备编号详见图 4。

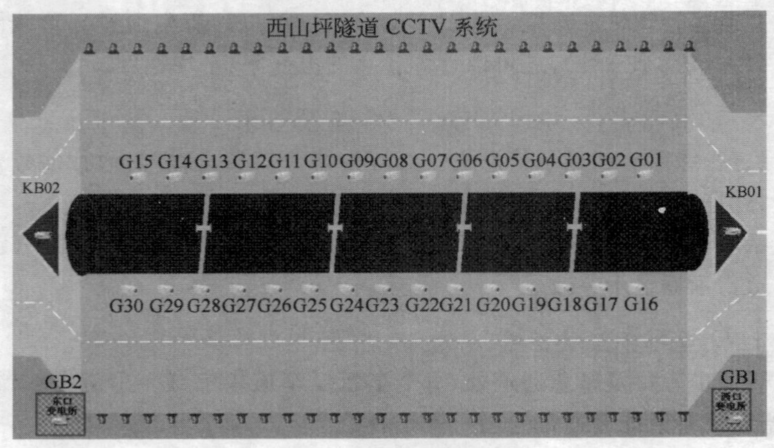

图 4 西山坪隧道闭路电视系统

6 火灾报警系统

火灾报警系统由中心控制室内的集中火灾报警控制器、隧道内感温线圈火灾检测器、手动报警按钮、控制室、设备室及变电站设备室的光电感烟探测器、连接电缆、配线、接线盒及必要的附件组成。

隧道内感温线圈火灾检测器、手动报警按钮应分别划分报警区段，每区段应作一个报警单元处理。区段的划分应与电视摄像机的监视范围相协调，为便于值班人员确认，报警区段长定为100m。

北碚隧道火灾报警系统在洞内的安装位置与设备编号详见图5。

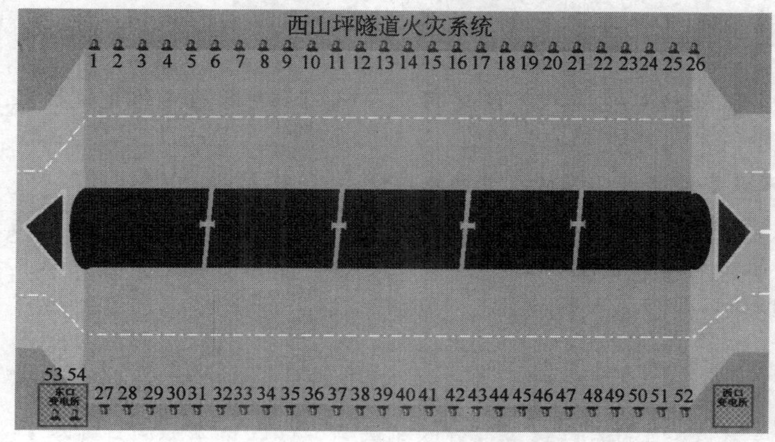

图5　西山坪隧道火灾报警系统

7　有线广播系统

有线广播系统也是在隧道内出现紧急状况时，供隧道监控中心指挥人员向隧道内行车人员发布信息，组织疏导车辆及人员的调度手段。北碚隧道有线广播系统的安装如图6。

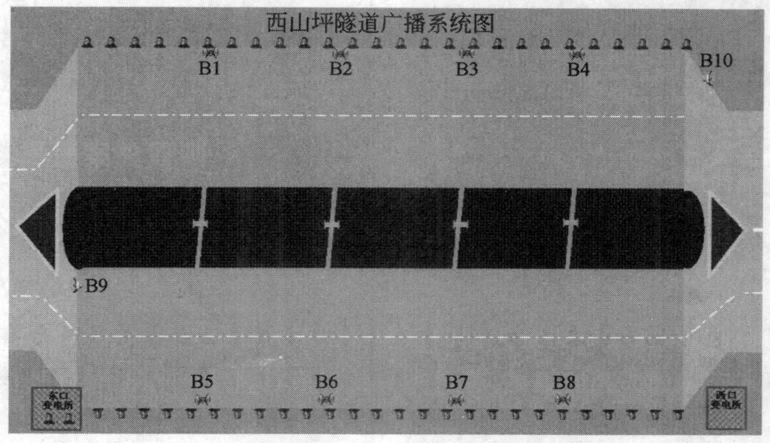

图6　西山坪隧道有线广播系统

8　结论

本文分析了渝合高速公路西山坪隧道的机电与监控系统的组成情况，详细介绍了机电与监控系统中通风与控制系统、照明与控制系统、交通诱导与控制系统、火灾报警系统、闭路电视系统和有线广播系统等子系统的布置原则，以及西山坪隧道内各机电与监控设施的具体设置情况。

机电与监控设施的编号以及设置情况将对西山坪隧道在运营阶段所实施的正常情况、火灾情况、隧道堵塞、隧道事故、隧道维修以及污染物浓度严重超标等工况下的控制预案，起着重要的指导性作用。

参考文献

[1] 郑其俊，等. 隧道机电监控系统运用 LonWorks 现场总线的关键技术. 交通与计算机，2000，01.

[2] 杨红. 浅谈公路隧道工程的机电系统的设计. 科技资讯，2006，34.

[3] 王明年，等. 隧道智能监控中心计算机系统. 公路交通科技，2001，02.

[4] 中华人民共和国行业标准. JTJ 026.1—1999 公路隧道通风照明设计规范. 北京：人民交通出版社，2000.

隧道区域监控现场总线的研究

金朝辉[1] 钟 宁[2] 何 兵[2] 孙立东[2] 王 茜[1] 吴发旺[1]

(1. 西南交通大学 成都 610031;
2. 重庆高速公路发展有限公司 重庆 400042)

摘 要:文章简述了现场总线通信协议国际标准化意义;介绍了现场总线国际标准的具体内容;对IEC 61158国际标准中的FF、Profibus、Control Net和World FIP等现场总线的介质访问控制方法和通信协议形式进行了深入的研究;最后结合隧道区域监控,对现场总线向高速网络以太网的发展以及和Internet的连接作了详细的描述。

关键词:区域监控 现场总线 国际标准

1 现场总线通信协议国际标准化

标准化是“全球化”中的一个基本规则,同时也是一个国家知识壁垒的重要手段,所以各大跨国公司都在国际标准化组织中进行积极活动,谋求通过其根据本国利益与技术水平的国家标准为国际标准。

现场总线是20世纪80年代开始发展起来的,它是应用在生产现场、在微机化测量控制设备之间实现双向串行多节点数字通信的系统,也被称为开放式、数字化、多点通信的底层控制网络。由于现场总线所具有的本质技术特点和一系列优点及其所呈现的极为诱人的发展前景,也由于在现场总线的产生和发展过程中人们对现场总线的理解有所不同,现场总线出现了杂乱纷呈的局面。据不完全统计,目前国际上有40多种现场总线。

由于,不同厂商所提供的设备之间的通信标准不统一,严重束缚了系统底层网络的发展。从用户到设备制造商都强烈要求形成统一的标准,组成开放互联网络,把不同厂商提供的自动化设备互接为系统。这里的开放意味着对统一标准的互相遵从,意味着这些来自不同厂商而遵从相同标准的设备可互联为一致通信系统。由此可见,现场总线通信协议国际标准化极为迫切,有着极为重要的意义。

2 现场总线通信协议国际标准内容

1984年,国际电工委员会IEC筹备成立了IEC/TC65/SC65C/WG6工作组,着手起草现场总线标准。1988年,IEC/TC65/SC65C/WG6与美国仪表协会ISA(Instrument Society of America)下属的标准与实施SP(Standard and Practice)第50工作组——ISA/SP50,本着协商一致的原则,开始联合制定“工业控制系统用现场总线”(Fieldbus for Use in Industrial Control System)国际标准IEC 61158。在标准制定过程中,由于一方面世界各国工业自动化公司已有各不相同的现场总线产品,另一方面已存在多种现场总线书面协议,因此各国意见相差甚远,工作进展十分缓慢。IEC 61158是制定时间最长、投票次数最多、意见分歧最大的国际标准之一。下面介绍的是 IEC 61158 最新版本。

IEC 61158 目前包括 10 种类型：

①IEC 技术报告(相当于 FF 的低速部分 H1,由美国 E-merlon 等公司支持)；

②Control Net(由美国 Rockwell 等公司支持)；

③Profibus(由德国 Siemens 等公司支持)；

④P-Net(由丹麦 Process Data 等公司支持)；

⑤FF 的 HSE(High Speed Ethernet 由美国 Emerson 等公司支持)；

⑥Swift Net(由美国波音等公司支持)；

⑦World FIP(法国 Alstom 等公司支持)；

⑧Interbus(德国 Phoenix Contact 等公司支持)；

⑨FF 的应用层(Application Layer)；

⑩Profinet(德国 Siemens 等公司支持)。

可以看出,IEC 61158 实际上包括了 FF,Control Net,Profibus,P-Net,Swift Net,World FIP,Interbus 与 Protinct 共 8 种现场总线。下面对 IEC 现场总线比较有代表性的 4 种现场总线(FF,Profibus,Control Net,World FIP)的介质访问控制和通信模式进行介绍。

2.1　FF 协议分析

1994 年 ISP 和 Wrold FIP 北美部分合并,成立现场总线基金会(FF),致力于开发标准统一的现场总线。FF 以 ISO/OSI 模型为基础,由物理层、数据链路层、应用层和用户层组成。

FF 分低速 H1(IEC 61158 标准 Type 1)和高速 HSE(IEC 61158 标准 Type 5)两种通信速率。在物理层,传输介质为双绞线、光缆、无线发射纤等。H1 支持的拓扑结构为总线型、树型和菊花链型。采用双绞线时,通信速率为 31.25kbps/1 900m,支持总线供电和本安。HSE 以 100M 以太网为基础,具有数据通信量大、与计算机连接容易和价格低等特点。

在数据链路层,FF 的介质访问控制(media access control ,MAC)方式为集中令牌方式。每个总线段上有一个链路活动调度器 LAS,LAS 拥有总线上所有设备的清单,由它来控制总线段上各设备对总线的访问。总线上的设备只有得到 LAS 的许可,才能向总线上传输数据。一段总线上可以有多个 LAS 主设备,但在任何时刻,只有一个 LAS 处于活动状态。

2.2　Profibus 协议分析

Profibus 始于 1984 年,1996 年被批准为欧洲标准,是欧洲现场总线标准 EN 50170 的第二部分(V.2)。它由 3 部分组成:Rrofibus-DP、Profibus-FMS 和 Profibus-PA。Profibus 以 ISO/OSI 模型为基础,取其物理层和数据链路层,FMS 还采用了应用层,DP 和 PA 在上层有各自的 DP 和 PA 行规。

在物理层,DP 和 FMS 使用同样的传输技术,两种协议可在同一根总线上混合互操作。DP 和 FMS 有两种传输技术:RS-485 和光纤,拓扑结构为总线型,传输速率从 9.6kbps/1 200m到 12Mbps/100m,不支持总线供电和本安。PA 采用 IEC 61158-2 传输技术,介质为屏蔽双绞线,拓扑结构为总线型或树型,通信速率为 31.25kbps/1 900m,支持总线供电和本安。通过耦合器或链接器,PA 系统可以很方便地集成到 DP 和 FMS 网络中去。

在数据链路层,Profibus-DP,FMS 和 PA 均采用相同的介质访问控制方式:混合介质存取方式。主站之间为典型的令牌总线传递方式,主站与从站之间为主从轮询方式。这种介质访问控制方法满足介质存取控制的基本要求:在主站间通信,确保在确切限定的时间间隔中,任何一个站点都有足够的时间来完成通信任务;在主站和从站间,快速又简单地完成数据的实时传输。

2.3 Control Net 协议分析

Control Net 网络是一种高速确定性网络,特别适用于对时间有苛刻要求的复杂应用场合的信息传输。Control Net 协议由物理层、数据链路层、网络和传输层以及应用层构成。

物理层介质为同轴电缆(RG6)或光缆,同时提供了一个 NAP(network access port),NAP 是一个本地 RS-422 通信连接口,用来进行编程和维护。通信速率 5Mbps,曼彻斯特编码,满足本安防爆要求,支持介质冗余。网络拓扑结构可以是总线型、星型、树型或其他。

在数据链路层,Control Net 链路的最重要的功能,在传送对时间有苛刻要求的控制信息(I/O 数据和内部点对点互锁数据)的同时,无时间苛刻要求的信息(建立连接、报文数据和程序上载和下载数据)也能传送,并且不影响苛求信息的传送。媒体访问控制采用的是基于排队轮的独特的时间限制算法,即并行时间域多路存取 CTDMA(concurrent time domain multiple access)方法,来控制网络节点在网络上的数据传输机会。这种机会以精确的时间间隔,即网络更新时间 NUT(network update time)进行重复。节点所有的信息在 NUT 内进行发送,用户可以定义 ms 级(2～200ms)的 NUT,以提高苛求信息传输的速度。

2.4 World FIP 协议分析

World FIP 协议是一部完整的规范,是欧洲现场总线标准 EN 50170 的第三部分(V.3),是在法国标准 EIP-C46-601/C46-607 的基础上采纳了 IEC 物理层国际标准(61158-2) 发展起来的。World FIP 由物理层、数据链路层和应用层组成。

World FIP 物理层采用国际 IEC 61158-2 作为物理层模型,保证各信息从一个设备安全地传送到接在总线上的所有其他设备。从输介质可以是屏蔽双绞线或光纤,支持介质冗余。用铜屏蔽双绞线传输速率有 31.25kpbs、1Mbps 和 2.5Mbps,典型速率是 1Mbps。当使用光纤时,传输速率可以达到 5Mbps,使用 Manchester 编码方式。

在数据链路层,介质访问控制采用总线仲裁(busarbitrator,BA)方式,而在通信方式上则采用原理上与 Control Net 使用完全一致的生产者/客户模式。总线仲裁设计思路如下:按照一定的时序,为每个信息生产者分配一定的时段,在总线仲裁器里存放着调度顺序表,总线仲裁器按照这个调度顺序表发出提问请求,逐个呼叫每个生产者。如果这个生产者在总线上状态正常,应在规定时间内对总线仲裁器的呼叫做出反应。总线仲裁器使用 ID-DAT 帧在总线上广播一个标识站名,连接到总线上所有站的链路层同时记录 ID-DAT 帧仅有一个站被识别为标识的生产者,其他站作为使用者。信息的生产者以响应帧广播被标识的值,响应帧为 RP-DAT。这个值同时被所有客户接收。然后,总线仲裁器按顺序表继续下一个识别过程,如此周而复始地按照调度顺序表的顺序进行下去。

3 现场总线在隧道监控的应用

隧道工程的典型特点是距离长、规模大、站点多、通信对象多,不仅隧道本身长,而且很多工程其隧道和监控中心的距离也长达数公里。另外,它们大多都系上下行分离、双洞、单向行驶双车道的隧道。因此,隧道监控系统包括:隧道本地控制器、交通诱导、环境检测、通风和照明、火灾报警器、闭路电视监控、有线广播、无线对讲、紧急电话和中央控制管理等几大系统,隧道监控系统负责隧道监控中心、隧道内机电设备以及隧道外信号灯等的监视与控制。为保证隧道内恶劣环境下行车的安全性、舒适性,隧道监控系统必须能够及时将隧道内的交通数据、设备运行状况等上传给监控中心,监控中心对这些数据进行分析处理后对现场进行控制和处理。因此选用何种网络技术以构成隧道监控系统就成了设计隧道监控系统的关键问题。

上面分析了 FF、Profibus、Control Net 和 World FIP 数据链路层的介质访问控制方法和通信模式。我们可以发现:一方面,每种现场总线的介质访问控制方法不同,因此要想达到相互之间的互操作也相当困难,这也是在技术上 IEC 61158 现场总线种类之多的根本原因之所在;另一方面,从通信方式上又能看到现场总线的更开放的地方,那就是它们在更高层次上向 Ethernet 的发展以及与 Internet 的连接。

在介质访问控制和通信协议上来说,FF、Profibus 和 World FIP 三者在介质访问控制子层采用的都是令牌访问控制方式,只是形式上略有不同,其中 Profibus 堪称是应用令牌的典范;而 Control Net 使用的是时间域分割法。但在通信方式上,可以说 FF、Control Net 和 World FIP 采用的发布者/预定者以及生产者/客户的通信模式,原理是完全一样的,只是称呼不同而已。

在向高速网络发展以及与 Internet 的互联上来说,可以从以上 4 种总线各自的协议特点来分析。Internet 使用曼彻斯特编码,而 Control Net 和 World FIP 在物理层也使用曼彻斯特编码。Control Net 在 Ethetnet 和 Device Net 组成的网络系统中,充当的就是典型的控制网的角色,已经表现了和 Ethetnet 很好的集成性能。而对 Profibus 来说,FMS 是车间级总线,其主要任务是对大批量信息进行传输,可完成比较复杂的通信任务。在这些应用场合中,人们更看重通信功能强大,而非通信速率的高低。目前,Profibus FMS 的作用正逐渐被高速工业以太网 HSE 所取代,西门子的 SIMATIC NET 就是非常好的例证。

对 FF 来说,自从 1998 年 FF 的 HSE 应用开发以来,FF 就一直致力于基于以太网的设备通过连接装置和 H1 设备进行连接的研究。2001 年 6 月 6 日,现场总线基金会宣布其成员单位 Smar 公司的 DFI302 和 ABB 公司的 FIO-100LD 现场总线 FF/以太网网桥成为首批注册的高速以太网链路设备(linking device)。这是基金会现场总线技术发展的又一个里程碑,也标志着 HSE 的突破性进展。

World FIP 和 FF 采用相同的通信模式,所以 World FIP 有它独特的发展优势:它很容易和 FF 连接,将 FF 统纳入它的大系统之中,完成 FF 的高速协议要做的工作。另一方面,World FIP 组织采取了一种非常明智的发展策略,它与罗斯蒙特公司签订协议,开发了 HART/World FIP 转换器,使目前使用 HART 现场仪表用户可以集成 World FIP 现场总线产品。当前,自动化产品要想满足用户要求,就需要将现场总线和 Internet 技术,尤其是 TCP/IP 结合起来。World FIP 允许在一条总线上同时传递两种不同性质的信息,完全满足 Internet 传输和实时传输互不干扰的要求,因此 World FIP 能很好地和 Internet 进行简单而高效的连接。

4 结论

由于高速公路隧道内环境复杂，对设备的干扰力强，为保证在隧道内恶劣环境下交通数据、设备运行状况等上传给监控中心，监控中心对这些数据进行分析处理后，对现场设备进行有效控制，这就要求现场总线具有先进可靠、稳定性高和实用、维护性和可扩展性好等特点，能及时、有效地发挥隧道监控系统的功能。

本文深入研究了 IEC 国际标准现场总线的介质访问控制方法和通信模式，结合这些协议特点，对现场总线向高速以太网的发展和与 Internet 的连接前景作了详细的描述。从中不难发现，现场总线要想在应用上有所突破，就必须在网络的确定性和实时性方面进行提高和改善。同时现场总线与 Internet 的连接也已经成为迫切的需要，研究和开发更高性能的现场总线标准协议非常迫切。

参考文献

[1] 阳宪惠.现场总线技术及其应用[M].清华大学出版社，2000.

[2] 佟为明，穆明，林景波，宋军波.现场总线标准[J].低压电器，2003 (2)：32-36.

万开高速公路隧道监控系统中隧道智能控制单元的设计及应用

杜国平[1] 杜小平[1] 曾德云[1] 李 丹[1] 金朝辉[2] 李小将[2] 王 茜[2]
(1.重庆高速公路发展有限公司 重庆 400042;2.西南交通大学 成都 610031)

摘 要:介绍了应用隧道智能控制单元的重庆万开隧道监控系统的分层分布式系统结构;系统由隧道监控中心层、通信网络层、智能控制单元层和现场设备层组成。阐述了智能控制单元在隧道监控系统中的重要作用;介绍了智能控制单元的硬件及软件结构;详述了基于SBS PC/104主处理器的主CPU模块设计、完全兼容Redhat Linux7.2的嵌入式Linux操作系统的开发与选择和使用国际标准Modbus TCP协议的选择,使得智能控制单元满足了网络化、标准化、可扩展行和可靠性等要求,提高了公路隧道监控系统的科技水平和管理水平,确保了隧道交通的安全、畅通及隧道设备的科学运转。

关键词:隧道监控系统 智能控制 嵌入式Linux Modbus TCP

0 引言

随着科学技术的发展和高速城际公路网络快速建设,使用计算机进行远程自动化控制公路系统也在逐步向前发展。为了达到对机电设备、安全指标、交通管理、环境参数等进行有效的监察、控制、智能化管理,并提供事故预处理方案,提高了管理效率,确保行车安全,为积极预防、处理事故提供可靠的保障。重庆万州至开县高速公路隧道智能监控系统(以下简称重庆万开隧道监控系统)实现了系统分层分布式系统设计、隧道监控计算机管理网络化等新的设计思想,给用户提供较高的综合管理水平和科学决策能力,及时准确地为决策人员和管理人员提供隧道营运状况信息,从而确保隧道交通的安全、畅通及隧道设备的科学运转[2]。

1 重庆万开隧道监控系统结构

重庆万开隧道监控系统包括了交通监控子系统、照明控制子系统、通风控制子系统、火灾报警子系统、环境监测子系统、紧急电话系统、有线广播系统、CCTV系统等子系统。隧道监控系统能够对各个子系统进行24小时不间断可靠监控,根据采集到的各子系统工作情况控制各子系统联合运作,对各种情况提供有效监控、收集各子系统数据信息进行统一有效管理。监控的现场设备包括通风、照明、交通、CCTV、广播、紧急电话、火灾等安全监控子系统,而且还整合电力子系统,并需要提供对包括可变情报板、可变限速标志、车辆检测器等串口设备统一控制。隧道监控系统中对各个子系统和各子系统内部没有形成统一的数字通信接口和标准的通信规约,不同的现场设备一般来自不同的生产厂家,采用不同的数字通信接口和不同的通信规约;甚至同一种类型的现场设备由于公开招标等缘故也可能来自于不同的生产厂家,也会造成采用不同的数字通信接口和不同的通信规约。传统的隧道监控系统大多采用各种现场设备与监控中心直接通信的分散分布式结构，这样，隧道监控中心需要处理各种不同的通信规约和数字接口，使得整个监控系统层次化不清，监控中心任务加重，监控系统内部故障时不能很快的排除故障等弊端。

应现代网络技术和数字通信技术的高速发展和用户对隧道监控系统的高度集成化、层次化等要求，尤其是为了克服上述现场设备不同的通信接口和通信协议等造成的弊端，引入了智能控制单元，通过智能控制单元，使得监控中心只与使用统一数字接口和通信规约的智能控制单元通信，大大提高了整个隧道监控系统的效率和可靠性。使用智能控制单元后隧道监控系统的系统结构如图1所示。

隧道监控中心层主要包括了万开路南山隧道、铁峰山1号隧道、铁峰山2号隧道三条隧道的隧道监控工作站、路段管理计算机、数据库服务器、视频服务器、紧急电话及广播工作站、电力监控工作站、火灾报警工作站、大屏幕显示等中心监视系统及设备。

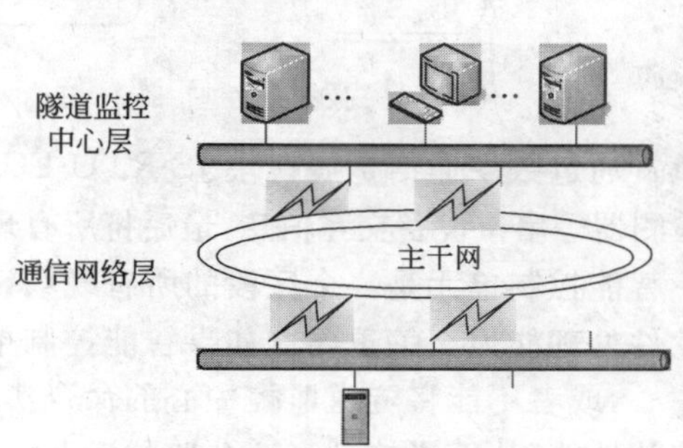

图1 隧道监控系统的系统结构

通信网络层提供了隧道监控中心层和智能控制单元层之间的通信链路。

现场设备层包括现场通风等机电设备、照明、可变情报板、可变限速标志、车辆检测器等设备。

智能控制单元层是基于现场总线技术和现代网络技术的多功能智能化的控制单元，采用开放系统、分层控制等先进设计思想将状态监视、数据采集、智能控制和数字化通信技术融为一体。由图1可知，智能控制单元首先通过RS485、RS232、RS422和CAN等现场总线和现场各种类型的设备通信，再通过网络或者RS232(为兼容老系统改造而设计)与隧道监控中心主系统交互信息，这样，智能控制单元屏蔽了隧道监控中心与现场设备之间的通信细节，而将现场设备的通信负荷分布到多个智能控制单元上，从而使整个隧道监控系统层次化非常清楚，易于排查故障，提高系统的可靠性和可扩展能力。

2 智能控制单元硬件方案

2.1 智能控制单元硬件结构概述

智能控制单元由独立的CPU模块JS-RTU-CPU、模拟输入模块JS-RTU-AI、数字输出模块JS-RTU-DO、数字输入模块JS-RTU-DI、LCD人机接口模块JS-RTU-HMI、数字通信扩展模块JS-RTU-EC、电源模块JS-RTU-PS等模块组成。其中每个智能控制单元必须要一块CPU模块，用来管理其他模块，本文将重点介绍CPU模块；其他模块都以根据现场设备容量按可热插拔和可扩展的方式设计。

2.2 智能控制单元CPU模块(JS-RTU-CPU)

智能控制单元CPU模块JS-RTU-CPU是智能控制单元的核心部分，是整个通信控制单元的中枢。这一模块不仅要负责智能控制单元内部模拟输入模块JS-RTU-AI、数字输出模块JS-RTU-DO、数字输入模块JS-RTU-DI、LCD人机接口模块JS-RTU-HMI等模块的处理，还

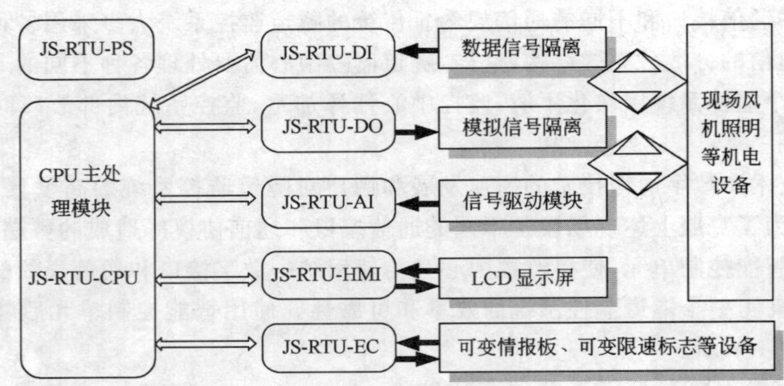

图2 智能控制单元硬件原理框图

要负责通过数字通信扩展模块JS-RTU-EC与外部现场设备如可变情报板、可变限速标志、车辆检测器等串口设备交互信息，最后将所有现场设备信息通过以太网传送到隧道监控系统中心。

智能控制单元是一个区段的所有现场设备与隧道监控系统中心交互信息的枢纽，其性能和软件处理能力至关重要。如果智能控制单元不能及时有效地将现场设备信息传送给隧道监控中心，或者不能将隧道监控中心的命令实时发送到现场设备，那么，就会影响整个隧道监控系统的性能，从而影响到高速公路的运营安全。所以，对控制单元的中枢CPU模块(JS-RTU-CPU)的设计就显得尤为重要。

鉴于智能控制单元的负荷很重，也为了系统日后维护、升级方便，所以，在对CPU模块设计时选用了处理能力很强的、标准的PC/104为主处理器。PC/104是嵌入式PC的机械电气标准，是嵌入式应用的一个标准系统平台，它秉承了IBM-PC开放式总线结构的优点，与IBM－PC 100%兼容，提供了标准的、高可靠的、功能强大的、方便使用的系统组件，从而将人力从繁琐的基于芯片的设计中解放出来。深圳盛博科技(SBS)是国内首家国际化嵌入式计算机专业公司，不断推出高品质的嵌入式PC模块，超小尺寸、超低功耗、宽温特性、推荐的单＋5V供电，以及一系列针对嵌入式应用的功能扩展，并为应用系统的设计引入“面向对象”的方法，被广泛用于各种高可靠的智能设备中。根据系统对串口、网络、I/O总线等资源的需求，智能控制单元设计时选用了深圳盛博科技(SBS)、型号为Sys Centre Module TM-6453模块作为主处理器。

3 智能控制单元软件

3.1 嵌入式Linux操作系统的选择

嵌入式操作系统(Embedded Operation System)是复杂嵌入式系统应用的核心与基石，它是负责嵌入式应用程序运行环境以及用户操作环境的系统软件。它的职责包括对硬件的直接监管、对各种资源(如内存、处理器时间等)的管理以及提供诸如作业管理之类的面向应用程序的服务等等。基本功能包括任务管理、定时器管理、存储器管理、资源管理、事件管理、系统管理、消息管理、队列管理、旗语管理等，这些管理功能是通过内核服务函数形式交给用户调用的。完成简单功能的嵌入式系统一般不需要操作系统，如许多MCS51系列单片机组成的小系统就只是简单的前后台系统。

Linux操作系统有免费开放源代码，稳定性、完整的TCP/IP协议栈、强大的网络功能和出色的文件系统支持等优点。智能控制单元所使用的嵌入式 Linux 系统是以 RedHat Linux 7.2操作系统为基础,通过对系统的裁减和压缩,摒弃原操作系统的桌面系统以及其他一些监控系统中不使用的设备驱动等,最终将基于 PC 机的 RedHat Linux 7.2 操作系统剪裁到基于嵌入式微处理器(PC/104)上来,使得系统满足占用空间小、执行效率高、方便进行个性化定制和软件要求固化存储等等特点,实现一个最小化的多任务的准实时系统,并且,可以根据用户要求,通过增加 Linux RTCore 实时内核,实现嵌入式实时 Linux 系统,以满足用户更高级别的要求。

3.2 远传 Modbus-TCP 协议的选择[7-11]

过去的隧道自动化监控系统大多采用单片机或者 PLC 进行数据采集后,将数据直接传送给监控计算机的分散分布式系统。这种系统存在层次结构不清、通信速度慢、距离短、数据共享不方便,使用 PLC 还会造成费用高等问题。为了实现分层分布式的现代隧道监控系统,从而屏蔽现场多种设备,使得现场设备对隧道监控中心透明化,智能控制单元必须选择一种统一的标准的通信协议来与隧道监控中心通信,使监控中心只与智能控制单元通信,减轻隧道监控系统的负担,提高整个隧道监控系统的可靠性、可扩展性和透明化。通过对目前工业自动化监控系统使用的多种协议(如 Modbus、IEC—61850—101 等等)进行比较和筛选后,选择Modbus TCP 标准协议。

Modbus 通信协议是一个事实上的工业标准,具有开放性、易实现、扩展性好、用户范围广等优点[9]。基于 Modbus TCP 的自动化监控系统平台是基于目前发展迅猛、广泛应用于几乎所有领域且开放的 TCP/IP 技术,应用层采用工业控制领域标准的、开放的 Modbus 协议,使用户彻底摆脱了非标准的、封闭的专用工业控制网络和现场总线技术的束缚。它利用 TCP/IP 协议将 Modbus 消息封装成 IP 包,使它能在 Intranet/Internet 上传输。Modbus/TCP 组件体系结构模型在通信应用层提供 Client/Server Modbus 接口。Modbus/TCP 设备将 TCP502 端口预留为 Modbus 通信所默认的监听端口。

智能通信接口单元根据现场实际情况,提供了串行接口或以太网接口与隧道监控中心通信,在通信协议上可以动态选择 Modbus 协议或者 Modbus TCP 协议,大大提高了整个系统的兼容性,得到了用户的肯定。

3.3 主处理软件结构

智能控制单元软件功能有:通过标准 Modbus 协议来与隧道监控中心进行通信;通过扩展接口模块与现场串行设备通信,再将现场设备信息转发给隧道监控中心;实时读取数字量输入模块的数字量输入信息,将数字量输入信息实时传送给隧道监控中心;实时读取模拟量输入模块的模拟量输入信息,将模拟量输入信息实时传送给隧道监控中心;接受来自人机接口或者隧道监控中心的控制输出命令,通过数字量输出模块控制现场机电设备等。根据智能通信接口单元的功能要求,整个软件的模块划分为主程序模块 Main_Process_Module、数字量输入信息采集模块 DI_Process_Module、数字量输出处理模块 DO_Process_Module、模拟量输入采集模块 AI_Process_Module、以太网接收发送模块 ETH_Process_Module、扩展串口接收发送处理模块 ECOM_Process_Module、Modbus 协议处理模块 MDB_Process_Module、人机接口处理模块 HMI_Process_Module、日志记录模块 LOG_Process_Module、定时任务模块 TM_Process_Module 等。各个软件模块的关系如图 3。

4 结论

由于智能控制单元在设计时综合应用了现代计算机技术、通信技术、控制技术，充分采用了以太网技术和总线技术，使得系统突破了原有的技术瓶颈，使隧道的监视与控制系统高速信息共享成为可能。智能控制单元有如下创新点和独特优点：

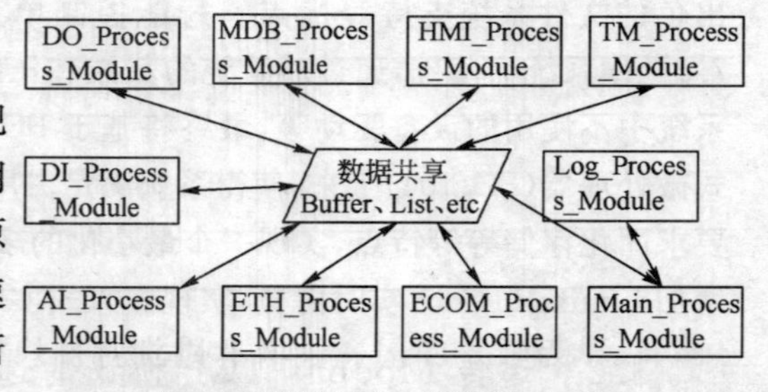

图 3 智能控制单元软件模块关系图

(1)采用 PC104 嵌入式处理器，提高了系统的处理能力，缩短了信息交换时间。

(2)引入多任务高可靠性的嵌入式 Linux 操作系统，基于成熟的、高效的、健壮的、可靠的、模块化的、易于配置的嵌入式 Linux 系统来开发主处理程序，进一步提高效率，并具有很好的可移植性，大大提高了软件对并行任务的处理能力，提高了软件的可靠性，大大降低了系统开发和维护费用。

(3)采用国际标准的 Modbus、Modbus TCP 通信规约，有利于系统的扩展和多厂家系统之间的互联，使得系统向标准化方向发展，系统具有性能价格比高、运行可靠、扩展性好、使用方便的特点。

(4)系统设计充分利于现代网络技术和总线技术的发展，采用分层分布式系统设计思想，使系统各个部分负荷分配合理，提高了系统的稳定性和可靠性，更有利于系统的维护和故障排除。

隧道智能控制单元已于 2006 年 12 月 6 号在重庆万开隧道监控系统中投入运行。运行效果表明，系统能够满足用户对可靠性、实时性和可扩展性等的要求，有很高的推广价值及应用前景。系统运行至今，稳定可靠，得到了用户的一致好评。

参考文献

[1] 重庆市高速公路交通工程总体方案设计[S]. 2005.

[2] 重庆万州至开县高速公路设计方案[S]. 2005.

[3] 重庆市万州至开县高速公路隧道监控系统实施方案[S]. 2005.

[4] 重庆万州至开县高速公路监控系统控制方案[S]. 2005.

[5] 万州至开县高速公路隧道监控联合设计[S]. 2005.

[6] 谭文恕，张秀莲，叶世勋等. 远动设备及系统，第 5-104 部分：传输规约采用标准传输协议子集的 IEC60870-5-101 网络访问[S]. 中国电力出版社. 2000.

[7] 谭文恕，张秀莲，叶世勋等. 远动设备及系统，第 5 部分—传输规约，第 101 篇—基本远动任务配套标准[S]. 中国电力出版社. 1998.

[8] 潘莹玉. 现场总线技术与变电站综合自动化系统[J]. 电力系统自动化设备. 1998. 18(4)：51-55.

[9] 乔新晓，贾智平. 基于 Modbus/TCP 的自动化监控系统[M]. 计算机工程. 2004. 30(8)：181-185.

[10] Modicon company. Open Modbus TCP Specification[M]. Release 1.0，1999.

公路隧道前馈式智能通风控制系统的效果测评方法与应用

方　勇[1]　何　川[1]　李祖伟[2]　钟　宁[2]　王卫平[2]

(1.西南交通大学　成都　610031;2.重庆高速公路发展有限公司　重庆　400042)

摘　要:以渝合高速公路上的北部隧道(左线)为例,对前馈式智能通风控制系统进行了室内仿真测试和现场测试。测试结果表明,该通风控制系统通过对将来时段污染物浓度的预测可以提前开启或关闭风机。该系统通过引入模糊推理方法,采用人的经验对风机进行控制,在一定程度上提高了抵抗噪声干扰的能力,缓解了传统控制法中的风机开/关频繁问题,较普通后馈式控制可以显著地节约能耗,大幅度降低风机开停频度约,并获得更加优良的行车环境。测试还表明在目前的汽/柴油车比例和交通组成条件下,决定风机开/停的污染物是烟雾浓度(VI值)而非CO浓度。

关键词:公路隧道　前馈通风　智能控制　仿真测试　现场测试

0　引言

长大公路隧道的通风控制国外目前主要采用自动控制为主体,手动控制为辅助手段的方式。控制均以最小的电力消耗来维持隧道内良好的视觉环境,控制空气污染状态在规定的允许范围之内,以及能及时有效地处理火灾等紧急事态为目的。目前国内外在隧道通风自动控制中采用的主要方法有固定程序控制、反馈(Feed Back)控制法(也称FB控制法)以及近来提出的前馈(Feed Forward)控制法(也称FF控制法)和前馈式智能(Artificial Intelligence FF)控制法。本课题组以渝合高速公路上的北碚隧道和西山坪隧道为依托和示范工程,进行了公路隧道前馈式智能通风控制系统的开发与研究,并成功应用于北碚隧道和西山坪隧道的通风控制中。其中北碚隧道位于国道212线渝合高速公路重庆市北碚区境内,自东向西横穿中梁山山脉。该隧道双洞单向行车,隧道长度约为4 026m。课题组依托北碚隧道展开公路隧道智能控制的室内仿真测试和现场测试研究,目的是解决在4 000m以上双洞单向行车的特长公路隧道内采用纵向式通风的关键技术问题;确保在全射流纵向式通风方式下,北碚隧道内的空气质量和安全卫生标准达到规范规定的标准;验证在降低风机电能消耗、延长风机使用寿命、改善隧道运营环境等方面,前馈式智能模糊通风控制系统相对于传统控制方法的优越性。通过研究总结出长度超过4 000m的双洞单向行车的特长公路隧道采用纵向式通风的技术可行性,并为前馈式智能模糊通风控制系统的进一步研究提供宝贵的参考资料。

1　仿真测试

1.1　评价指标

在进行仿真测试和现场测试前,建立一些指标用于评价前馈式智能模糊控制系统的性能,如风机能耗、开停频度等。

(1)表征风机耗电量的指标 W

$$W=\sum_{n=1}^{N} NJF_{\mathrm{n}}\times t \tag{1}$$

其中,NJF_{n} 表示第 n 时段开启的风机台数,N 表示一天中的总时段数,t 为各个时段风机开启的时间,即控制周期。

(2)表征风机开停频度的指标 P

$$P=\sum_{n=1}^{N} |\Delta NJF_{\mathrm{n}}| \tag{2}$$

其中,$|\Delta NJF_{\mathrm{n}}|$ 表示第 n 时段风机变化的台数,P 也就表示一天内风机变化的总台数。

1.2 仿真测试结果

将仿真中的交通流(10min 的交通量)换算成小时交通量,如图 1 所示。在图 1 的交通流情况下,前馈式智能模糊控制模式及普通后馈控制模式在仿真中得到的风机开启总台数随时间的变化如图 2。

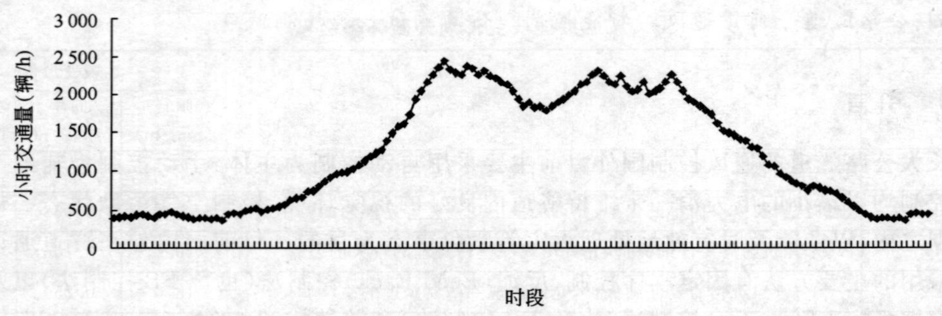

图 1 一天中交通流变化图图

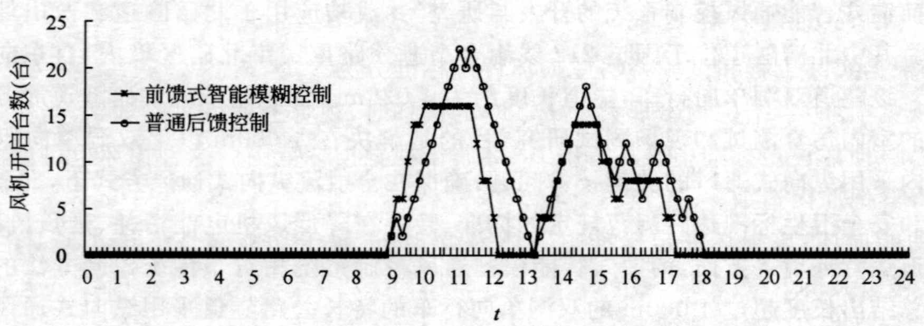

图 2 风机开启总台数变化图

两种控制模式下的 VI 和 CO 浓度变化如图 3 和图 4 所示。

由图 2 可知,在车流量很小时,无需开启风机。为了便于与其他控制方法比较(普通后馈控制法),现仅选取有风机运行的时段来计算评价该系统性能的各项指标值,计算结果如表 1。

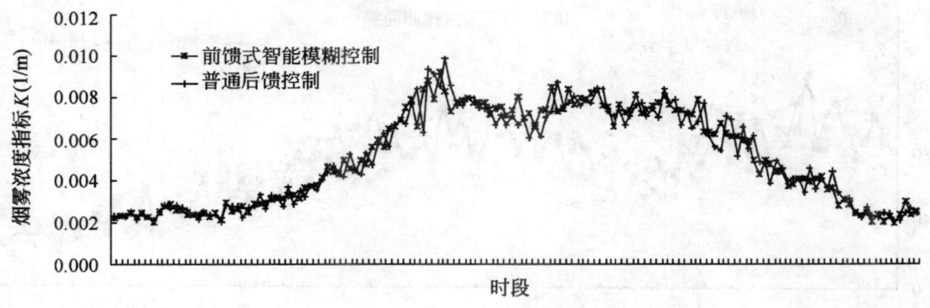

图 3 两种控制模式下 VI 的时变曲线

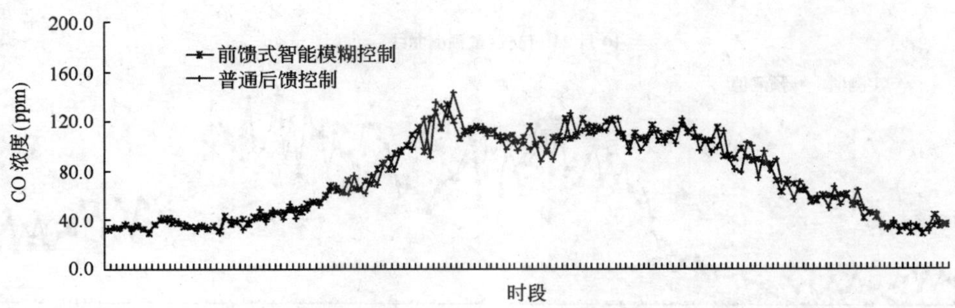

图 4 两种控制模式下 CO 浓度的时变曲线

前馈式智能模糊控制与后馈控制的性能比较　　表 1

指　　标	*W*	*P*
后馈控制	556	112
前馈式智能模糊控制	436	64
变化百分比	↓21.6%	↓42.8%

由该表可以看出，在其他情况完全相同时，与普通后馈控制法相比，采用前馈式智能模糊控制可节约能耗约 21.6%，降低风机开停频度约 42.8%。在测试中还发现在目前的汽/柴油车比例和交通组成条件下，对于长大公路隧道而言，决定风机开/停的污染物是烟雾(VI 值)而非 CO，即在以 VI 为控制对象时，隧道内的 CO 浓度还远远低于控制目标(200ppm)。

2 现场测试

2.1 交通流预测效果的测试

现场测试中还对前馈通风控制系统中的交通流预测效果进行了测试，如图 5 和图 6 所示。预测的平均相对误差分别为 7.56%(10 月 23 日)和 8.9%(10 月 24 日)，可以看出，基于历史数据的交通流预测模型具有较高的预测精度。

2.2 通风控制效果的测试

在 10 月 24 日的智能通风控制测试中，各个时刻的风机实际运行台数如图 7 所示，实测的烟雾浓度值如图 11 所示，反算采用普通后馈控制模式下风机的运行台数如图 8 所示。对比可

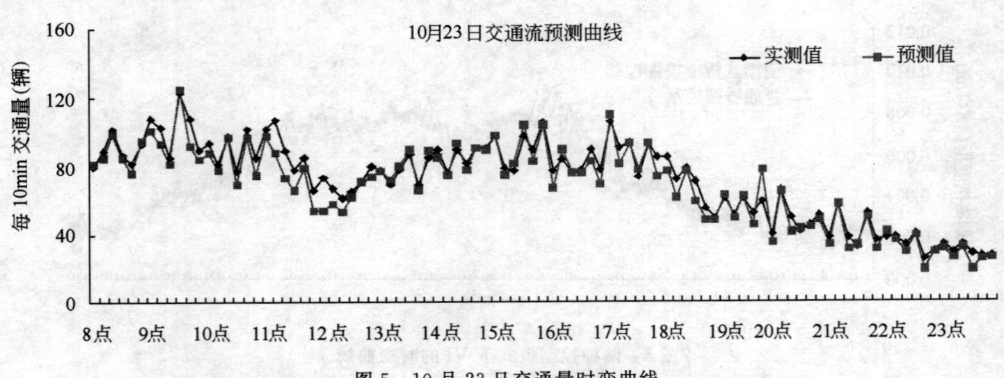

图5　10月23日交通量时变曲线

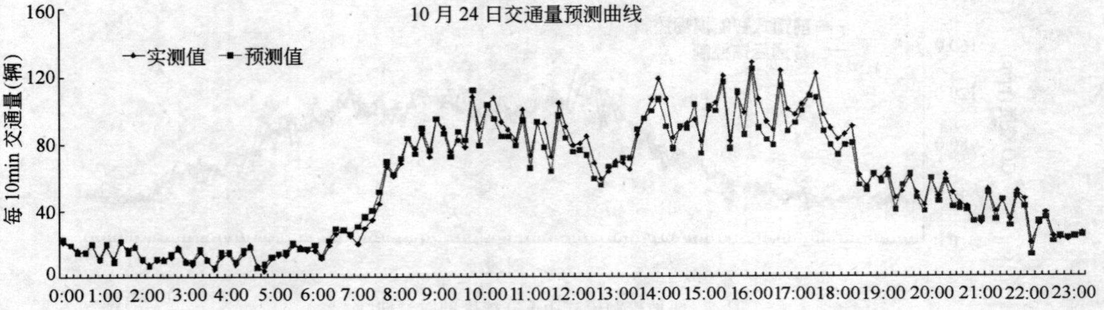

图6　10月24日交通量时变曲线

以看出，采用智能模糊控制时，风机能耗比普通后馈控制模式节约25%，风机开停频度降低了30.4%，如表2所示。

10月24日通风控制测试结果　　表2

	风机能耗(W)	风机开停频度(P)
智能模糊控制	240	128
普通后馈控制	320	184
比较结果	↓25%	↓30.4%

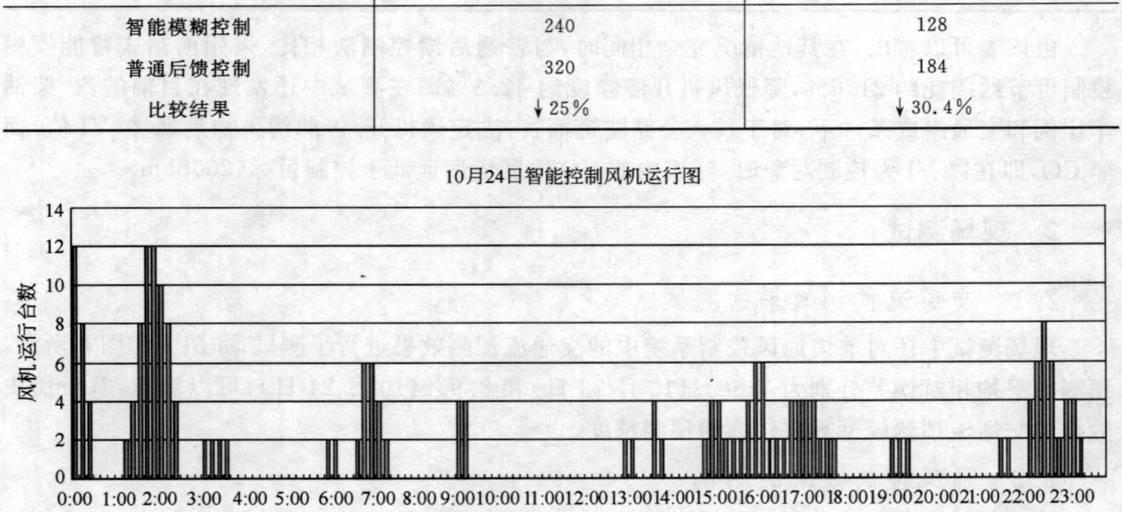

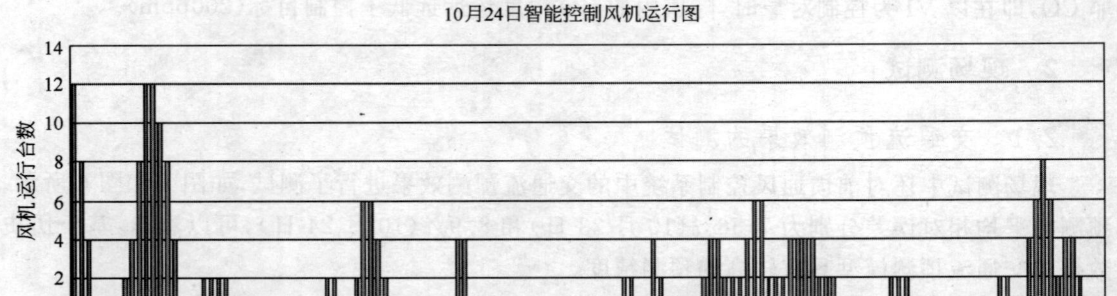

图7　采用智能模糊控制时的风机实际运行台数

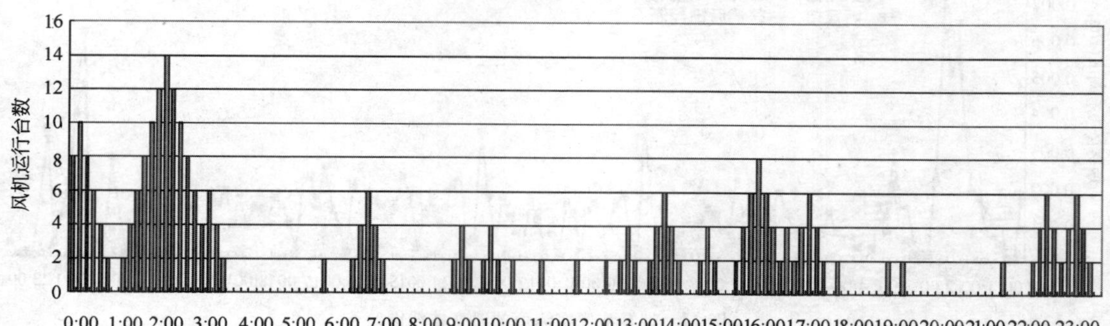

图 8 采用普通后馈控制时反算的风机运行台数

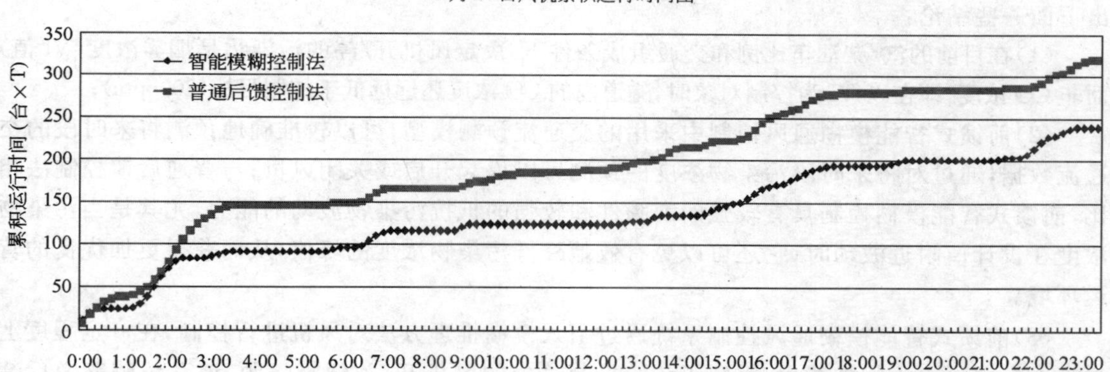

图 9 两种控制方法下的风机累积运行台数

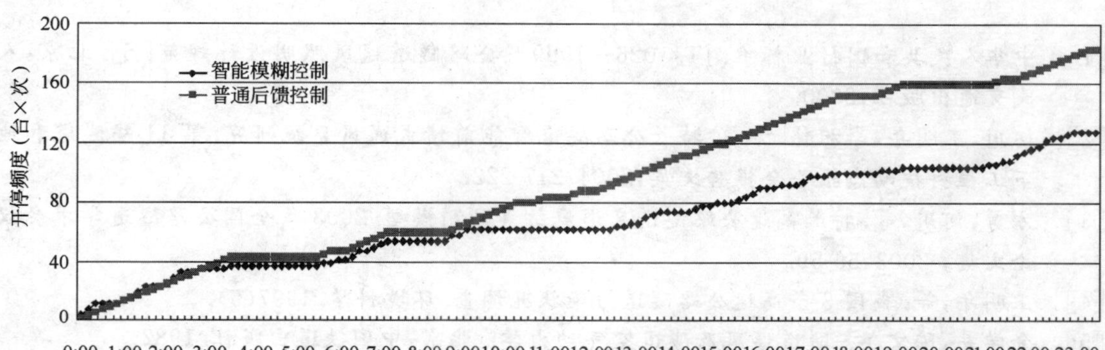

图 10 两种控制方法下的风机累积开停频度

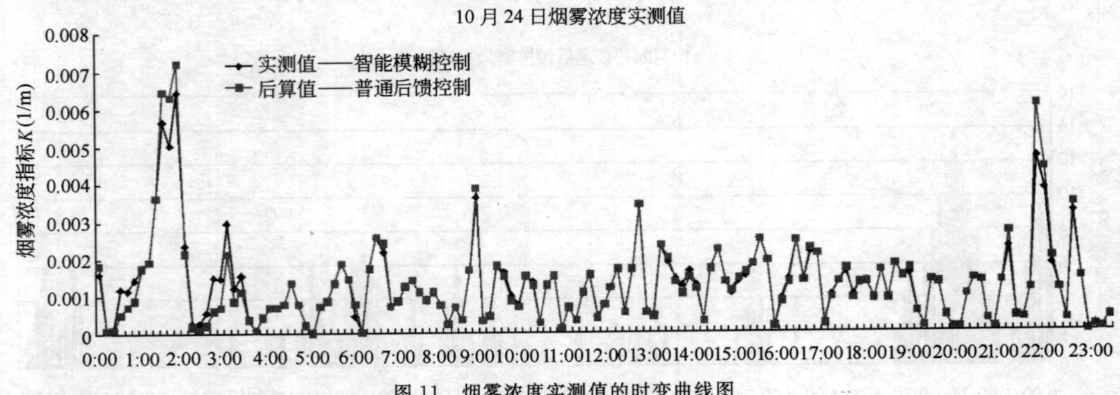

图11 烟雾浓度实测值的时变曲线图

3 结论

通过对渝合高速北碚隧道前馈式智能通风控制系统的室内仿真测试和现场测试，可以得出下面一些结论：

(1)在目前的汽/柴油车比例和交通组成条件下，决定风机开/停的污染物是烟雾浓度（VI值）而非CO浓度，即在以VI为控制对象时，隧道内的CO浓度还远远低于控制目标(200ppm)；

(2)前馈式智能模糊通风控制中采用的交通流预测模型，可以较准确地预测将来时段的交通流数据，通过对将来时段污染物浓度的预测可以提起开启或关闭风机；与普通后馈控制法相比，前馈式智能模糊控制具有较强的前瞻性和较强的抵抗污染物波动的能力，尤其是当污染物浓度在设计值附近波动时，它还可以更有效地降低污染物浓度的峰值，从而获得更加优良的营运环境。

(3)前馈式智能模糊通风控制系统通过引入模糊推理方法对风机进行控制，在一定程度上提高了抵抗噪声干扰的能力，缓解了传统控制法中的风机开/关频繁问题，该系统较普通后馈式控制可以显著地节约能耗，大幅度降低风机开停频度约，并获得更加优良的行车环境。

参考文献

[1] 中华人民共和国行业标准. JTJ 026—1999 公路隧道通风照明设计规范[S]. 北京：人民交通出版社，2000.

[2] 何川，王明年，李祖伟，方勇. 特长公路隧道智能前馈式通风系统研究. 第11届隧道和地下工程科技动态报告会报告文集，2004:217-222.

[3] 方勇，何川，等. 特长高速公路隧道交通流仿真预测模型. 2003年全国公路隧道学术会议论文集，2003:56-59.

[4] 王明年，等. 我国3条高速公路隧道污染状况调查. 环境科学. 1997(5).

[5] 金学易，陈文英. 隧道通风及隧道空气动力学. 北京：中国铁道出版社. 1982.

[6] 陈建勋. 公路隧道运营通风效果现场测试与分析. 长安大学学报. 2002(5)，51-54.

[7] 王晓雯，陈建忠，等. 中梁山公路隧道营运环境的调查与分析. 地下空间与工程学报，2006(7).

渝合高速公路北碚隧道防灾救援控制预案研究

郭 春[1] 王明年[1] 高 旭[1] 韩 均[2] 敬世红[2]

(1. 西南交通大学 成都 610031;2. 重庆高速公路发展有限公司 重庆 400042)

摘 要:针对北碚隧道的机电与监控系统中通风与控制系统、照明与控制系统、交通诱导与控制系统、火灾报警系统、闭路电视系统和有线广播系统等子系统,对防灾救援控制预案进行了研究,详细论述了北碚隧道防灾救援控制预案的制定原则、基本功能、控制原理、控制基准和控制顺序,并进行了举例说明。

关键词:北碚隧道 防灾救援 控制预案

1 概述

处于国道212线渝合高速公路上的北碚隧道为特长公路隧道,左线长4 025m,右线长4 035m,为重庆市境内第一座长度突破4 000 m的高速公路隧道,而针对北碚隧道的防灾救援控制预案研究,对于北碚隧道的安全运营尤为重要。

其中北碚隧道的防灾救援预案制定过程为:

(1)总原则;

(2)控制原理;

(3)控制基准;

(4)控制方法。

2 防灾救援预案总原则

渝合高速公路北碚隧道的防灾救援预案,贯彻以下总原则:

2.1 以人为本,预防为主,防消结合

以对隧道内人员危害最小为渝合高速公路隧道的防灾救援预案的最高原则,建立防止火灾隐患的检测、管理、行车的安全保障体系以及火灾报警、救援和灭火的防范体系,在软、硬件上做以下考虑:

软件:制定正常行车规章制度、载有危险品车辆的检测和行车管理办法、日常监控管理制度、报警和消防系统的检查和维护制度等。

硬件:强化设备和电缆的耐火设计,合理设计车行横通道的布置间距和与主隧道的连接方式,合理设计人行横通道的布置间距和与主隧道的连接方式,优化设备布置方式,加强监控报警系统、消防设备、危险品车辆检测设备等。

2.2 监控有效，措施有力，疏散有序，助救与自救相结合

建立高标准的人员助救和自救设施和办法，在软、硬件上主要做以下考虑：

软件：进行隧道火灾救援宣传，制定火灾情况下的通风、照明、交通组织预案。

硬件：设置警报设施、逃生通道标志、引导设施、自救设备、助救设施、灭火设施等。

2.3 早期发现，及时灭火

侧重早期灭火，最大程度地降低损失，在软、硬件上主要做以下考虑：

软件：制定灭火预案、组织消防演习。

硬件：提供有效的灭火设施，并维护良好。

本火灾预案适用于双洞单向交通隧道，且仅考虑隧道内只有一处发生火灾。

3 防灾救援预案控制原理

火灾区段划分：由于纵向通风隧道阻止火灾蔓延和烟雾扩散非常困难，故只能根据火灾时人员疏散组织进行隧道火灾区段划分。当隧道发生火灾时，火灾点下游人员自行驾车由隧道出口快速撤离隧道，火灾点上游人员弃车通过横通道进入非火灾隧道撤离。由于隧道火灾点是随机的，因此，火灾区段的划分应根据人员疏散和人员救助的可能性进行划分，根据本隧道特点，将两条横通道之间的隧道长度作为一个火灾区段是比较合理的，这也符合设备的布置和控制要求。根据这一思想，北碚隧道共分为 24 个区段，具体分区如图 1 和表 1。

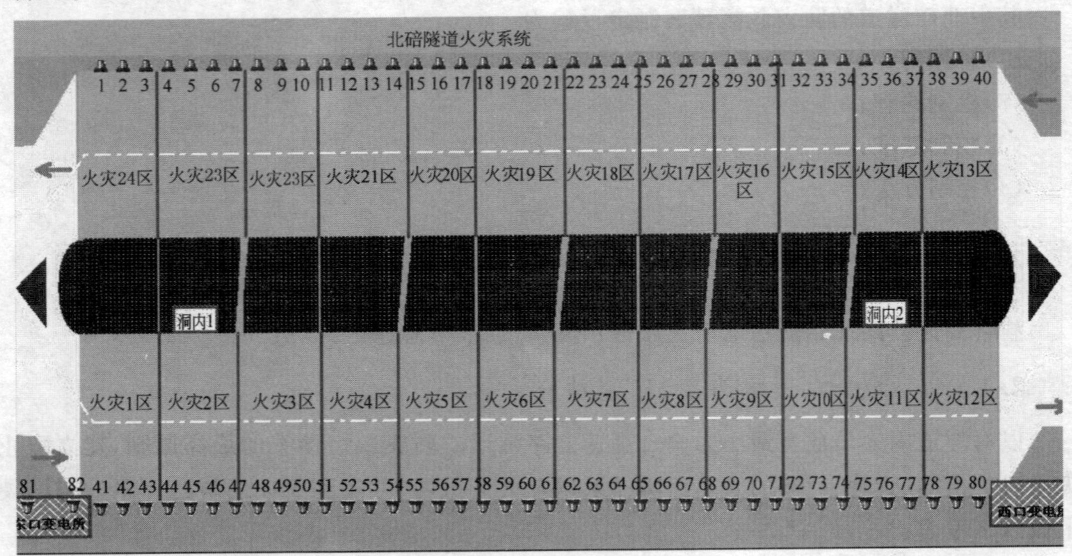

图 1 北碚隧道火灾分区

隧道发生火灾后，由于火灾点上游横通道被打开，两隧道通风系统不再单一，而变为一个相互影响、相互作用的连通的复杂多变的通风网络系统。此时，隧道内失去交通风力，但火风压、火焰节流效应对隧道通风影响巨大，在这种情况下，常规通风计算理论已不能解决实际问

题，必须采用网络通风理论进行设计。防灾救援预案就是根据这一理论制定的。

北碚隧道火灾分区情况 表1

区段号	火灾	左/右线	区段号	火灾	左/右线
1	入口～RX01	右线	13	入口～RX07	左线
2	RX01～CX01		14	RX07～CX07	
3	CX01～RX02		15	CX07～RX08	
4	RX02～CX02		16	RX08～CX08	
5	CX02～RX03		17	CX08～RX09	
6	RX03～CX03		18	RX09～CX09	
7	CX03～RX04		19	CX09～RX10	
8	RX04～CX04		20	RX10～CX10	
9	CX04～RX05		21	CX10～RX11	
10	RX05～CX05		22	RX11～CX11	
11	CX05～RX06		23	CX11～RX12	
12	RX06～出口		24	RX12～出口	

4 防灾救援预案控制基准

(1)开启火灾上游所有的人行横通道和车行横通道，以利于人员利用非火灾隧道疏散。

(2)阻止烟雾逆流，考虑火灾下游温度扩散速度，保持火灾点附近风速 2.5～3m/s。

(3)根据火灾时期的参数，应用网络通风理论确定风机开启的台数，及风机正、反转(风机所形成的风流方向与车行方向一致时为正转，否则为反转)。

(4)开启所有照明灯具，以便进行疏散救援。

(5)根据火灾点位置开启交通、广播、摄像等相关设备。

5 防灾救援预案控制顺序

(1)当隧道内火灾检测器、手动报警按钮、紧急电话发出火灾报警信号时，“监控中心值班人员”立即将监测画面切换至相应的摄像机监测区段进行火灾验证并录像(火灾自动报警系统只要发生火灾报警信号，系统就立即自动进行录像，无须人工确认)。当确认发生火灾后，立即向“监控中心负责人”报告火灾案情，请求执行火灾预案，得到“监控中心负责人”授权后，“监控中心值班人员”立即执行相应的火灾预案，即隧道控制系统由正常情况下的系统控制方式转入相应火灾情况下系统控制预案，进行通风、照明、交通系统联动控制。同时报告路政执法大队、火警 119、交警 110、急救 120 等相关单位，并请求相关单位派专业人员到现场负责指挥、调度以及进行人员救援和火灾灭火工作。

(2)关闭隧道禁止车辆继续驶入隧道，并发布火灾信息。即两隧道洞口的四显信号灯均显示为“红灯”禁止通行，可变限速标志显示为“0”，可变情报板显示为“隧道火灾，禁止通行”。隧道管理人员立即进入隧道，组织疏散、救援、灭火。

(3)按照火灾情况下开启相应的风机，进行火灾通风，阻止烟雾逆流。开启隧道内所有的照明系统便于救火及人员的逃生。

(4)火灾上游的车道控制器沿行车方向改红灯禁止车辆继续前行。非火灾隧道车道控制器改为双向交通模式，即将非火灾隧道的左车道的车道控制器沿原来的行车方向依次将原来的绿灯改为红灯后，再将背向行车方向的车道控制器由红灯开启为绿灯。火灾下游的车道控制器不变。

(5)在上一步完成约1.5～2min后，开启上游所有横通道门，打开横通道指示器。火灾上游人员弃车，从横通道进入到非火灾隧道进行疏散，并且保证紧靠火灾点的两条横通道的风流是由非火灾隧道流向火灾隧道，避免烟雾污染正常隧道的环境，从而对行人造成伤害。横通道照明与横通道门联动控制，即门开灯亮。

(6)广播系统进行广播，引导人员进行疏散。

(7)在人员疏散完成后，组织相关人员进行灭火，当火势不能控制时，等待专业消防队。

(8)专业消防队进行灭火。

(9)灭火后，由交警部门和高速公路管理部门进行现场勘察，共同研究决定两隧道采用何种交通控制模式。

6 防灾救援预案举例

现以北碚隧道近期火灾时控制预案为例进行说明。

卡号中说明：B—北碚隧道，JH—近期火灾工况，R—右线，L—左线，最后为区段号。

预案卡号：B-JH-R-1

预案类别：火灾

预案名称：北碚隧道1区段火灾控制预案

执行条件：右线入口至RX01号横通道之间发生火灾。

其他说明：左、右线隧道均关闭。

执行步骤如表2所示。

表2

<table>
<tr><th>序号</th><th>设备类别</th><th>设备名称</th><th>执行操作</th><th>备注</th></tr>
<tr><td>1</td><td>摄像机</td><td>G39</td><td>录像</td><td rowspan="12">本预案按照当前风机设置右线通风能力不够，此时风速为1.6m/s，不能阻止烟雾逆流。若要达到2m/s右线需要再增加4台风机</td></tr>
<tr><td>2</td><td>四显信号灯</td><td>JX1，JX2</td><td>红灯</td></tr>
<tr><td>3</td><td>可变情报板</td><td>CMS1，CMS2</td><td>警告：隧道火灾，禁止通行</td></tr>
<tr><td>4</td><td>可变速度牌</td><td>CSLS1，CSLS2</td><td>0</td></tr>
<tr><td>5</td><td>射流风机</td><td>Y4F，Y5F，Y6F，Y7F，Y8F</td><td>开启</td></tr>
<tr><td>6</td><td>照明灯</td><td>AJJ1，AJB1，AJB2，AJ1，AJ2，AJ3，AJ4，BJJ1，BJB1，BJB2，BJ1，BJ2，BJ3</td><td>开启</td></tr>
<tr><td rowspan="3">7</td><td rowspan="3">信号灯</td><td>CJ01，CJ02，CJ03，CJ04，CJ05，CJ06，CJ07，CJ08，CJ09，CJ10，CJ11，CJ12，CJ13，CJ14，CZ03，CZ06，CZ09，CZ12，CZ15，CZ18，CZ21，CZ24，CZ27，CZ30，CZ33，CZ36，CZ39，CZ42</td><td>红灯</td></tr>
<tr><td>CZ04，CZ07，CZ10，CZ13，CZ16，CZ19，CZ05，CZ08，CZ11，CZ14，CZ17，CZ20，CZ25，CZ28，CZ31，CZ34，CZ37，CZ40，CZ26，CZ29，CZ32，CZ35，CZ38，CZ41</td><td>绿灯</td></tr>
<tr><td>CZ01，CZ02，CZ22，CZ23</td><td>绿灯开为红灯</td></tr>
<tr><td rowspan="3">8</td><td rowspan="3">广播</td><td>21，22，23，</td><td>附近发生火灾请尽快撤离</td></tr>
<tr><td>24</td><td>前方火灾禁止通行</td></tr>
<tr><td>1</td><td>右隧道火灾禁止通行</td></tr>
</table>

如果该区段发生火灾时，其交通、通风、照明如图2所示。

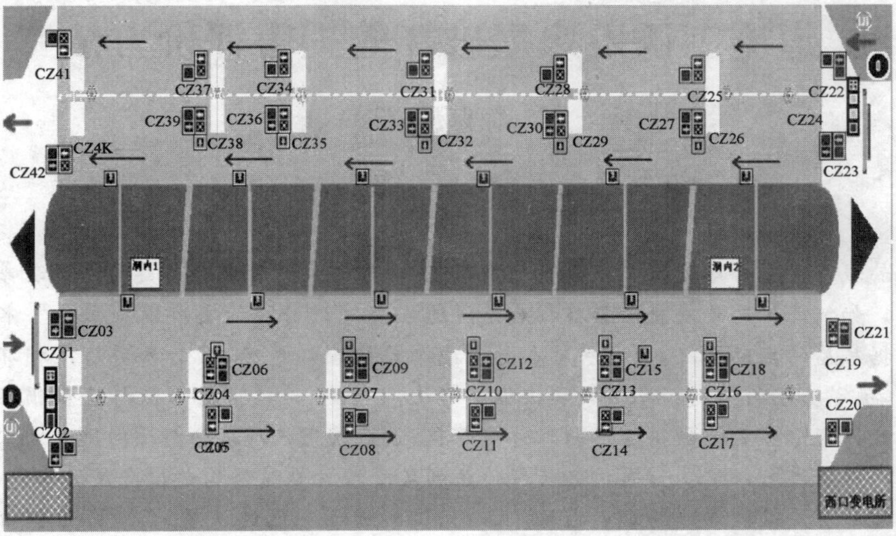

图2 1区段发生火灾时，其交通、通风、照明组织

7 结论

本文针对北碚隧道的机电与监控系统的通风与控制系统、照明与控制系统、交通诱导与控制系统、火灾报警系统、闭路电视系统和有线广播系统等子系统，对防灾救援控制预案进行了研究。详细论述了北碚隧道防灾救援控制预案的制定原则、基本功能、控制原理、控制基准和控制顺序，并进行了举例说明。运用本次研究的成果，已经编制了针对北碚隧道的防灾救援控制预案，并将预案以动态数据库的形式与智能监控软件系统相结合起来，应用于隧道的运营管理中。

参考文献

[1] 王明年，等.秦岭终南山公路隧道综合技术研究——防灾救援技术研究报告.成都：西南交通大学，2006.

[2] 付修华，等.对公路隧道火灾防灾救援安全策略的思考.公路交通科技，2004，03.

[3] 王明年，等.秦岭终南山特长公路隧道防灾方案研究.公路，2000，11.

[4] 中华人民共和国行业标准.JTJ 026.1—1999 公路隧道通风照明设计规范.北京：人民交通出版社，2000.

隧道施工诱发房屋破坏的损害评价方法

林　志　蒋树屏　谢　锋

（重庆交通科研设计院　重庆　400067）

摘　要：随着城市下穿公路隧道工程数量越来越多，浅埋隧道近距离穿越建筑物的现象明显增多。如何评价地表房屋的损坏程度是隧道安全穿过房屋的首要前提之一。本文首先根据房屋的实际情况，确定房屋在隧道施工前的损坏情况；然后参考房屋损坏评价标准，确定房屋的控制损坏等级和极限变形值，将房屋的极限变形值与房屋损坏等级所对应的变形值之差即得房屋的容许变形值；最后采用三阶段分析法对隧道施工诱发房屋的损害进行评价。如果该分析评价法的各阶段计算结果均超出房屋的容许变形值，则需对房屋采取相应的加固措施，从而保证隧道顺利通过房屋。同时，该评价方法对同类工程具有重要的参考价值。

关键词：隧道　房屋　拉应变　变形值

0　引言

随着城市隧道与地铁建设的兴起，浅埋隧道近距离穿越建筑物的现象明显增多。由于隧道的施工，将不可避免地会对上覆地层产生扰动，从而使房屋发生倾斜、沉降等变形。如果变形过大，房屋将发生倒塌，从而危及居民的生命安全。从某一方面来说，隧道能否顺利通过房屋决定着该类工程的成败。因此，如何评价隧道施工诱发房屋的损害是隧道安全穿过房屋的首要前提之一。

目前，在城市地铁隧道施工中，一般规定引起的允许地面沉降值为 30mm，隆起值为 10mm，地面附加倾斜不得超过 1/ 300。实际上，这些值往往是由专家们根据经验规定的，是临时性的，缺乏理论依据，至少是不完善的。建筑物由于结构形式、基础类型、建筑尺寸、荷载情况、建造时期和使用情况、功能和重要性等的不同，具有不同的承受荷载作用和变形能力。因此，必须根据其建筑物的实际情况来确定相应的变形控制指标，从而对房屋的损坏程度进行评定。本文根据房屋的实际损坏情况，采用隧道施工房屋损坏评定标准，对隧道施工诱发房屋的损害采用三阶段分析法进行评价。

1　隧道施工房屋损坏评定标准

在实际工程中，房屋由于结构形式、基础类型、建筑尺寸、荷载情况、建造时期和使用情况、功能和重要性等的不同，具有不同的承受荷载作用和变形的能力。因此，对于隧道施工影响范围内的房屋，应该根据其具体情况查找相应的损坏评定标准，确定其在隧道施工前的损坏程度和破坏控制等级。

1.1 上海地区建(构)筑物评价暂行标准

上海地区的这份标准是目前国内最全的软土地区盾构隧道施工建(构)筑物变形与沉降控制标准,参见文献1。它考虑了不同类型的基础对地面沉降的不同承受能力。但是,本标准主要适用于软土地区的建(构)筑物变形与沉降控制,在非软土地区的适用性需要研究。

1.2 建筑物下采煤房屋损害评价标准

煤炭工业部参考国外一些国家有关规定制定的地下采矿地表建筑物及其他保护对象等级的划分规范。该标准指出,开采沉陷对房屋的损害程度:一是取决于地表移动变形量;其次取决于房屋在沉陷盆地的位置;三是取决于房屋本身的结构条件;四是区分建筑物类型。

我国将长度或变形缝区段内长度小于20m的砖混结构房屋破坏分为四个等级[2],其他结构类型的建(构)筑物可参照该标准执行。文献2、3给出了土筑平房破坏等级与地表变形的对应关系。

1.3 国外隧道施工房屋损坏评定标准

对于隧道施工房屋损坏评定标准,波兰、英国和前苏联[3]等国家分别进行了研究,制定出了评价房屋损坏的标准,在工程应用中具有很好的参考价值。表1为波兰的相关划分。

波兰按地表变形划分破坏等级 表1

破坏等级	建筑物破坏等级	地表变形值		
		倾斜 (mm/m)	曲率 (10^{-3}/m)	水平变形 (mm/m)
I	建筑物不需要保护,允许墙上出现一些很小的无危害的裂缝	2.5	1.05	1.5
II	建筑物需要采取简单的保护,允许墙上出现一些容易修理的较小裂缝	5.0	0.083	3.0
III	建筑物需要仔细保护,允许出现一些易修理的较大的裂缝	10.0	0.166	6.0
IV	建筑物需要仔细保护,允许出现一些易修理的破坏	15.0	0.250	9.0
V	不能建造建筑物,地表可能出现较大的裂缝塌陷坑	>15.0	>0.250	>9.0

1.4 国外流行的隧道施工房屋损坏评定标准

国外根据实际工程和试验将房屋损坏评定标准分为3类[4]:

(1)视觉损坏:当结构物出现大于1/250的偏移时,视觉上就可以察觉到,当然这种感觉具有主观性,该损坏评定标准中破坏等级0~2属于视觉损坏范围。这种损坏也可以由与温度变化、装修等其他原因造成。

(2)功能损坏:该损坏评定标准中破坏等级3~4属于功能破坏。该类破坏往往都是由于土体位移引起的。

(3)稳定性损坏:破坏等级5。

国外学者将极限拉应变作为损坏分级标准,而极限拉应变是结构物开裂破坏的直接衡量标准,其他标准均是由它衍生而来的。

文献4与文献5通过观察由隧道开挖所引起结构的沉降值,对框架结构的极限拉应变进行了修正,并将框架结构的极限应变与房屋结构破坏等级所对应。表2列出了房屋结构的变形与房屋结构潜在的破坏关系。

损坏分级与极限拉应变的关系 表 2

损害分级	严重程度	极限拉应变(%)	损害分级	严重程度	极限拉应变(%)
0	可忽略	0～0.05	3	中等	0.15～0.3
1	很轻微	0.05～0.075	4～5	严重～很严重	>0.3
2	轻微	0.075～0.15			

根据上述分析可知，为了保证房屋的安全，可以将视觉损坏作为房屋的容许破坏，即对应的破坏等级为 2 级。因此，破坏等级为 2 级所对应的变形控制指标与该房屋在隧道施工前损坏等级所对应的变形指标之差即是房屋的容许变形值。

2 房屋损坏三阶段评价分析法

隧道施工对房屋的影响破坏评价可以采用三阶段评价分析法，见图 1。其具体步骤如下：

2.1 第一阶段评价法(Greenfield 模型法)

在该阶段评价法中，先不考虑建筑房屋的存在即假定为 Greenfield 的情况。按照 Rankin (1988)的论断进行判断，房屋的最大沉降值和最大斜率支配着房屋的潜在破坏，当最大斜率 $\theta<1/500$ 及最大沉降值 $\Delta<10\text{mm}$ 时，房屋的破坏是可以忽略的[8]。因此，位于以上数值限定的沉降槽区域的房屋可以不予考虑[6]。其地面沉降可用 Peck(1969)经验公式或数值计算进行确定。

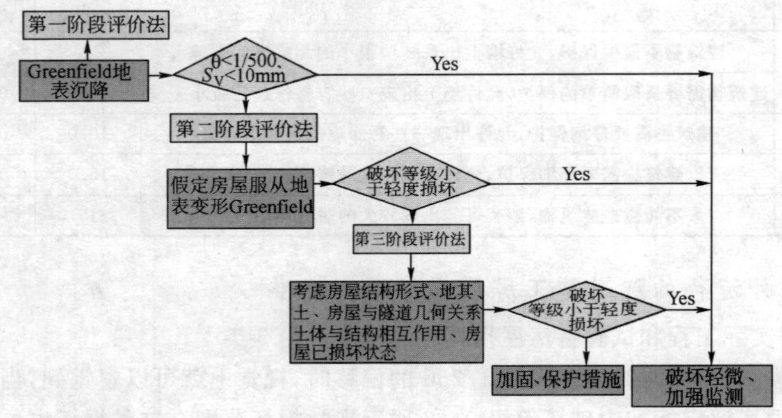

图 1 房屋安全评价三阶段法流程图

由于这种方法只考虑了原场的地面沉降，未考虑房屋结构建筑的变形，因而该方法比较保守，但是它可减少不必要的房屋计算。如果房屋结构所在位置区域的计算指标超过了以上极限值，应当进行第二阶段评价。

2.2 第二阶段评价法(隔离法)

该阶段评价法是将房屋结构假定为弹性梁，其基础假定为柔性，完全顺从沉降曲线变形。这样，可以得出处于建筑基础位置下的沉降曲线，使基础顺从该部分线形曲线的变化。根据此变形曲线，可以计算出梁的挠度比 DR(包括 hog 区及 sag 区)和最大水平应变 ε_h(包括压缩和拉伸)。由挠度比 DR 和水平应变 ε_h 可计算出梁的应变。计算出该梁的应变后,根据应变大小可评价建筑结构的损害程度,其计算模型和方法如下所示:

在该模型中,弹性梁宽度为 B,高度为 H(见图 2)。图 1 表示了两种变形的极端模式:由拉应变所产生的弯曲裂缝(图 2c)和由对角拉应变所引起的对角裂缝(图 2d)。

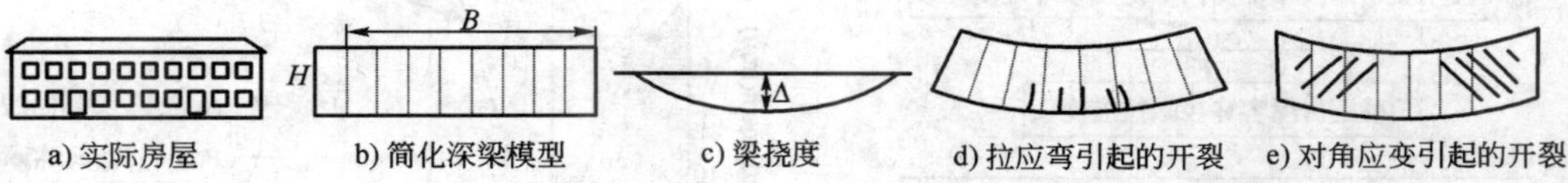

图 2 简化梁在不同变形模式下的开裂

根据该计算模型,对于中间受载梁,其既有剪切变形和弯曲变形的挠度计算公式为:

$$\Delta=\frac{PB^3}{48EI}\left(1+\frac{18EI}{B^2HG}\right) \tag{1}$$

该式中,Δ 是梁的挠度,E、G 分别是弹性梁的弹性模量和剪切模量,P 是梁的中心荷载,B、H 分别是梁的宽度和高度。

对于各向同性弹性材料,$E/G=2(1+v)$。假设泊松比 $v=0.3$,可得 $E/G=2.6$。对于实际的房屋结构,基础对其变形有明显的抑制作用。因此,中性轴位于梁的底部更接近实际。上式可将挠度比改写成分别关于极限纤维应变和最大对角应变的关系式:

$$\frac{\Delta}{B}=\left(0.083\frac{B}{H}+1.3\frac{H}{B}\right)\varepsilon_{b,\max} \tag{2}$$

$$\frac{\Delta}{B}=\left(0.064\frac{B^2}{H^2}+1\right)\varepsilon_{d,\max} \tag{3}$$

由以上分析可知,将第一阶段所得的地表沉降代入公式(2)~(3)可得房屋的拉应变,再根据第 2 节所述的各评价标准得出的房屋容许拉应变,即可判断房屋是否安全,其具体步骤流程见图 3。

该方法在一定程度上考虑了房屋建筑的影响,因此比第一阶段评价法精确。但是它的不妥之处在于假定基础顺从原场的地表变形,从而使计算结果较保守。如果运用该方法计算出的破坏指标超过房屋的容许值,就必须进行更精确的计算,即采用第三阶段评价法。

2.3 第三阶段评价法(整体分析法)

该阶段采用数值分析,从而实现地基和房屋结构的耦合。地基和房屋结构的耦合作用是影响房屋刚度的重要因素之一,它将减小房屋结构的变形[7]。图 4 给出了由隧道修建而引起房屋的变形图[8]。该图将原场沉降曲线和房屋结构的沉降曲线进行了对比。从图 4 可知,相对原场,考虑房屋结构的影响将使最大沉降值 S_{vmax} 和斜率 θ 减小。同理,考虑房屋结构的影响也会减小水平应变。

由于第二阶段的保守评价,第三阶段所计算出的破坏指标将小于前阶段所得的结果。如果在该阶段算出的破坏指标等于或大于房屋变形的容许值,则将对房屋结构采取必要的加固措施。

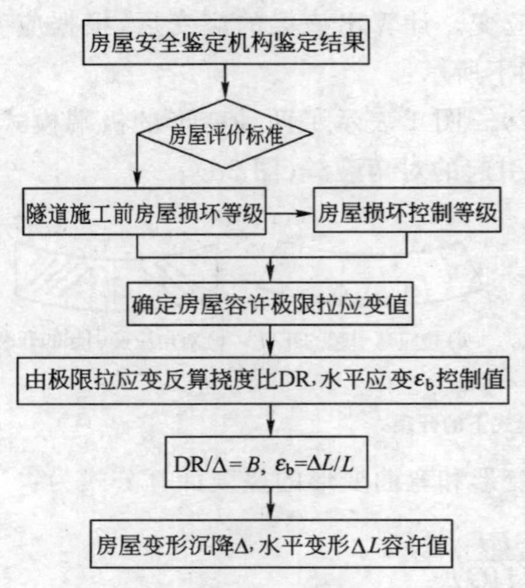

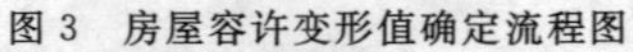

图3 房屋容许变形值确定流程图

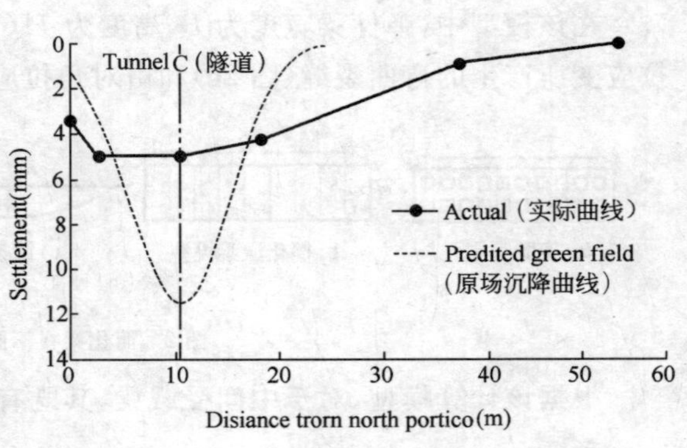

图4 隧道开挖引起的房屋沉降曲线

3 工程应用

在某城市浅埋大跨度连拱双向6车道公路隧道工程中，有一栋6层的混凝土房屋位于拟建隧道上方和一侧，该房屋高18m、宽53m、长10m。根据该市房屋鉴定机构鉴定，该房屋为一般破坏，即对应于上述房屋损坏评定标准表2和表3，其隧道施工前房屋的损坏等级为一级。该隧道拟建位置以黏土层和全风化花岗岩为主，隧道埋深15.5～23.5m，地下水埋深2～3m，综合评价为V～VI级围岩，其力学参数见表3。

材料力学参数表　　表3

类别	弹性模量(MPa)	密度(kg/m³)	泊松比	黏结力(kPa)	摩擦角(度)
土层	20	2 000	0.26	15	18
全风化花岗岩	80	2 100	0.31	20	20
初期衬砌	35×10³	2 350	0.22	—	—
锚杆	200×10³	7 800	0.2	—	—
中墙	28.7×10³	2 500	0.25	1 000	45
房屋	1 000	3 100	0.1	1 000	100

根据上述材料，除锚杆与初期衬砌分别以杆单元和梁单元模拟以外，其余均以实体单元模拟，其有限元模型见图5与图6。

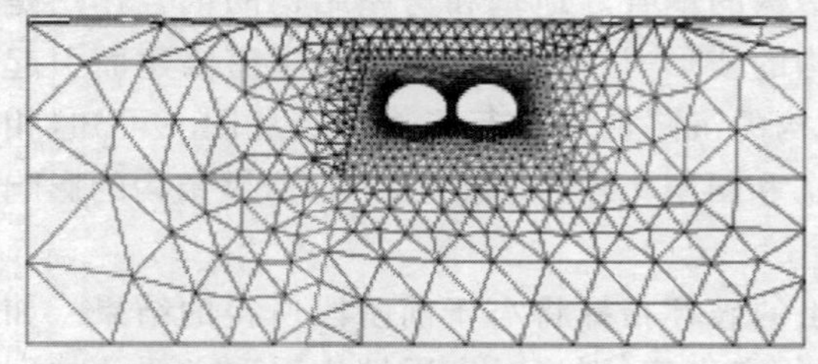

图5 Greenfield情况隧道计算模型

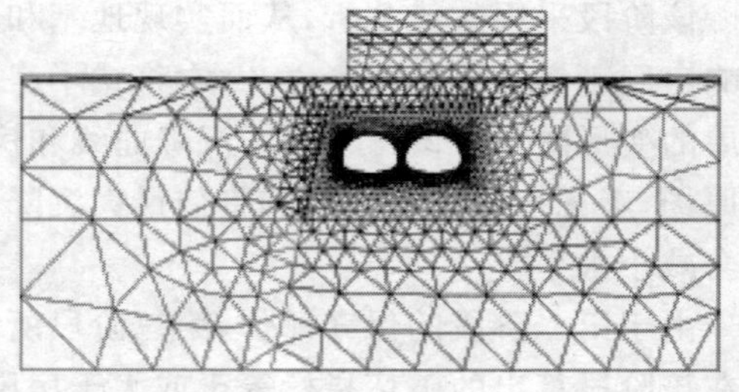

图6 有房屋时隧道计算模型

为了保证房屋的安全，将视觉损坏作为房屋的容许破坏，即对应的破坏等级为 2 级。因此，由表 1 和表 2 可得该房屋的容许拉应变为 0.075%、容许倾斜 2.5mm/m、容许水平应变 1.5mm/m。

对于该房屋，采用三阶段评价分析法对房屋损坏程度进行评价：

第一阶段评价：不考虑建筑房屋的存在即假定为 Greenfield 的情况，采用数值计算，其计算结果见图 7。根据图 7 可知隧道开挖引起房屋最大沉降量 $\Delta=46.2$mm，斜率 $\theta=2.3/500$，即超过第一阶段的控制指标（最大沉降值 $\Delta<10$mm，斜率 $\theta<1/500$）。因此必须进行第二阶段评价。

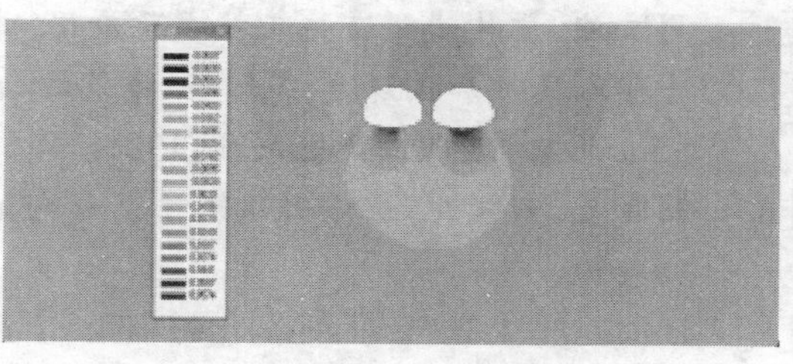

图 7 Greenfield 情况模型沉降图

第二阶段评价：将房屋简化为高 18m、长 10m 的弹性梁。根据第一阶段评价可知地表沉降值 $\Delta=46.2$mm，将其代入公式(2)～(3)可得房屋的拉应变为 0.19%，大于房屋的容许拉应变 $\varepsilon=0.075\%$。因此，该房屋应进行第三阶段评价。

第三阶段评价：根据该隧道的断面形式与力学参数可建立图 6 所示的有限元模型。其计算模型为：(1)土体采用 $D-P$ 屈服准则；(2)房屋采用实体单元模拟；(3)初衬采用梁单元模拟，其间设接触单元；(4)锚杆采用杆单元模拟；(5)围岩的无支护应力释放率为 40%，支护承担 60%的围岩应力释放。其计算结果见图 8、图 9。

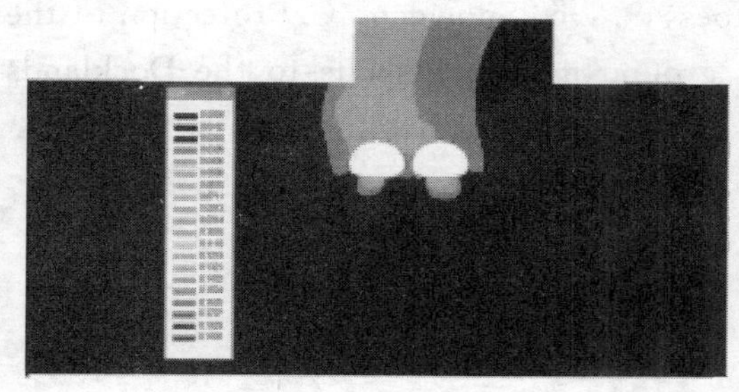

图 8 模型沉降图

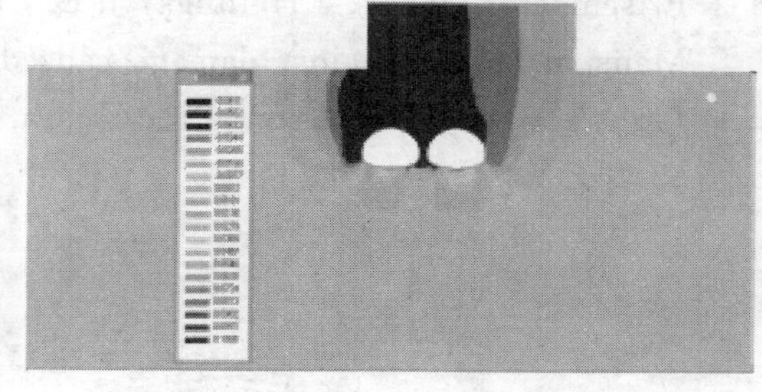

图 9 模型水平位移图

从以上计算结果图可知，隧道开挖引起房屋的沉降差为 21.6mm，水平位移差为 38mm。因此，由公式(2)～(3)可得房屋的拉应变为 0.09%，倾斜为 2.16mm/m，水平应变为 3.8mm/m。由于计算变形指标均大于容许变形控制指标，故应对该房屋采取必要的加固措施。

在该工程施工中，对该房屋采取旋喷桩和注浆加固。最后，在隧道开挖过程中，房屋的变形值均在上述容许变形控制值内，以致隧道顺利通过该房屋。

4 结语

本文通过参考国内外房屋损坏评定标准，将视觉破坏作为破坏控制等级，再根据房屋的具体情况确定房屋在隧道开挖前的损坏等级，从而确定房屋的容许变形值；然后采用三阶段评价分析法对隧道施工诱发房屋的损害进行评价。如果在三阶段评价分析法中，各阶段计算的房屋变形值均大于房屋的容许变形值时，则应对房屋采取相应的加固措施，从而保证隧道安全通过房屋。经实践证明，该评价分析法实用可靠。

参考文献

[1] 周文波.盾构法隧道施工技术及应用.北京:中国建筑工业出版社.2004,11.

[2] 中华人民共和国煤炭工业部.建筑物、水体、铁路及主要井巷煤柱留设与压煤开采规程[S].北京:煤炭工业出版社,1985.

[3] 阳军生,刘宝琛.城市隧道施工引起的地表移动及变形.北京:中国铁道出版社,2002.1,89-100.

[4] Burland, J. B. Assessment of risk of damage to buildings due to tunnelling and excavation. Invited Special Lecture. In: 1st Int. Conf. on Earthquake Geotech. Engineering, IS Tokyo. 95, 1995.

[5] Boscardin, M. D. & Cording, E. J. Building response to excavation-induced settlement. Journal of Geotech. Engineering, ASCE, 1989. 115(1), 1-21.

[6] Rankin, W. J. Ground movements resulting from urban tunnelling: predictions and effects. Engineering geology of underground movements. The Geological Society, London, 1988. Pages 79-92.

[7] Geddes, J. D. Discussion on: Building response to excavation-induced settlement. Journal of Geotech. Engineering, ASCE, 1991. 117(8), 1276-1278.

[8] Frischmann, W. W., Hellings, J. E., Gittoes, S., & Snowden, C. Protection of the Mansion House against damage caused by ground movements due to the Docklands Light Railway Extension. Proc. Instn. Civ. Eng. Geotech. Engineering, 107, 1994. 65-76.

特长高速公路隧道运营风险评估分析

吾 佳[1] 何 川[1] 王文广[2] 赵向阳[2] 夏小泉[2] 易 兵[2]

(1.西南交通大学 成都 610031;2.重庆高速公路发展有限公司 重庆 400042)

摘 要:近年来,我国在高速公路建设中取得了巨大的成就,公路隧道的数量与长度不断增加,尤其是特长隧道数量迅速增加。但随之而来的是运营期间的各种灾难屡屡发生,公路隧道的运营风险分析也就越来越引起人们的重视,将风险分析、风险评估和风险管理的相关理论引入到隧道工程中来已刻不容缓。本文将从交通事故、通风监控等机电设备系统、火灾、危险品运输等四个方面来探讨特长高速公路隧道的运营风险评估,为进一步研究提供参考。

关键词:公路隧道 风险 风险辨识 风险评估

0 引言

近年来,我国在隧道建设中取得了巨大的成就,公路隧道的数量与长度不断增加,尤其是特长隧道及隧道群数量迅速增加。在重庆等西部山区省市,高速公路上的特长隧道及隧道群数量巨大,如重庆市境内正在建设的万州—开县公路、兰州—杭州公路、渝湘公路、沪蓉国道支线、绕城高速等高速公路中,隧道长度在整个线路中所占相当大的比例,最高区段甚至达到52%。而且,特长高速公路隧道多,到目前为止的统计,重庆市正在建设的隧道总数达147座,其中3 000m以上的特长隧道达32座,其中5 000m及以上的特长隧道有13座。但随之而来的是施工期间的工程事故、运营期间的各种灾难屡屡发生,隧道工程的风险分析也就越来越引起人们的重视,将风险分析、风险评估和风险管理的相关理论引入到隧道工程中来已刻不容缓。风险评估最初用于经济领域的定性分析,风险研究也主要侧重于风险管理。20世纪70年代后,开始出现风险的定量分析,并应用于许多大型工程中,如1976年北海油田输油管道工程和1979年伊拉克火力发电厂工程中采用风险分析的方法,降低了成本,减少了损失。对隧道工程的风险分析主要分为两个大类:一是针对隧道工程施工而言的风险分析,如施工期间施工人员的安全风险、周围建筑物的安全风险、经济风险及工期风险等;另一类是隧道运营期间的风险,尤其对于特长高速公路隧道而言,运营期间的风险分析更为重要。本文将从交通事故、通风监控等机电设备系统、火灾、危险品运输等四个方面来对特长高速公路隧道的运营风险评估研究进行探讨。

1 公路隧道运营风险的定义及分类

风险的概念可以从经济学、管理学、保险学等不同角度去认识。虽然人们对灾害与风险具有一种天生的意识,但风险涉及到科学、管理、经济生活等众多方面以及多个学科的相互交叉,因而对于风险的定义具有很多不同的表述。如:风险是可使未来的管理遭受损失的不确定因素;风险是指发生不幸事件的概率;风险就是一个事件产生我们不希望的后果的可能性(蒋维金磊,1992)。

风险的定义虽然在概念上非常简洁,实际应用起来却非常困难,因为它们没有提供一种全面感知风险的具体线索。风险的含义实际上包含了三个方面:发生的有害事件是什么?发生的可能性有多大?如果发生引致的后果如何?这三者构成了风险评估的基础。

本文将公路隧道运营风险定义为:在公路隧道的运营过程中,对人类自身生命财产、公路隧道主体结构、隧道各种附属设施和隧道内行进车辆造成损失或破坏的各种事件发生可能性的集合。

根据研究内容的不同,可以将公路隧道运营风险分为以下几类:

(1)交通事故风险;

(2)通风、监控等机电设备系统风险;

(3)火灾风险;

(4)危险品运输风险。

2 公路隧道运营风险评估程序

目前国内通常将风险分析与风险评估不加区分,实际上很多情况下风险分析(Risk Analysis)不仅包含风险评估(Risk Assessment),而且还包含了风险管理(Risk Management),本文的研究仅限于风险评估的范畴之内。虽然各种类别的风险在被称为风险的可度量的现象方面有着根本的不同,但风险评估本身的程序还是相对一致的。通过一系列研究,回答"什么会造成损失或破坏?""为什么会造成损失或破坏?""可能性有多大?""最大会损失或破坏到什么程度?"这些问题,以得到一个对公路隧道运营风险的全面具体的理解,从而以合理的投资成本获得最大的安全保障。公路隧道运营风险评估实际上是一种安全风险评估,结果比较确定,它具体到人员伤亡与经济损失上,不安全事件的影响迅速而清楚,原因与结果之间的关系也比较清晰。图1列出了典型的公路隧道运营风险评估程序。

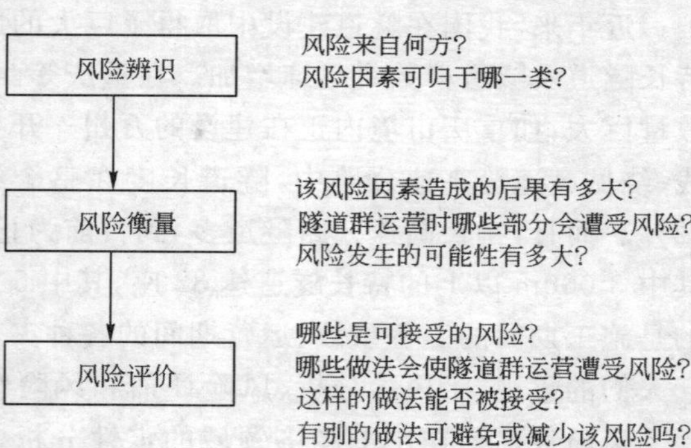

图1 隧道群运营风险的评估程序

2.1 风险辨识

风险评估的第一步就是风险辨识,其目的是减少隧道群运营的结构不确定性。风险辨识首先要弄清隧道群运营期间所包含子项的组成、各种变数的性质和相互关系、隧道群运营与环境之间的关系等,在此基础之上利用系统的步骤和方法查明对隧道群运营可能形成风险的诸种事端,并调查研究对隧道群运营及运营所需资源形成潜在威胁的各种因素的作用范围。

2.1.1 风险辨识的过程

风险辨识的过程包括对所有可能的风险事件来源和结果进行实事求是的调查,主要分为5个步骤:

(1)确定不确定性的客观存在:如果是确定无疑的,则无所谓风险,众所周知的结果也不会构成风险。

(2)建立初步清单:列出客观存在和潜在的各种风险,包括影响隧道群运营的各种风险来源。

(3)确立各种风险事件并推测其结果:根据初步风险清单推测与其相关联的各种合理的可能性,包括人员伤亡、财产损失、隧道结构和附属设备的破坏等方面。

(4)进行风险分类:根据风险的性质和可能的结果以及彼此间可能发生的关系进行分类,这样才能更彻底地理解风险、预测其结果,且有助于发现关联的因素。

(5)建立风险目录摘要:将隧道群运营可能面临的风险汇总并排列出轻重缓急,给人一种总体风险印象图。

2.1.2 风险辨识的基本方法

适用于公路隧道运营风险辨识的方法主要有:专家调查法、初始清单法、经验数据法、风险调查法等。

2.2 风险衡量

在辨识了公路隧道运营所面临的风险后,下一步就应确定各种风险的严重程度,即风险衡量。具体来说就是估计风险的性质、估算风险事件发生的概率及其后果的大小,以减少隧道运营风险计量的不确定性,是对风险认识的深化。进行隧道运营风险衡量时应做到:确定隧道运营变数的数值和计量这些变数的标度;查明隧道群运营过程中各种事件的各种各样后果以及它们之间的因果关系;根据选定的计量标度确定这些风险后果的大小。

2.2.1 风险衡量的内容

风险衡量主要包含两方面的内容:一是衡量将要发生的次数,即损失频率;二是衡量损失程度,风险评估者需要从这两方面的资料来衡量风险的严重程度。

2.2.2 风险衡量的方法

风险衡量中所研究的是损失的“不确定性”,因而衡量风险潜在损失的最重要方法是研究风险的概率分布。

2.3 风险评价

风险评价就是对各风险事件的后果进行评价,并确定其严重程度顺序。风险评价是风险评估的最后一步,也是最重要的一步。

2.3.1 风险评价的作用和目的

风险评价的作用主要体现在:

第一,更准确地认识风险;

第二,保证隧道群运营规划的合理性和计划的可行性;

第三,合理地选择风险对策,形成最佳风险对策组合。

通过隧道运营风险的评价可以达到以下目的:

第一,对隧道运营时的各种风险进行比较和评价,确定它们的先后顺序;

第二,考虑不同风险之间的转化条件,研究如何才能化威胁为机会;

第三,进一步量化已识别风险的发生概率和后果,减少估计中的不确定性。

2.3.2 风险评价的步骤

风险评价主要包括下面三步:

第一步，确定风险评价基准；

第二步，确定项目整体风险水平；

第三步，将单个风险与单个评价基准、整体风险与整体评价基准对比，看隧道群运营风险是否在可接受的范围之内。

3 公路隧道运营风险评估的主要方法

风险评估方法根据不同的分类标准有不同的分类方法，本文按照风险评估结果的量化程度进行归类，分为定性风险评估法和定量风险评估法。

3.1 定性风险评估法

主要是根据经验和直观判断能力对公路隧道的运营状况进行定性的分析，风险评估的结果是一些定性的指标，如是否达到某些安全指标、事故类型和导致事故发生的因素等。

属于定性的风险评价方法有：主观打分法、专家现场咨询法、因素图分析法、事故引发和发展分析法、作业条件危险性评价法、故障类型和影响性分析等。

3.2 定量风险评估法

运用基于大量的实验结果和广泛的事故资料统计分析获得的指标或规律(数学模型)，对公路隧道运营过程中引起各种交通事故的风险因素进行定量的计算，风险评价的结果是一些定量的指标，如事故发生的概率、事故的伤害(或破坏)范围、定量的危险性、事故致因因素的事故关联度和重要度等。

定量风险评估方法主要包括：等风险图法、事故树分析法、决策树分析法、事件树分析法、模糊数学综合评判法、蒙特卡罗模拟方法、概率分析法等。

4 公路隧道运营风险评估的内容

公路隧道运营风险评估最主要的是对各类运营风险因素进行辨识，然后根据需要运用相应的定性或定量的风险评估方法按照评估的一般程序进行风险的衡量和评价。

4.1 交通事故风险因素

造成隧道内交通事故的因素是多方面的，人是交通安全的主体。在道路交通系统中，人既是交通事故的制造者，又是交通事故的受害者。欧美各国的交通事故统计分析表明，交通事故中有 80%～90%是人的因素造成的，其中驾驶员引起的交通事故最多。驾驶员之所以产生酿成事故的行为有其广泛的客观原因，隧道运营环境对交通安全的影响就是不可忽视的因素。另外，因车辆维修保养不完善、不及时，使车辆在行驶过程中发生机械故障而发生的事故数量也不在少数。据我国统计资料显示，1994 年交通事故中，有 6.4%是由于汽车机械故障引起的。随着近年来机动车技术状况的改进，该数字也在逐年降低，但仍是不可忽略的因素。

交通事故风险因素组成：

(1)主体因素：驾驶员的视觉特性、反应特性、心理特性、疲劳驾驶、酒后驾驶等；

(2)环境因素：隧道设计标准、隧道线形、隧道断面、隧道路面、交通量、车速、隧道照明、洞外设施、洞内防护设施、交通标志等；

(3)车辆因素：制动系统、转向系统、行驶系统、电气系统等。

4.2 机电设备风险因素

通风、监控等机电设备的风险因素包括隧道运营过程中系统本身的故障。另外，隧道的运营管理水平也是关系到隧道运营效率的关键。目前对许多隧道事故主要因素分析后发现，隧道管理不善是一个重要原因。因为管理体制的重要性，所以有必要把管理体制从中央控制与管理系统中独立出来进行分析。由于隧道机电设备耗电量大，运转成本高，设备即便是完好的，很多业主单位也不一定能按设计规定充分投入使用。在正常的交通流动情况下，通风、照明、交通监控、闭路电视、火灾探测及消防、排水、通风和报警等系统必须完全投入运转并能为隧道内提供最安全的运行环境。将洞内CO和VI值控制在允许的范围内，为司乘人员、维修人员提供一定通风卫生标准，为安全行车视距提供必要的空气清晰视度。当隧道内发生火灾时，通风系统应具排烟功能，尽可能控制烟尘和热量扩散区域，使火灾限制在某一区段内，并为逗留在车道内的司乘人员、消防人员提供一定新风量。故有必要把机电系统运行的有效性单独作为一个准则，看是否达到规定标准，以保证隧道机电系统运营管理质量和隧道安全。

机电设备风险因素组成：

(1)机电设备系统风险因素：闭路电视监视系统、交通与环境检测系统、交通控制与诱导系统、照明及照明控制系统、通风及通风控制系统、通信系统、紧急电话系统、广播系统、火灾检测与报警系统、消防及其控制系统、供配电系统、中央控制与管理系统等；

(2)运营管理体制风险因素：机构及岗位设置、队伍建设、规章制度、宣传教育等；

(3)运营管理效果准则下风险因素：CO浓度、能见度指标VI、风速、照度、平均车速等。

4.3 火灾风险因素

公路隧道运营过程中各种引起隧道发生火灾的因素是火灾风险最重要的组成部分。火灾时，在火灾污染区将产生大量携带热能的有毒烟流，对人产生危害。灾害发生后，火灾探测报警系统、灭火系统及排烟设施的及时启用将给人员的疏散争取宝贵的时间。此外，充足的疏散人员和设备、恰当的人员疏散指挥策略也能有效地减少人员的伤亡和人民财产的损失。

火灾风险因素组成如下。

(1)火灾起因风险因素：车辆自身起火、货车上的货物引起火灾、车辆互相撞击起火等。

(2)灭火系统风险因素：火灾探测报警系统、灭火系统、通风系统及排烟系统等。

(3)火灾控制风险因素：温度场、有毒烟雾。

(4)人员疏散风险因素：人员与设备的齐全程度、指挥策略。

4.4 危险品运输风险因素

公路隧道危险品运输风险主要表现在因交通事故和违反危险品运输的有关规定，使被运送的危险品在运输途中突发性发生溢漏、爆炸、燃烧等，一旦出现将在很短的时间内造成一定面积的恶性事故，这些事故给人民生命和国家财产造成了巨大的损失，造成了不良的社会影响。公路隧道危险品运输风险包括危险源和危险品运输两个方面。所谓“危险品”，是指在运输过程中存在爆炸、燃烧、腐蚀、放射性和毒害危险与可能的物品，它能够对人类健康、运输安全或财产安全构成重大危害或危险的物品或物质。隧道内危险品运输的风险主要表现为因交通事故或违反危险品运输的有关规定，使被运送的危险品在隧道内发生爆炸、燃烧或泄漏，并对隧道内人员、主体及附属结构、环境造成危害和影响。隧道内危险品运输风险因素的辨识，主要是从“人员的不安全行为”、“机(物)的不安全状态”、“环境的不安全条件”等方面来进行考虑、研究。

危险品运输风险因素包括以下几个方面。

(1)人的风险

人的因素是构成隧道内危险品运输的主要风险因素,包括从事爆炸危险品运输工作的人员(如驾驶员、押运员等)及隧道关于危险品运输的管理人等。

(2)危险品风险

危险品即隧道危险品运输风险的危险源,是直接的物的风险因素。危险品一般都具有爆炸、燃烧、腐蚀、放射性和毒害危险等特点。包括危险品混装风险、运输时间风险、包装风险、贮存(装运)设备风险。

(3)危险品运输车辆风险

以普通车代替专用特种危险品运输车辆,运输车辆车况不好,不符合消防安全要求等。

(4)危险品管理风险

相关法规执行不办,致使运送危险品的罐车或槽车超载,危险品运输的管理系统不完善等。

(5)隧道主体及附属结构

风险检查站的设施不健全,对危险品及其运输车辆的安全状况判断存在风险。

(6)环境风险因素

隧道内存在烟火、明火的风险;在不良天气的状况下,存在危险品运输车辆交通事故的风险;隧道内的照明、通风等环境风险;隧道内道路较差时,运输车辆颠簸厉害,危险品相互之间容易发生碰撞,形成安全隐患。

5 结语

公路隧道的运营风险评估系统是一个非常复杂的体系,从不同的角度评估,有不同的评估指标,要确定之,需要进行整理、分类和综合,再加上影响系统的因素很多,涉及面广,所需资料缺乏,使得评估过程中经常带有许多随机性、模糊性。但是,它也是一项非常前沿的课题,开发研究一套全面科学、适合我国国情的风险评估体系将大大减少公路隧道运营过程中人民生命财产的损失,也有助于缩小我国与国际领先水平的差距,因而它有着广阔的应用前景。

参考文献

[1] 王维敏. 公路隧道机电系统运营管理分析与评价,2004,3.
[2] 陈龙. 城市软土盾构隧道施工期风险分析与评估研究,2004.
[3] 韩直. 公路隧道机电系统综述. 公路交通技术, 2004,6.
[4] 毛光宁译编. 隧道工程风险评估与风险管理. 建井技术,2004 第 25 卷.
[5] 刘艺,谢明才. 长大公路隧道的火灾研究及消防措施. 西部探矿工程,2004,2.
[6] 乔怀玉. 秦岭终南山公路隧道火灾救援技术研究. 公路,2006,10.

渝合高速公路北碚隧道交通流及特征的调查分析研究

王 聪[1] 曾艳华[1] 何 川[1] 董永康[2]

（1. 西南交通大学 成都 610031；
2. 重庆高速公路发展有限公司 重庆 400042）

摘 要：交通量及交通组成是隧道通风设计的基础，但最初的交通量调查是在隧道工程可行性研究阶段，其调查及预测分析往往与隧道投入实际运营后的交通流有差异。本文根据渝合高速公路北碚特长隧道运营后实地交通流调查，对隧道近期交通量大小、组成及特征进行了分析，可为运营通风控制与管理提供基础资料。

关键词：公路隧道 交通量 调查分析

渝合高速公路北碚隧道位于重庆市主城区和北碚区之间，自东向西横穿中梁山山脉，长约4 026m，双车道单向行车，该隧道2005年建成通车，是国内少数长度超过4 000m采用全射流纵向通风技术的隧道之一。为验证其运营通风效果，2006年对其进行了现场通风测试。交通流及其特征调查是其中内容之一，于8月～10月期间对其近期交通流进行了实地交通和车检器监控调查调查。其中实地交通调查主要包括交通量和交通组成的调查，安排在隧道入口，采用牌照法，作了以下车型分类：(1)按汽车燃料分为汽油车和柴油车；(2)按车型分为小客车、大客车、小货车、中货车、大货车、集装箱车和拖挂车。车检器监控调查主要是连续时段的交通量及行车速度的调查，按轮距将车型分为大型、中型和小型车。

通过对不同日期、不同时段的交通量及交通流组成进行调查，得到了现有高峰小时交通量及组成，并对其特征进行了分析。

1 交通流实地调查分析

对交通流的实地调查分析选择了重庆市北碚区联网收费后进行，图1～图3分别为2006年10月25日进行的联网收费后的日交通量和交通组成调查图。

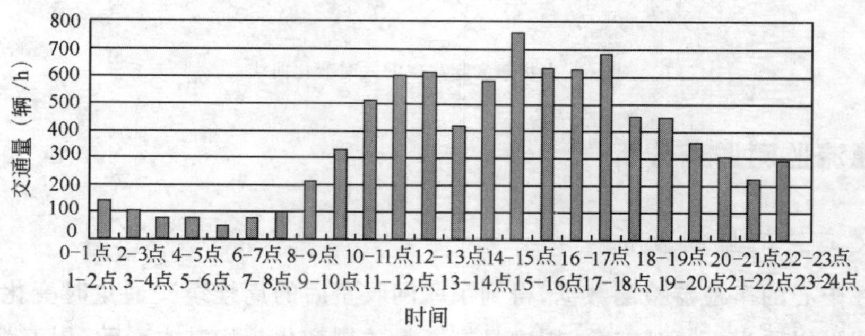

图1 交通量调查时变化柱状图

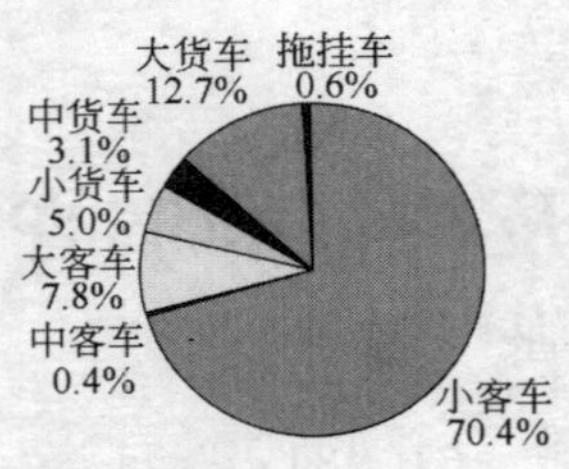

图 2　交通量组成图

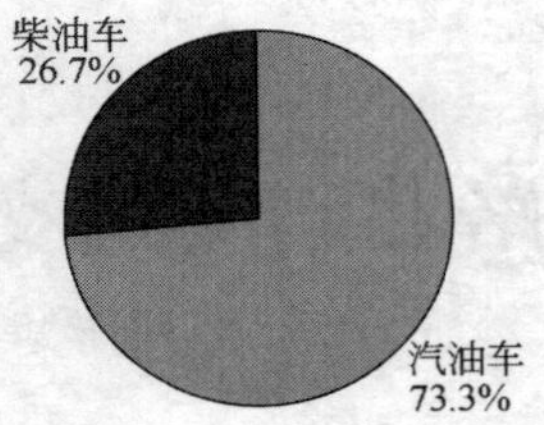

图 3　汽柴油车比例

由实地调查可以看出，北碚隧道内交通流以小客车为主，其次是大客车和大货车；柴油车比例为 26.7%，高峰小时出现在下午 14:00～15:00，为 761 辆，高峰小时系数为 8.75%。从大中型车、大货车和拖挂车混入的时变化曲线（图 4）来看，夜间的大中型混入率普遍大于夜间，后半夜的混入比例高达 50%以上；大货车的严重超载也是夜间高于白天（图 5）。

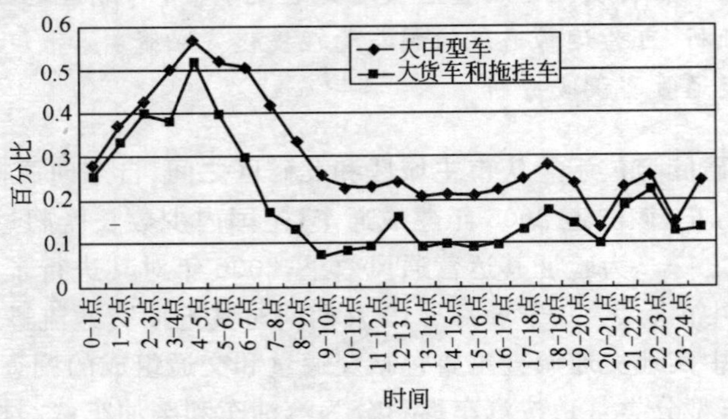

图 4　大中型车及大货车和拖挂车混入时变化曲线

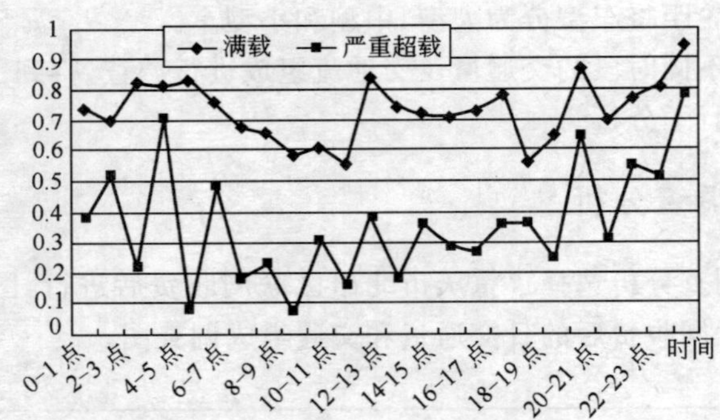

图 5　大货车满超载率混入时变化曲线

2　交通流监测调查分析

2.1　交通量的监测分析

根据监控中心的车检器检测数据，得到了联网收费后的周连续交通量时变化曲线如图 6。由周变化曲线可以看出，北碚隧道一周内日交通量的周变化规律基本一致，周五都出现了一周内的峰值。一天内上午和下午两个时段均出现高峰；而在中午 12 点左右均出现白天交通量低谷,夜间的交通量最少。高峰小时交通量的出现情况如表1所示,高峰小时系数在7.3%~8.2%之间,平均为7.7%,变化不大,但出现的时间发生了一些变化。

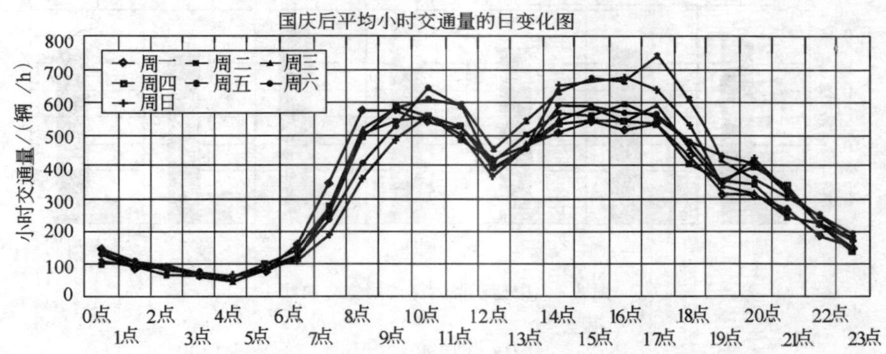

图6 监控交通量的时变化曲线

高峰小时交通量的出现情况表 表1

	周1	周2	周3	周4	周5	周6	周7
高峰小时交通量(辆/h)	577	594	610	586	744	647	675
高峰小时系数	0.073	0.075	0.076	0.073	0.082	0.078	0.082
出现时刻	9点	14点	10点	9点	17点	10点	16点

2.2 交通组成特征分析

通过对测得数据的统计得到北碚隧道当前的高峰小时交通组成如图7所示。可以看出,北碚隧道目前的交通组成以小型车为主,大型车的混入率较低,为5.6%左右。

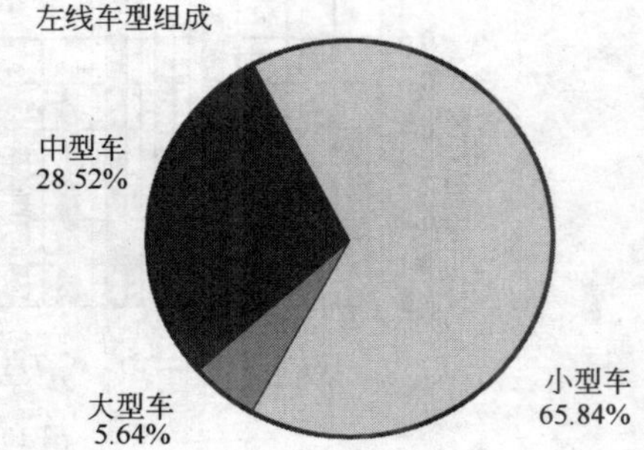

图7 交通组成图

北碚隧道一周内每天的交通组成变化不大,如图8所示。一周中周四和周五的大、中型车混入率较高,而在周六则相对较低,但总的看来,北碚隧道的交通组成还是具有较强的稳定性。

北碚隧道大型车的比例在一天内具有较大的变化,这可以从图9看出。在白天(8点~19点),大型车所占的比例相对较低(不超过4%),而在晚间(20点~7点),大型车所占比例普遍较高,在深夜大型车所占比例甚至超过10%。

大中型车所占的比例在一天内也具有较大的变化(如图10),与交通量的时变化曲线具有相反性,交通量大时(峰值),大中型车所占的比例反而较小,而在深夜交通量特低时,大中型车所占比例反而达到最大,甚至超过60%。可见,白天交通量增加时,主要以小型车为主,大中型车倾向于夜间行驶。

隧道内行车速度的时变化曲线如图11。从图可以看出隧道夜间3:00~6:00的时平均速度低于80km/h,其余时段的均大于80km/h,个别时段甚至接近90km/h~100km/h。因此,不管是夜间还是白天其时平均行车速度均大于隧道的计算行车速度60km/h,白天的行车速度普遍大于设计行车速度80km/h。

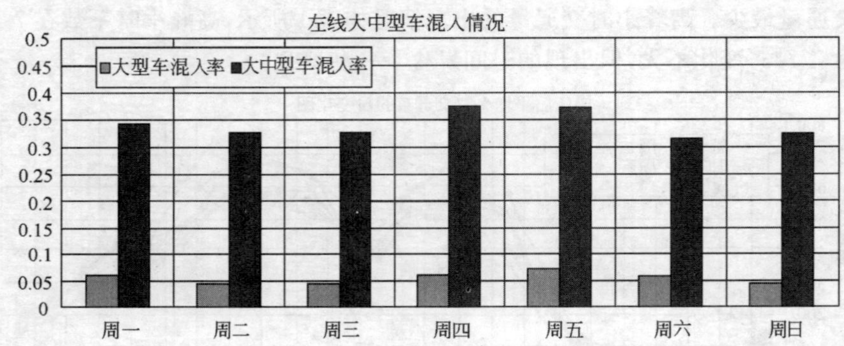

图 8 大中型车混入率的周变化曲线

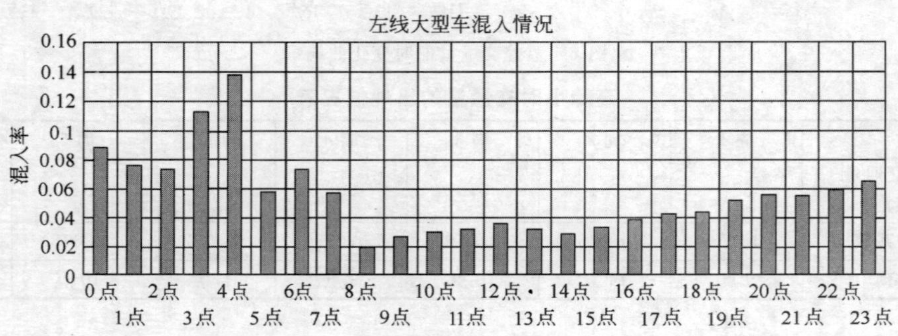

图 9 大型车混入率的时变化图

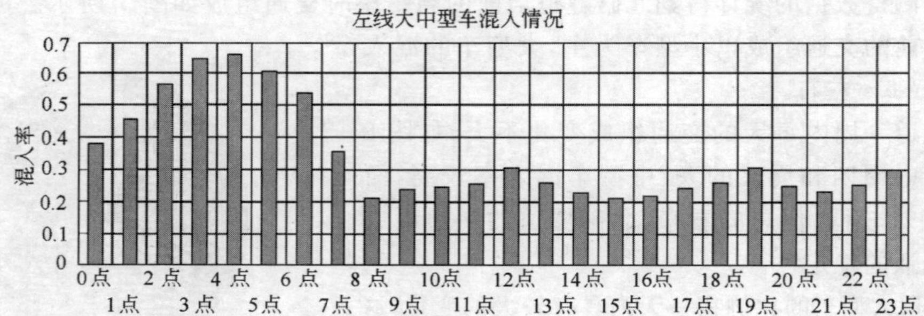

图 10 大中型车混入率的时变化图

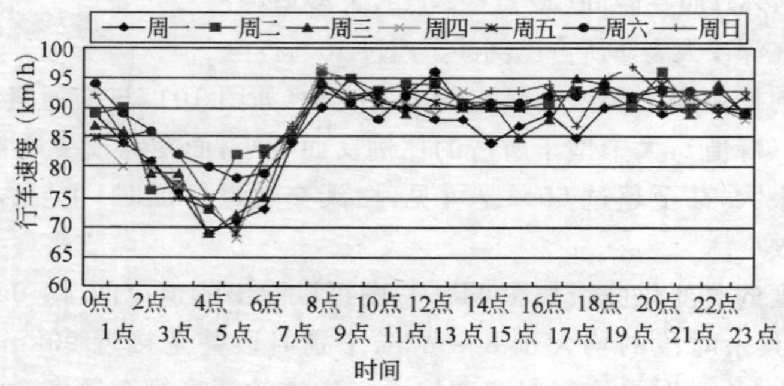

图 11 隧道行车速度的时变化曲线

3 结论

通过实测,北碚隧道近期的交通流具有以下特征:

(1)北碚隧道的交通组成以小客车为主,达70%左右,其次是大客车和大货车。

(2)北碚隧道的交通量日变化具有很强的相似性,上午9点至11点和下午14点至15点出现交通量高峰,中午12点至2点左右出现白天交通量低谷,夜间的交通量最少,但大型车和大中型车混入率明显高于白天,严重超载比例增高。

(3)北碚隧道的行车速度时变化表明,夜间行车速度低、白天高。但其小时平均速度均大于计算行车速度60km/h,白天的行车速度普遍大于设计行车速度80km/h。